● 国家"十一五"出版规划重点图书
● 空间飞行器设计专业系列教材
● 航天一线专家学术专著

航 天 器 电 测 技 术

ELECTRICAL TEST TECHNOLOGY
OF SPACECRAFT

王 庆 成　　编著

中国科学技术出版社

·北 京·

图书在版编目(CIP)数据

航天器电测技术/王庆成编著. —北京:中国科学技术出版社,2007.1

(空间飞行器设计专业系列教材)

ISBN 978 - 7 - 5046 - 4499 - 2

Ⅰ.航… Ⅱ.王… Ⅲ.航天器-电测-教材
Ⅳ.V556.1

中国版本图书馆 CIP 数据核字(2006)第 020174 号

中国科学技术出版社出版

北京市海淀区中关村南大街 16 号　邮政编码:100081

电话:010－62103208　传真:010－62183872

http://www.kjpbooks.com.cn

科学普及出版社发行部发行

北京长宁印刷有限公司印刷

*

开本:787 毫米×960 毫米　1/16　印张:32.75　字数:620 千字

2007 年 3 月第 1 版　2008 年 3 月第 2 次印刷

印数:1501－3000 册　定价:48.00 元

ISBN 978 - 7 - 5046 - 4499 - 2

内 容 提 要

航天器电测技术指发射前对各个阶段航天器电气功能和性能指标进行测试所需要的技术,包括测试策略、方法、测试的支撑技术、测试过程的组织实施等。本书首先介绍了航天器电测试的基本任务以及它在各个阶段的主要工作内容,论述了航天器电测的基本原理和方法,包括基本概念和定义、基本方法和流程、测试的数据分析方法。分别讲述了航天器分系统级和系统级测试的任务和实施的要点,并且给出了实际应用的例子。介绍了支持航天器电测的电气地面支持设备(EGSE)设计的基本知识、系统设计和构建方法,作为范例给出了一个典型的 EGSE 规范以及 EGSE 常用的标准接口技术。最后讲述了航天器电测技术发展的趋势。

这是一本强调工程性和实践性的专业教材,它把测试原理、数据处理、计算机应用等知识与航天器工程应用要求相结合,总结和吸收了多年来行业专家们的工程经验。通过本书,读者可了解航天器电性能测试的基本原理和方法,掌握电测实施过程和任务,掌握组建测试设备所需要的一些基本知识。本书可以作为航天器信息与电总体研究生的专业课程,也可以供有关工程技术人员参考。

作 者 简 介

王庆成　1941 年生,研究员,1965 年毕业于中国科学技术大学无线电系。毕业后在中国科学院应用地球物理研究所工作,1967 年调入中国空间技术研究院,先后从事卫星测试设备研制、测试系统总体设计、卫星综合测试管理和实施等工作,现为中国空间技术研究院神舟学院研究生导师。

责任编辑　崔　玲
封面设计　莱　瑞
责任校对　刘红岩
责任印制　王　沛

总 序

  我国航天技术走过了 40 多年的光荣历程，正面临着 21 世纪更加蓬勃发展的形势，需要人才，需要知识。

  空间飞行器即航天器，包括卫星、飞船、空间站、深空探测器等等。空间飞行器设计专业是航天技术领域的一门主要学科，它所涵盖的知识面很宽，涉及光、机、电、热和系统工程等，是一门多学科交叉综合和工程性很强的新型学科。

  本丛书是根据空间飞行器设计专业培养研究生的课程教学需求，同时考虑到空间技术领域的在职中、高级技术人员研究生水平进修的需要而编写的。因此，本丛书全面讲授空间飞行器设计专业领域的基础理论和系统的专门知识，在内容上具有足够的纵深度和宽广度、前沿性和前瞻性。

  本丛书的作者都是从事了几十年航天工程的高级设计师和研究员，他们把自己丰富的知识和经验很好地融入到这套丛书中，理论与实践密切结合，使本丛书具有很高的学术水平和工程实用价值。

  本丛书将陆续出版。它的出版是非常值得祝贺的，相信它不仅是一套不错的研究生教材，能够为培养高级航天技术人才服务；同时又是一套优秀的学术专著，将对我国航天科学与技术的发展做出贡献。

闵桂荣

2001 年 9 月

前　　言

　　航天器型号在研制过程中自始至终离不开大量的试验工作。为了在试验中获取定性、定量参数并进行处理和评定,需要进行测试,测试所得的定性或定量的数据是研究、改进设计及试验分析的依据。测试工作在航天器研制过程中起到举足轻重的作用,如何对各个试验阶段的航天器进行可信和全面的测试是航天器设计人员一直关注的问题。根据中国空间技术研究院神舟学院的教学安排,编写了《航天器电测技术》讲义初稿,并从2002年开始作为有关专业研究生的专业课程每年进行讲授。根据教学情况和技术发展,教材经过了多次修改和完善,现在终于要出版了。

　　本书的主要目标是广度而不是深度,尽量涵盖主题,不是只集中在几种技术或概念上展开描述,尽管有些技术可能已经或即将过时,但是其基本原理却是永恒的。书中从不同的层次和应用的需求出发对航天器电性能测试的概念、方法、策略、必要的支撑技术、测试过程的组织实施等做了比较全面的介绍,力求使读者能够系统、全面地掌握航天器电气性能测试所需要的技术。

　　第1章结合被测试对象航天器的基本组成和研制的主要阶段,重点介绍了航天器的AIT(总装和试验)的基本过程以及电测的目的和任务。结合国内外技术的发展,简述了电测试技术应用和发展的历史。

　　第2章为电测的基本原理和方法,在给出了相关的基本概念和定义之后,讨论了测试的基本原理、测试接口、测试环路、测试级别以及测试数据的获取和常用的数据处理方法。简要介绍了传统的误差分析和数据表示的知识。

第3章为航天器分系统级测试,分系统级测试是航天器AIT过程中最重要的测试。在概要介绍分系统级测试的基本目的和任务之后,较详细地对电源分系统、测控(TT&C)分系统、姿态和轨道(AOCS)分系统以及典型的有效载荷分系统的测试原理和测试设备的组成等做了描述。

第4章为航天器系统级测试,介绍了系统级测试的分类、特点、实施要点以及测试故障的分析和判断方法,并且列举了一些典型的故障案例。

第5、6、7、8章为构建航天器电器地面测试设备(EGSE)的主要技术,介绍了EGSE研制程序、接口设计和选择、模拟器应用以及可靠性问题,介绍了EGSE系统的组成原理,并给出了典型的设计实例,还给出了一个具有代表性的EGSE的设计规范。根据EGSE的应用情况,分别介绍了CAMAC、IEEE488、VXI、RS系列和局域网等通信总线。

第9章介绍了航天器测试技术发展的趋势,包括通用和开放的EGSE设计、地面测试与在轨操作设备的共性研究、虚拟仪器技术的应用、虚拟卫星技术的应用以及人工智能技术的应用。

编写过程中,编者吸收了多年来行业专家的工程经验,引用了有关专业著作的内容,参考了众多专家提供的材料,因而本书是集体智慧的结晶和经验的总结。中国空间技术研究院的赵吉明提供了第3、4章的初稿,陈逢田提供了第 5 章的初稿,艾晓然提供了第 7 章的初稿,李长俊提供了第 3.3 节的素材,刘元默提供了第 3.2 节的素材,纪强提供了第 3.5.2 节的初稿,王家传、董万有、吴乐群、张丽华和李立等提供了第 4.5.6 节的素材,倪润立提供了第6.5.2节的初稿,胡凌云和李砥擎提供了第 9.4 节的初稿,此外在编写中还征询了很多专业人士的意见。本书的出版还得到了中国空间技术研究院神舟学院的领导和各位同事的支持和帮助。在此编者向上述和所有支持出版的人士表示由衷的感谢。

　　航天器电测是集测试原理、电子技术、数据处理、计算机应用技术等为一体的强调工程性和实践性的专业教材。由于涉及的知识面广,技术发展非常迅速,而编者水平有限,书中难免存在疏漏和错误,殷切希望各位读者提出批评指正。

作　者

2006 年 8 月

目　　录

第1章 绪　　论

为执行一定任务在地球大气层以外的宇宙空间,基本按照天体力学规律运行的各类人造飞行体,叫做航天器(S/C—Spacecraft)或空间飞行器(SV—Space Vehicle),有时也叫做卫星(Satellite)。它通常可以分为无人航天器和载人航天器两大类。无人航天器又可分为人造地球卫星、空间探测器;载人航天器可分为载人飞船、空间站、航天飞机等。

同任何工程项目一样,航天器型号在研制过程中自始至终离不开大量的试验工作。为了确认航天器的各项性能和功能是否满足设计要求,为了在试验中获取定性、定量参数并进行处理和评定,需要进行测试。因此,试验与测试是航天器型号研制过程中重要的组成部分,并与现代航天器系统的设计、制造和总装集成构成一个完整的整体。任何航天领域的科学理论和现代装备的成功试验和定型,都需要先进的测试技术的支持,测试所得定性或定量的数据是研究、改进设计及试验分析的依据。

航天器电测技术是对研制的各个阶段航天器上设备的电气功能和性能指标测试所需要的技术,是集测量技术、电子工程、通信技术、计算机应用技术、软件工程、工程管理等为一体的综合技术,它包括测试策略方法、测试的支撑技术、测试过程的组织实施等。我们所说的综合测试通常指的是航天器电气性能的测试,因此也称航天器电气性能综合测试,简称综合测试。支持综合测试的设备是电气地面支持设备(EGSE,Electrical Ground Support Equipment),EGSE 主要由总控设备(OCOE,Overall Check Out Equipment)和分系统专用测试设备(SCOE,Special Check Out Equipment)组成。OCOE 与 SCOE 通过局域网(LAN)互相连接,因此 EGSE 是一个分布式的网络系统。

航天器发射升空后,仍然面临一系列的测试问题,这类测试称为在轨测试。在轨测试的重点是有效载荷性能的测试、姿态控制系统性能(包括主备份设备和各种工作模式情况下)的测试,航天器经过在轨测试合格后,才能够交给用户使用。尽管这种测试同发射前的测试有很多相同的地方,但是传统上,这应当属于两个不同的领域,目的不同,测试的内容不同,负责的部门也不同。在轨测试不在本教材讲解的范围内。

测试工作伴随航天器研制的全寿命期,不同的阶段有不同的需求。从事测试工作的人员需要对航天器研制的主要阶段、基本组成和各个阶段的主要测试任务有所了解,需要掌握测试的基本原理、测试的实施方法,需要对使用的EGSE组成、设计、应用和构建的过程有所了解。本教材的前4章讲述测试的基本知识和测试实施的若干问题,后几章将重点论述有关EGSE的知识,最后一章介绍发展趋势。

1.1 航天器研制的主要阶段

在我们讲授航天器综合测试之前,有必要对航天器研制的主要阶段做概要的介绍。航天器是一项复杂的系统工程项目,它的研制过程应当遵循哪些主要的阶段呢?

任务需求是航天器研制过程的顶层(Top-level)需求。顶层需求由用户以定量形式给出,它也是对为了满足任务目标所必需的性能评估的依据。航天器的设计过程,就是把这些需求转换成工程参数的过程。这种转换过程可能是很复杂的,取决于特定的应用。例如通信卫星,要转换为通信的覆盖要求和通信的数据要求;环境卫星要把监测的大气压力、温度等地球物理参数转换为对探测仪器的需求。

系统工程管理一个工程项目的最基本的概念是"工程项目周期",它是由完成工程项目所需的每一件事组成。按照"工程项目周期"的概念,把航天器研制过程分为如下所述的几个阶段:

(1) A阶段:可行性(feasibility)阶段

可行性设计阶段也可以叫做概要设计阶段,它的主要目标是:完成概念设计、最佳方案(最佳成本-效益)的选择、可行性的验证、技术解决方法的定义。在A阶段要回答的问题是:

·要完成任务合理的航天器配置是什么?

·研制中有什么难点(重大的成本、计划和技术风险问题)?

·应该做哪些主要的比较研究和分析(trade studies or analyses)?

·花费的成本是多少?

·需要多长时间?

(2) B阶段:详细定义(detailed definition)阶段

这个阶段是航天器的详细设计和定义阶段,它的主要目标是:详细定义系统和分系统设计细节,使得下一阶段的开发和设计能够以最少的问题进行;产生分系统需求和设计规范,分系统和设备的开发和设计计划工程的计划;开始进行下一阶段长周期项目和关键部件的研制。在 B 阶段要回答的问题是:

- 完成任务的最佳航天器设计方案是什么? 为什么?
- 所包含的风险是什么?
- 实现的计划是什么?
- 成本估算为多少?
- 是否有为确保计划所必需的长周期项目?

(3) C/D 阶段:开发、制造、集成和试验(development,manufacture,integration and test)阶段

这是周期最长的阶段,根据任务的复杂程度可能要持续几年。这个阶段的活动包括:完成所有的设计和分析、准备制造图纸和特定的项目、完成所有的开发和定量测试以及制造飞行硬件和验收测试。这一阶段要完成系统级试验,包括如下内容:

- 完成各个阶段的系统级功能测试,这种测试在不同的环境试验中重复进行;
- 热试验模拟测试,可以使用太阳热真空模拟(技术上最佳)或红外热真空模拟(便宜);
- 模拟发射火箭环境的力学特性;
- 与地面站的通信链路的检查;
- 任务模拟和环境试验(力学、声学和热真空)。

(4) E 阶段:任务操作和数据分析(the mission operations and data analysis)阶段

这个阶段的任务是:航天器交付发射场和发射过程支持的活动,更重要的是从发射到正常的任务寿命期的在轨(in-orbit)支持活动。

在航天器工程进展的各个阶段中用户都要进行评审,通常进行的评审如表 1-1 所示。对于分系统级和系统级分别做 PDR 和 CDR。评审的目的是为任务转入下一阶段做技术把关。

表1-1　主要评审活动

评审缩略语	评审名称(英文)
CoDR	概念设计评审(Conceptual Design Review)
PDR	初步设计评审(Preliminary Design Review)
CDR	关键设计评审(Critical Design Review)
PRR	出厂准备评审(Preshipment Readiness Review)
FRR	飞行准备评审(Flight Readiness Review)

　　以上阶段的划分并不是一成不变的,根据不同的工程项目可以进行裁剪。中国航天器的研制已有近50年的历程,形成了一套项目管理的经验。工程项目的阶段划分也逐步规范化,阶段的划分同样不是一成不变的。

　　中国航天器的研制过程粗略地可以分成四个阶段:①可行性论证阶段(相当于上述的A阶段);②方案设计阶段(相当于上述的B阶段);③初样产品研制阶段(相当于上述的C/D阶段);④飞行产品研制阶段(相当于上述的C/D和E阶段)。我们用图1-1把四个阶段、各个阶段的主要工作内容以及综合测试的主要任务做简要的描述。图1-1描述的研制阶段可能根据航天器型号的不同有所裁剪或增加。但是,无论如何,从初样产品到发射前的各个阶段都应有综合测试的支持,图中有下划线的条款都同综合测试有着密切的关系。综合测试技术在航天器研制中的地位就可想而知了。

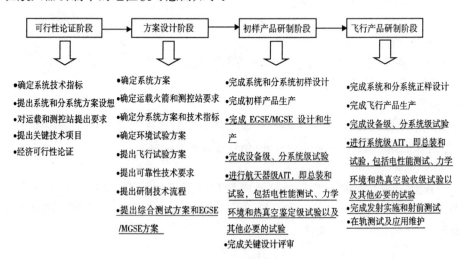

图1-1　航天器研制阶段

1.2　航天器系统的基本构成

系统是为了完成一个任务按照一定规律相互作用的相关项目的集合,也可以说系统是由相互关联的部分组成的整体,各个部分在一定组织方式下相互作用以达到一个共同的目的。"系统"这一词汇可以广义地被使用,它的组成可以是人、机构、程序、软件或设施,系统的目标可以小到航天器的电源部分,也可以大到整个载人工程。

"系统"术语在一个工程项目中可广义和狭义地使用,这是基于系统工程的概念。系统工程是对系统的设计、建造和运行的一个全面的研究和探索。简单地说,它包括系统目标的确认和量化、系统设计备选方案的产生、设计性能的权衡、最佳设计的选择和实现、设计验证等。系统工程的目标就是在综合考虑性能、成本、进度和风险等因素的前提下,使系统的设计、建造和运行能够以最佳的费用—效能比实现系统的目标。

按照系统工程的概念,我们可以把一个工程项目看作一个"系统",比如以载人航天工程作为系统,其下属就是分系统(子系统):飞船分系统、航天员分系统、推进分系统、有效载荷分系统、发射场分系统和地面站分系统。同样,从系统工程的观点看,每个分系统的自身也可以看作是一个系统,即飞船系统、航天员系统、推进系统、有效载荷系统、发射场系统、测控站系统。在飞船系统中,又有电源、姿态控制、数据管理、结构、热控、测控等分系统,从系统工程的观点看,这些分系统还可以被称为系统,即电源系统、姿态控制系统、数据管理系统、结构系统、热控系统、测控系统等。基于系统工程的概念,本教材在使用"系统"术语时,读者可以根据上下文的内容加以理解。

航天器系统的类型是非常多的。当提到航天器时,我们都是把它划分为若干功能单元(element)或若干分系统。但是,重要的是要认识到航天器自身只是一个大的航天系统的一个单元,还必须有地面控制系统向航天器发送控制命令和测轨的地面站,有有效载荷的信息返回地面处理的用户站,还必须有把航天器发送到预定轨道的发射火箭。整个大系统(larger system)的每个单元都同其他单元相互作用,这也是系统设计人员要达到任务目标所要做的工作。例如,要把卫星送到地球同步轨道需要发射火箭和卫星自身的推进器的结合才能达到。按系统工程的概念,我们当然可以把航天器自身看作"系统"。

通常把航天器本身分为有效载荷和保障(或服务)系统两大部分。有些大中型的卫星,常常分为有效载荷舱(PLM-Payload Module)和服务舱(SVM-Service

Module)。有效载荷与保障系统的协同工作才能够完成如下的功能需求：

　　·有效载荷必须能够正确地工作；

　　·有效载荷的数据必须能传送到地面；

　　·必须维持在所要求的轨道上；

　　·有效载荷必须在预定的寿命期内可靠地工作；

　　·为了能够完成上述功能必须提供能源。

　　航天器测试中一般都是把航天器级称为系统级,完成航天器上独立功能的部分称为分系统级,组成分系统的独立的仪器称为设备级。航天器的组成也决定了支持综合测试任务的 EGSE 的规模和基本组成。因此,有必要了解航天器的基本组成。我们可以用图 1-2 把一般航天器系统的构成较为直观和粗略地表现出来。图中虚线画出的部分是航天器任务必需的其他几个系统,航天器系统只是其中的一个。

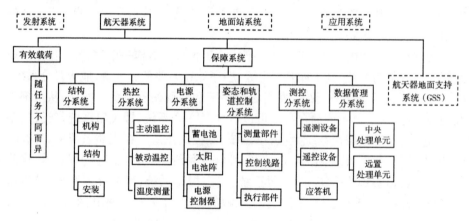

图 1-2　航天器组成树

　　根据上述的组成树,我们可以画出非常简化的航天器组成框图,如图 1-3 所示。通常在命令和数据管理分系统和 AOCS 分系统中经常都有各自的处理器,这是由于 AOCS 本身是一个复杂的自成闭环控制的系统的缘故,但是也有的航天器特别是小型的航天器都是公用同一个处理器。

　　有效载荷系统。用于直接完成特定航天任务的系统称为有效载荷系统,有效载荷种类随着飞行任务的不同而异,如科学试验航天器的各类探测仪器、资源卫星的各类遥感器、通信广播卫星的转发器、载人飞船的宇航员及生命保障系统等等。

　　保障系统。用于保障航天器工作寿命期间所有分系统正常工作的系统叫保障系统,也可以称作服务系统,有些文献上把这部分称做公用舱(Bus)。它一般

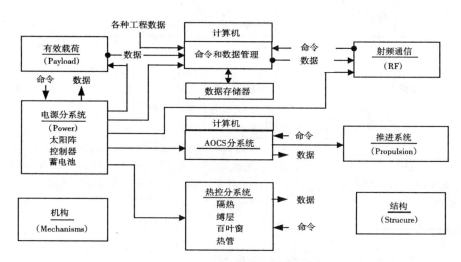

图 1-3　简化的航天器组成框图

包括如下一些分系统：结构和机构分系统、热控分系统、电源分系统、姿态和轨道控制分系统、测控分系统、数据管理分系统等。它们的英文缩略语和主要功能如表 1-2 所示。

表 1-2　航天器主要分系统及其功能

分系统	主要功能
推进分系统 (PROP-Propulsion)	①为建立和维持所需要的轨道提供所必需的平移速度改变；②控制推力器的方向、推力持续时间和幅度；③按照 AOCS 的命令提供飞行器绕各个轴的旋转
姿态和轨道控制 (AOCS-Attitude and Orbit Control Subsystem)	①确定航天器的姿态并把它修正到所要求的姿态；②完成和控制速度或姿态的指令改变；③控制航天器的附加物（如天线、太阳电池板、相机）的活动关节
电源分系统 (PSS-Power Supply Subsystem)	①为各种模式下航天器所有设备产生、存储、调整和分配电能；②为所有设备提供接地和熔断；③按照命令系统要求的接通或切断所有航天器的设备供电
热控分系统 (TCS-Thermal Control Subsystem)	维持航天器所有设备在各种模式下的温度在允许的范围内
命令和数据处理分系统 (C&DH Subsystem)	①接收来自通信（射频）分系统的命令，对所有命令进行译码、存储、分配和初始化；②对数据收集、处理、格式化、存储和交付给通信系统；③来自有效载荷的数据可以由 C&DH 处理或者由有效载荷分系统直接处理

分系统	主要功能
通信分系统 (COM-Telecommunication)	是 TT&C 分系统的射频部分,主要功能:①接收来自地面通信设施的命令并且传送给 C&DH 分系统(uplink);②把有效载荷和工程数据发送给地面设施(downlink);③接收和转发导航和跟踪的信号
结构和机构 (STR-Structure and mecha-nisms)	①建立所有航天器上的设备在发射和任务运行期的构型和布局;②提供把航天器从一种构型变成另一种构型的机构;③提供在发射期和任务运行期支撑所有航天器设备的结构;④提供把航天器与运载器机械连接的发射飞行器适配器;⑤提供天线、太阳电池阵、相机等关节连接的机构

1.3 航天器总装和试验技术概述

如上一节所述,航天器设计划分成若干阶段。总装和试验阶段的任务是把各种机械部件、电气和热分系统部件装配到航天器上并完成对航天器系统级试验(试验工作包括测试),以确保它能在必须经历的环境中可靠地工作。总装的过程还包括把航天器运到发射场与发射火箭的匹配对接试验。尽管总装和试验的工作是在工程项目的后期进行,但是这项工作的设计应该在概念设计的阶段就开始。在文献[30]中说:如果可以用一个词来描述总装和试验的话,这个词应该是"勤务"(logistics),因为它涉及设备、设施、人员、服务供给的获得、移动、维护和部署的方方面面。要领会和理解该阶段的工作,需要知道不同于其他阶段的一些知识。

1.3.1 总装和试验技术常用术语

在讨论总装和试验之前,有必要对一些在总装和试验实施和文件中经常会遇到的技术术语加以说明,这些术语与图 1-2 的分层概念描述基本是一致的。

(1) 零件(part)。通常是指预期的设计功能和逻辑上都不能分割的一个硬件单元,例如晶体管、集成电路片、结构框架、结构件、调温器等等。

(2) 部件(component)。是为了完成较高层功能的由多个零部件组装而成的整体。部件的例子很多,例如:电源分系统的蓄电池,它提供存储的电能为发射期间和日食期间航天器供电;为航天器提供所需要的热环境的热控分系统的热覆盖层或热百叶窗;使航天器指向所希望的方位的姿态和轨道控制分系统的反作用飞轮;测量空间环境粒子通量的探测仪器的粒子计数器。

(3) 组件(Assembly)。是完成分系统某种功能的一组项目(items)。同姿态和轨道控制分系统相关的组件的例子是太阳姿态测量组件、磁场姿态测量组件、惯性姿态测量组件、姿态确定和控制处理器组件等等。组件虽然是分系统的一部分,但是在物理上和功能上具有独立性,需要单独总装到航天器系统中,因此,航天器的总装与试验常常使用组件、总装和试验(AIT-Assembly, Integration and Test)表示,简称总装与试验(AIT)。

(4) 分系统或仪器(subsystem or instrument)。是为了完成特定功能的由多个部件组装而成的整体。例如产生、存储和调节航天器供电的电源分系统、维持航天器设备工作在所需要温度范围内的热控分系统等。仪器是指测量空间粒子通量和能量的设备。术语"分系统"通常是指完成支持功能的实体,它属于"BUS"的一部分;而"仪器"通常是指做专门测量或观测的一个实体,它属于航天器有效载荷系统。

(5) 系统(system)。是指为了满足任务需求由分系统所有功能组成的一个整体。在航天领域内术语"系统"一般特指航天器(spacecraft)或有效载荷(payload)。

(6) 总装或集成(integration)。是指把各个部件组装到一个分系统或把分系统和仪器一起组装到一个系统中的过程。

(7) 检查和验证(V&V—Verification and Validation)。检查是确定零件、部件、分系统或系统是否满足特定需求,以及在任务期间所遇到的环境条件下是否能正确工作的过程。验证是对系统完成它预期的任务的试验过程。一般说对系统的验证比检查要困难。验证工作只在系统级做,而检查在系统级和分系统级都要做。通常的检查分为性能检查和功能检查。

性能检查(performance verification)　是可以通过分析、测试或两者结合来完成的对被检查对象详细检查的一种活动。通过测试来完成的性能验证示例如下:一个模数转换器将某被测量参数的模拟电压量转化为有精度要求的数字量,而此模拟电压量随着热(或热真空)和电源的变化而有所变化。通过测试和分析来完成的性能验证示例如下:将被测对象放在压力舱中或进行耐压测试,分析重要数据。

功能检查(functional verification)　是性能检查的一个子集,它可以通过仅测量几个选定的参数就能验证单元级设备是否符合规范连续的工作。功能验证可以缩短测试时间。

例如,如果需要在几个热循环周期下测试某一单元级设备以达到环境压力筛选的目的,我们可以在第一个和最后一个循环周期中做性能验证,在其他几个周期中做功能验证,这样做的目的是节省时间,以防由于在第一和最后一个循环周期中出现故障而使测试终止。继续刚才模数转换器的例子,功能验证测试可能包括在标称电压下测量转换器在三个点的传递函数,而性能验证测试可能要求在高的、标称的、低的电压值下转换器每一种可能的输出来测量传递函数。

1.3.2　总装和试验计划

航天器设计的各个阶段(通常有 A、B 和 C/D 阶段)都与总装和试验有关系,认为总装和试验工作只是存在于 C/D 阶段的概念是不确切的。实际上在前期阶段就存在与设计的交互影响。在进入 C/D 阶段之前地面支持系统、总装和试验的计划都应该准备就绪。

1.3.2.1　总装和试验与航天器设计的交互关系

在设计阶段的电气设计、热设计和机械设计过程中都应该考虑到航天器的总装和试验的需要,其中电气设计与测试关系非常密切。

在航天器分系统设计过程中,负责总装和试验测试的人员必须要详细画出航天器电气框图(包括供电流、信号流和接地图),并开始设计用于把所有分系统电气互连的电缆网(wiring harness)和接线端子板,定义遥控和工程遥测值,被用于在地面和在轨运行中操作航天器和评估健康情况。还应该提出分系统总装程序,包括被总装的设备和电缆网的电气接口检查测试程序。

此外,地面支持设备的设计和制造工作也必须开始了。航天器在总装和环境试验中安全需要的设备也必须开始设计和制造。电源分系统测试设备包括实验室用电源、熔断器盒、非飞行用"工作"蓄电池(也叫工艺蓄电池)、蓄电池调节设备以及太阳阵模拟器。航天器上每种类型的飞行电连接器转接盒(breakout boxes)也要设计和制造出来。这些转接盒能提供对电连接器的任何一个接点的探测或激励,它们还被用来检查接口信号的特性和诊断系统异常的情况。必须设计和制造火工模拟器、仪器负载模拟器以及各种各样的安全(safing)和解除(arming)的保险连接器。脐带电缆的地面支持设备也要设计、制造和测试。脐带电缆的地面支持设备根据不同的设计要求会有所不同,用于监视航天器的健康和状态,对航天器提供电源和传送基带遥测和遥控信号。

1.3.2.2　地面支持系统 GSS

地面支持系统 GSS(Ground Support System)是由在分系统总装、环境试验和发射场操作航天器所需要的设备组成。GSS 被用做检查航天器是否按预期的正常工作和是否满足它的性能规范。在航天器总装和试验中所使用的 GSS 的设计工作要在对航天器的任务以及分系统设计有了透彻了解时才能开始。这就意味着总装和试验人员（以及 GSS 系统设计人员）必须非常熟悉构成航天器的各个分系统，熟悉嵌入到航天器的飞行软件的操作。

　　设计和建造地面支持系统节约成本的方法是使用相同的设备和软件用于分系统试验（包括飞行软件的开发）、航天器系统级试验以及发射后的操作。软件维护系统可以原封不动地继续使用，其他分系统测试设备在不再需要时，可以成为总装和试验阶段或者任务操作阶段的一个部分。有一些分系统测试在特定环境中需要的设备是特殊的，但是它的某些部分可以移植到系统级测试使用。通常一些测试需要的模拟器和激励器自始至终都要使用。

　　GSS 的重要组成部分之一是机械地面支持设备（MGSE—Mechanical Ground Support Equipment），MGSE 被用做对航天器硬件的起吊和停放。为了能辅助航天器在总装、试验和发射阶段的装配、操作和运输，常常要提供专用的 MGSE。专用的 MGSE 包括特殊分系统装配或装卸的工夹具、航天器停放支架、翻转工夹具、起吊吊具、推进加载/加压设备、低温存放设备、气体净化设备以及运输包装箱。通用 MGSE 包括起重设备、叉式升降机、脚手架、工作台和梯子等。

　　为了测试航天器的电气或机电分系统，GSS 的另一个重要部分是电气地面支持设备（EGSE）。通常有单独 EGSE 的分系统的例子有电源、姿态和轨道控制、遥测和遥控处理、射频（RF）通信、推进以及有效载荷等，为了同系统级 EGSE 区分，分系统的 EGSE 也被称做分系统专用测试设备，即 SCOE（Special Check Out Equipment）。测试使用的 EGSE 的设计必须能使它们在整个的总装和试验期间可以重复使用，并且可以远距离地受控制，现代 EGSE 都是在以太网接口上使用了 PCP/IP 协议实现的。图 1 - 4 是文献[30]给出的地面支持系统的框图，图中 GSE 即是 SCOE。

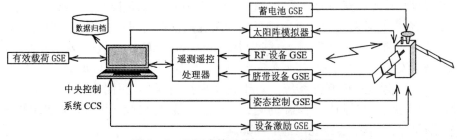

图 1 - 4　地面支持系统（GSS）示意框图

图1-4并没有表明EGSE必须是手动模式还是自动模式操作,尽管它意味着测试是按照一种"闭合回路"方法运作的,也就是说提供一个激励,观察对激励的响应,如果满足则提供下一个激励,如此继续下去,直到完成测试。随着航天器复杂程度的增加,非常有必要使EGSE的操作自动化,以便缩短测试时间。

图1-4的中央控制系统(CCS)是控制整个EGSE系统工作的控制中心,同我们以后常提到的主测试处理器(MTP)是等效的。CCS与所有的其他设备通过以太网通信。靠近航天器的设备直接控制航天器的工作模式和工作配置。CCS把航天器的遥测数据送去作长期归档和送到任何一个分系统GSE。以便作为实时或离线分析。

在实际系统中,操作者可以在图形用户接口上输入对航天器或者各个地面设备的控制命令,并且在用户定制的显示页面上观察响应。地面系统的软件提供了把文本命令(用户容易理解的命令)变换为二进制等效命令,然后进行格式化和把命令数据发送给航天器的能力。此外,地面系统对遥测数据进行收集、显示、界限检查和归档。操作者可以使用脚本语言(scripting language)生成由命令和控制计算机执行的指令序列进行自动化测试。对测试设备的响应可以由计算机自动检查、在屏幕上显示和以文本方式记录。测试序列在指令成功时可以继续进行,只有在指令出错或遥测越界时暂停。这种方法可以有效地测试一个复杂的系统。更重要的在于这种测试可以重复进行和提供一致的结果,以便在全部环境试验中可以用作比较。通过数据趋势可以用于分析系统故障和试验过程中性能是否退化。

1.3.2.3 总装集成的顺序

航天器测试与总装的状态有关,决定总装集成顺序的因素有两个:功能和可接近性(function and accessibility)。首先需要安装的是机械结构和一些相关的支撑夹具。如果航天器还包括推进系统、燃料储罐、阀门、助推器、燃料管路等,这些应该是首先被安装的分系统。它们的功能在电子线路被安装之前不可能完全被测试,但是必须先做机械集成。在分系统和仪器交付准备期间可以安装和测试电缆网和接线端子板(wiring harness and terminal boards)。就功能而言,首先必须安装电源分系统,接下来安装命令和数据处理分系统(OBDH),然后是RF分系统和姿态、控制分系统。对于科学探测航天器,探测仪器通常最后安装,可以有更多的时间用于仪器的测试和校准。就可接近性而言,安装集成的顺序一般是由低部往上,或先内部后外部。

一旦集成的顺序确定后,产品交付的日期要反馈给项目的计划,因为各个分系统设计、制造、测试所需时间的估算也要考虑到项目的计划中。根据人力和财力资源解决计划存在的冲突,维持航天器集成、试验和发射的计划。

计划信息的反馈经常会使管理者做出在某个关键的路径上建立某个单元设备的非飞行原理样机的决定。这样使得某些飞行分系统在制造和试验时,总装和集成工作照样能进行。

对于电气分系统,非飞行原理样机可以采取组件面包板或工程模型,组件面包板的电气特性应该同实际的飞行分系统相同,但是可以有不同的物理外形。对于高风险和低成本的任务可以做这样的选择。比较好的选择是建立一个工程模型,这个模型的外形、尺寸和功能同飞行模型一样,不使用高可靠、高成本的电子元件,不进行苛刻的环境试验和检查。

减少计划风险的另一项技术是分系统的接口相容性测试。接口相容性测试的目的是暴露矛盾和差错,以便在分系统完成制造之前予以纠正。机械匹配的检查可以用于确认螺钉孔、电连接器空间、电缆网走向设计是否合理和实现起来是否有问题。对于机械接口,有时用钻孔模板检查航天器和设备是否有相同的穿孔图形。

为了检出设计的矛盾项,建议尽可能早地完成分系统接口试验。尽管是使用组件面包板或工程模型做的,对于接口设计的检查也是非常有价值的,这一点对于电源分系统或命令和数据处理分系统与其他分系统之间尤其是有用的。

1.3.2.4 总装与试验设施

总装与试验所使用的设施包括多种,必须根据计划做好必要的准备。为了防止对敏感仪器的污染,航天器必须在一定的环境下装配和试验,这个环境对湿度、温度有一定要求,灰尘、腐蚀气体的含量要维持在允许的范围内。严格的洁净度要求对于某些场合是必需的。考虑到成本和现实性,对于另外一些场合要求要适当,一个分系统中可能只有特殊的单元需要高洁净度环境,而把整个分系统都在这样的环境中总装和试验不但花费高而且不现实,轻便的洁净设备可能更为方便和节省,干燥的纯氮气净化设备、便携的清洁小屋或袋、便携空调设备等都是可以选择的。

复杂的航天器试验需要使用各种不同类型的试验设施,这些试验设施主要包括:

- 清洁的总装厂房;
- 振动试验设施;
- 声学试验设施;
- 质量特性试验设施;
- 热真空室(Chamber);

· EMC 试验设施；
· 磁试验设施；
· RF 兼容性试验设施；
· 发射场危险品（推进燃料）处理设施；
· 包装和运输设施。

1.3.3　试验与测试应注意的问题

1.3.3.1　试验的顺序

部件、分系统和系统级的检查和试验是元件级所做的环境应力筛选（ESS——environmental stress screening）的继续。一定要确保进行试验的设备不能受到应力的冲击，所施加的环境应力又要足够大，以便暴露设计和生产的缺陷。为了能使薄弱设备尽可能早地发现和为设计提供余量，ESS 的级别通常在试验的早期更为严格，也就是说应用在元件级 ESS 级别要比应用在部件和分系统级的严格，而应用在部件和分系统级的 ESS 级别要比应用在系统级的严格。

对于要求高可靠性或载人的航天器，应建造原型样机和飞行的航天器，并在不同的级别做试验。原型样机将同飞行航天器一样做相同的试验，差别在于对原型样机做试验的级别要更严格，时间更长，确认在飞行航天器中有设计余量。实际上经常是时间和经费都不允许既建造原型样机又建造飞行的航天器这两个模型，通过合理的折中建造一个原型飞行航天器（protoflight spacecraft）并且选择关键的部件作为备份。对原型飞行航天器的试验的级别和时间是这样选择的，使其介于飞行航天器预期的和原型样机定义的级别和时间之间。

一般试验的顺序为：对于那些试验中一旦出现故障最可能引起航天器被解体的试验要首先做，振动试验、声学试验和最后做热真空试验，这是因为航天器进入轨道所经历的环境就是这样的顺序。

1.3.3.2　试验计划和程序

试验计划和程序是信息交流的一个重要方法，必须做好被评审的准备。为此，要清楚地了解航天器所要做的各种试验，在按照所要求的顺序做试验时要以安全的方法对航天器和它的分系统进行操作。总装和试验的活动包括一些危险性的操作（如低温处理操作、射频辐射操作）以及与分系统工程师的交流，无论从安全还是从计划考虑，这些工程师的参与是极其重要的。为了使所有人员都能清楚地知道总装和试验活动的事件，通常要绘出流程图。图 1-5 是一个流程图的例子，实际应用中要在技术文件中对流程图中的每个事件作详细说明。

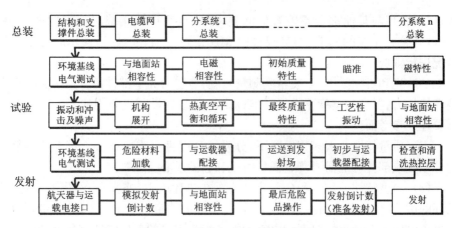

图 1-5 总装与试验流程示意图

1.3.3.3 总装前的分系统级试验

为了确保分系统或者它们的部件在装配到航天器上之前对设计和制造的任何缺陷都能暴露出来,必须进行试验测试。如果在系统级总装和试验中检出故障,常常会影响计划进度和增加工程的成本。为了尽可能早地暴露问题,推荐按照如下的顺序进行试验。试验的实际需求和试验的应力在任务定义阶段确定。

(1)辐射。航天器在空间运行期间要承受大量的辐射剂量,使用的一些元件必须专门设计,使之在预定的生命期内承受住累计的辐射量。对于某些部件(如集成电路片)必须做单粒子翻转(SEU—Single Event Upset)试验,以便确保该部件能免除栓锁和容忍软差错。

(2)初始磁场测试。对装有磁性敏感测量部件的航天器需要进行初始磁场试验,以便保证寄生磁场不会干扰磁仪器正确测量轨道上的磁场。所以通常要使用专门的电子器件和材料实现。

(3)泄露。对于密封部件和分系统必须要测试,以便确保它们在振动、噪声和热真空试验期间以及运载火箭升空和空间真空环境中有良好的密封性。

(4)电气性能基线(Ambient Baseline Electrical)。在对硬件、软件和试验程序查错的初始电性能测试之后,必须要在常规环境温度、压力和湿度下要做完整的电气性能测试。必须对被测试设备在航天器电源分系统预期的最高、最低和正常的输入电压下进行测试。这些试验测试的数据就成为其他试验如热真空试验、振动试验和噪声环境试验等试验前、试验过程中和试验后的分系统电气性能的参考基线。

(5)电磁兼容性(EMC)。分系统或部件的 EMC 试验也必须尽可能早的完成,以便发现与其他部分不兼容的问题,并且在系统级集成之前把问题解决。EMC 试验有相应的标准(如美国军标 MIL-STD-461 和 462),使用时可以根据情况进行裁剪。

(6) 光和机械瞄准(安装精度测量)。所有包含光学部件的分系统必须在常规环境压力、温度和湿度下进行瞄准标定。姿态测量和控制用的部件的瞄准必须要建立参考面。

(7) 质量特性。大多数情况下,分系统和部件只需要称重。对于某些复杂的分系统或部件可能需要测量惯量力矩和它的质心。

(8) 温度特性。部件和分系统必须要在热环境中(非真空)经历若干热-冷循环的试验,促使异种材料之间电连接在不同的热膨胀情况下工作,测量在温度和电源电压组合变化情况下的电气性能。高热容量的部件必须有足够的时间使温度稳定到极值,确保试验中能正确地测量它的性能。在热和冷温度稳定时完成基线电气性能检查测试程序,所得到的结果同常温环境下的测试电性能基线作比较。对于可能会经历温度速变的分系统或部件,有必要使它们经受热冲击试验。

(9) 振动。每个分系统或部件都要在加电源情况下按照项目定义的级别经受三轴方向的正弦和随机振动试验。为了能暴露一些潜在的问题,在实际的振动期间都要对加电的设备进行监视。如果有些设备在发射升空期间并不需要供电,加电做振动试验无疑是一种风险,因此要特别慎重。

(10) 机械冲击和噪声。机械和噪声试验要根据分系统和部件以及工程的需求的不同情况去做。需要做噪声试验的是那些具有大的面积和轻质量或者有薄膜窗口的设备。对于那些将受到自生冲击事件(self-generated shock events)影响或者安装的部位将受到其他冲击事件影响的部件做冲击试验是非常合适的。

(11) 展开。为了验证某些设备在施加机械应力前后它的设计是否有余量和是否出现“挂碰”(hangups),必须要做展开试验。要进行展开试验的例子有仪器传感器的悬臂、天线、太阳阵、仪器罩盖以及航天器与运载火箭的分离机构。

(12) 热真空。热真空试验用以验证一个部件或者分系统在空间真空环境下工作的能力,验证那些具有大的功耗“热部位”(hot spots)的部件或分系统热设计的正确性。如果设备在发射升空期间有高电压供电电源接通的话,那么在抽真空过程中必须对它们供电和监视,以确保不出现电晕放电(即不出现电弧)。对于那些虽然需要高电压电源,但是在发射升空期间并不工作的设备,试验中必须要有足够的抽真空时间,然后再对其供电。对于小功耗和无"热部位"的设备,有时通过在较宽的温度范围上增加热循环试验次数来取代热真空循环试验。

1.3.3.4 在系统级的分系统测试

每一个仪器或者分系统交付总装前首先要进行总装准备的评审。总装人员要确认所有要求的试验都已经完成和通过。任何未解决的问题都要讨论,图纸要评审,电气接口要检查。每一个安装在航天器上的电子设备必须要完成安全配接、加电、功能性和性能测试。

(1) 安全配接测试(Safe-to-Mate)。配接任何有供电的部件之前必须完成安全配接测试。该试验分为不加电和加电状态下测试。不加电状态测试用于检查所有的电源线是否与回线和地线隔离。加电状态测试被用于检查电缆网(harness)电连接器供电接点上的电压是否正确,检查其他接点上是否也有电压。还要检查被测试设备确保没有可能引起航天器故障的短路现象。

(2) 加电测试(Aliveness Test)。加电测试是各类环境试验所使用的对分系统或部件的快速健康检查。测试的主要目的是检查被测对象可以供电、接收命令和产生遥测。这种测试可以在短时间内完成。

(3) 功能测试(Functional Test)。功能测试意在检查所有进出被测试设备的供电和数据通路是否正确。该测试应该在没有外部激励或地面测试设备下对分系统能提供的多条遥控指令、遥测和多项功能进行检查。如果可能的话,这项测试应该检查一些冗余接口。功能性测试花费的时间也不会太长,一般几个小时完成。

(4) 性能测试(Performance Test)。性能测试是对被测试分系统进行详细检查,包括尽可能多的分系统规范指标的测试。如果必要的话需要外部激励源或地面支持设备,以便充分地对其进行全面的测试。冗余接口和内部的电路必须运行测试,所有的工作模式也要被测试。测试应该尽可能地定量。测试结果是整个环境试验中使用该系统的电性能参考基线。

1.3.3.5 系统级试验

航天器总装阶段完成后,将经受若干试验以决定准备发射。航天器必须按飞行状态配置,即所有分系统都被安装,当然要根据不同情况仔细安排。例如在热真空试验期间使用太阳阵模拟器(SAS)模拟太阳阵对电源分系统供电。

(1) 电气性能基线。这是一项为航天器所有其他试验提供判断性能是否正确的电性能参考点(或基线)的测试活动,测试活动在常规环境温度、压力和湿度情况下完成。如果航天器是用太阳电池阵供电的话,使用 SAS 去模拟太阳阵为航天器供电和为蓄电池充电。因为使用了 SAS,使得蓄电池充电控制单元能产生在轨道上预期的最大、最小和正常的母线电压,模拟的范围是 100%光照期和 100%阴影期。每个分系统都要在不同的蓄电池充电控制状态下进行功能和性能测试。

（2）地面站兼容性。进行这种测试是要检查地面控制站与航天器接口的正确性,二者之间 RF 的兼容性也要进行测试。通常使用相同 RF 的设备去与地面站设备进行试验,试验包括遥控、遥测的解码和编码特性的检查。

（3）飞行任务模拟。这是为飞行操作人员对航天器的控制提供验证和演练的一种试验,简称"模飞"试验。通过试验确认发射前后配置是否按照期望的程序正确工作,使操作人员熟悉期望的系统的性能,应该做多次发射模拟试验。

（4）电磁兼容性(EMC)。为了确认分系统之间的兼容性和设计是否令人满意,航天器级要进行 EMC 试验。在某些情况下,可能不需要完全按照 EMC 试验标准去做,而是只依赖于自兼容性(self-compatibility)试验,在这个试验中主要的兴趣在于检查航天器是否会有自身的电气干扰。航天器自兼容试验在发射场和轨道配置两种状态下完成。EMC 的重要部分是要清楚地了解发射场的环境。

（5）初始质量特性。初始质量特性测量的目的是要得到确保航天器姿态控制分系统能完成控制任务所需要的配重(balance weights)的数量和位置。

（6）光和机械瞄准(安装精度测量)。为了知道仪器传感器、天线和航天器姿态分系统部件之间的相对关系,必须做瞄准测试。瞄准测试的数据对于确定在轨航天器精确的姿态以及事后处理仪器传感器的科学数据都是必需的。在环境试验前完成所有的系统瞄准测试,在振动、噪声和热真空试验之间也要做瞄准检查,运输到发射场之后要再次做检查。

（7）磁试验。对航天器剩磁必须做测量,这样它将不会影响航天器上的磁敏感器。包含有磁力矩控制的航天器必须要测量磁力矩分系统的特性,这样可以排除在轨道上对磁强计(磁敏感器)的影响。磁强计自身要进行校准。

（8）振动、冲击和噪声。为了验证力耦合分析和模拟发射升空的环境,使所有的分系统像发射过程一样,对航天器要施加适当的应力级别和持续时间。航天器级承受正弦和随机震动试验。大型航天器应当做声学(噪声)试验。这些试验是要验证航天器及其分系统承受发射环境的能力。冲击试验是验证航天器承受运载器发动机点火和熄火、整流罩抛出以及运载与航天器分离所带来的冲击力的能力。每次机械试验期间都要以电性能参考基线为参考对分系统性能做检查。在振动试验的各个方向试验之间通常做功能性测试。

（9）展开。为了验证在经历了模拟发射环境的振动、噪声和冲击试验之后，设备功能是否正确，需要做展开试验。在某些展开试验中（如太阳电池阵、天线等）需要有重力补偿措施，创造零重力场。常用的措施有充氮气的气球、可调整的机械悬臂。

（10）**热真空**。热真空试验由两部分组成：热平衡试验和热循环试验，图 1-6 是试验的轮廓示意图。

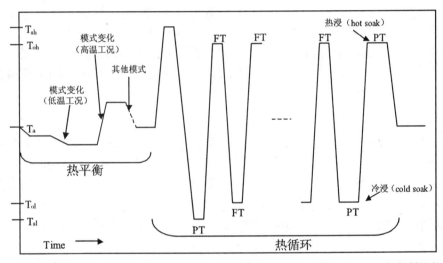

Ta=环境温度　Tsh/Tsl=承受（survival）高/低温度　Toh/Tol=工作（operational）高/低温度
FT=热浸末尾的功能测试　PT=热浸末尾的性能测试

图 1-6　热真空试验示意图

热平衡试验的目的是检查基于热分析模型的热设计的正确性，热设计将保持航天器工作在所要求的温度范围内。重要的是温度测量的传感器安放的位置要靠近与热分析模型相关的那些点的附近。试验中要使航天器处在轨道上可能出现的各种模式下工作，并且要使它在各种热输入条件下达到热平衡。

热真空循环试验的目的是检查航天器在温度极限值（比在轨温度范围要宽）范围内的工作情况。所有发射升空中工作的分系统在试验抽真空期间必须加电工作。要使航天器在高低两个极值温度之间承受多个长时间的冷浸和热浸循环。首先做高低温循环试验以便检出异常，接下去做长时间冷/热浸试验以便暴露航天器在长期真空环境下可能出现的故障。长时间冷/热浸试验中做性能测试(PT),热循环试验中进行功能性测试(FT)。

(11) 最后的质量特性和旋转平衡测试。要进行重量、质心和惯量的测量。如果航天器包含液态推进系统,在测量质量特性之前,燃料储罐通常要填满水或模拟工质来模拟储罐中燃料的影响。由于比重的差异,这种模拟往往不够准确,填充的工质的清洗也是一个较大的问题,因此,国内目前都是在干储罐状态下测量,然后进行计算。根据测量和计算的质量特性,要进行航天器平衡计算和配平,如果航天器是自旋稳定,还要做自旋动平衡测试,以保证航天器在轨道上和升空期间功能正确。

(12) 工艺性振动。这项试验是可选择的,并取决于航天器的尺寸和特定的过程需求。这项试验的提出在于要找出来早期环境试验后的多次总装和测试活动中已经出现的故障,例如设备在振动和噪声试验后被拆除、维修以及再装配。这项试验所施加的环境应力应该比较低,时间也比较短。如果要做的话,应该在运输到发射场之前完成,并做完整的电气性能测试。

1.3.3.6　发射场试验

到达发射场,航天器从包装箱取出后需做完整的测试,完成与运载器的配接和所需要的平衡操作(例如最后的自旋平衡)。运载器与航天器之间的所有电气接口(如脐带电连接器接口和分离电连接器接口)都必须做检测,飞行用的火工品必须安装。还要做运载器与航天器之间的射频兼容性测试。要加载危险材料(如制冷剂、燃料等),要安装载荷的整流罩(热防护罩)。最后,使用发射日当天的实际程序做模拟倒计数测试。

粗看起来,上述发射场的操作好像相对简单,实际并非如此。上述的每一项操作活动都是很花费时间的,而且都是有潜在危险的操作,因此要十分小心行事。

在发射日前夕,必须要拆除非飞行用的防护盖、展开火工品的安全保护设备。为了确保航天器无故障地成功踏入空间,需要完成最后的电气性能检查。

1.4　航天器电测的基本任务和内容

在航天器的总装和试验阶段最重要的工作之一就是对航天器设备进行电气性能的测试。在总装过程中和各种环境试验条件下都要对航天器进行电气性能的测试,通过测试为试验结果的评估提供依据。上一节的侧重点在于介绍总装和试验的基本内容,本节则侧重介绍总装和试验过程中电气测试的有关问题。

1.4.1 航天器电测的目的及要注意的问题

现代中等复杂的航天器可能包括 20 多种不同用途的分系统,每个分系统都由一系列独立功能的单元设备组成。单元设备之间和分系统之间通过电缆网连接起来,电缆网的长度可以达到十几公里。面对如此复杂的系统,如何确认它的性能和功能是否符合总体技术指标,根据什么做出可以发射升空的结论? 综合测试是重要的支持手段之一。

(1) 综合测试是保证航天器可靠性的必要手段。多数航天器在运行和应用中是无人操纵的,实际上在它工作的寿命期内是不能或很难进行维修的。为了使单个元器件出故障时不影响整个飞行任务的完成,系统中关键设备常常预先设有备份件。为了确保航天器工作的可靠性,在发射前要对它进行多次反复的测试。这就决定了航天器电测试验的重要性和繁重的工作量。整个的测试试验的周期可能要持续几个月,甚至几年。测试试验可能在各种模拟环境下进行,这种测试过程实际上也是可靠性增长的过程。

(2) 通过测试试验可以对航天器的设计方案进行验证,并作出是否需要修改的结论,还可以对航天器各个分系统之间的接口特性进行检查。我们知道航天器的设计和生产是由多个部门进行的。所有设备的设计人员要详细编制设备或分系统间所应交换的信息的文件,我们把这个文件称为接口数据单(IDS—Interface Data Sheet),IDS 规定了航天器上各个设备之间的机械、电气和热的接口状态,它实际上由多个数据表组成,即机械特性、设计简图、热特性、电路及接口原理、电源、遥测参数、遥控指令、电连接器、电连接器接点分配、电接口特性和设备说明 IDS。接口设计应当符合接口的三个特性,即机械特性、电气特性和功能特性。IDS 文件中详细描述所应交换的信息的特性,如信号的幅度、持续时间、频率以及接点分配等。IDS 文件是否彼此协调,IDS 文件的描述是否与实际情况相吻合。系统间相互作用的错误和不协调的地方,常常只能在航天器测试试验中暴露出来。可以说,测试的过程也是对航天器 IDS 表的检查和确认的过程。

(3) 通过在常规环境和试验验证环境下的不断测试,可以暴露出设备制造的错误和生产的缺陷。有时设备的缺陷具有隐蔽性(如质量不好的焊接接头、绝缘电阻过低等),而且有些缺陷只有在设备工作一段时间后才会暴露出来。进行航天器电测时,要检查在各种可能的条件下分系统之间的相互作用、备份装置的工作情况以及备份的任意搭配情况。在提高温度和加大应力的试验中,会促使某些隐蔽的缺陷暴露出来。有些结构缺陷和接口的不匹配只有在系统相互作用时才可能会暴露出来。

　　航天器测试是复杂和细致的过程,在设备操作和支持的文件方面必须做到如下几方面:

　　(1) 航天器分系统和设备的设计和测试文件应当内容完整和合理,要分别提出对总装和电性能测试试验各个阶段检查的要求,通过对这些要求的实施应保证:①通过检测设备获取的信号,可以充分判断被测试分系统设备是否完好、系统工作状况是否正确;②所有的激励信号、控制命令以及它们的组合都要进行验证;③应对各个单元设备之间以及与其他设备之间的接口特性进行验证;④能够对所有的工作模式和所有备份件的工作性能进行检查;⑤应能对设备安装和拆卸进行实施和验证。

　　(2) 为了确保测试的顺利进行,减少人为的事故,进行电性能试验时,一定要严格遵守航天器各个设备的工艺要求和使用规则,比如要有避免静电影响的措施,试验人员要戴防静电手镯、敷设防静电地板以及航天器要良好接地。

　　(3) 为了防止测试操作者的误操作,测试试验过程操作者的操作必须要按照测试大纲和测试细则的要求操作,应当对操作有检查和确认,对于特别重要的可能会导致系统故障的操作,甚至要有第三个检查者。在计算机自动测试中,软件要有保护措施,对重要的操作要有条件判别和互斥保护。

　　航天器实际应用的顺利与否,在很大程度上取决于电性能测试和试验的完备程度,要做到测试所有可能的模式、备份件以及在极限温度和应力时的性能,还取决于测试试验的质量和各种操作规程和制度的遵守情况。

　　航天器的工艺性在很大程度上决定了试验进行的质量和难度。设备的良好合理的组合可以使航天器有最低的更换设备数,并且能简单地进行拆卸和装配。

1.4.2　航天器电测的任务

　　根据我们对综合测试任务的界定,航天器综合测试,即电气性能综合测试的基本任务是指对射前研制的各个阶段航天器电气功能和性能指标的测试、组织和实施过程。总的任务应当包括:

1.4.2.1　根据总体要求制定综合测试方案

　　综合测试方案应包括测试的目的和状态任务、测试接口选择、测试的阶段划分和测试环境确定、测试方法描述、对测试支持设备的要求以及综合测试技术流程。测试技术流程和阶段的划分要以被测试航天器研制阶段、总装技术流程为依据。

1.4.2.2　电气地面支持设备(EGSE)的构建和应用

根据航天器综合测试方案和测试内容的要求,制定航天器电气地面支持设备(EGSE)方案,提出设备的配置清单;制定设备的接口规范,组织实施 EGSE 的技术设计、生产、调试、验收、交付和维护;测试数据库的准备和程序编写等。在硬件上要特别重视接口的选择,选用标准接口和确保被测试航天器的安全是必须遵循的准则,在以后的章节中将有较详细的论述。由于现代 EGSE 中,计算机软件是决定 EGSE 功能的核心,因此,软件的设计应格外引起重视。在软件设计中应当注意以下几个问题:

(1) 重视满足实时性要求。实时性是指系统对激励或输入信号在期望的时间内作出响应的能力。对于航天器测试而言,处理数据的响应时间,通常以遥测速率为准,当以帧为处理基础时,相应时间应以一帧的时间间隔为响应时间,在以格式为处理基础时,响应时间即为格式的时间间隔。只要在此间隔内,处理程序完成,即认为是实时性的。为了适应不同速率信号的实时性要求,在航天器上采用不同的采样率。

(2) 重视软件的可靠性要求。在航天器测试过程中,系统的可靠性是至关重要的。除要求主测试计算机硬件、外围设备高可靠外,系统测试软件的高可靠性也是非常重要的。使用计算机厂家提供的商业化的操作系统,使用高级语言,特别是应用专用航天器测试语言编写的程序来提高系统的可靠性。测试软件在正式测试航天器之前,一定要经过严格的验证工作,即在模拟航天器各种数据流的情况下进行模拟测试,测试合格后,才能用于系统测试,以确保其可靠性和安全性。

(3) 重视系统的前后台作业分开和人机交互功能。用于检测准备工作的软件是多方面的,在早期的检测系统中由于实时测试软件和数据处理定义几乎为一体,分不出前后台软件层次。由于必须修改运行程序才能改变数据处理方法和数量,因此,当测试需求变化大时,测试软件修改工作量很大,而且容易产生意想不到的问题。

现代的测试软件,特别是作为 EGSE 的核心软件的 MTP 软件通常采用前后台作业分开的方式开发。所谓前台作业是指实时运行的测试软件,后台作业是指为测试过程准备测试数据库的软件。

前台软件也称作实时运行软件,它通常包括监视进程,图形驱动进程,测试程序调度运行进程,键盘命令分析进程,数据归档,事件记录进程,遥测数据获取进程,遥控指令发送进程,通信接口管理进程,I/O 驱动进程,公共数据区管理进程,各种共享程序库,特定部件、接口检查驱动程序等。

后台软件通常包括测试过程使用的监视参数表生成程序,图形生成程序,测试程序编译器,遥控指令表生成和遥控指令块生成程序,遥控禁止指令表生成程序,测试环境生成程序,测试数据库验证程序等。

前后台软件分工清楚,建立测试数据库全在后台,执行使用测试数据库在前台,前后台软件都应该编写得较完整,除隐含的错误或条件改变必须修改外,一般对前台测试软件不做修改,仅用后台定义生成测试数据库就可以了。

虽然可以用后台软件生成合适的实时测试数据库,但由于航天器测试过程千变万化,很难做到后台准备的测试数据库一次到位,因此,后台软件应具有良好的人机接口,以方便用户进行修改。前台软件也应提供人机交互接口,实时测试时,方便用户在测试过程中修改监视参数上下限、启动或禁止某些参数的监视、修改计算曲线、启动或禁止某些测试程序等,这样就给用户提供更大的灵活性。

(4) 重视工程化方法开发和管理软件。由于 MTP 测试软件是一个规模较大的测试软件包,因此,要求其具有相对的稳定性和可靠性。该软件包括测试数据处理、测试命令的发送、测试序列管理、测试结果的归档和回放、各个 SCOE 的管理以及用户交互的接口等。对于这样重要的软件,必须在软件生命周期内,严格按照软件工程方法进行研制开发,包括软件需求的拟订、软件的体系结构设计(或概要设计)和设计评审、软件详细设计和设计评审、软件实现、软件的集成和验收测试、软件运行和维护。在软件投入运行后,要冻结软件的配置状态,对软件的运行情况进行跟踪,发现缺陷时,对有关差错进行分析、协调一致后,按照软件更改控制过程和准则进行必要的修改。

1.4.2.3 综合测试文件的管理

完善的测试文件是测试过程必不可少的。根据航天器研制技术流程的要求应当分阶段编制测试大纲、测试细则和测试操作表格化文件,供各阶段测试使用。测试文件内容编制涉及多个研制部门的参与,需要协调共同完成编制。

(1) 测试大纲是指导测试过程的纲领性文件,大纲应阐明本阶段航天器状态、测试环境、测试目的、测试内容、测试流程、测试设备系统配置等。

(2) 测试细则是测试大纲的具体化,包括测试的具体项目、方法、步骤、命令控制和参数检测。

(3) 测试操作表格化文件是依据测试细则,对各项工作内容、测试结果、操作岗位等以表格方式表示的文件,作为测试操作员执行操作的手册。

(4) 测试过程还必须有一些配套文件,包括测试设备配备连接、星地连接图、测试数据库、测试程序、测试显示图形、遥控指令和指令块表、遥测格式通道分配表、遥测数据处理方法、测试通信规程、分系统测试细则、测试设备使用技术说明等。

随着航天器自动化测试程度的提高,航天器综合测试文件已经不能单纯用纸质文件所囊括,计算机电子文件的比重越来越大。除一部分原来的纸质文件外,在新的测试环境下派生出很多纸质文件无法替代的电子文件。例如测试数据归档文件、测试事件记录文件、测试序列执行文件、测试图形定义文件、测试监视数据库文件、遥控指令定义文件、遥控禁止指令定义文件等,这些都是用纸质文件无法实现的。

(1) 测试数据归档文件是测试过程中形成的二进制文件,包括所有遥测数据原码、专用测试设备原始数据、执行过的所有遥控指令、执行过的所有键盘命令和测试序列运行的状态等。这些数据可以用来做数据回放,对测试过程重演,来定位测试过程中发生的事件和条件。在一些大型例行试验中,由于这些试验不可能重复多次,而在现场测试时对各种现象的观察又难免会出现部分遗漏,利用数据归档文件进行回放处理,显然是一个很好的补救措施。

(2) 测试事件记录文件按时间顺序以文本的方式记录测试过程中所有事件,例如遥控指令发送的时间、发送的设备和执行的结果;越限参数的发生时间、越限值、越限方向;状态量监视参数的翻转变化时间;遥测链路的同步、搜索、在线、离线状态;人工命令干预的记录,包括时间、键盘号、命令名等;测试序列运行状态记录;专用测试设备在线离线记录;测试图形在线运行记录和监视参数监视状态等。利用这些记录可以通过文本浏览工具对测试结果进行查询和评估。

(3) 测试序列执行文件、测试图形定义文件、测试监视数据库文件、遥控指令定义文件、遥控禁止指令定义文件等,是测试运行过程中的执行文件,是自动化测试过程中不可缺少的文件,在一定意义上,这些文件已经是测试细则和测试操作规程的一个重要部分。

1.4.2.4 测试过程管理和实施

航天器综合测试涉及方方面面,涉及管理上的内容很多,它包括系统配置管理、测试阶段和状态管理、接口管理。系统配置管理又包括硬件配置、软件配置、文件配置以及电缆配置等。

(1) 硬件配置管理。要求测试系统设计初期就要对硬件配置进行控制设计,确保硬件配置精炼、高效,既能满足综合测试软件环境的需要,设备规模和经费又比较适中。要拟定出各测试阶段的硬件设备配置表。

(2) 软件配置管理。主要是各层次测试软件的配置、软件模块版本控制,保证软件的功能、接口在一定范围内的一致性。为此需根据软件版本的状态,给出软件配置表,表中应包括软件模块的名称、功能、修改人和日期、版本号等,以保证软件配置的可靠。软件版本控制指在一定阶段内,软件的版本不容许变动,软件的修改、升级必须严格按软件工程要求,更新后必须再经过重新测试。

(3) 文件配置管理。是指对综合测试文件和相关配套文件的管理。通常在各型号研制早期先建立必须配置的文件树,随着研制工作的开展,逐项完成文件树中的文件,并根据需要,补充修改文件树,完成完整的文件配置表。文件配置表应包括文件名称、版本(或阶段标志)、作者、文件大小等。在测试现场所使用文件必须保证其有效性。

(4) 电缆配置管理。由于测试系统设备间有很多的电缆连接,并且连接方式因设备和环境的变化又各有不同,因此,一个完整的电缆配置表是必不可少的。电缆配置表应包括电缆的编号、长度、连接器的型号、接点号等,还应该包括测试辅助的电缆转接盒(Break Out Box)。

(5)测试阶段和状态管理。测试阶段根据不同任务的要求,可以有不同的划分,通常包括桌面联试、电性星测试、合练星发射场测试、正检星总装厂和大型试验测试、飞行星总装厂和环境试验测试、发射场技术区和发射区测试。由于各阶段的任务有较大的差别,测试组织者必须对航天器的软硬件配置状态进行严格控制,保证地面测试系统的软硬件配置状态、测试数据库与航天器的匹配性。

(6) 接口管理。从测试系统设计初期开始,就要对有关的接口严格控制。包括制定明确的各种接口规范,建立并保持相关功能技术状态项目之间的相容性,制定系统接口控制文件。接口控制文件包括:机械、热、电气、软件、硬件等方面的接口定义、通信规程、电平逻辑关系等。接口控制文件一经放行,即处于技术状态控制之下,只有按更改控制程序更改后才能更新。接口控制文件是技术状态基线的一部分。

(7) 安全管理。是综合测试的重要任务,应该特别注意测试设备和被测航天器的接地、动力供电的正确性、航天器电测接口的规范化、火工装置的测试、指令的安全保护等。

1.4.2.5 航天器综合测试故障处理对策

航天器综合测试的目的是检验各分系统之间、每个分系统各单元设备之间,甚至各部件之间电接口关系的正确性和兼容性,分系统的性能和功能的正确性。航天器工程是极其复杂的系统工程,因此在不同研制阶段的综合测试过程中,出现异常现象和故障是不可避免的,有时甚至数量可观,尤其在初样研制阶段,而且故障的性质、深度和广度往往变化莫测。因此在测试过程中当故障出现时,如何迅速、准确地确定故障发生的部位,查明故障发生的原因,分析故障的危害程度并以最快的速度排除故障,这是长期以来从事航天器测试的工程技术人员努力探索的课题。综合测试是在航天器发射升空之前的活动过程。由于设备设计的不完备或测试数据库的错误,以及制造工艺的缺陷,也可以说综合测试的过程是面向故障的(failure oriented)活动。发现故障实际上正是综合测试的目的之一。

按航天器测试过程中所发生故障对航天器的影响的程度对故障进行分级。将影响航天器主要性能和功能、危及供电系统或其他分系统设备安全的故障定为一级故障;将影响航天器主要性能和功能,但不危及供电系统、故障设备本身及其他分系统设备安全的故障定为二级故障;将不影响航天器主要性能和功能,且现象清楚、定位明确的故障定为三级故障。出现一级故障时应紧急关机或系统断电;出现二级故障应终止测试;出现三级故障时可以继续测试。

故障分析要达到定位准确、机理清楚。定位准确包括故障发生的时间、位置和故障发生时的环境条件等。当测试过程中发现监视参数出现异常时,除详细记录异常现象外,可以通过测试事件记录文件和对测试数据归档文件回放,确认异常现象发生的时间,包括事件的渐变过程或状态突变时间;分析此异常现象发生的部位,定位到分系统级和单元设备级;通过对与故障现象可能相关参数的确认,检查这些参数在异常现象发生时的状态,分析此异常现象是否与其他参数的变化(包括长期效应和事件触发效应)相关。在故障定位清楚的情况下,根据系统设计的图纸、文件,测试文件中的有关规定,如遥控指令准则、测试数据处理方法等进行故障机理分析,使分析结果和故障现象符合,保证机理清楚。

在机理清楚的情况下,要对故障模式和后果进行分析。针对故障的类型和性质提出针对性措施,使措施有效,举一反三。有以下几种类型故障的处理:

(1) 对性能指标型故障处理。在航天器测试过程中,往往会出现一些电性能指标不满足设计要求的现象,如信噪比偏低,电流电压超差,通道增益超差等。这些故障有些是影响到航天器级性能的全局性问题,必须限期解决,并完成故障报告和质量归零报告。对那些虽然存在超差,经分析不影响整体性能的,由型号设计师系统确定,可以用技术问题处理单形式处理,但手续必须完备,处理和审批符合程序文件规定。

(2) 对功能性故障处理。在测试过程中,该执行的动作没有执行,不该执行的却执行了;该有信号输出的没有输出,不该有的信号却冒了出来。例如启动 A 设备时,启动不起来,而不该启动的 B 设备却自行执行。这类故障必须彻底排除,不留隐患。

（3）对干扰型故障处理。在电测时，设备之间、系统之间会出现相互干扰现象，严重时会造成部分设备无法正常工作，这类故障与航天器的状态、测试环境有关，干扰故障多数属于软故障，查找故障原因较难，解决这类故障要从部件、分系统级测试开始就要特别注意积累这方面的数据，如部件在加噪声源情况下的状态，部件级 EMC 试验数据等。

（4）对接口匹配型故障处理。设备与设备之间、分系统与分系统之间的接口不匹配而出现故障的有两类，硬件电气接口不匹配，这类故障往往表现在阻抗不匹配造成信号幅度小，相位不匹配造成信号异常，脉冲宽度、前后沿位置变化等。

（5）对于软件接口故障处理。包括通信规程不严密、应答时序不同步、信息长度标志问题等。为了避免重复性错误，必须按照质量问题归零要求，进行举一反三。特别是同一平台的航天器，由于硬件接口和软件界面的相对一致，当在某一航天器测试中（包括地面测试设备硬件和软件）发现质量问题，并已作处理后，一定要联想到其他航天器和测试设备，对同类的软硬件进行必要的修改处理。

1.4.3　航天器电测阶段的划分及其主要内容

航天器电性能测试阶段有不同的划分法，通常航天器总体的技术流程是测试阶段划分的基础。所有任务需要的设备在装配到航天器上之前必须经过测试。航天器测试可以分成三个层次，即单元级测试、分系统级测试和系统级测试，这就是我们常说的三级测试。单元级测试和分系统级测试主要是性能测试，系统级测试主要是功能性测试。

在总装过程中需要穿插对已装设备进行必要的测试，可以把总装和试验的过程称为 AIT（Assembly, Integration & Test），AIT 是航天器研制的重要阶段，分系统级测试主要在 AIT 阶段进行。设备在进入 AIT 阶段之前的测试是单元级测试，AIT 的后期要完成系统级测试。因此，我们粗略地又可以把航天器电测划分为设备装配前测试、设备装配过程的测试和系统级测试三个阶段。

1.4.3.1　设备装配前的测试

所有设备从生产厂交到总装厂都要经过交付检查。目的是检查交付的设备是否与技术条件和任务书相符合，不允许不合格的设备装到航天器上。对于购置的商用设备也必须经过交付检查，所有外购设备必须纳入设备明细表（配套表）中。在明细表中列出设备的名称、制造厂家、交验形式。必备的技术文件和测试装置是交付检查工作的基础。

交付检查大体按照以下顺序进行:外观检查(设备外表无划伤、凹陷、裂痕、脱漆、起泡),检查附属文件的正确性(设备的履历书、说明书),设备的性能是否与技术要求一致。为了使这种性能检查尽可能详细,还必须有相应的测试设备的支持,对外接口的检查应当有模拟源支持。

如果交付检查中设备出现问题,应由航天器总体、测试和设备研制部门的代表,形成签署证明文件并返回进行维修。重新交付的设备,仍然按照上述顺序进行交付检查。

软件产品的检查(一般只做黑盒测试)除了要进行详细的功能测试之外,必须按照软件工程的要求检查文档的完整性。

如果有可能的话,有些分系统可以在装配到航天器上之前进行测试。这种测试通常应由分系统承担部门完成。测试过程需要有专门测试设备支持,这种测试设备一般就是该分系统的 SCOE。SCOE 应能模拟该分系统与其他分系统的硬件接口和信息接口。

1.4.3.2 设备装配过程的测试

航天器总装过程中,常常是每装完一个分系统或部件,随即对其进行相当详细的测试,分系统的详细测试基本上在 AIT 过程中完成。AIT 过程中除了要对每个分系统进行详细的性能和功能测试外,还要进行分系统之间的接口匹配性测试,对于某些大型航天器在分别完成舱段的测试后,还要做舱段之间的接口匹配性测试。

(1) 分系统级的详细测试

分系统的测试是航天器测试的主要内容之一,在第 3 章将做详细描述。不同的分系统测试的内容和所需要的测试设备完全不一样。概括地说主要包括以下内容:

分系统设备功耗测试。包括常值功耗和脉冲功耗,既包括太阳电池、蓄电池组等一次电源的功耗,也包括航天器上直流变换器的功耗。这项测试通常是在总装测试的开始阶段进行,如桌面联试、电性产品测试、工厂测试(初样或正样产品)等的开始阶段,通过直接测量电压电流来完成。而在其他阶段,常常由于没有直接的测试接口,而是通过分系统仪器的加断电时一次电源输出功率的变化(功率增量)来判断其功耗是否正常。该功率损耗可以通过测量一次电源输出电压和电流的遥测值或有线测量值通过换算而得到。

分系统对外接口检查。主要包括供配电接口、遥测接口、遥控接口、低频接口、视频接口、射频接口等,接口检查的主要内容是:①电连接器接点关系是否正确;②供电电源是否满足负载要求;③输入输出阻抗是否符合设计要求;④输入输出信号的各项特征是否满足接口指标要求;⑤传送信息是否符合协议要求。

功能检查。按任务要求,全面或比较全面地检查分系统预先规定的各种功能和工作模式,如指令接收、处理和执行功能、信号接收、变换和发送、工作模式转换、备份切换、安全保护等等。这是一项十分重要的检查。原则上,在条件许可的情况下,在航天器总装、测试和试验的各个阶段以及发射场,都应对分系统的功能进行检查。当然,在某些场合,由于条件的限制,或者设计本身的规定,某些功能检查必须作一定简化、限制,甚至禁止进行,最典型的例子是各类火工装置的点火试验、太阳电池阵的展开试验、天线展开试验等。不同的航天器有些功能项目在检查中要受到不同程度的限制,这必须在测试试验文件(如测试细则或大纲)中明确规定。

分系统主要性能参数测试。根据设计任务书的要求,航天器各分系统都有一系列反映其性能状况的技术指标参数,这些参数(尤其是其中的主要参数)是分系统装配后最重要的分系统测试内容之一。为了进行和完成这些参数的测试,往往需要配备和使用许多性能高、精、优的测试仪器和设备,其中包括一系列专用地面测试支持设备。

(2) 分系统间接口匹配性测试

分系统间接口匹配性测试也可以称为分系统间的对接测试。在做这种测试时,分系统使用航天器上的电源分系统供电,实际是使用地面模拟电源和星载电源控制器调节器供电。在航天器供电分系统第一次接通之前,应对供电系统采取保护性措施,要预先检查供电电路的绝缘电阻、检查控制开关的切断性能、电路的导通性能和正确性。对接(匹配)试验的重点是检查接口电路的匹配性、信息传递的正确性以及软件(如果有的话)协议的正确性。

分系统对接测试是系统级测试前的重要阶段。可以采用滚雪球的方法,一个一个分系统接上去。通常的顺序是:电源分系统→遥测/遥控分系统(或数据管理分系统)→测控分系统→姿态和轨道控制分系统→有效载荷分系统。

分系统对接匹配测试的基本特点可以概括为:①联机分系统的电源由航天器供电分系统提供;②通常可以有卫星(遥测/遥控)模拟器分系统参加,模拟测试该分系统的遥测/遥控信号接口;③一般是分系统首先与遥测/

遥控分系统(或数据管理分系统)进行对接测试。在与其他分系统对接测试时,遥测/遥控分系统(或数据管理分系统)可以参加,作为提供数据和激励的上下行通道供用户使用;④匹配试验的分系统必须有相应的测试设备和详细的测试文件支持;⑤不参与匹配试验的分系统可以处于断电状态。

(3) 航天器舱段匹配综合测试

对于大型航天器有可能分成几个部分,如航天器的返回舱、仪器舱、推进舱,应用卫星的服务舱(SM)和有效载荷舱(PM),各部分之间(各个舱段之间)要进行匹配对接测试。为了试验方便,使用相应的传输用的加长电缆互相连接。对于结构的活动部件(例如太阳电池阵、天线等)要通过机械支撑设备使之处于模拟飞行失重状态,以避免部件因重力引起的损坏。进行舱间匹配测试试验的目的是:

- 检查不同舱段的分系统之间的接口匹配和相互作用的正确性;
- 检查试验过程中的性能稳定性;
- 检查重要分系统的备份工作状态;
- 检查在常态下航天器各个分系统的工作情况;
- 检查在模拟故障情况下航天器上分系统的工作情况,例如模拟电源电压出现最小值情况下航天器自动控制系统的反应;
- 测量各个舱段系统的启动电流和电压的瞬态特性;
- 检查综合测试的程序软件。

1.4.3.3 系统级测试

装配过程中所有分系统完成测试后,分系统仪器、部件按总体布局被安装在航天器实际的部位上,航天器的状态与空间运行的状态相似,这时候进入了系统级测试。系统级测试的航天器将经历常规环境、力学环境、真空热环境、磁环境、长途运输后的再总装、发射场技术区环境和发射区(航天器与运载火箭对接状态)环境,通过一系列的测试活动检验航天器对环境的适应性,以便确保航天器发射前功能和性能的正确性。

需要指出的是,分系统级测试与系统级测试常常没有严格的界限,我们经常会在系统级对某些分系统的性能进行详细的测试。也可以说分系统级测试和系统级测试交叉进行。

根据航天器总装技术流程和测试的需要,系统级测试可以分成若干阶段进行。概括地说,系统级各个阶段测试的主要内容包括如下几方面:

(1) 功能检测。以遥测、遥控链路为基本手段,辅以部分分系统专用检测设备,验证星载各分系统的功能。例如检测电源的电压和稳压特性、姿态控制系统太阳和地球捕获的功能验证、遥测遥控的响应能力等。

(2) 特定性能检测。在航天器级环境试验前后,验证航天器各分系统性能是否符合分系统的技术规范。航天器正常运行时并不出现但在航天器局部故障时可能出现的一些性能指标以及在航天器级性能检测时不便测试的各项性能指标,均在这项检测中进行。例如供电电压及电流的保护与切换性能的检测;蓄电池充放电效率检测;发射机效率稳定度测量;利用地面激励信号源对姿控系统太阳敏感器和红外地球敏感器以及控制极性的检测等等。此外,还需测量出航天器在各种工作方式和各种工作状态下的各项功耗值,并将此实测值作为各次检测的参考基准值。

(3) 系统级性能检测。验证总装后的航天器是否符合航天器级技术规范的要求,它包括各种分系统在特定条件下工作状态的组合,也包括各分系统主备份的交叉组合,实现对航天器级性能的全面检测。对于各分系统,以能体现航天器级性能的测试为重点。例如姿态控制系统,用各种模拟信号进行激励,测量各种响应,用注入模拟分离信号,检查分离和控制逻辑的运行,用注入太阳和地球敏感器的模拟信号检测姿控发动机和展开驱动器的响应等。航天器级性能测试中,除模拟发射试验阶段使用星载蓄电池以外,其他时间多用地面模拟电源供电。

阶段的划分没有固定的模式,不同类的航天器有不同的划分方法。就系统级(航天器级)而言,可以分为电性模型、检验模型和飞行模型。就每一个模型而言,可以划分为若干阶段,每个阶段的状态、测试任务和模式是不相同的。我们以中国—巴西合作的 CBERS(China-Brazil Earth Resources Satellite)为例加以说明。

CBERS 卫星测试过程分为 A、B、C 和 D 四个(阶段)状态进行,这些阶段的测试的各自特点分述如下:

(1) 状态 A:S/C 电源总装状态

· 本阶段测试将测试所有星上电源总线,包括接通/断开分系统及其设备的电源的有线命令;

· 测试电源分配接口的正确性和检查主电源信号的特性;

· 检查接地阻抗;

· SM 和 PM 舱将分开装配,通过 UMB(umbilical cable or connector)电缆与 SAS(Solar Array Simulator)和 GWC(Ground Wired Control)连接,使用 BOB(Break Out Box)和测试电缆检查每个分系统的电源接口。

(2) 状态 B1:S/C TMTC 分系统检查和功能测试(服务舱 SM/有效载荷舱 PM)

- 检查 EGSE(OCOE/SCOE)与卫星之间的所有接口;
- 不遗漏地验证每一个指令的正确性;
- 每个遥测参数的正确性检查。不含糊地检查每个监视参数是否满足期望值;
- 通过执行分系统测试矩阵所选择的某些功能测试,检查每个分系统的主要电气特性和功能;
- 按照指定的需求确认分系统之间的接口;
- SM 和 PM 分开装配,使用 UMB 电缆、分系统测试电缆和 RF 同轴电缆与 OCOE/SCOE 互连。

(3) 状态 B2:S/C 系统级测试/模式(SM/PM 分别进行)

- 检查所有卫星工作模式下系统级功能和主要性能,此外检查所有分系统能否正常地协调工作;
- SM 和 PM 分开装配,使用 UMB 电缆、分系统测试电缆和 RF 同轴电缆与 OCOE/SCOE 互连。

(4) 状态 C1:S/C 系统级测试/模式(SM+PM,通过电缆互连)

- 检查所有卫星工作模式下系统级功能和主要性能,此外检查所有分系统能否正常地协调工作;
- SM 和 PM 装配到一起,使用 UMB 电缆、分系统测试电缆和 RF 同轴电缆与 OCOE/SCOE 互连。

(5) 状态 C2:S/C 系统级测试/模式(SM+PM,通过射频连接)

- 检查所有卫星工作模式下系统级功能和主要性能,此外检查所有分系统能否正常地协调工作;
- SM 和 PM 装配到一起,使用 UMB 电缆、分系统测试电缆和 RF 天线与 OCOE/SCOE 互连。

(6) 状态 D:S/C 系统级测试/模式(SM+PM+SAG,通过射频互连)

- 检查所有卫星工作模式下系统级功能和主要性能,此外检查所有分系统能否正常地协调工作;
- 卫星的 SM、PM、SAG 和卫星结构的侧板面/中板面将装配到一起,使用 UMB 电缆和 RF 天线与 OCOE/SCOE 互连。

表 1-3 表示电气测试矩阵,包括 S/C 总装状态、S/C 控制和监视配置、EGSE 配置以及 S/C 测试。

表 1-3 电气测试阶段特性

卫星和 EGSE 特征			卫星测试阶段						
			IA①	A	B1	B2	C1	C2②	D③
卫星总装状态	未装配		X						
	SM 总装＋BAT＋PM 总装			X	X	X			
	(SM＋PM)总装＋BAT						X	X	
	(SM＋PM＋BAT＋SAG＋LP)总装								X
卫星控制和监视状态	有线	单元设备电缆	X						
		卫星 UMB		X	X	X	X	X	X
	RF	同轴			X	X	X		
		天线						X	X
卫星供电	DC/DC			X	X	X	X	X	X
	SAS(太阳阵模拟器)			X	X	X	X	X	X
EGSE	BOBs(转接盒)		X	X					
	TM/TC Boxs		X	X					
	SCOEs		X	X	X	X	X	X	X
	GWC(有线控制台)			X	X	X	X	X	X
	OCOE			X	X	X	X	X	X
	地球、太阳和相机模拟器		X		X	X	X	X	X
卫星测试活动	产品交接验收		X						
	卫星供配电			X					
	卫星 TM/TC 分系统检查				X	X	X	X	X
	卫星分系统功能检查		X		X	X	X	X	X
	卫星分系统接口检查				X	X	X	X	X④
	卫星系统级功能检查					X	X	X	X

注解:①交付验收测试;②飞行模拟测试将在 C2 阶段完成;③状态 D 将做多次;④SAG 的外观检查将在 SAG 展开试验后进行。

上述的 CBERS 卫星的系统级测试具有典型的意义,其他的卫星可以参照进行。我们再以国际通信卫星 VI 测试的具体内容为例,并列于表 1-4 供参考。根据不同的卫星其测试的内容可以增减。

表 1-4　国际通信卫星 VI 详细测试项目表

（根据《国际通信卫星 VI 地面试验》一书整理）

PSS 测试项目	AOCS 测试项目	TM/TC 分系统 测试项目	TT&C 分系统 测试项目	机构分系统 测试项目	推进分系统 测试项目
1. 功耗 2. 母线欠压 3. 母线过压 4. 母线限压器 5. 限压器稳定度 6. 蓄电池放电控制器 7. 充电调节性能 8. 蓄电池容量测试 9. 太阳阵功能测试	1. 方向指向试验： · 闭路性能测试 · 开路偏置和误差标定 · 消旋试验 2. 章动控制试验： · 主动章动控制(电气功能和机械试验) · 消旋主动章动阻尼(性能和功能测试) 3. 姿态测定试验，检查星载姿态数据处理器的正常工作情况 4. 自主推力器点火试验，在推力器电磁阀上接模拟负载，验证推力器点火次序和点火脉冲特性	1. 指令功能验证： · 译码装置和脉冲指令验证 · 指令接收机及中央处理器(CPU)主备搭接 · CPU/译码器主备搭接 · 执行方式 2. 电爆管和电磁阀驱动器特性测试(通常用模拟负荷) 3. 遥测字测试：检查遥测的主帧和副帧的遥测数据，逐点检查每个遥测模拟通道 4. 遥测标定：所有通道进行标定，确定遥测工程值和原始值之间的对应关系	1. 遥测和指令天线覆盖区测试(全向天线在吸波室做) 2. 遥测频率和稳定度 3. 遥测杂波输出 4. TM输出功率和等效全向辐射功率 5. TM调制特性 6. 指令灵敏度 7. 指令带宽 8. 指令调制特性 9. 测距试验	1. 太阳电池板定位器 2. 全向天线展开机构 3. 自旋和消旋锁定 4. 卫星分离夹具 5. C波段天线展开机构 6. C波段天线定位机构 7. K波段天线定位器机构 8. 全球喇叭天线定位器机构 9. C波段天线馈源锁定器	1. 阀门功能测试(用卫星和用测试箱) 2. 阀门响应测试(用卫星和用测试箱) 3. 阀门检漏 4. 压力传感器检查 5. 压力检查 6. 目视外观检查

1.5　航天器测试技术和测试设备发展概述

本节的前四部分是对中国航天器测试技术和测试设备发展历程的回顾和描述,国外同行业走过的道路也大致相同,只是由于基础工业的落后和起步较晚,我们的发展要艰难得多。最后一部分简要介绍自动化测试系统的发展概况。

1.5.1　从手动操作起步的综合测试

中国第一颗人造卫星"东方红一号"的测试是手动操作和人工判读。按照卫星的组成和测试的要求,测试设备由三部分组成:一部分是卫星供电和测量设备,另一部分是"东方红"乐曲和遥测接收设备,第三部分是跟踪系统测试设备。

卫星供电和测量设备由控制组合、测量组合、数字电压表、模拟电源和加温电源、地面配电器以及电缆网等部分组成。为了按时完成任务,使用了在某个型号导弹使用过的旧设备和图纸资料,承担任务的人员仔细阅读图纸和资料,按要求完成了对控制组合和测量组合的改造。该设备的控制完全是通过操作面板的按键开关实现的,测量使用机械式表头和数字电压表,通过拨号盘选路或步进选择器顺序测量,当时尚无可用的打印设备,只能靠人工记录了。

"东方红"乐曲和遥测接收设备由 56 型短波接收机、乐音监听器、鉴频器和记录器组成。自己设计了乐音监听器和鉴频器,设计中的难点是选择带通滤波器元件参数值和调整鉴频器线性度。"东方红一号"卫星遥测体制是 PAM/FM/AM,射频频率为 20MHz。40 秒传"东方红"乐曲,5 秒间隙,10 秒传送 FM 遥测,5 秒间隙,1 分钟一个周期。接收机输出的音频信号送到乐音监听器,经过音频放大送出了悦耳的"东方红"乐曲声。遥测信号是分时 PAM 信号调频的中心频率为 1100Hz 的音频信号,因而要经过鉴频器解出 PAM 信号。鉴频器的输入级是带通滤波器,之后是鉴频器(一种 f-V 变换器),输出 $0\sim3$V 的 PAM 信号,通过紫外记录器或 8 线示波器记录在纸上或胶片上,靠人工判读。

跟踪系统测试设备由分系统设备研制单位提供,它们是 5 公分应答机、10 公分信标机和超短波(202MHz)信标机用测试设备。

这套综合测试设备是第一代测试设备的代表,尽管它存在很多不完善的地方,按现在的观点看,可以说"水平"很低。然而就是这套设备确保了"东方红一号"卫星电性星、串联星和发射星在工厂、试验站和发射场的测试,为"东方红一号"卫星的成功,继而又为"实践一号"卫星的成功立下了汗马功劳。就是这套设备的设计和应用为中国培养了一批技术骨干,至今仍有一些当年的"年轻人"在中国卫星综合测试设备领域中继续辛勤地工作着。这套卫星综合测试设备作为中国第一个卫星测试设备同"东方红一号"卫星一样将载入史册。

　　进入 20 世纪 70 年代后,中国空间技术研究院(CAST)又先后为返回式卫星、早期通信卫星和科学试验卫星研制了综合测试设备。它们都属于第一代设备,这些设备都是由通用仪器和专用设备组成,其共同特点都是手动控制,没有数据处理能力,只有测量部分使用了顺序控制采样,跟踪测轨分系统都是采用分系统承担单位提供的设备以及购置的通用仪表。

1.5.2　计算机进入卫星测试领域

　　20 世纪 60 年代末,国外的卫星测试已经开始或广泛使用了计算机。典型的系统是美国阿波罗飞船的 EGSE 系统,它有 18 分系统控制台,每个控制台都由小型计算机管理,全系统用了差不多 30 种类型的 125 台计算机去支持这个工程的自动化测试。中国还没有国产的计算机,进口计算机更是不可能的。计算机在卫星测试中的应用只能是可望不可即的事。直到 20 世纪 70 年代中期,计算机在轨道计算、数据处理等领域开始应用。但是,卫星测试过程甚至数据处理过程全都是人工操作。

　　1973 年初,CAST 研究人员开始为返回式卫星简易地面站研制遥测数据处理用的专用计算装置。用只读存储方式和二次三项式数学模型完成遥测参数从分层值(量化值)到物理值的换算。那时没有可供使用的集成电路和半导体存储器,整个装置使用的都是分立的半导体管和磁芯存储器,设计、装配和调试的难度都非常大。经过一年多的努力,于 1974 年初完成了生产,成功地用于了返回式卫星简易地面站遥测数据处理。尽管这个装置使用起来不方便,处理能力也很有限,但这的确是非常有益的尝试和探索,向人们展示了计算机(尽管是计算装置)应用的诱人前景。

　　进入 20 世纪 80 年代,计算机在测试领域的应用已是广泛的话题了,很多技术人员开始进行探索和研究。CAST 确定了把 DJS-130 小型机(与美国的 PDP-11 兼容)用于卫星测试。研制人员除了配备好通用的外设之外,还把模拟量测量设备、键盘和显示设备定义为系统设备,把遥测中和低速率解调设备定义为一般用户设备纳入 RTOS 管理。完成自动化测试的关键在于软件,经过认真地调研,反复讨论,确定使用实时操作系统(RTOS)和扩展汇编语言。采用数据表驱动的设计方法,占用内存 24K 字长,编写用户任务 15 个。那时的计算机资源很贫乏,内存仅仅 32K 字节,只能用纸带作为输入输出介质,编写和调试程序都很麻烦。经过半年的艰苦努力,终于研制出了第一个用计算机控制的卫星测试自动化系统,并先后参加了两颗星的测试。该系统的应用为测试过程提供了前所未有的人/机界面和实时数据处理能力,使人耳目一新,再次向人们展示了计算机应用的诱人的前景。DJS-130测试系统及研制人员当之无愧地成为中国卫星自动化测试系统的先驱和开拓者。

在DJS-130系统开发的过程中,微型计算机在航天的应用研究已悄然兴起,自动控制与测量标准接口(CAMAC)的研究也取得了很大进展。当时的航天部门组织了CAMAC工程组,工作组除了制定规范(引用国际标准)外,还承担和研制了若干CAMAC功能模块的任务。第一套由CROMEMCO系统Ⅲ微机(Z80的CPU)和CAMAC接口构成的测试系统是1984年研制出来的,作为手动测量的备份被用于通信卫星测试,系统仅限于脉冲量和模拟量测量。紧接着开发出了用于返回式卫星的系统级综合自动化测试系统和用于姿态控制测试的测试设备,硬件由CROMEMCO系统Ⅲ和CAMAC机箱构成,软件是以自己开发的实时操作系统为平台的多任务系统。

从20世纪80年代中期开始,微型计算机在卫星测试中的应用逐渐推广和普及,可以说是遍地开花。各级管理人员和专业人员非常注意跟踪国内和国际的先进技术,使卫星测试设备的水平不断提高。计算机硬件不断升级,先后为"东方红三号A"和返回式科学试验卫星研制了以IBM PC机为主机的测试系统。可是,相比之下,软件更新的速度要慢得多,大量使用的仍然是DOS和汇编语言。

以上介绍的以DJS-130系统为代表的卫星测试系统是第二代测试设备,本质上它只是人工测试的一种模仿。它的主要特点是计算机在数据采集和处理中得到了应用,测试设备是分散的体制,没有卫星测试的操作软件,缺乏集中的测试过程管理和数据管理。

进入20世纪90年代后,部分软件开始使用高级语言,如BASIC、C等,基于Windows和网络的程序设计也逐渐被应用和受到青睐。标准化接口总线逐步被接受和推广应用,卫星测试设备体系结构和测试软件的不断完善预示着真正的卫星自动化测试时代就要到来了。

1.5.3　标准化接口的应用

接口是个含义很广的术语。一个系统或功能模块与另一个系统或功能模块之间相互通信时所需要的分界面可称为接口。卫星测试中,各级计算机之间、计算机与外部设备之间以及测试设备与被测控卫星之间都需要通过接口进行信息交换,以达到协调工作完成测试的目的。严格地说,应该把计算机各个部分之间、计算机与外部设备之间以及计算机之间交换信息的接口称为总线,把测试设备与被测控对象之间进行信息交换的界面称为接口。

自从计算机进入卫星测试领域,接口的设计和选择一直是设备设计者很重要的任务。20 世纪 80 年代初,为了把 DJS-130 计算机用于卫星测试,我们只能自己设计接口。当时设计了遥测接口、模拟量测量接口,同时又购置了开关量输入/输出接口机柜。这种非标准的接口不但花费了很多的精力和经费,而且很不可靠。选用标准化的接口已经是大势所趋,设计者可以把主要的精力用在功能设计和软件设计上。CAMAC 总线、GPIB 总线、PC 总线、STD 总线、RS 系列总线、VXI 总线、局域网总线以及与之相应的一些接口设备先后在卫星测试中得到了应用。下面将几种对我国航天器测试设备有重大影响的几个接口做简单介绍,主要的接口总线将在第 8 章详细说明。

1.5.3.1 CAMAC 总线应用

CAMAC(Computer Automated Measurement And Control)是首次被引入卫星测试领域的标准总线。CAMAC 标准接口系统以具有 25 个插槽的机箱结构为基础,包括三个层次上的标准接口系统:一个是以"数据路"(DADA WAY)为核心的标准机箱接口系统,一个是以"并行公路"为核心的多机箱接口系统,一个是以"串行公路"为核心的多机箱系统。

我们使用的是以"数据路"为核心的标准机箱系统。数据路就是常说的 CAMAC 总线(IEEE 583)。标准机箱的后底版是制有 CAMAC 总线的 PCB 板,PCB 底板上设有 25 个多芯插座将总线引入插座上。我们再把功能组件制做成符合 CAMAC 总线标准的插卡,并插在底版插座上,就方便地实现了功能组件通过 CAMAC 总线的互连。实现 CAMAC 与计算机接口的是机箱控制器(CCU),常用的 CCU 称为 U 机箱控制器,位于机箱的第 24 站和第 25 站。它有两个作用,一个是控制与管理数据路上各个功能组件的通信,另一个是实现 CAMAC 总线与计算机总线之间的接口。

1.5.3.2 GPIB 接口的应用

把高精度和宽频带仪器用于卫星测试最佳的接口总线就是 GPIB 接口,也称 IEEE 488 接口。该标准规定了机械、电气和功能的技术规范,总线共有 24 根线,8 根数据线,传递速率是 1MB/s。总线长度不超过 20 米。接在总线上的仪器可以是"控者"、"听者"或"讲者",可以连接 15 台 IEEE 488 兼容的仪器。尽管新的测量仪器接口不断涌现,如 VXI 仪器接口、PXI 接口、PC 机卡式仪器系统等,但是 GPIB 接口却有着顽强的生命力,可以说是测试仪器领域的"常青树"。

这主要是由于标准的规范性、众多仪器厂家的采用和大量用户的应用。认为有发展前景的网络接口仪器完全取代它还为时过早。

20 世纪 90 年代初,GPIB 测量系统已经广泛应用于各个型号的测控系统的测试、通信卫星转发器测试和其他需要高精度测量仪器的系统中了。各类卫星的跟踪系统、通信系列的通信转发器系统、各类卫星的 TT&C 系统等无一例外地采用了这种接口。这是因为它们所用的测量设备几乎都具备了标准的 IEEE 488 接口。从"东方红三号"卫星开始的通信系列卫星的太阳方阵模拟器、中巴合作的"资源一号"卫星的太阳方阵模拟器和卫星电磁兼容测试系统也都使用了这种接口。这些测量系统的连接示意图如图 1-7 所示。各个测试系统的连接方式相同,不同的是根据测试需求配置不同的测量仪器。

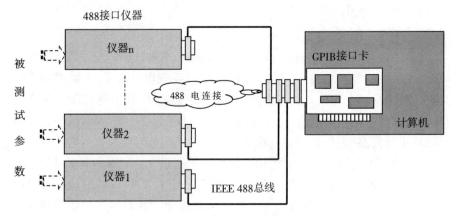

图 1-7   GPIB(IEEE 488)测试系统组成

1.5.3.3   PC 总线的应用

1981 年 IBM 公司正式推出 IBM PC 微机,它充分利用了 8088 的性能,组合了其他可编程接口芯片,采用开放式接插件兼容技术,使系统扩充部件可以直接插入 PC 机机槽而不必修改原有电路。继而推出的 PC/TX 配有 8 个扩充插槽。同时,IBM 公司公布了 PC 机的几乎全部资料。它的开放式结构使 IBM PC 赢得了众多用户,也造就了数以百计的兼容机公司,使 IBM PC 机成为了事实上的标准而为全世界用户广泛接受。为了与 80286 等新的芯片兼容,IBM 又在 PC 总线(62 根)基础上增加了 36 脚的扩展插槽而形成了 AT 总线(98 根)。在一般的微机中的母板上分别设置了数目不等的 AT 及 XT 插槽,这就是 ISA(Industrial Standard Architecture)工业标准总线。PC 机丰富的软硬件资源,包括各类扩展功能板的出现,特别是加固型 PC 工控机的出现,使工业 PC(IPC)的应用得到了迅速发展,其速度之快,应用范围之大,超过了任何一种总线的工控产品。适合于现场接线方便、维修方便和可以带电插拔和更换的新型 IPC 的推出将使 IPC 的应用具有更大的吸引力。

1991 年由 Intel 公司首先推出了 PCI(Peripheral Component Interconnect)总线,并很快得到了 100 多家计算机公司的共识。该总线支持 64 位数据传送,速率为 132MB/s,快速传输的动力之一是 GUI(Graph User Interface)的发展。PCI 的发展和应用非常迅速,相应的接口芯片、各种外设接口卡陆续推出,新生产的 PC 机有的已经没有 ISA 接口了。从发展趋势看 PCI 将会取代 ISA。但是,由于 IPC 和 ISA 接口存在大量的用户,PCI 接口卡价格又比较高(大约是 ISA 接口卡的 4~5 倍),ISA 接口的应用还将维持若干年。

早在 20 世纪 80 年代中,PC 总线(主要是 ISA 总线)就在卫星测试领域得到了应用,多用于对卫星脐带电缆(UMB)接口信号的测量和控制。如在通信卫星、神舟号载人飞船等型号的供配电测试设备中都使用了工业 PC 机和 PC 总线兼容的功能板,主要使用数字量输入/输出、模拟量输入(A/D)和模拟量输出功能板。软件也各具特色,功能齐全,界面丰富多彩。有的软件是基于 MS DOS 的使用了 Borland C 语言,有的软件是基于 Windows 的使用了 VB 语言,有的软件则使用了图形化编程语言,如 VEE,Lebview 等。丰富的资源、开放式的结构和优良的性能价格比使 PC 总线仍然会在卫星测试中得到持久的应用。

上述应用系统的结构大同小异,仅举一例说明。图 1-8 是某颗卫星供配电测试设备 IPC 部分的结构简图。

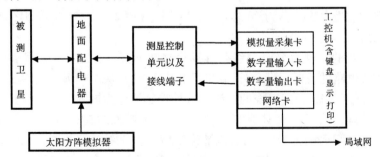

图 1-8　采用 PC 总线结构简图

通常被测试卫星与工业控制计算机(IPC)之间的距离有几百米,为确保卫星供电的安全、状态监视的准确、参数测量的稳定,该系统设计中需要认真对待干扰的问题。对于数字信号采取光耦隔离,对于模拟信号采取三个环节对干扰进行隔离和抑制:电源隔离、模拟通道隔离、数字通道隔离。采用双端采集的办法,其负端在靠近卫星那端连在一起,这就相当于采用并联一点接地方式,且接地点的位置选在被测信号一端。实践表明,这样的地线接法大大地减少了干扰强度。

在软件设计中,采用数字滤波滤除用硬件难以滤除的工频干扰,消除模拟信号的测量存在的零点误差和零漂。电流的取样值一般很微弱,把取样电路放在被测电源的负端,这样可以减少共模干扰;另外,对那些一定要取样于被测电源正端的电流(如负载电流),则采用霍尔效应传感器测量。实践证明,采取上述的两种办法效果都相当好。

1.5.3.4　VXI 总线的应用

VXI 总线系统是一种用于模块化仪器的总线系统,被公认为是 21 世纪仪器总线系统和自动测试系统的优选平台,它几乎可以覆盖大多数传统的电子仪器。其优点是:优良的交互性、数据传输率高、可靠性高、易修性好、体积小、重量轻和可移动性好。目前世界上生产厂家已经有百余家,产品种类超过 1000 种。VXI 总线的原理在本书后面章节将有较详细介绍。

VXI 总线系统的最大优势在于解决了系统的硬件和软件的标准化。硬件方面形成了真正的开放式系统,软件方面支持标准化的系统软件。

VXI 模件有四种标准尺寸,C 尺寸是常用的 VXI 系统,估计能占在用 VXI 系统的 85%,其尺寸为 233.5mm×340mm(高×深)。

VXI 模件一般由 PCB、连接器和电子元件组装而成。要求焊盘、印制线、屏蔽罩和元件距 PCB 的上下边缘不能小于 2.5mm,以确保模件与机箱导槽的间隙。

模件的插板电连接器为 96 芯,C 尺寸有 P1 和 P2 电连接器,在所有的模块中 P1 是必需的,P2 是任选的。

VXI 机箱的零槽为 VXI 总线与计算机之间的接口。随着微处理器技术和大规模集成电路的发展,可以将计算机组装成 VXI 模块结构形式直接安装在主机箱内,完成对 VXI 总线系统的控制。这种控制器称为嵌入式控制器。

无论是嵌入式控制器还是用于连接外部计算机的接口或翻译器都放在VXI 主机箱的零号槽位置。因此,也常称零槽模块或零槽控制器。VXI 系统对零槽控制器的控制功能可以有不同的要求,可以根据系统需要来设计和选用不同的控制器。VXI 系统有三种基本的常用的构成方式:GPIB 控制方式、MXI 控制方式和嵌入式控制器方式。

从 1990 年开始,中国国内的一些高等院校和工业部门投入了大量人力和物力开发 VXI 接口,引用和制定了相应的标准和规范。先后研制出机箱、控制器和数百种功能模件,组建了若干用于卫星或导弹的 VXI 系统,虚拟仪器的软件工具,如 VEE、Labwindows/CVI、Labview 等也得到了广泛的应用。一批航天器测试专用的 VXI 专用模件,如 TC、TM、姿态控制分系统用的模件已经开发出来。

1.5.4 卫星测试自动化技术

计算机和标准接口的广泛使用,预示着自动化测试时代的来临。自动化测试应该具备的特点是:高速度、高精度、多参数处理、多功能、宽量程、高重复性、显示多样化、分析和判断能力、自校自检能力、具自诊断和自修复能力、操作简便。进入 20 世纪 90 年代,计算机技术的发展和应用,软件技术的发展和标准化接口的应用,使我们的测试逐步走向自动化,进入了第三代测试设备的研制和应用阶段。

自动化测试系统的概念早在 20 世纪 50 年代中期就已提出,并已在导弹测试中开始使用自动测试设备。在计算机应用之前,使用了顺序控制器、纸带或卡片穿孔编码控制器等实现了局部功能的自动化。计算机的广泛使用为测试自动化提供了最有力的支持,到 80 年代末,中国卫星测试设备已经广泛使用了计算机,各分系统都开发了以计算机为基础的测试设备。尽管如此,由于这是一种分散的体系结构,形不成闭合的测试回路,缺乏统一的信息和数据管理,没有专用的卫星测试语言支持,测试过程完全靠指挥者的命令协调测试操作,不可能做到测试过程的自动化。因此,在一定意义上讲,只能称作是局部的自动化或半自动化。

中国改革开放以后,航天领域的国际交往日益增多。ESA 的 EGSE 领域的专家多次来中国空间技术研究院(CAST)进行技术交流,CAST 也多次派人到 ESA 考察和实习。学术的交往使我们开阔了眼界,看到了差距。从 CAST 领导到从事卫星测试的技术人员取得了共识,要努力改变中国测试技术落后的局面。为了改变这种局面,有关部门决定以“东方红三号”通信卫星为应用背景引进法国 MATRA 公司的总控设备,并于 1989 年 9 月派出中国专家组前往 MATRA 参加合作开发。总控设备的核心是 ETOL(European Tests Operation Language——欧洲测试操作语言),因此常常把总控设备称作 ETOL 系统。在接近两年的合作开发期内,国内多次派技术专家参加了对 ETOL 系统的用户需求评审、初步和关键设计评审以及验收。中国专家组直接参加了项目的开发,独立承担了某些部分的设计,如遥控前端处理进程、图形生成软件、初始化进程、SCOE 核心程序等,对 ETOL 系统有了比较深入的了解,为开发中国的卫星测试软件系统奠定了技术基础,培养了人才。1991 年 7 月引进的 ETOL 系统通过了最后验收,半个月后就开始用于电性星测试。制定了应用层通信协议,逐步地把分系统测试设备连成一体;定义了 1000 多个处理参数、多幅显示图形和 700 多个测试程序;实现了测试设备技术区和发射区的远程联网。设备先后成功地用于了"东方红三号"卫星的测试。ETOL 系统提供的分布式体系结构、简洁的编程方法、强大的数据处理和回放能力、完整的数据和事件归档能力以及友好的人机界面使中国的卫星测试水平上了新台阶,改变了过去卫星测试的体系结构和布局,是中国卫星测试的新里程碑。

在试图把引进的 ETOL 系统应用到其他卫星测试时,遇到了很大困难。因为我们得到的 ETOL 系统仅仅是基于 VMS 操作系统平台的可执行代码,也没有详细设计文件,移植和改造起来非常困难。中国国内虽然可以配置系统所用的 VAX 小型机和 VMS 操作系统,可是因为引进系统中的遥测前端接口和图形监视器都是专用设备,对方不提供设计图纸,好比是"黑盒子",使我们仿制该系统遇到了不可逾越的技术障碍。为了扩大总控设备的应用,彻底改变卫星测试技术落后的状况,专业人员经过反复认真地研究,决定从两方面下手。一是揭开"黑盒子",扩大 ETOL 系统的应用,二是开发中国的卫星测试系统。

研究人员花了近一年的时间,分析传送的代码,熟悉网络协议,反复实验和调试,取得了技术上的突破,打开了引进的总控设备遥测网络接口和图形监视器接口,为扩展 ETOL 系统的应用扫清了障碍。因为这样就为使用 PC 机和高级语言编程取代专用图形显示器和把自己研制的遥测前端机同 ETOL 接口提供了可能。1995 年后分别将总控设备的主测试计算机由 VAX3400 升级为 VAX4200,操作系统由 VMS5.3 升级为 5.4 - 2 版本。遥测前端和图形显示完全是自己开发的,使得 ETOL 系统成功地用到了新的通信卫星测试中。

同任何系统一样,引进的 ETOL 系统也有不尽如人意的地方。随着技术的发展,VAX 机和 VMS 操作系统逐步被淘汰,面对日新月异的 PC 机和令人目不暇接的开发软件,ETOL 不但无法直接应用,而且移植起来极其困难,使它的应用受到了极大限制。由于受到开发时技术条件的限制,ETOL 提供的人机界面、处理能力等方面也不够理想,ESA 已经推出了基于更通用和标准的 UNIX平台的 ELISA 系统。引进这样的系统要花费大量的钱,是非常不现实的,解决的唯一途径是自己组织力量进行开发。1995 年中国自行研制的总控设备软件开始启动。组织有经验的同志组成技术攻关组,按软件工程方法开展了研制工作。用了大约 10 个月的时间完成了软件结构设计和软件功能设计,编写了设计文件,特别是完善了用户需求文件,每份文件都经过了认真的讨论、分析和修改,奠定了详细设计和编码的基础。

经过卫星总体部门和开发部门的共同努力,中国自行研制的以 PC586 计算机和 Solaris 操作系统为平台,以 TCP/IP 协议为网络底层协议的卫星测试总控软件系统终于问世了,这是国产测试操作语言系统的第一步。它汲取了过去研制几代测试设备的经验和教训,它凝聚着数十位专业技术人员的心血。因为这个系统是在通用环境下按模块化结构开发,所以移植、升级、扩充或修改都是比较容易实现的。只花费了很短的时间和较少的经费把这个软件用到了一个又一个卫星测试的事实充分证明了这一点。

在研制基于 PC 机的总控软件系统取得突破性进展的同时,为"神舟一号"载人飞船电测用的总控软件的研制也紧锣密鼓地展开了。这个软件以 HP 小型计算机和 UNIX 操作系统为平台,在 PC 总控软件的应用成果的基础上,功能上进行了扩充,提供载人飞船设备的桌面联试用,在应用中不断地做修改完善。系统成功地用在了神舟飞船各阶段的测试。

在积累了实践经验的基础上,组织人力开始卫星测试软件的通用化、模块化和系列化研究。研究过程充分吸取了已开发的总控软件的成果,从体系结构和软件结构等方面加以规范化使之符合"通用化、模块化和系列化"的基本要求。确定的硬件系统结构框图如图 1-9 所示。

研究结果确定的卫星综合测试软件是基于通用的 PC UNIX 的多进程软件系统,为了减少开发成本和使系统更具备开放性,以廉价操作系统 LINUX 为平台的卫星测试软件也得到了应用。该软件被称为航天器测试操作软件(STOS—Spacecraft Test Operations Software),STOS 系统分为后台软件和前台软件两部分。后台软件完成测试数据库的定义和在线的修改。前台软件也称为实时运行软件,它包含数据采集和处理、遥控指令发送管理、测试序列管理、SCOE 管理、记录和归档管理、键盘命令管理和测试数据显示管理等。

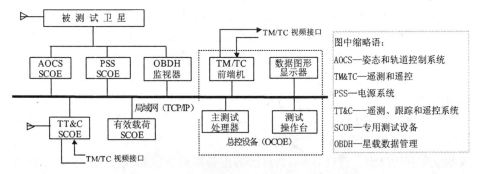

图 1-9 电气地面综合测试系统(EGSE)框图

从 20 世纪 90 年代初引进 ETOL 系统,到中国目前为一系列在研型号自行开发的 STOS 的成功应用,改变了以往卫星地面测试设备的体系结构,使用总控设备已成为从事卫星测试专业人员的共识,标志着中国卫星测试自动化时代真正到来了。

从中国第一颗卫星"东方红一号"上天到目前在研的卫星,不断跟踪新技术和借鉴国外的先进技术,积累了大量测试方法和经验,形成了一系列规范性文件,共研制了数十套综合测试设备,有力地支持了卫星在总装厂、环境实验站和发射场的测试。这些设备从简单到复杂,从人工操作到计算机管理,凝聚了整整为之努力工作的上百名科技人员的智慧和心血。在老同志的带领下,年轻的一代科技人员已经成长起来了。他们具有坚实的基础知识,具有敏锐的接受新知识和跟踪新技术的能力,完全有理由相信,中国的卫星测试技术在不久的将来就可以赶上世界先进水平。

1.5.5　自动化测试技术发展历程概述

自动化测试首先是由于军事上的需要而发展起来的。早在 20 世纪 50 年代,美国军方就因为在军用电子设备的应用和维护方面遇到的很多棘手的问题而提出了自动测试设备的概念。其基本设想和目标是:不依赖有关的测试文件,由非专业人员上机进行自动操作,以计算机的速度完成测试,并且通过灵活的程序编制达到适应任何具体测试问题。后来的事实表明,自动测试系统虽然有了很大发展,但却远未达到上述目标。尽管如此,我们可以看出半个世纪前能提出这样的目标是很不简单的。由于电子技术、计算机技术的发展,各方面需求的激励,从业专家的不懈努力,上述目标正在一步一步被实现和逼近。自动化测试设备发展是循序渐进的,归纳起来大体上可以划分为如下三个阶段:

第一阶段起始于 20 世纪 60 年代初,采用了积木式的组建概念。它是由一台计算机和若干台仪器设备拼凑而成。这个由分散设备组成的系统将会有一些新的特性,因此绝不能误认为是各个部分的简单组合。这种系统的主要问题在于组建者要自行解决设备之间、设备与计算机之间的接口。当设备比较多时,研制工作量大,费用也高。更主要的是这样的系统适应能力很差,为适应新的需求或增加新的设备,就要重新设计接口。

第二阶段起始于 20 世纪 60 年代末,主要标志是标准化接口的推出、完善和推广。起初,由 HP 公司生产了带有接口卡的专用计算机,HP 公司生产的部分仪器也带有接口卡。这样,用 HP 自己的设备组成系统就很方便了。由于这种新的接口只能适应 HP 公司的产品,接口卡的种类多,连线多,连接也复杂。没有多久,通用的标准化仪器接口被国际电工协会(IEC)和美国电气与电子工程师学会接受,并且颁布了标准化文本,即 IEC66(也称 GPIB)和 IEEE 488(也称 HPIB),二者基本相同。标准接口的推出在测试和测试设备领域具有划时代的意义。从此,各种接口标准纷纷登场,呈现出色彩缤纷的局面。在第 8 章将对几个有代表性的接口做简要介绍。

　　第三阶段起始于 20 世纪 80 年代。前两个阶段中,计算机完成系统的控制、数据的分析和处理,其作用和功能基本上是人工测试和操作的模拟。把计算机同系统的硬件更紧密结合起来,融为一体,用软件代替硬件仪器的某些功能,这是第三阶段的主要特征。目前,较为时尚和前瞻的"虚拟仪器和虚拟系统"无疑是属于第三阶段的产物。第三阶段的自动测试设备在充分利用计算机方面可以说是跨入了新阶段。例如:只需要在计算机里插入一块 DA 卡,就可以利用计算机程序产生三角波、方波、锯齿波、阶梯波、正弦波等;只需要在计算机里插入一块 AD 卡,就可以完成波形分析(求信号平均值、有效值、峰值,脉冲的沿、占空比等分析)、频谱分析、统计分析等。第三阶段的技术发展非常迅速,有望在今后得到广泛的应用。

复习参考题

1. 航天器研制主要有哪几个阶段?
2. 简述航天器的主要组成。
3. AIT 过程中检查和验证的目的是什么?
4. 性能检查和功能检查的含义是什么?
5. 航天器的 AIT 地面支持系统(GSS)由哪两部分组成? 它们的主要用途是什么?
6. 什么是系统级试验中的电气性能基线?
7. 简述航天器电性能测试的主要目的。
8. 航天器电性能测试的主要阶段有哪些?
5. 简述航天器各个阶段电性能测试的主要内容。
6. 航天器测试设备软件开发要注意哪几个问题?
7. 航天器电性能测试的主要任务?
8. 进入自动化测试的主要标志是什么? 它的特点是什么?
9. 简述自动化测试发展的三个阶段的主要特点。

第 2 章　航天器电测的基本原理和方法

2.1　信息与测量的基本概念

2.1.1　信息、消息与测量

在日常生活中,人们往往把"信息"和"消息"混为一谈。根据通信理论和信息论的观点,"信息"和"消息"的概念是完全不同的,各自都有确切的含义。从工程应用的观点出发,我们应该对它们的基本概念有所了解,应当对它们加以区分。

从信息论的观点看,信息(Information)就是对某个事件或情况的知识,是使用、传递和通信的事实或数据。如果人们获得了某个事件的情况与他已经知道的该事件的情况具有不同的内容,可以说他获得了知识,或者说获得了信息。如果说对该事件的情况的内容已经知道,他就没有得到知识或信息。

人们无法直接获取信息,只能通过信息的载体或者说通过含有信息的消息来获得。信息是抽象的,消息是具体的。为此,我们引入了"消息"的概念。

消息(Message)是人们所感知的事物的物理状态,如压力、温度、文字、语言、图像、数据等,消息传递了信息,通信中用于交换信息的按规则排列的一组符号也被称做消息。这些消息集合具有一定的统计特性或概率特性,消息中包含的原来不知道而要知道的内容就是信息。如果某一个消息出现的概率很小,使人感到很突然,那么该消息的信息量就很大。如果消息出现的概率很大,人们早已有所预知,该消息的信息量就很小。如果该消息是完全确定的,它就没有信息量。因而,我们把"信息"定义为对"消息"统计特性的一种定量描述。具体的说,当人们得到消息之前,对它的内容有一种"不确定性",信息就是对这种不确定性的定量描述。

测试或测量是获得反映事物物理属性信息的过程。对一个系统进行测试的过程,实际上是为了获取表征系统特性的信息的过程。这个信息是反映系统状态和特性的预先不知道的知识内容。因为对系统的状态和特性我们"预先不知道",信息就是要知道的新知识,获取信息的过程是我们对客观世界,狭义地说就是对被测试对象感知和认识的过程。毫无疑问,测试过程所要处理的各类物理量、数据、指令等只能是消息,这些消息里含有信息,含有我们要知道的知识。实际上,测试或测量的过程就是从消息中提取信息的过程。

什么是测量呢? 测量是用符号表示的一种特殊信息传输的形式,在测量中,事物的特征是用一组实数来表示的,而这些实数是与已被确定的测量度量(单位)的规律相对应的。

具体地说,如果一个物理量的属性是随着某一个参考系统的信息变化而变化的,那么可以说这一个物理量传输了信息。通俗地说,测量就是将未知量与一个假定的已知量进行比较的过程,这个假定的已知量就是"标准量"。

有些测量的结果可以通过人的感官对某个被测的物理属性进行直接地感知,例如用一把米尺并根据给定的单位(米),给一个物理长度这个属性赋予一个数值。有些测量的结果不可能由人的感官对某个被测的物理属性进行直接地感知,比如电流、密度、流量等,人们不得不去研制能使这些属性被观测的设备,这些设备被称为仪器或仪表。

2.1.2　信号与测量

上面已经说过,表征系统特性的信息不能通过信息本身获取,必须通过含有信息的消息来实现。表征事物的物理属性的消息又如何被我们感知和测量呢? 这就引入了"信号"(signal)的概念。消息的表现形式是信号,信号有电信号、光信号等,在没有特指的情况下,本书所说的都是电信号,简称信号。信号是消息的表现形式,是信息的载体。信号是随时间变化的物理量(例如电压、电流等),也可以认为它是传递信息的函数。比如一个随时间变化的物理量:$x(t) = A\cos(\omega t + \theta)$,它既是余弦信号,也是余弦函数,在信号学中,信号和函数可以通用。要获取信息,首先要获取信号,通过测试设备对信号采集、处理、分析,从中提取所需要的信息。因此,测试或测量的过程实际上是对信号处理的过程。

信号与信息的关系可以概括为:①信号是变化的物理量或函数;②信号中包含信息,是信息的载体;③信号并不是信息,它含有信息,必须对信号加以处理,才能从中把信息提取,信号分析的目的就在于此。

信号分析是测量的基础。信号分析是将复杂的信号分解为若干简单的信号分量,通过对这些分量的组成情况去考察信号的特性。通过分解,可以抓住信号的主要成分进行分析、处理和传输,从而使复杂的问题简单化。

进行信号分析是专门的一个学科,有很多经典的著作加以论述,读者根据需要可以查阅,本文不作详细论述。简单地说信号分析的方法分为:时域分析和频域分析。时域分析也称为波形分析,这是以时间 t 为横坐标变量来研究信号随时间的变化规律,常用的方法是卷积法。典型的时域分析仪器是常用的示波器。频域分析也称为频谱分析,这是以频率 f(或 $\omega = 2\pi f$)为横坐标变量来研究信号的幅值、相位的变化规律。频域分析是研究信号的频率结构,研究信号分量的幅值、相位的分布规律。常用的方法是傅立叶分析和变换,典型的频域分析仪器是频谱仪。

随着数字技术的发展,传统的时域和频域分析方法对于数字信号已经不再适用了。出现了信号分析的新的领域,即数字域分析。数字域分析是以离散的时间或事件为自变量,研究数据流变化的规律。例如总线数据的分析,我们关心的并不是电平值,而是数据的格式、结构、时序等表征数字系统特性的参数。典型的数字域分析仪器是逻辑分析仪,它可以同时检测上百路信号,是数字系统测试不可缺少的设备。目前很多高档示波器也都具有一定的数字域分析的能力。

信号有多种分类的方法。按时间 t 为自变量和函数的取值不同,可以分为连续时间信号和离散时间信号,连续时间信号也称为模拟信号,离散信号也称为量化信号或数字信号。按信号性质划分可以分为确定信号和随机信号。确定信号是指在相同试验条件下,能够重复实现的信号,随机信号是指相同试验条件下,不能够重复实现的信号。不同的信号的调理、采集、处理方法也不相同。

2.2　测试的有关概念和定义

2.2.1　试验、测试、检测和测量

试验(Test)、测试(Testing)、检测(Checkout)和测量(Measurement)是航天器综合测试中经常用到的术语,我们可以说对某某分系统进行试验和测试,或者说进行检测,或者说进行测量,各种说法都可以接受,本教材对测试、检测和测量几个术语的使用并没有很严格的区分,读者可以根据应用场合理解。严格意义上说这几个术语还是有所区别的。

2.2.1.1　试验与测试(Test & Testing)

在真实或模拟条件下为了确定材料、设备、系统或方法的能力、极限、特性、有效性、可靠性或适应性所采用的过程或动作被称做试验(Test)。试验离不开测试(Testing),判断试验过程的结果需要测试。

　　在航天器测试活动中,对被测试对象加入输入或激励信号后,用一定的仪器对其输出或响应信号测量的活动称为试验或测试。从英文的含义上说 Test 是一个广义的术语,可以理解为包含测试和测量。这里所说的激励或输入,也可以作为广义地理解,被测对象所处的外界环境改变,如机械环境、温度环境、电磁环境等改变都可以认为是对被测试对象的激励。因此,在航天器系统做环境试验、EMC 试验时,使用 Test 更为确切。

2.2.1.2　检测(Checkout)

　　测试或检查某件事情是否准备好可以进入到下一个阶段,或检查它是否已经达到预期的性能所采取的一系列的活动被称做检测或测试(checkout),在强调活动的一个阶段和另一个阶段之间的过渡时总是称为检测或测试。

2.2.1.3　测量(Measurement)

　　测量是人类和各个物种要完成的最基本的任务,是他们赖以生存的基本技能。人类生活的全部活动几乎都与测量相关。测量是从物理世界收集信息和认知的过程。术语"测量"有各种解释,在科学技术中,测量的定义是:通过与标准单位的比较对某被测量以已知不确定度对它的量值的估算过程。定义中具备了测量的三要素即测量过程(估算)、参考标准和不确定度。参考标准意味着测量必定具有溯源性(traceability),即所有测量的结果都可以可溯源到标准和标准单位上。

2.2.1.4　计量(Calibration)

　　计量也是一类测量,是为了保证量值的统一和准确一致的一种测量。当我们测量一个量时,要求有一个公认的统一的单位。凡是能够测出被测试对象量值的仪器、仪表、量具等都称为计量器具。我们平常测量用的仪器和仪表属于工作用的计量器具。这些器具要定期用法定的计量标准来检定,只有这样才能保证测量数据的准确可靠。"计量"作为一类特殊的测量操作,其对象就是测量仪器,可以这样来理解:为实现量值传递或溯源而对测量仪器的测量。从这个角度看,"计量"作为一类操作在实际工作中表现为(对测量仪器)检定、校准、比对及测试等活动。

　　应该指出的是我们日常从事测试操作使用的仪器不可能都一一做到同国家标准相比对,大多都是以法定计量部门标准仪器为依据,对工作用的仪器进行比对校准,常常认为标准仪器本身的误差可以忽略不计。

2.2.2　国际单位制(SI)

测量需要计量,计量需要统一的单位。我们现在使用的测量单位都是国际单位制(International system of units),简称 SI。国际公认的通用单位制是米·千克·秒(MKS)制。SI 中有七个基本的国际单位:米(m,长度)、千克(kg,质量)、秒(s,时间)、安培(A,电流)、开尔文(K,温度)、摩尔(mol,物质量)、坎德拉(cd,光强度)。其他单位如赫兹(Hz,频率)、牛顿(N,力)、帕斯卡(Pa,压力)、伏特(V,电压)、欧姆(Ω,电阻)等都是由 SI 基本单位导出的单位,目前被国际认可的导出单位超过 30 多种。

SI 是国际间和行业间建立的测量领域的共同语言,为了实现与国际接轨,我国制定的度量衡法也是以 SI 为准的。从事测量的人员,在技术文件描述和交往中,应该遵循 SI 的规定,避免使用不规范和含糊的计量单位。

2.2.3　分贝(dB—decibel)

在国家标准"国际单位制及其应用"中,并没有包含分贝(dB—decibel)。可是,分贝在可以与国际单位制 SI 并用的标准中,作为法定的单位级差被列出了。dB 是唯一仅有数值而没有量纲的奇异的单位,Decibel 原先被称为传输单位 TU(Transmission Unit)。在电学、通信、声学等领域广泛被采用。在航天器测试中,如在对发射机功率、接收机灵敏度、放大器增益、传输损耗、信噪比、天线增益等测试数据或指标描述时经常使用分贝术语。使用常规 SI 比较直观和易于理解,对于分贝的理解易于引起含糊,因此对 dB 做如下概要说明。

dB 起源于单位贝尔(bel),字面上看一分贝(Decibel)等于十分之一贝尔。贝尔是以电话发明人 Alexander Graham Bell 命名的,贝尔数定义为两个功率比值的常用对数。如果一个功率是另一个的 10 倍,那么两者相差 1 bel,例如 10W 比 1W 高出 1 bel。值得注意的是 bel 只是功率的比值,是一个无量纲的实数。早期用作功率比值来表示电话线损耗的一种方法。bel 是 10 的幂率,但是显得有些大,把 bel 划分为十分之一(decibels,缩写为 dB)就很方便了。10dB 等于 1bel,dB 数是两个功率之比常用对数的 10 倍。dB 是以常用对数为基础的功率的比值,也就是级差,是相对的测量值。利用 dB 的概念,又引入了测量的绝对功率值单位 dBm,dBW 和 dBk。

2.2.3.1　关于 dB

根据对 dB 的定义可以得出公式:

$$dB 数 = 10 \lg\left(\frac{P_1}{P_2}\right)$$

式中,P_1 为测量的功率值(如 Watts),P_2 为参考功率值(如 Watts),所得到的 dB 数是被测试系统的功率增益。

有时在实际测试中,测量功率比较困难,常常是通过测量电压间接计算出功率增益。利用欧姆定律可以从上式推出:

$$dB 数 = 10 \lg\left(\frac{P_1}{P_2}\right) = 10 \lg\left(\frac{E_1^2}{R_1} \Big/ \frac{E_2^2}{R_2}\right) = 10 \lg\left(\frac{E_1^2}{E_2^2} \times \frac{R_2}{R_1}\right)$$
$$= 20 \lg\left(\frac{E_1}{E_2}\right) + 10 \lg\left(\frac{R_2}{R_1}\right)$$

式中,E_1 是被测试信号电压,R_1 是它的端电阻;E_2 是参考信号电压,R_2 是它的端电阻。$10 \lg(R_2/R_1)$ 是修正系数,当 $R_2 = R_1$ 时,它为零。

有时使用 dB 表示放大器的增益,增益是放大器输出电压 V_{output} 与 V_{input} 之比的对数的 20 倍,公式是:

$$dB(gain) = 20 \lg(V_{output}/V_{input})$$

要特别注意的是,这个结果只能是放大器电压的增益,因为通常的放大器的输入阻抗(高)和输出阻抗(低)相差甚远,把上式结果误认为是放大器的功率增益那就大错特错了,除非输入阻抗等于输出阻抗。

以下几个例子可以帮助对分贝进一步理解:

例 1　P_1(60W)与 P_2(120W)之间的 dB 差是:

$$10 \lg(P_1/P_2) = 10 \lg(60/120) = 10 \lg 0.5 = 10 \times (-0.3) = -3(dB)$$

可以表述为:P_1 比 P_2 低 3dB,或 P_2 比 P_1 高 3dB。

例 2　放大器 A 的电压增益为 10,放大器 B 的电压增益是 100。如果把放大器 A 和 B 串接,总的电压增益 dB 数是多少?

放大器 A 的增益 dB 数 $= 20 \lg 10 = 20 \times 1 = 20(dB)$
放大器 B 的增益 dB 数 $= 20 \lg 100 = 20 \times 2 = 40(dB)$
总的增益 $= 20 + 40 = 60(dB)$

还可以这样算:

A 和 B 总的电压增益 $= 10 \times 100 = 1000$
1000 倍电压增益的等效 dB 数 $= 20 \lg 1000 = 20 \times 3 = 60(dB)$

2.2.3.2　关于 dBm、dBW 和 dBk

分贝的表达式 $dB = 10 \lg(P_1/P_2)$ 中的参考功率 P_2 可以是任意值。如果参考功率是 1mW,那么测得的量用 dBm 表示,$dBm = 10 \lg(P_1/0.001W)$。如果用 1W 做功率参考值,测得的量就用 dBW 表示,可以说 N 个 dBW 超过 1W 的 N 个 dB,3 dBW 是 2W,超过 1W 3 dB。同样地 dBk 是以 1000W 为参考值。dBm、dBW 和 dBk 同 dB 不同点在于它们代表功率绝对的测量值。根据定义应该有如下关系:

$$0 \text{ dBk} = +30 \text{ dBW} = +60 \text{ dBm}$$

dBm 使用广泛,很多功率计的读数都是 dBm。严格地说在电信领域指的 1mW 是在 600Ω 负载上的功率损耗,1mW(0dBm)在 600Ω 负载两端产生的电压是 $0.775V_{RMS}$。

以下几个例子可以帮助对 dBm 进一步理解:

例 1 功率表上读数分别为 +17dBm 和 +20dBm,各功率值是多少?

$$+17(\text{dBm}) = 10 \lg P_1 \Rightarrow 1.7(\text{dBm}) = \lg P_1 \Rightarrow P_1 \cong 50\text{mW}$$

$$+20(\text{dBm}) = 10 \lg P_1 \Rightarrow 2.0(\text{dBm}) = \lg P_1 \Rightarrow P_1 = 100\text{mW}$$

例 2 载波通信中有 5 个通道,每个通道的功率值是 +10(dBm),总的功率是多少 dBm?

根据 $+10(\text{dBm}) = 10 \lg P_i$,算出每个通道的 $P_i = 10\text{mW}$,总功率 $= 10\text{mW} \times 5 = 50\text{mW}$,50 mW 折合的 dBm 数 $= 10 \lg 50 \cong 17(\text{dBm})$

注意:绝不能把各个通道的 dBm 数简单地相加,总的功率是 17dBm,而不是 50dBm。

2.2.4 测试常用的几个术语

2.2.4.1 模拟信号(AS—analog signal)

可以发送能量的并能被检测到的用于载运信息的物理现象称为信号。模拟信号是随时间连续变化的信号,可以是电气模拟信号或物理模拟信号。电气模拟信号(electrical analog signal)是指电信号的特征,如幅度、频率、相位等随着时间或其他的物理变量(如光线、温度、声音等)而连续变化的信号。本教材提到的模拟信号通常是指模拟电信号。

2.2.4.2 数字信号(DS—digital signal)

离散的或不连续的传送信息的信号称为数字信号或离散信号。在科学发展的今天,数字信号使用非常广泛,模拟信号的传送几乎都要转换成数字信号了,网络技术的发展、电视和通信广播的发展、测试技术的发展都离不开数字信号,可以说已经进入了数字化时代。

在数字信号中,离散信号代表的特征由信号的元素,如有效的条件、瞬时的变化、排序等决定的。比如通信中的 PCM 数据流中,从每个码字(bit word)的排序可以检出数据流中的同步字,从每个码字的 bit 的排序可以检出传送的信号值。

在航天器测试中,大多数遥测分系统的每个码字都是由 8 个 bit 组成的,它可以代表一个模拟信号值,通过反向换算可以测出它对应的电压、电流、温度或压力参数。但是码字同时也可以代表状态量,1 个 bit 可以代表设备的开/关(ON/OFF),两个 bit 可以代表四个状态(00,01,10,11)。

2.2.4.3 误差(Error)

测量或计算的结果与实际值之间的差就是误差。"所有测量都具有误差,误差自始至终存在于所有科学试验的过程中",这是一条误差公理。把测量误差加到测量结果得到实际值的过程称为误差校正。误差的来源是多方面的,除了测量系统内部和外部的干扰外,测试过程的数据采集、处理方法、操作方法等都可能带来误差。模拟信号的误差常用绝对误差和相对误差表示,数字信号的误差常用误码率(BER—bit error ratio)表示。有关干扰带来的误差在教材中有专门的论述。

2.2.4.4 信号噪声比(SNR—signal-to-noise ratio)

在给定的时间点上,所期望的信号幅度与噪声信号的幅度之比称为信号噪声比(SNR)。SNR 通常用 dB 数表示,噪声幅度用脉冲噪声的峰值和随机噪声的均方根值(root-mean-square values)表示。在定义系统的 SNR 时,要对其特征加以说明,比如是信号峰值与噪声峰值之比(peak-signal-to-peak-noise ratio)还是信号峰值与噪声的均方根值之比,以免引起混淆。

2.2.4.5 量化与量化误差(Quantization and Quantization error)

把传递信息的模拟信号变换为有限数目的离散(数字)信号的过程称为量化。离散信号代表的数值与被传递的模拟信号之差称为量化误差。

把模拟信号转换为数字信号要经过采样、保持、量化和编码的过程。采样和保持是把模拟信号变成时间上离散的信号,这个离散的信号在采样时间内仍然是连续的模拟信号,例如图 2-1 的 T_{s1}、T_{s2}、T_{s3}、T_{s4} 等斜线区域是采样值。每个采样期内的值仍然是有无限多个值的模拟量,没有办法用有限数目的状态信号表示它,也就是说没有办法量化。假如我们取 T_{s4} 采样期内的一个样本值(如图中 T_{s4} 内的黑线代表的一个样本值 V_4)来近似。

量化的过程实际上就是用量化单位值(也叫分层值)对样本值进行量化或分层的过程。量化单位值的大小取决于系统所采用的模数变换器(ADC—Analog to Digital Converter)。在航天器遥测中多采用 8 位 ADC,分层数是 $2^8-1=$ 255,量化单位值 $\Delta=20\text{mV}$, 255 个分层所代表的电压值是 $20\text{mV}\times255=$ 5.10V。量化中通过逻辑比对运算得出样本值有多少个 Δ,图 2-1 中的 $V_4=$ 3.87V,它的量化值是 $3.87\div0.02=193.8$,利用四舍五入原则后 V_4 近似等于 194 个 Δ,这样就完成了量化过程。量化的误差一定不会超过 $\pm\frac{1}{2}\Delta$,对于航天器遥测值最大量化误差是 $\pm10\text{ mV}$。

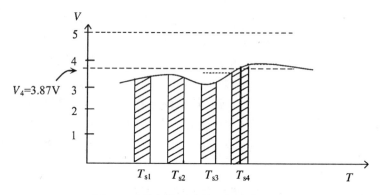

图 2-1　模拟信号取样和样本值示意图

　　量化后的电平数目是有限的,可以用一定位数的代码表示,用二进制表示的话,194 分层值等于二进制的 11000010,把量化值转换为二进制代码的过程就是编码。要记住量化和编码不是一个概念,总是先量化后编码,只是在 ADC 中把它们都做到同一个芯片里了。

　　从以上分析看出,Δ 值的大小也代表量化的分辨率,量化误差是在量化取整过程中引起的,因此,分辨率 Δ 直接影响量化误差的大小。量化误差是一种原理性误差,只与分辨率 Δ 有关,与信号的幅度和采样速率无关,它只能减小而无法完全消除,只能使其控制在 $\pm\frac{1}{2}\Delta$ 的范围之内。$\frac{1}{2}\Delta$ 是最大的量化误差,量化误差的标准方差是 $\Delta^2/12$,标准差是 0.29Δ。测量值的误差是多种因素的综合效应,量化误差只是其中的一个比较小的因素,不加分析地减少量化单位值 Δ,或提高 ADC 的位数,对综合误差不一定带来好处,反而造成电路的复杂。

2.2.4.6　误码率(BER—bit error ratio)

　　编码信号在传输过程中,由于信道不理想以及噪声的干扰,使接收端判决再生后的编码信号可能出现错误码位,这叫误码。在规定的期间内,数字信号的发送、接收或处理时出现的差错码位数除以总的码位数,就叫误码率。误码率通常用一个系数和 10 的幂表示,如某系统传输了 100000 个码位,有 3 个码位错,它的 BER=3×10^{-5}。应当注意的是误码率的测试应当在一定的信号噪声比的情况下才有意义。

2.2.4.7　接地和搭接(Grounding and Bonding)

把电气回路或设备通过低阻的导体与参考点地(Groud 或 Earth)或代替地的导体的连接的过程称为接地(Grounding)。通过把两个或多个导电的平面连接到一起以便实现所要求的电气互连程度的过程称为搭接(Bonding)。

接地的目的是防止或减少电路受到电磁干扰(EMI- electromagnetic interference),确保测量的准确和设备的安全。减少 EMI 可以通过滤波、屏蔽等措施,合理的接地更是电气设备设计中重要的环节。根据信号的性质和设备电路的布局,采用不同的接地方法。单点接地适合直流和低频电路,多点接地适合高频或射频电路。接地实施中设计人员要考虑印制板(PCB—Printed Circuit Board)内接地、板间互连接地、设备之间的接地,精心设计避免形成引起干扰的地线环(Ground loop)。有关接地实施的问题在第 6 章论述。

搭接的目的是:提供设备与近旁金属物体间的低阻抗连接,以减少人身电击危险;给接地故障电流提供低阻抗返回通路,起到对设备的保护作用;为静电电荷泄放(ESD—Electrostatic Discharge)提供对地通路,以防产生电火花或电弧。航天器结构体与运载火箭之间、航天器各个设备外壳与结构体之间、地面测试设备结构之间都需要有良好的搭接。要求搭接面的金属有高导电率和平滑的接触面,必要时使用螺栓通过低阻的编织导线实现良好的搭接。

2.2.4.8　准确度(Accuracy)

准确度表示测量结果与被测量的"真值"接近的程度,有时也称为精确度。它通常是用误差与满量程之比的百分数表示。准确度实际包含两种成分:精密度和正确度。本章在讲到误差对测量的影响时将做介绍。

2.2.4.9　灵敏度(Sensitivity)

测试系统的输入变化引起的输出变化量 ΔY 与输入变化量 ΔX 之比就是灵敏度。换言之,测试系统的灵敏度是单位输入量变化引起的输出量变化。如果输入/输出值是不同量纲的,如输入量为温度(℃),输出为电阻阻值(Ω),灵敏度的量纲为(Ω/℃)。如果输入/输出值是相同量纲的,灵敏度可以理解为放大倍数。线性系统的灵敏度是常数,非线性系统的灵敏度是变量。

2.2.4.10   线性度(Linearity)

期望的测试系统的输入和输出的静态特性曲线是直线(线性关系),但是实际上测量的输入输出曲线并不是直线。测试系统的线性度定义为系统的输出与输入之间的关系曲线与理想的工作直线的偏离程度,实际应称为非线性度。线性度 L 可以表示为:

$$L = \frac{|(\Delta Y_L)_{max}|}{Y_{max}} \times 100\% = \frac{|\overline{Y}_i - Y_i|_{max}}{Y_{max}} \times 100\%$$

式中, $|(\Delta Y_L)_{max}|$ 为输入、输出曲线与理想直线之间的最大偏差, $\overline{Y}_i$ 是第 i 次测量的算术平均值, Y_i 是第 i 次测量的理想值, Y_{max} 是系统满量程最大输出值。

2.2.5   总线与通信协议(communication protocol)

2.2.5.1   总线

在计算机广泛应用的今天,测试设备的构建离不开总线的选择。什么是总线呢?总线(BUS)的定义是用于把计算机部分的数据传送到另一部分所用的导线集合。可以理解为总线就是计算机内或计算机之间传送数据的高速公路(highway)。总线可以分为串行总线和并行总线,根据使用的环境还可以分为本地(local)总线(机内总线)和远地(机外)总线。完善的标准总线系统对总线的机械、电气和性能三要素都做出了明确的规定。

本地总线通常指计算机内部把 CPU 和主存储器与其他部件连接的总线,以及通过扩展(驱动)总线与扩展功能板卡连接的总线,比如经常使用的 ISA (Industry Standard Architecture bus)、PCI(Peripheral Component Interconnect)总线。这类总线要求数据吞吐量大,都属于并行总线。总线中有地址线、数据线、时钟线和其他控制线。

远地总线是计算机与外部设备之间连接的总线,它有并行总线和串行总线两类,如 IEEE 488、CAMAC 等属于并行总线,RS-232、RS-422、USB、LAN 等属于串行总线。串行总线没有专用的地址线、数据线和控制线,传送过程通过协议的传送帧格式控制。

2.2.5.2   通信协议

为了使设备之间有效通信,所定义的一组协调一致的传送数据格式的规则称为通信协议。通信协议至少应定义传送的速率、异步还是同步、半双工还是全双工,此外协议还可能包括传送差错的检出和恢复,数据的编码和解码,发送设备如何指出信息发送完成,接收设备如何指出信息接收完成。有些协议是通过硬件实现的,有些是通过硬件和软件配合实现的,有些则是完全通过软件实现的,如文件传送中附加一些功能。很多总线的通信协议已经标准化了,它们对用户完全是透明的,只是需要用户理解它和正确地应用它。著名的总线型 LAN 以太网(Ethernet)的 TCP/IP(TCP/IP-Transmission Control Protocol/Internet Protocol)协议,实际指 TCP/IP 协议族(TCP/IP Suite),它除了包括传输层 TCP 协议和网络层 IP 协议之外,还有几十种协议,如应用层的协议就有 HT-TP、SMTP 等等。至于用户之间交换数据的约定(promise)没有可供选择的标准,需要在自己应用的程序中规定,不要与我们常说的通信协议混淆。

2.2.6　测试技术研究的主要内容和系统测试的概念

测试技术是指如何可信地获取被测试对象的信息,从而对其性能和功能作出评价所需要的技术。测试技术研究的主要内容是:

(1) 测量原理。指用什么样的原理实现对被测试对象和参数的测量,它涉及的知识面非常广,包括对被测对象和信号分析、测试回路选择、测试阶段划分和测试过程组织、测试设计等。

(2) 测量方法。涉及采用直接测量、间接测量还是组合测量,是真实环境下还是在模拟环境下测量,是采用常规的测试手段还是特殊的测试手段。

(3) 测量系统构建技术。是根据测量原理和方法设计或配置测量系统(硬件和软件)所需要的技术,包括系统体系结构设计、计算机和总线选择、特殊接口的设计、现存设备和 COTS 技术的应用、设备设计中的抗干扰措施、系统的成本效益分析、与操作人员的交互技术、系统的可靠性和可用性设计等等。

(4) 数据处理方法。数据处理方法是指如何判定测量结果的可信赖程度和如何把测量结果提供给用户所需要的技术,包括数据转换、误差分析、数据分发和归档、数据的存取和显示等等。

航天器综合测试实际上是以航天器为被测试对象的系统测试。通常的系统测试的含义可以归纳为研究两类问题。一类是通过对被测试对象产生一系列输入(或称激励)X_i 和测量相应的一系列输出值 Y_i,通过输入和输出之间的关系的分析和处理,获得描述该系统的"属性参数"或者取得该系统的"数学模型",即变换函数 F,从而得出 $Y_i = F(X_i)$。这类测试问题可以说是对系统属性的认识和"系统辨识"的过程,或称求得系统变换函数的过程。另一类研究的是已经知道了系统的属性、数学模型或系统的变换函数,通过产生一系列的输入(或激励)和测量输出值来验证系统的特性是否正常,系统的功能是否达到了要求,系统中是否存在故障,这类测试问题可以说是对系统的"性能和功能测试与故障诊断"的过程。因此,广义地说,系统测试指的是对被测对象的属性认识、性能和功能测试以及故障诊断的过程。

2.2.7　自动化测试的含义

自动化测试是按照测试工程师的思路通过硬件和软件的配合而进行的测试过程,目的是使测试时间缩短、过程可以重复、减少人员的干预、减轻人员的工作量、提高测试的质量。实现自动化测试的大量工作是前期的测试设计和测试系统的构建。要进行系统测试,最原始和直接的方法是利用仪表进行人工测试。由于一个复杂的被测对象的测试过程需要产生一系列的输入(或称激励)和测量一系列的输出,可能要耗费许多时间和投入大量的劳力,有时得到的测量结果还不能直接做出系统属性的辨识、性能和功能测试以及故障诊断的结论,还必须对测量结果进行数据处理。有时需要对若干参数项测试进行分析和处理才能得出结论。这些对于人工测试是比较困难的,有时甚至是不可能的,比如,航天器测试中星载计算机数据总线特性的测试,复杂姿轨控分系统的闭环测试等。

测试自动化是一个相对的概念,对测试结果做到故障分析和定位,应该属于测试的智能化,是更高级的自动化。按照程序能控制下述五种操作自动进行的测试可以认为是自动化测试:

· 自动生成和改变输入信号(激励)源;
· 自动控制被测对象输入和输出的通断,构成不同的测试模式;
· 自动测量和记录输出信号;
· 自动对测量数据进行处理;
· 自动显示和打印最后的结果。

2.3　测试信号的基本流程和测试系统的基本结构

2.3.1　测试信号的基本流程

测试是对被测试对象的物理性能参数的测量过程。虽然被测对象和测试设备千变万化,但是却具有基本的结构模型。如果被测试参数(输入值)为 X_i,经过各类变换(变换函数)F,产生可以表征物理性能参数的信息(输出值)Y,有关系式:$Y=F(X_i)$。F 也称传递函数,很多情况下 F 并不能用严格的数学表达式表示。

根据这样的基本结构模型可以得出测量过程应当具备的三个基本的构成:

与被测试对象的物理接口、变换器和信息接口。一个参数测试的信号基本流程如图 2-2 所示，图中各部分简要说明如下。

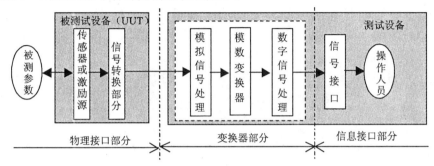

图 2-2　测试的基本流程

（1）物理接口部分。物理接口部分可以理解为传感器和它的变换器，也可以理解为是一个被测试的设备或系统。根据被测设备或参数以及测量设备情况，确定连接方式，实际上这也是测试接口的设计问题。不同的信号（如电信号、非电信号、低频信号、高频信号、弱信号、强信号等）采用不同的连接方式，这常常不是一个简单的问题，需要精心设计。传感器和激励源直接与被测对象相连，有的传感器被嵌入到被测对象中，输出的是电信号。有的传感器是测量的第一级转换器件，很多非电量信号，如温度、压力、转速、转角等，都需要通过传感器把物理量转换成相应的电信号。理想的传感器应当灵敏、稳定和转换的线性度好。另一类被测参数需要外加激励信号，比如航天器上使用的红外敏感器、太阳敏感器、太阳能电池阵，在测试中需要提供相应的物理模拟器。

（2）变换器部分。变换器部分通常是测试设备的组成部分之一，在航天器上则属于某个设备的一部分。来自物理接口的信号要经过信号的处理或调理，完成信号的放大、隔离、滤波和功能转换等，为了提高测量的精度常常需要提供标准的参考源。被调理过的信号仍然是模拟信号，由于数字信号在处理中的优点突出，因此现代的测试仪器都要利用 A/D 转换器把模拟信号量化，变成数字信号。选用的 A/D 变换器的性能（速度、位数）要根据模拟信号的特性确定。一般航天器上多采用 8 位的 AD 变换器，输入模拟信号被调理成 0~5V 的信号。满 5.10V 的信号经过 8 位 AD 的量化后，共有 $2^8-1=255$ 个阶梯，每个阶梯的幅度为 5.10V/255＝0.02V＝20mV。在航天器测试中，常常提到的遥测分层值（或称量化单位值）就是 20mV，测量的量化误差是±10mV（半个分层值）。数字信号要经过处理，处理的过程包括信息的提取、差错的控制、格式的变换、选择输入输出通道等，大多数测量仪表的内部都具有完善的信号处理功能，不需要用户去做。

（3）信号接口部分。信号接口是用于将测试的数据与外部计算机通信和将测试结果提供用户的接口。因此,它包括两个部分:计算机接口和人机接口。计算机接口是测量仪器与计算机通信的桥梁,计算机和测量仪器都应当遵循相同的标准。国际上有一系列的标准可供用户选用,通常的标准在机械、电气和功能方面都有明确的规定。比较著名的标准有 RS 系列、局域网（LAN）、IEEE 488、VXI、PC 总线类（ISA 和 PCI 接口）。人机接口是操作人员或用户与测试设备交互的接口,包括测试结果的显示、记录,测试命令的操作等。对航天器而言,信号接口部分应该包括下行链路和测试设备。

2.3.2　测试系统的基本结构

测试的基本流程（图 2-2）描述了测试参数的流程,实现这个过程需要通用或专用的设备和相应的软件。对各类测试系统加以抽象,一个参数测量需要的设备可以用如图 2-3 所示的基本结构描述,这样的基本结构应当同图 2-2 的描述一致。

图 2-3　测量系统的基本结构

如果被测试对象是一个复杂的多个参数组成的分系统的话,需要测量的参数和测量仪器有多个,不同信号需要不同的调理方式,构成的测量系统如图 2-4 所示。可以认为图 2-4 是多个图 2-2 的有机集合。图中的信号匹配器包含所需要的测量信号的传感、激励和调理。测量仪器可以是具有接口单台的

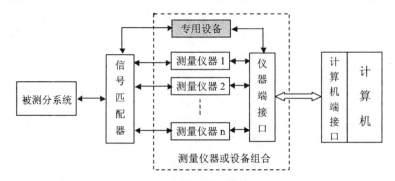

图 2-4　用于分系统测量的系统结构

测量仪表,如数字多用表、信号源、功率计等程控仪器,也可以是各类卡式仪器,如VXI模件、PC机插卡。专用设备解决通用仪器解决不了的问题,如产生激励信号或处理特殊信号等。对于像航天器这样的复杂系统,它是由多个分系统构成的,被测试的参数种类多、数量大,各个分系统之间具有相对独立性。常常由多台计算机完成测试的控制和信息的处理,图2-5是典型的多台计算机控制的分系统测试设备构成的网络化测试系统。可以认为图2-5是又多个图2-4的有机集合。

图2-5所示的系统是一个多用户多任务的系统。系统是由各被测试分系统测试设备、测试管理服务器、测试数据服务器以及显示操作界面组成。系统的工作可以这样理解:

(1) 测试管理服务器驻有系统的核心软件,负责对各个分系统测试设备的控制,接收来自各分系统测试的数据;负责向测试数据库服务器传送归档数据和事件。

(2) 测试数据服务器接收测试过程的各种数据和事件,分类存储,可以在线或离线进行浏览、查询、分析。

(3) 图形/数据显示和操作界面是用户与测试过程交互的接口。

(4) 被测分系统测试设备一面直接同被测试对象接口,被测分系统测试设备可以是图2-4那样的结构。另一面同测试系统局域网接口,接收来自测试管理服务器的控制命令,运行它自己的测试程序。

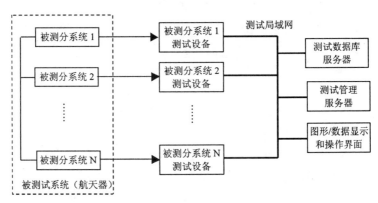

图2-5　用于系统级测试的系统结构

2.4　测试设计和 EGSE 构建概述

航天器是由多个分系统组成的复杂的系统,在1.2节中已经作了简要的描述。完成综合测试任务要从航天器方案阶段抓起,首先做好测试设计工作,其次制定好测试策略。

2.4.1 测试设计

　　完成测试工作,不仅仅是狭义的测试设备的配置、接口的设计、程序编写、测试文件的编写,更为重要的在于它首先是一种测试设计工作。如果把测试任务实施之前的工作划分为测试设计、文件编写、软硬件生产和设备调试与验证 4 部分的话,粗略地估计测试设计的工作量占 40%,软硬件生产占 20%,文件编写占 10%,调试与验证占 30%。测试设计在测试任务中的地位如图 2-6 所示。

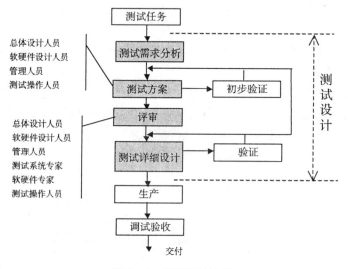

图 2-6　测试设计流程

　　测试任务起始于测试需求的提出。测试需求的主要目的是提出测试所要完成的任务,所提需求要完整、准确和无二义,需求的提出是总体、分系统和负责测试人员的共同职责。

　　对测试需求进行分析是测试设计最重要的工作,可以把这件工作称为测试需求分析 TRA(Test Requirement Analysis)。TRA 的任务不同于测试要求,TRA 的主要目的在于:①研究需求是否合理,是否可以实现,是否与测试设备相容;②预料可能发生的测试问题,是否需要利用特殊的测试技术加以解决;③如何分阶段和步骤进行测试,确定测试技术流程;④是否需要设计专门的测试接口或专门的信号调理器;⑤如何建立通过/不通过(GO/NOGO)初步判据。

根据 TRA 的结果来拟订测试方案,包括 EGSE 的方案。拟订方案过程要得到图 2-6 中左上角所列人员的参加或支持。测试方案的输出是产生适当的设计文件,以提供评审。

参加评审的人员一般包括图 2-6 中左下角列出的人员。评审的目的是对方案完成用户需求的能力、方案的可行性、继承性加以审查,从而提高测试方案的设计质量。由于方案的实施涉及成本、进度计划和不同部门的协调关系,因此管理人员的参加是必不可少的。

之后开始详细设计,完成测试的程序流程图、硬件的配置设计、专用接口的设计、软件的结构设计和详细设计等,结果形成一系列设计文件。

完成好测试设计工作对于设备的生产(和编程)是至关重要的,因此要特别引起重视。

2.4.2　EGSE 的构建

使用 EGSE 系列产品、商用设备和标准接口是最佳选择,通常的 EGSE 的选择过程可以用图 2-7 描述,这个过程必须包括 4 个主要步骤:确定系统的需求、确定 EGSE 备选方案、备选方案分析和选定方案。

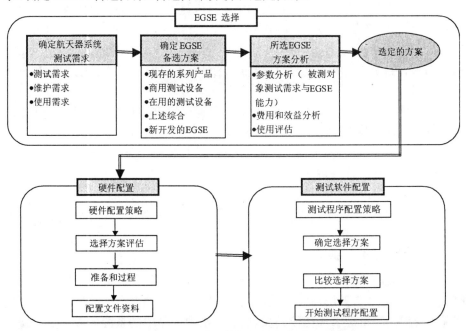

图 2-7　EGSE 选择和配置过程

2.4.2.1　确定系统的需求

选择过程起始于对航天器测试需求的理解,也就是需要测试的航天器的参数(性能和功能)、维护和使用的测试需求。重要的是要进行充分的测试需求分析,即 TRA。

2.4.2.2　确定 EGSE 备选方案

一旦确定了测试需求和完成了 TRA,就可以考虑可能的 EGSE 备选方案了。使所选择的 EGSE 在整个寿命期内达到最大的费用效益比。根据这样的原则,EGSE 配置选择过程按照以下层次进行:现存的 EGSE 系列产品,商用的测试仪器,在用的测试设备,优选目录中的其他测试设备,新研制的测试设备。

2.4.2.3　备选方案分析

EGSE 方案选定之前,必须对备选方案进行分析。参考国外 ATS 使用的费用和效益分析(CBA—Cost Benefit Analysis)方法,CBA 分析方法就每种方案在系统寿命期内支持使用和维护的能力做出评价。分析中要对现存的产品系列进行分析,备选方案的分析主要有以下工作:

(1) 参数分析。参数分析是 EGSE 选择过程的一部分,强调必须对被测对象的测试需求和备选的测试设备的测试能力进行客观的比较。如果有自动分析工具,工具中包含有系列产品参数测试能力的数据库,当把所需的被测试参数输入之后,系统可以自动分析,给出可以满足测试的备选测试设备以及不能满足的测试需求。当没有这种工具时,只能靠人工进行客观的比较了。总之,这项分析工作应当进行。

(2) 使用评估。使用需求必须同航天器测试需求一起进行评估。使用需求包括:可搬运性(如便携性)、环境(如温度、EMI、湿度)适应性或设备的部署(展开、调试)能力等,这些需求都可以成为最终确定 EGSE 方案的因素。

(3) 费用和效益分析(CBA)。CBA 的目的是确保所选择的 EGSE 在整个寿命期内是最经济的。一般要求首选现存的 EGSE 系列产品,推荐的备选方案可以是商用测试设备、在用设备的使用或改进,最后是专用的新研制的设备。有关 CBA 的方法将在第 6 章介绍。

一般来说在进行 EGSE 备选方案分析时,要先对现存的 EGSE 产品(包括硬件、软件和成熟的设计技术)进行评估。鼓励使用系列产品是一种优选的策略,因为它具有节省费用、确保可靠、风险少的特点。如果通过分析现存的系列产品不能满足测试需求,需要产生的是不在系列产品中的系统。如果要使新的系统的设计也纳入系列产品目录中,应当要求新的系统满足如下的要求:

- 系统必须能够支持多种被测对象;
- 系统必须具有灵活的硬件和软件体系结构,可扩展,可剪裁,而对现有的保障和公用设施的影响最小;
- 系统必须具有现存系统所不具备的能力;
- 系统必须提供比使用现存的和改进现有的系列产品具有更经济有效的解决方案;
- 系统必须能重复得到和保证有长的生命力,而且系统可以进一步发展以便满足未来的需求。

所谓商用产品(COTS—Commercial Off The Shelf)是指可以买到的、在制造厂货架上或产品目录上可以得到的产品。很多国家工业界采购部门提出了最大限度使用商用标准和使用商用产品,并且已经写入了一些政策性文件(例如美国国防部 DoD 5000.1 和 5000.2 号规则)。很多人都认识到了使用商用产品将节约经费和时间,同时改善了产品的性能。与此同时,很多商用产品都遵循了"开放式方法",产品符合"即插即用(plug and play)"原则,为用户选择不同供应商的产品提供了灵活性。COTS 技术已经成为测试系统研究的专题,COTS 的生命周期模型研究、COTS 的风险评估等技术应运而生了。COTS 技术对测试系统构建带来这么多好处,我们为什么不利用和研究呢? 伴随 COTS 技术的应用,又提出了 GOTS(Government Off The Shelf)的应用,它的含义是"部门货架产品"。有些产品虽然不是商用产品,但是在部门是成熟的产品,直接使用不但节约经费和时间,而且提高可靠性。GOTS 是基于 NDI(Nondevelopmental Item)的概念,已经被开发并且得到应用、用户无须再开发的项目就是 NDI。

从广义上说,COTS 技术和 GOTS 技术指的产品不仅仅指硬件意义上的设备,应该包括软件。软件是产品、是装备、是工具,其质量使得用户满意,是产品市场开拓、得以发展的关键。在当今的信息和数字时代,软件质量和产品化的重要性越来越为人们所认识。只要有可能就应该采用商用产品(设备)和部门成熟产品,这是一条非常有用的原则。选用商用产品必须符合规定的 EGSE 接口规范,每一种采用的商用仪器也必须经过确认过程和经济效益分析,以便保证商用设备的采用在寿命期内是最经济的方案,避免把特殊的和没有发展前途的设备引入系统。不做市场分析和不注重 COTS 技术和 GOTS 技术,只想标新立异地埋头自己开发的做法是很不明智的。

2.4.3　测试软件的选择

如果有可能尽量使用和开发面向过程的测试语言。测试程序的编制工作按理说应当由测试人员而不是由软件工作者来承担。因为测试编程并不是狭义上的编程，它要求编程人员对测试的物理过程、千变万化的测量问题及测量仪器有透彻的理解，这对于一个程序员来说无疑是很困难的。反之，我们也不能奢望测试人员有着高深的程序编写技巧。解决的办法无非是两条：一是测试人员和程序设计员密切合作，共同完成；二是提供一种面向测试过程，面向所需要解决的问题，而不是面向机器的语言。我们当然希望后者的出现和应用，使得测试人员不必去熟悉和掌握复杂的商用高级语言的编程技巧，不必关心计算机如何执行测试操作的细节，而把主要的精力放在测试问题上。

在自动化测试领域发展历程中，面向测试的语言也是层出不穷，五花八门，开始时几乎每一种自动测试系统都有它自己的测试语言。尽管各种自动测试系统的应用可能是各种各样的，但是人们逐渐认识到，在这些测试中仍然有一些共同的功能，也就有可能开发一种核心语言，即使它未必能适应一切自动测试系统，但它至少能适应某一类测试系统。在众多的测试语言中，有几种语言由于它们具有较理想的特性，被使用的较多。著名的有：ATLAS(Abbreviated Test Language for All Systems)语言，PLACE(Programming Language for Automatic Checkout Equipment)语言，ELATE(休斯公司的 VATE 系统多功能自动测试设备语言)等等。这类语言的优点是语法简单，因而有利于操作应用，使用这类语言的易读性很强，使得测试要求同自动测试程序之间有密切的对应性，因而有的应用很广，像 ATLAS 就已经被批准为 IEEE 的标准(IEEE-Std416-1976)。这些语言的缺点是应用不够灵活，处理能力有限，有时需要扩充才能用到其他领域，反而很复杂，近来这些语言应用有日益萎缩的趋势，有些逐渐被商用软件取代。作为最具代表性的面向测试的语言，ATLAS 应用得非常广泛，版本不断更新，规模也不断扩大。尽管目前 ATLAS 没有被用于航天器测试，但是由于在自动测试发展历程中占有重要的地位，我们做一些介绍。

2.4.3.1　ATLAS 语言

ATLAS 是由美国和欧洲多个航空公司主持研制的。最初的目的只是交换测试要求用。后来，各个部门取得共识，需要一种单一指定的语言，来编写有关人工或自动测试要求的文件，以避免各种自动测试系统的不同语言所带来的交流的困难。这种语言稍做改编就可以作为计算机编译程序的一种输入语言。

ATLAS 作为编写测试文件的语言，有助于避免自然语言中的含糊不清、不完整和不准确的弊端，使得测试要求的文件与测试程序之间有着密切的对应性。1969 年正式公布了 ATLAS 语言，原名字是英文电子学系统缩编测试语言(Abbreviated Test Language for Avionics Systems)的缩写。1976 年美国 IEEE 正式批准了 ATLAS 作为一个标准(IEEE-Std416-1976)，这时的 ATLAS 实际上是英文通用系统缩编测试语言(Abbreviated Test Language for All Systems)的缩写。名字内涵反应了 ATLAS 应用领域从最初的单一领域向多领域的应用扩展。ATLAS 的应用很广泛，尽管由于它的复杂性和庞大性常常引起一些非议，但是对它的修改和升级工作始终没有停止。从它问世开始，适应新的用户的需求和采用新的技术的工作一直在进行，使得 ATLAS 的规模非常庞大，用户可以根据需求采购相应的子集。

1995 年后推出了 ATLAS 2000 版本的软件。ATLAS 2000 是一个多级语言，该语言的基础是由一个核和一组原语组成，允许用户去建立或产生他们自己的测试需求。为了能把可再用的测试应用进行封装，采用了模块化结构。模块结构提供的能力允许用户用低层的部件去开发或描述复杂的测试功能。AT-LAS 2000 结构中的测试技术框架(TTF)结构包含和定义一种在 ATLAS 2000基础上的专门的测试环境。虽然 ATLAS 的功能在不断完善，但是其基本的程序组织和语句的基本格式没有大的变化。

(1) ATLAS 程序组织

一个 ATLAS 程序分为两段。第一段称为"前言"(Preamble)，提出对信号、源、负载和程序的定义。"前言"不执行任何测试，仅仅是提出各种定义，供程序的第二部分实际测试中使用和参考。ATLAS 程序的第二段称为"程序"(Procedural)段，它提供测试的实际语句。它的语句同 BASIC 程序相似，每个语句前面都有序号，按顺序排列并执行，序号不一定要求连续，中间可以留空号。一个语句不一定要全写在一行上，可以换行续写，不能在一个词的中间换行。每个语句都用 $ 作为结尾的定界符。举个简单的例子如下：

000300 DEFINE,'BIAS',SOURSE,DC SIGNAL,VOLTAGE　−6V
ERRLMT + −0.1V,CNX HI(1)LO(2) $
010102 APPLY,'BIAS',J1−1,J1−2 $

第 000300 号语句是前言部分，定义了"偏置电压"(BIAS)是直流信号源，其输出电压为−6V，误差限为±0.1V，输出高端为(1)点，输出低端为(2)点。第010102 号语句是程序部分，执行结果是把前面定义的"偏置电压"加到了被测试件的 J1-1 和 J1-2 脚之间。

(2) ATLAS 语句格式

ATLAS 语句由固定长度字段和可变长度字段组成，用图 2-8 表示并说明。

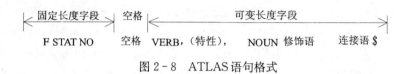

图 2-8　ATLAS 语句格式

固定长度字段的 F 是单字符的标志符,是 A 到 Z 的任一字母,可以省略掉。STAT NO(Statement number)为语句序号,前四位 STAT 为测试序号(Test number),后两位 NO 为步号(Step number),作为这个测试内的每个测试步骤的编号。

空格是两个字段的分界符。

可变长度字段比较复杂,字段内每个相邻字段间用“,”分离。它的第 1 个字段是动词(VERB),规定语句所要执行的动作类型,这是语句中必备的。紧随其后的是用括号括起来的表示特性的字段,如电流、电压、频率等。名词(NOUN)及修饰语一起规定激励或测量的详细特性,如上例语句000300 中的“VOLTAGE-6V ERRLMT+-0.1V”部分。最后的字段是连接语,它规定激励的输入点和测量点,如上例语句 010102 中的“J1-1,J1-2”。最后用 $ 结束语句。

在 ATLAS 中所说的名词、动词、修饰词是在 ATLAS 的意义上说的,而不是普通英语语法上说的意义。例如,IF、FOR、ELSE 等在 ATLAS 上作为动词,VOLTAGE、FREQ 等作为修饰词。

(3) ATLAS 词汇

ATLAS 中规定了词典,其中包括动词、名词、修饰词、连接词以及其他一些语言元素,如标志符、标点符、计算符号等。这套词汇包括用来描述电测试、机械测试以及有关传感器和负载等一整套物理参量。词汇广泛得足以扩充到其他许多应用领域。

(4) ATLAS 编译

ATLAS 是一种高级语言,需要十分复杂的编译程序才能覆盖全部 AT-LAS。目前,实际应用的编译器都是能适应一定工作范围的 ATLAS 子集。即使如此,编译器还是比较复杂的,我们以 HP 公司的 HP-ATLAS 的一个简单例子做介绍:

```
MEASURE(VOLTAGE),DC SIGNAL,VOLTAGE MAX 10V
CNX HI J1-15 LO J1-10 $
```

MEASURE 这一动词,意味着测试系统中有仪器要测试某个参数。此外,它意味着要对仪器进行程序控制,这种控制是很复杂的。DC SIGNAL 和 VOLT-

AGE MAX 10V 这两个语段,确定系统中哪些仪器用来做这种测量,要从中选出一个来。本例中,要选择一个能测量最大 10V 量程和直流电平的仪器。CNX字段则意味着要知道测试系统及其测试接口内的一切转换开关和连线情况,以便能选择适当的通路,使得被测试件的 J1-15 和 J1-10 接点能分别接到测量仪器的 HI 和 LO 端。这个过程实际上是 ATLAS 编译器应具有的自动资源识别和分配的能力,ATLAS 的这种能力使得测试程序编写人员不必对测试系统有深入细致的了解。

ATLAS 的编译程序实际上是把 ATLAS 源程序翻译成一个类似 BASIC的程序。首先要知道它工作的自动测试系统(ATE)的硬件情况,以便能进行选择和对其程控。为此,需要设置一个 ATE 档案和处理程序。另外,需要知道ATE 与被测试件(UUT)之间接口或适配器的详情,以便能做出正确的选择,连通测试通路。为此,需要设置一个 ATE-UUT 接口档案和处理程序。因此,可以知道整个的 ATLAS 编译程序实际上是由两个处理程序和一个编译器组成,如图 2-9 所示。

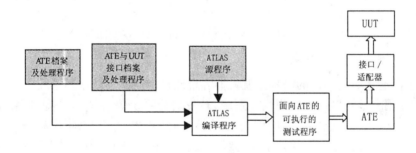

图 2-9　ATLAS 编译过程

2.4.3.2　商用语言扩展

很多人喜欢使用的常常是对商用计算机语言加以扩充而形成的测试语言,其优点是因为有了测试用的若干必要的语句而比较容易编写测试程序,又可以充分利用原语言强大的运算和处理功能。比较有名的是扩展 BASIC 语言,单就这类扩充语言的版本就举不胜举。它们除了维持语言原来的功能之外,又加以不同程度的扩充,增加新的语句,例如:

(1) 连接/释放语句(CONNECT/DISCONNECT)。连接设备某端至某点,释放接点。如 CONNECT DVM (15,16)语句,把 UUT 的 PIN15连到 DVM(数字多用表)的 HI 端,把 UUT 的 PIN16 连到 DVM 的

LO 端。

（2）设定语句（SET）。为仪器设置工作模式及工作范围。如 SET DVM DC (10,0)语句,DVM 设为 10V 量程,DC 模式,0 表示输入不加滤波器。

（3）等待语句 WAIT(T)。程控开关动作完成后,需要稳定之后再接受新的命令或读写数据时,就需要用 WAIT 语句。

（4）接口输入输出语句。如发送仪器程控命令的语句 CMD（COMMAND）、显示语句 DSP（Display）。

（5）程控语句。这是用 CALL 语句来调入参数可以更改的程控子程序,一般格式为 CALL({子程序或仪器号},{参数 1},{参数 2},…),参数可以是量程、工作模式、读数。为了便于应用,有的采用了更接近自然语言的语句,如 $PWRS(V,I)$,把电源输出调到 V,电流输出调到 I;$DVM(R,F)$,把数字电压表调到量程 R,功能 F;$GEN(B,F,V)$,把信号发生器调到 B,频率 F,输出电压 V。

（6）测量语句。如 $TUNE(F+465)$,把接收机调到频率为 $F+465\mathrm{kHz}$;$SCAN(F1,F2,S),N,V(N)$,从频率 $F1$ 开始,扫到频率 $F2$,步长 S,共测量 N 次,把每次测的数据放到 $V(N)$ 数组中。

（7）其他还有初始状态设置语句、数据处理语句、绘图语句等。

2.4.3.3　航天器测试语言

上面这些面向测试的语言在航天器综合测试的某些领域得到了较广泛的应用,如使用大量测量仪表的测控分系统、转发器分系统等测试。可是,在系统级测试时,这些语言就显得无能为力了。为此,国外从 20 世纪 70 年代就开始应用面向航天器测试的语言,并且不断升级和改进。1991 年中国为"东方红三号"卫星引进的 ETOL（European Test Operational Language）系统就是典型的面向航天器综合测试的语言。

ETOL 系统主要包括测试准备程序（后台软件）和测试执行程序（前台软件）两大部分。特别是 ETOL 语言除了提供一般常用的语句之外,还提供了几乎所有的同航天器测试相关的语句,比如 WAIT 语句、ENABLE/INHIBIT 语句、VERIFY 语句（检查参数 GO/NOGO 状态）、UPDATE 语句（修改监视界限）、CONNECT/DISCONNECT 语句（连接/断开 SCOE 链路）、INPUT 语句（读入 SCOE 信息）、SEND 语句（发送 TC 命令语句）、DISPLAY 语句（显示图形语句）、OUTPUT 语句（发送数据到外设）等。用 ETOL 编写的测试程序简单易读,举个最基本测试操作的程序:

SEQUENCE SETUP;　　　　　　　　说明一个 SETUP 测试程序

```
COMMAND POWER. ON=Z4;                 标识遥控命令 Z4 执行的是 POWER. ON
COMMAND BOXES. ON=Z9,Z11,Z13;         标识遥控命令 Z9 等执行的是 BOXES. ON
SEND POWER. ON;                       发送 POWER. ON
SEND BOXES. ON;                       发送 BOXES. ON
VERIFY P008,X001,X002,X003;           检查相关的参数值
END;                                  程序结束
```

ETOL 的引进和成功应用使中国航天器测试真正上了一个台阶,它的标志一是 EGSE 体系结构的改变,二是面向测试语言的应用。在以后的章节中将会对 ETOL 做详细介绍。

需要指出的是,面向测试过程的语言虽然有通用性强、使用简单方便的优点,但它也存在着明显的弊端,随着计算机技术的飞速发展,表现得越来越明显了。首先,它是在当时的环境下开发的,投入很大,市场有限,更新的速度远远滞后于商用产品。其次,系统往往缺乏开放性,使令人目不暇接的新技术难以融入。为此,行业专家们呼吁通用性的测试系统的问世,更盼望着开放性的测试系统的出现。

在 ETOL 的启发下,从 1995 年开始,我们自己开发了具有一定通用性的航天器测试操作软件,已经在各类航天器测试中得到了应用,成效显著,在以后的章节中也将做介绍。但我们应当认识到,实际上这个软件还并不是真正意义上的面向航天器测试的语言,只能称为航天器测试的应用软件。要开发出我们自己的面向航天器测试的语言还需要付出艰苦的努力。如上所说,开发具有通用性的、更具有开放性的系统是我们的目标。

2.4.4　测试实施策略

航天器是一个大规模的复杂系统,通常采用分块的方法分步进行测试。1.2 节讲的结构是分块的基础,一般来说每个分系统作为一个功能块,分系统还可以分成若干个单元。我们把被测试的航天器作为系统,把完成独立功能的部分作为分系统,把组成分系统的独立设备作为单元。根据不同测试要求从策略上可以做如下考虑:

(1) 遵循先进行"通过/不通过"(GO/NOGO)链测试,再进一步做故障寻迹或诊断性测试的原则。我们在进行任何分系统或单元块测试之前,必须列出所要测试的参数,每个参数都要有"GO/NOGO"的判据,以此作为编制测试程序的依据。如果每个参数都一一通过了"GO"链,可以认为被测对象测试合格。当在某个参数测试中进入了"NOGO"链时,要进行必要的故

障寻迹或故障诊断性测试。故障寻迹可以在自动测试程序之中,也可以使程序终止,进行人工测试。

值得注意的是,在"GO"链中的测量参数常常是相互关联的,某个参数一旦进入"NOGO"链,其他参数的测试可能毫无意义。比如,一个设备的供电电压、电流不正常,其他参数的测量将是毫无意义的。另外,各个参数进入"NOGO"链的概率也是不相同的。从这一分析出发,我们可以针对被测试对象的特点,根据过去的经验或者可靠性分析拟定出一些最关键的测试项目(MPF—Most Prominent Failure)。这些 MPF 项目同测试级别有关,它可能是某个器件,一块 PCB 板或一个单元设备。这些 MPF 依次排列在前面,按此策略进行测试程序的设计。这种按照 MPF 的概念按优先级测试和进行优先故障寻迹的测试,可以节省时间和提高效率。

(2) 由上至下方法(Start-Top),也称降级法。是把被测试对象分为几个大的部分 A、B、C 等。A 进行测试,若 A 通过,则测试 B。若 B 通过,则测试 C。依此类推,直到各部分测试都通过。如果某一部分(例如 B)没通过,进入了"NOGO",则把该部分再划分为几个小部分,如 B_1、B_2、B_3、B_4 等,再逐块进行测试。若发现故障,如在 B_3 中,则又再细分为 B_{31}、B_{32}、B_{33}、B_{34} 等部分,再逐块进行测试。依此类推,直到诊断出故障为止。这种方法适用于快速测试,可以对简单故障进行快速定位到可更换单元级。

(3) 由下至上方法(Start-Down),也称为升级法或滚雪球法。从被测试对象的最小可测试部分 T_1 开始进行测试。若 T_1 通过了测试,则把被测试对象的另一小部分 T_2 加上去,同 T_1 一起进行测试。若此(T_1+T_2)部分通不过测试,则对 T_2 部分进行故障诊断和维修,再进行测试。若此(T_1+T_2)部分通过了测试,则再加上另一小部分 T_3 进行对($T_1+T_2+T_3$)的测试。依此类推,逐渐扩大被测试部分,凡是遇到故障,即进行诊断和维修再继续测试,直到整个系统通过测试为止。这种方法比由上至下方法工作量大,测试困难,它适合于设计和生产过程中的测试和维护性测试。

(4) 混合方法,也称重新划法。如图 2-10 所示,先对被测对象的某一部分 T_1 做测试,然后再对另一部分 T_2 做测试。这两次测试的部分有一部分是公共部分 B,不同的部分是 A 和 C。测试 T_1 包含了 A 和 B,测试 T_2 包含了 B 和 C。我们通过图 2-11 看看测试的过程。测试 T_1 和 T_2 分别都通过了"GO"链,意味着 A、B、C 都无故障。如果 T_1 通过了"GO"链,T_2 进入了"NOGO"链,意味着 C 有故障,需要对 C 做故障诊断。T_1 进入了"NOGO"链,可以肯定故障在 A 或 B,再经过 T_2 测试。如果 T_2 通过了"GO"链,意味着故障在 A,如果 T_2 进入了"NOGO"链,意味着故障在 A、B 或 C。这时可以进一步划分,进行下一步测试,也可以针对故障部分做故障寻迹。这种方法对于多重故障将会很复杂。

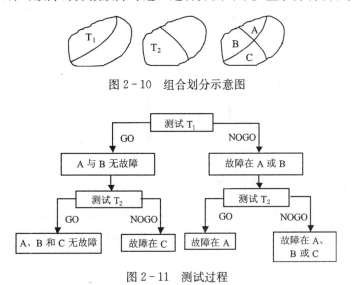

图 2-10　组合划分示意图

图 2-11　测试过程

2.5　测试接口和测试环路

2.5.1　测试接口

我们在第 1 章中已经简要地介绍了航天器综合测试的基本任务、测试的阶段、测试的主要内容以及测试的支持设备,即 EGSE。EGSE 如何实现对航天器的测试呢? 这就涉及测试接口的问题。图 2-12 给出了可能有的测试接口的示意图,对每类接口的含义解释如下:

(1) 单元设备专用测试电连接器接口。这个接口的主要目的是供该设备单元测试、验收和排除故障时使用。通常要求接口中提供足够多的测试信号,使测试和故障隔离可以到器件级,或至少可以到板(PCB)级。

(2) 通过脐带电缆的 TM/TC 视频信号接口。这个接口提供下行的 TM 的副载频调制信号和上行的 TC 的副载频调制信号。值得注意的是要做到信号的匹配和隔离,使得 EGSE 的接入甚至信号线的短路或开路都不能影响星上设备的正常工作,同时做到信号有足够长的传输距离,通常要求大于 100m。为避免干扰,保证信号的质量,视频信号采用双绞线。

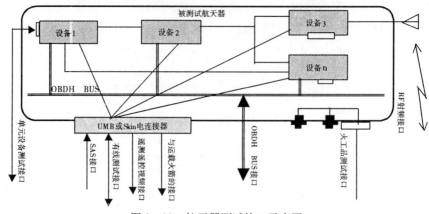

图 2-12　航天器测试接口示意图

（3）通过射频（RF—Radio Frequency）电缆或天线收发的 TM/TC RF 信号接口。EGSE 利用 RF 接收机和发射机同航天器的 TT&C 分系统通信。在航天器天线没有安装或者不希望天线全功率辐射的情况下使用同轴电缆连接，通常要加接衰减器。

（4）经由航天器表面电连接器（SKC—Skin connector）或脱落电连接器（Umbilical connector）的航天器至 EGSE 的专用测试信号接口。根据不同航天器的要求，可以只安装脱落电连接器，通过脐带电缆（UMB—Umbilical cable）同EGSE 接口，或者再附加表面电连接器以满足某些特殊的测试要求。很显然，脐带电缆可以维持在发射前较短时间内分开，而表面电连接器通常在发射前测试中不再使用。通过表面电连接器（或脱落电连接器）接口的信号连接应当遵循"星地信息接口规范"。

（5）星载计算机总线接口。随着计算机技术的发展和航天器功能的日益复杂，航天器上广泛使用了数据管理（OBDH—On Board Data Handling）系统。OBDH 的一般结构是由中央处理单元、若干个远置处理单元和通信网络组成的系统。航天器上的通信网络使用的都是标准化的串行通信网，比如 1553B 总线（航空器上使用的总线）、CAN（Control Area Network—汽车上使用的现场总线）和 RS-485（工业控制中常用的总线）等。总线上具有丰富的信息，通常给出同 EGSE 中 OBDH 探测器（OBDH Probe）的接口。OBDH 探测器通过对总线上数据的分析可以判断通信的正确性以及网上各个设备的正确性，还可以通过 OBDH 探测器（OBDH Probe）的接口向航天器 OBDH 注入数据或程序，不但可用于软件的辅助调试，而且可用于故障查询。该接口的设置为航天器测试提供了很大的方便,其前提是 OBDH 要有相应的软件支持。

(6) 太阳阵模拟器(SAS—Solar Array Simulator)供电接口。太阳电池阵在空间的发电特性在航天器地面测试中只能靠 SAS 替代它和模拟它,SAS 被用做同航天器上电源控制器接口,模拟太阳电池阵在空间的发电特性,从而考核电源控制器的特性,如分流调节器调节能力、母线电压调节能力、蓄电池充放电控制能力等。

(7) 火工品测试接口。通过 EGSE 中的火工品测试仪测量火工品电路及发火管电阻值。该测试接口的设置要有安全考虑,在发射区之前的测试中,火工品可以用模拟件(也可以称工艺件)代替,火工品安装上后需加接安全保护电路,经过测试后,在发射前要除掉保护电路。

(8) 与运载器(launcher)接口。航天器在发射台(launch pad)上与运载器对接,UMB 与航天器的分离控制信号由运载器给出,分离检测信号也由运载器的遥测给出。

航天器在不同的测试阶段可以提供不同的接口,随着测试阶段的进展得到的接口越来越少,在发射台测试期间,用户只能得到 UMB 和 RF 接口,发射前时刻和运载器起飞后只有 RF 接口了。表 2-1 表示了不同阶段通常可以得到的测试接口的矩阵。

表 2-1　航天器测试阶段与测试接口矩阵表

航天器测试阶段	可以得到的接口									
	单元设备接口	TM/TC视频接口	RF 同轴电缆接口	RF 天线接口	UMB接口	SKC接口	OBDH接口	SAS接口	火工品接口	运载器接口
单元设备测试	×									
分系统级测试		×	×	×	×	×	×	×		
系统级测试		×	×	×	×	×	×	×		
发射厂技术区		×	×	×	×	×	×	×		
发射台			×	×	×		×	×		×
发射前										

2.5.2   航天器电性能综合测试基本流程

航天器由多个分系统组成,不同的分系统、不同的设备由于其功能不同、测试状态不同和性能指标不同,所采用的测试方法各不相同。总的测试原则纵向是按设备级、分系统级和系统级进行逐级测试,横向是按供配电及电源系统、测控数管系统、其他公用平台系统进行测试,最后为有效载荷系统测试。现仅对经常使用的方法加以说明。

航天器由地面供配电设备通过卫星脱落电缆控制地面模拟电源直接供电,或者由蓄电池组供电。地面模拟电源必须具有过压过流保护功能,一旦由于电源本身故障或卫星上负载和地面模拟负载引起过流现象,过压过流保护装置立即起作用,切断输出,保护卫星安全。

测试过程中最重要的是通过遥测和遥控链路的测试,任何一项测试的基本流程是:向卫星发送激励信号(例如遥控指令、注入数据或对卫星供电),判断卫星响应信号,可以用图 2-13 的流程图表示。任何一项测试,无论是手动测试还是自动测试都毫无例外地遵循这个基本流程。一项测试可以由若干个子基本流程组成。

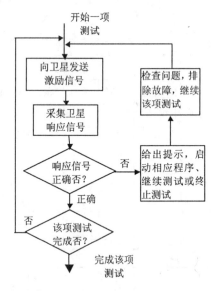

图 2-13   完成一项测试的基本流程

2.5.3 测试环路选择

从上述流程图看出,同任何复杂的测试一样,航天器测试的基本原理也是通过上行链路对被测对象进行控制和激励,通过下行链路对其响应情况进行收集,把上行和下行勾连起来就形成了测试环路。图 2-14(a)为通常的配置原理。如果测试设备是非智能的,上行控制靠操作人员手动控制,下行响应情况靠人工判断,测试中人是环路中的一个环节,这种测试称作开环测试。以计算机为基础的测试设备,其上行控制和下行响应判断都靠计算机软件完成,使测试过程可以一步步自动地进行,从而实现闭环(closed loop)测试。

目前,航天器测试设备大都实现了计算机控制,只要编写必要的应用软件,完全可以实现闭环测试,图 2-14(b)为航天器测试原理示意图。我们从图中可以看出 EGSE 必备的四个功能是:①建立航天器工作条件;②收集和处理表明不同激励下反映航天器性能的数据;③为被测试航天器提供激励环境;④提供安全操作与服务设备。

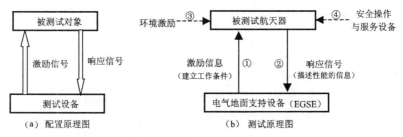

图 2-14　测试环路原理图

2.5.3.1 EGSE 配置和测试环路

EGSE 大体上由两部分组成,即若干个分系统专用测试设备(SCOE)和总控设备(OCOE),OCOE 与 SCOE 之间通过通信网络连接。通常,OCOE 具有与航天器遥测/遥控链路接口的前端设备,接收航天器发送的视频模拟信号并转换成 MTP 可以识别的二进制数据流。同时前端设备也可以把 MTP 送来的遥控命令或消息转换成航天器可识别的模拟视频信号。

在系统级测试之前,航天器的每个分系统都要进行测试,检验其性能是否符合要求,支持这种测试的设备就是 SCOE,它通常(有时不是必要的)要借助于计算机。

　　图 2-15 是一个典型的分系统级的测试配置以及两个基本的测试环路。图(a)中的 OBDH 或 TM/TC 模拟器主要功能是模拟该分系统与航天器 OB-DH(On Board Data Handling)或 TM/TC 接口。SCOE 的专用激励源向被测试分系统的传感器(不是每个分系统都有)或通过专用测试连接器提供激励信号。OBDH 模拟器和专用激励源通常由计算机控制,为测试人员提供了人机接口。图(b)是内务数据测试环(Housekeeping Data Test Loop),在这个环路中,计算机通过 OBDH 模拟器发送 TC 指令(如接通供电)到被测试分系统,再通过 OBDH 模拟器的 TM 信号采集指令执行后的响应信号。通过这个环路可以测试分系统与 OBDH(或 TM/TC)的接口。图(c)是分系统数据测试环(Subsystem Data Test Loop),在这个环路中,计算机控制专用激励源产生激励信号,通过传感器或专用测试电连接器激励被测试分系统,再通过(OBDH 接口)S/C 模拟器采集指令执行后的响应信号。通过这个环路可以测试分系统的性能。

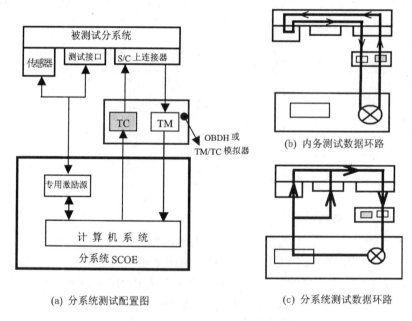

(a) 分系统测试配置图　　　　　(b) 内务测试数据环路

　　　　　　　　　　　　　　　(c) 分系统测试数据环路

图 2-15　典型的分系统测试配置和测试环路

　　当把分系统安装到航天器上之后,分系统测试的配置将会改变,被测试分系统将直接与航天器的 OBDH 或 TM/TC 接口,图 2-15 中的 OBDH 模拟器不必使用了,它的作用将由 EGSE 中的 TM/TC 前端机取代,分系统的 SCOE 将作为 EGSE 的一部分。

图 2-16 是在系统级测试时的配置示意图。从图中可以看出,分系统使用 S/C 连接器同 OBDH 或 TM/TC 分系统连接,SCOE 仍然通过传感器和测试连接器激励被测试分系统设备,但是 SCOE 受 OCOE(通过测试序列)控制了。从被测试分系统传下的实验或过程数据首先传到 OBDH 或 TM/TC 分系统,再把它插到遥测帧中。所有的遥测数据都由 OCOE 的 TM 前端机接收,由 MTP 进行处理,MTP 提取有关的数据送给 SCOE。

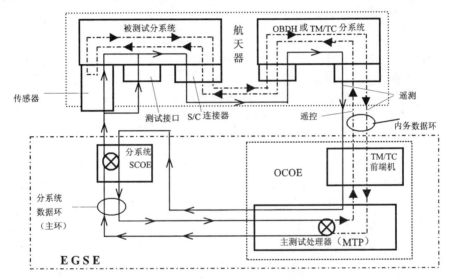

图 2-16　系统级测试配置和测试环路

OCOE 还能够向 SCOE 发送信息,通知 SCOE 执行某种测试。这时,SCOE 仍作为独立的设备运行其测试程序并向 OCOE 报告测试的结果。这时的分系统测试数据不是来自 OBDH 模拟器,而是来自遥测(通过 OCOE)。由图 2-15 所示的测试环路不再由 SCOE 的计算机执行,而是受 OCOE 管理了。在系统级测试中,测试环路闭合点的功能完全由 OCOE 的 MTP 所取代。

图 2-16 仍然有两个基本测试环路:①图中的点划线所示是内务数据测试环,这个环路同航天器在轨运行时的测控环路相似。在 MTP 控制下,TC 前端设备产生遥控指令通过上行链路发送给 OBDH 或 TM/TC 分系统,它收到该指令经验证后,送给被测试的分系统,该分系统必然会有相应的响应,并反映在某些遥测参数的变化上。TM 前端设备通过遥测下行链路接收航天器遥测信号,经过解调后将数据送往主测试计算机作处理比对,做出正确性判断,遥控和遥测

的链路可能是 RF 或是通过传输线的视频接口。②图中细实线所示的是另一个环路。在 MTP 控制下,分系统 SCOE 产生的上行激励信号经传感器或测试专用接口传送到星上分系统。激励信号引起的分系统响应也反映在某些遥测参数的变化上,这些参数也是经过遥测下行链路,经过 MTP 把数据转送给 SCOE 计算机进行监视,SCOE 也可以把数据返回给 OCOE,在 OCOE 中被监视。

根据测试要求和硬件配置的功能,可以有其他的环路。总之,选择合理的测试环路也是航天器测试不可忽略的设计特性之一。

2.5.3.2 典型的测试环路举例

姿态和轨道控制分系统(AOCS)是一个非常复杂的系统,特别是三轴稳定的航天器。AOCS 主要由姿态传感器、控制计算机(ACC)和执行器(包括推力器、动量轮等)三部分组成。基本工作过程是:姿态传感器将测得的航天器坐标系相对太阳、地球、恒星等姿态信号传送给 ACC,ACC 通过控制算法给出执行器转矩(torques)的驱动信号,执行器动作调整航天器姿态。通过周期性工作不断的调整飞行器姿态,使之满足任务需要。一个完整的 AOCS 连同动力学和环境可以被认为是自成环路的系统,该环路由姿控计算机(ACC)闭合。在空间实际工作中有时还需要地面站的配合,AOCS 和地面站也形成了一个外部的测控环路。

AOCS 在总装和测试期间,姿态传感器得不到真实的姿态信号,执行器也不能实际动作。要测试 AOCS 的性能,只能通过模拟的方法才能测试 AOCS 的闭环特性,通常 AOCS 测试配置如图 2 - 17 所示,测试设备称作 AOCS 专用测试设备(AOCS SCOE)。

图 2 - 17 中描述的测试原理是基于静态闭环测试的设施(非实际运动)。动力学和环境模拟器负责传感器设备激励的计算和执行单元监视数据的处理。被激励的传感器将传感器测量结果经由 AOCS 数据总线交付给 ACC。在 ACC 中,收到的数据馈送给姿态控制定律,该定律产生执行器单元的命令。监视设备测量执行器单元的响应,并且反送给相应的动力学和环境模拟器,环路以此方法闭合。

对传感器的激励需要一个测试接口,该接口能使传感器设备敏感物理激励,例如一个模拟太阳的光激励或模拟地球的红外光激励源。在静态测试中,传感器头可以被旁路掉,AOCS 设备模拟器产生电激励信号馈送给传感器的电子电路。

对于执行器设备,情况类似,大多数情况执行器不会实际使用和动作。执行器电子电路的输出传送给测试电子监视器并且馈送给模拟软件去计算对卫星动

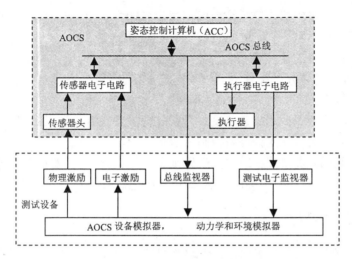

图 2-17 AOCS 闭环测试配置

力学的影响。

该测试配置能实现对 AOCS 进行静态闭环模拟测试。为了测量 AOCS 的特性,设备还配置了 AOCS 总线监视器,它可以读取所有 AOCS 总线事件和对所有重要数据的访问。

2.6 测试级别

航天器是一个复杂的系统,可以按功能把它分成若干分系统,每个分系统又都由许多单元设备组成。为了能保证发射航天器的质量,要对航天器进行各单元设备、分系统和系统级测试,即所谓三级测试。

各级测试的目的有所不同:单元级和分系统级测试应是详细的测试,着重点是测试其性能指标;系统级测试着重点是测试系统功能以及分系统之间接口相容性。

航天器各单元设备在交付之前,要按技术规范作充分的测试,必要时还要做抽样典型试验,其目的是检验设计的正确性和提高其可靠性。单元设备在装星之前还要做电性能测试。航天器分系统级测试通常是在装到星上后进行。测试过程可以通过分系统专用测试设备自成环路进行,也可以借助航天器遥测遥控环路进行。系统级测试是航天器在出厂前,在各种试验条件下(热真空、振动、噪声等)以及发射前所进行的功能性测试。

各级测试所用的测试设备也应有所不同。单元级测试设备由实验室通用仪器和某些专用设备组成。分系统专用测试设备通常是由微计算机、通用仪器和专用接口等组成，通称 SCOE。SCOE 不但能独立完成分系统测试，而且还可作为系统级测试设备的组成部分。系统级测试设备由主测试计算机、遥测/遥控(TM/TC)前端机和分系统专用测试设备组成。此时，分系统专用测试设备将受控于主计算机。三级测试方法不但从技术上可以共用，而且某些硬件和软件可以通用。单元级测试用的某些设备可以装到分系统专用测试设备上，分系统测试设备的软件可以在主计算机控制下运行。

　　航天器测试人员要按三级测试的原则组织和设计测试，对被测对象加以分析归类，使每级测试都有明确的目标，做到逐级把好质量关。

2.6.1　单元级测试

　　单元级测试通常是指对航天器上独立的单元设备在装配到航天器上之前进行的测试过程，或者在系统测试时出现故障后对它进行测试的过程。测试的特点如下：

- 对所有功能模式都要进行单元性能检查；
- 应该模拟单元设备的接口功能；
- 故障隔离可以做到 PCB 级或元件级；
- EGSE 通常不被用于单元级测试，但是某些通用的仪器(例如某些智能测试设备)应该同 EGSE 中相应的部分公用；
- 对于包含有星载计算机总线接口的系统而言，那些经由远置单元同 OB-DH 总线直接接口的单元设备可以使用 EGSE 进行测试。

2.6.2　分系统级测试

　　分系统级测试可以单独进行或者在系统级上进行(参看本讲义 1.3.3.4 节)，测试的简要功能和原理是：

- 分系统级测试可以在卫星模型上完成，通过检查所有功能模式下的性能去验证分系统的设计；
- 分系统级测试可以在桌面上或在航天器的某个舱段内进行；
- 应该模拟分系统设备的接口功能；
- EGSE 通常不被用作分系统级测试，但是分系统级测试设备的某些通用的仪器应该同 EGSE 中相应的部分公用；
- 对于包含有星载计算机总线接口的系统而言，那些经由远置单元和 OB-DH 总线的分系统设备可以使用 EGSE 进行测试。(在这种情况下，可以预计大多数分系统级测试功能将同总线接口）。

2.6.3　系统级测试

系统级测试是在系统级试验过程的各个阶段(参看本讲义 1.3.3.5 节)完成的电气功能的测试。测试的基本特点是：

- 主要进行系统工作期间的功能性测试，也可以做有限的分系统性能的测试；
- 系统级测试使用 EGSE，EGSE 经由遥测/遥控链路、专用表面电连接器、UMB 或 OBDH 测试接口耦合器同系统接口；
- 故障隔离通常到单元级，如果经过 OBDH 耦合器测试可以隔离到较低级。

2.7　可测试性

2.7.1　可测试性的概念

随着测试技术的发展，可测试性(Testability)的概念早在 20 世纪 60 年代就已提出来了。1975 年美国 Liour F 等人在"设备自动测试性设计"一文中首先提出测试性这一术语，从此测试性便相继用于诊断电路设计和可维修性研究等领域，并逐渐成为一门新兴的学科。

可测试性通常的定义是能够及时、经济有效地确定被测试系统内部工作状态(可工作、不工作或性能下降)，并能隔离其内部故障的一种设计特性。用简单的话说，使被测试设备的状态和性能可信地被确定的一种设计特性就叫做可测试性。显然，可测试性强调的是一种设计特性，是对被测试对象设计的一种要求。对航天器这样复杂系统的测试，必须在航天器设计早期阶段予以考虑，并在整个寿命期的各个阶段应分别实施设计性分析和验证。如果航天器上各设备生产出来后再做测试考虑，就很可能会遇到许多不可测试的问题，而使测试人员束手无策，给设备的故障隔离和维修带来很多困难。

系统的可测试性与其可靠性、可维护性和可用性密切相关。因为系统存在的任何不能被检测出来的状态都将直接影响系统任务的可靠性，而通过采用具有良好的可测试性系统就可以减少未被检测出故障的出现，进而提高任务的可靠性和安全性。同时，具有良好的可测试性的系统将减少故障检出和隔离时间，从而提高系统可用性。

2.7.2　可测试性工作项目

如同可靠性和维修性一样,为了实现对产品测试性的要求,必须在研制生产过程中开展一系列有关测试性的设计、分析、试验等活动。这些活动可以结合维修性工作或作为维修性工作的一部分来计划和实施。1985 年美国军用标准MIL－STD－2165"电子系统和设备测试性大纲"专门规定了测试性管理、设计分析与验证要求,1993 年颁布的新版本则把它扩展到各类系统和设备。中国国家军用标准(GJB2547－95)参照采用该标准。该标准规定的测试性工作项目分三个系列七项内容如下:

- ·测试性工作计划;
- ·测试性评审;　　　　　　　　　　 管理类,测试性工作的监督与控制
- ·测试性数据收集和分析计划;
- ·测试性要求;
- ·测试性初步分析与设计;　　　　　 测试性的设计与分析
- ·测试性详细分析与设计;
- ·测试性验证。　　　　　　　　　　 测试性试验与评定

2.7.3　可测试性的要求

系统的可测试性作为可修性的组成部分,与可靠性和维修性有着密切的联系和一致的目标,即通过改善可测试性提高系统工作的完好性,降低维修和保障资源的费用。为此,系统应当满足可测试性的定量和定性要求。

2.7.3.1　定性要求

测试性要求,总的说来,应在尽可能少的增加硬件和软件的基础上,以最少的费用使系统获得所需要的测试能力,实现测试系统简便、迅速、准确。其主要定性要求是:

（1）合理划分系统单元。根据不同维修级别的要求,把系统划分为易于检测和更换的单元,如现场可更换单元(LRU—Line Replace Unit)、工厂可更换单元(SRU—Shop Replace Unit)。

（2）合理设置测试点。根据不同维修级别的需要,在系统内外设置必要、合理而又充分的测试点。

（3）合理选择测试的方式、方法。根据系统的功能、结构、使用及维修的需要,并权衡费用等因素,正确确定测试方案,选择自动、半自动、人工测试、机内、外部测试设备等,使测试系统具有最好的协调和配合。

（4）考虑兼容性。在满足测试能力要求的前提下，尽可能选用标准化、通用化的测试设备及开发辅助工具，优先采用成熟的已经应用过的测试系统。

2.7.3.2　定量要求

定量的测试性要求，通常用以下一些参数的要求值规定：

（1）故障检测率 γ_{FD}。产品在规定的期间内，在规定的条件下，用规定的方法能够正确检出的故障数（N_D）与所发生的故障总数（N_T）之比，常用百分数表示，即：

$$\gamma_{FD} = N_D/N_T \times 100\%$$

这里所说的"产品"即是被测试的项目，它可以是系统、分系统、单元或更低层次的产品。"规定的时间"是统计故障的时间，应当足够长。"规定的条件"是指进行检测的维修级别、人员、时机等，"规定的方法"是指测试的方法、手段等。

（2）故障隔离率 γ_{FL}。产品在规定的期间内，在规定的条件下，用规定的方法能够正确隔离到少于或等于 L 个可更换单元的百分数，即：

$$\gamma_{FL} = N_L/N_T \times 100\%$$

其中，N_L 是隔离到少于或等于 L 个可更换单元的故障数。当 $L=1$ 时，即隔离到单个可更换单元，是确定性隔离；当 $L>1$ 时，为不确定（模糊）性隔离。

（3）虚警率 γ_{FA}。虚警是指测试装置或设备显示被测项目有故障，而该项目实际无故障。在规定期间内，测试设备发生的虚警数 N_{FA} 与显示的故障总数之比即为虚警率：

$$\gamma_{FA} = N_{FA}/(N_F + N_{FA}) \times 100\%$$

其中，N_F 为真实故障总数。

2.7.4　测试点的选择

可测试性设计的重要考虑是测试点的选择，所选择的测试点必须能提供相关电路的状态和性能参数，应与故障隔离的级别相适应。比如说单元级测试至少应诊断到印制版级，系统级测试至少应诊断到单元级或可更换单元级。

以最少的输入和输出信号实现对航天器性能的测试是应该遵循的原则，但是测试点的数量既要充分又要全面。采用适当的技术，使有些参数可以通过别的参数测量结果进行推算，也就是说可以实现间接测量。精心的分析和设计可以减少测试点的数量，从而减少设备的成本。

可测试性设计不周到，测试点选择不合理，会使故障隔离和性能测试变得很困难。因此，航天器分系统的设计人员在设计时也应充分重视测试问题，要有效地安排和利用测试点，合理地选择测试环路，充分地利用模拟手段，从而提高可测试性。

测试点是测量被测试系统状态或特征量的位置,合理地确定测试点,既可以缩短故障检测隔离时间,也可以降低对测试设备的要求。测试点选择和配置要考虑如下几个问题:

2.7.4.1 测试点分类

系统各个部分的测试点按用途可分为性能测试点、故障检测用测试点和故障隔离用测试点。

测试点按其使用场合可分为外场维修、工厂维修用测试点。前者主要用于检测并将故障隔离到现场可更换单元(LRU),后者则隔离到工厂可更换单元(SRU),以及更低的产品层次(如元件级)。

测试点按照使用的测试设备可分为机内测试用测试点和外部测试设备用测试点。

2.7.4.2 测试点选择和配置的原则

(1)测试点选择应从系统级到 SRU 级,从现场到工厂维护,按性能监视和维修测试要求统一考虑。测试点选配应尽量适应检测的需要,在装置内部还要配备适当数量的供维修用的测试点。

(2)应在满足故障检测隔离要求的前提下,使测试点越少越好。当测试点数量受到限制时,应预先选择会影响安全和任务的单元的测试点、故障率高的单元的测试点。就故障隔离和检测相比较,优先选择检测用的测试点。

(3)测试点可通过电缆从星上引到测试设备,有些要引到遥测通道中,通过遥测链路传到地面设备。测试点的引出不应影响星上电路的正常工作,要确保安全,往往要加隔离放大器或隔离网络,并要确保测量精度不受影响。例如,要求测量 1% 精度的直流电压,必须使用精度高于 1% 的分压电阻器隔离;1MΩ 内阻的测量仪表就不能串接 100kΩ 的保护电阻器。为测量和传输方便,应尽可能选取直流和高电平信号的测试点。

(4)测试点中要有作为测量信号参考基准的公共点(如设备地线)。

(5)高电压大电流的测试点应与低电平的信号隔离开,并符合安全要求。

(6)要消除测试点与测试设备的相互影响,所选择的测试点应符合测试设备合理的频率要求和精度要求。

(7)测试点的布局要便于检测,尽可能集中或分区集中,且可达性要好。其排列要有利于进行逻辑的、顺序的测试。测试点不要设置在易损坏的部位。

(8)在航天器上装置多路开关,通过较少的连接线就可以把更多的可测信号引到测试设备上。也可以设想把智能的前置测量单元置于星上,使之在地面设备的控制下自主地测量处理。如果星上配置了星载数据管理系统(OBDH),在管理软件配合下,通过总线探测器可以对星上状态和参数做更全面的测试。

2.7.4.3　测试点选择和配置的过程

(1) 分析被测对象的性能和特点。从整体到局部,从系统到单元设备逐步深入,分析被测试对象的功能、特性参数及其极限值、输入输出信号、故障模式及其影响、故障率等。

(2) 选择各级测试对象的测试参数。对每个维修级别,选定各个测试对象故障检测和故障隔离用的参数,即选择表明产品是否正常工作的信号或特征量。

(3) 确定测试点的位置。初步确定所需测试点,一般就是功能单元的信号输出点。然后进行优化,去掉不必要的测试点,以便用尽可能少的测试点满足测试和诊断的要求。

2.8　误差及误差分析

航天器型号在研制过程中自始至终离不开大量的试验工作。为了在试验中获取定性、定量参数并进行处理和评定,需要进行测量。由于测量环境的变化、测量仪器的误差、测量方法的差异等因素,测量误差的存在是不可避免的,也就是说"所有测量都具有误差,误差自始至终存在于所有科学试验的过程中",误差及做误差分析的目的是寻找产生误差的原因,认识误差的规律,进而找出减少误差的途径和方法,以便使测量的结果能够可信,使之尽可能接近"真值"。传统的评定测量结果的质量是以误差理论为依据的。1960 年后,国际法制计量组织(OIML)提出用测量不确定度代替误差评估测量结果的质量,1993 年由 ISO 发布了《测量不确定度表示指南》(GUM)。我国计量技术规范(JJF1059-1999)等同采用 GUM。

2.8.1　测量误差及其表示方法

通俗地讲,测量就是用待测量直接或间接地同另外一个已知量相比较,把这个已知量作为计量单位,定出被测量是该单位的若干倍。换言之,测量就是求出被测量同计量单位之比值。当我们对一个被测量进行多次测量时,每一次测得的结果不会完全一样,或多或少存在差异,差异就是误差引起的。可以说精确可信的测试过程就是不断的减少和克服误差影响的过程。

OIML 把测量误差定义为测量结果与被测量"真值"之差。然而,"真值"仅仅是理论上的,绝对的"真值"是不可知的。人们常常用按照国家标准计量的仪器的量值当作似真值,并把它称之为"实际值"。因此,也可以把测量误差定义为测量结果与被测量"实际值"之差。测量误差通常可以表示为绝对误差、相对误差和引用误差。要注意区分测量领域误差与不确定度二者不同的含义。

2.8.1.1　绝对误差

某次测得之值 x_i 与被测量的"实际值"x_0 之差,就称为误差或绝对误差 Δx_i:

$$\Delta x_i = x_i - x_0$$

绝对误差 Δx_i 可正可负,是一个有单位的物理量。因为每次测量可能同时存在随机误差和系统误差。因此被测量 x 的第 i 次测量值 x_i 的绝对误差是随机误差与系统误差之和:

$$\Delta x = \varepsilon + \delta_i$$

δ_i 是随机误差,ε 是系统误差,这里我们假定 ε 是恒值系统误差。

2.8.1.2　相对误差

绝对误差的表示方法的不足之处在于它有时不能反映测量的准确程度。比如测量两个电压,其中一个电压 $U_1 = 1V$,其绝对误差 $\Delta u_1 = 1mV$;另一个电压是 $U_2 = 100V$,其绝对误差 $\Delta u_2 = 10mV$,尽管 Δu_2 大于 Δu_1,但我们不能得出 U_1 的测量较 U_2 准确的结论。实际恰恰相反,U_1 的测量误差 Δu_1 对于 $U_1 = 1V$ 来讲占 0.1%,而 U_2 的测量误差 Δu_2 对于 $U_2 = 100V$ 来讲占 0.01%。为了弥补绝对误差的不足,提出了相对误差的概念。相对误差 γ 是绝对误差与"真值"之比,"真值"是得不到的,我们常用实测值 x 或实际值 x_0 代替它。所以相对误差 γ 可以近似地用绝对误差 Δx 与实测值 x 或实际值 x_0 之比表示:

$$\gamma = (\text{绝对误差}/\text{真值}) \times 100\%$$
$$\approx (\Delta x / x_0) \times 100\%$$
$$\approx (\Delta x / x) \times 100\%$$

由于绝对误差可正可负,所以相对误差也可能出现正值或负值。

2.8.1.3　引用误差

引用误差的引入是为了评价测量仪表的准确度等级,因为绝对误差和相对误差都不能客观正确地反映测量仪表的准确度高低。引用误差 γ_m 是从相对误差演变来的,定义为绝对误差与测量仪表量程之比,用百分数表示,即

$$\gamma_m = (\Delta x / x_m) \times 100\%$$

对于某确定的仪表,它的最大引用误差也是确定的,这就为仪器仪表划分准确度等级提供了方便。按国家标准规定电测量仪表的准确度等级划分为 7 级:0.1,0.2,0.5,1.0,1.5,2.5,5.0 级。对于 300V 量程的 0.1 级的电压表,仪表产生的绝对误差是 $\pm 300 \times 0.1\% = \pm 0.3$V。如果被测量的电压是 300V,使用该表测量的相对误差是 $(\pm 0.3\text{V}/300\text{V}) \times 100\% = \pm 0.1\%$。如果被测量的电压是 100V,使用该表测量的相对误差是 $(\pm 0.3\text{V}/100\text{V}) \times 100\% = \pm 0.3\%$。所以,在选择测量仪表时,应使被测量值尽可能接近仪表的满量程值。

2.8.1.4　误差与不确定度(error and uncertainty)

在不确定度提出几十年后,很多场合还依然错误地把误差与不确定度作为同义语,或者把它们交替使用。我们从定义出发理解误差与不确定度的关系:测量误差是测量结果与真值的偏离值;测量的不确定度是一个区间,测量的真值以已知的概率处在这个区间里。测量误差的存在决定了测量具有不确定性。结论:①误差是单一值,不确定度是一个区间;②误差有时能被用来修正测量结果,不确定度却不能;③误差的界限范围与不确定度是同义语;误差与不确定度不是同义语;④传统的误差理论仍用于不确定度分析,只是不再用它表示测量的结果了。

2.8.2　系统误差与随机误差

按照误差的最基本的性质和特点,可以把误差分为系统误差、随机误差和粗大误差。如果误差超出规定条件下预期的误差称之为粗大误差,这种误差主要是由于读数错误、仪器差错、方法错误等造成,明显歪曲测量结果,常常把它作为野值(或称坏值)剔除。值得注意的是野值的剔除不能主观臆断来进行,而应该以比较客观和可靠的判据为依据。

2.8.2.1　系统误差

(1) 系统误差的定义和特点

假如测量的误差值是恒定不变的,或者是遵循一定的规律变化的,这种误差就称为系统误差。这种误差是有规律的,往往可以用解析式、表格或曲线来表达,用多次测量取平均值的办法并不能改变系统误差的影响,只能靠校正方法消除。

造成系统误差的原因很多,测量仪器的缺陷、环境的改变、测量方法的不完善、处理公式的误差等都可以带来系统误差。既然系统误差有规律可循,因此我们总是可以采取一定的技术措施,设法消除或减少它。对于有规律的系统误差的处理实际上并没有通用的方法可循,通常是针对具体的测量条件采取一定的技术措施。

对于测量条件不变的系统误差(也称恒值系差),利用随机误差的抵偿性可以证明系统误差 ε 等于足够多次测量中各绝对误差的算术平均值,或者说等于各次测量值的算术平均值与实际值之差。对于随测量条件改变而变的系统误差(也称变值系差)的判别就要困难得多了,通常通过实际测量,用观察和分析测量数据的方法进行。

可以采用三种方法减少和消除系统误差:一是测量前尽力消除产生系统误差的来源,如注意定期标定仪器,注意工作状态和工作环境等;二是采用一些专门的测量技术或方法,如零示法、替代法、对照法等;三是尽量找出系统误差的方向和数值,采用修正值的方法加以修正。

(2) 系统误差的判别

实验对比方法可以发现恒值性的系统误差,通过对剩余误差(定义为:$\nu_i = x_i - \bar{x}$,是第 i 次测量值与样本平均值或算术平均值之差)列表或作图观察方法可以发现有规律的变值性系统误差。对于周期性系统误差,可以用阿贝-赫梅特准则判断法[11];对于线性系统误差,可以用马里可夫准则判别法。

马里可夫准则是将 n 次测量的结果加以排列,对前 k 次测量值的剩余误差求和,再对后 $n-k$ 次测量值的剩余误差求和,这两个和数相减得到:

$$M = \sum_{i=1}^{k} \nu_i - \sum_{j=k+1}^{n} \nu_j$$

如果 M 值近似为零,说明测量中不含线性系统误差;如果 M 值显著不为零,比剩余误差大,说明测量中存在线性系统误差,就需要采取方法加以修正了。

2.8.2.2 随机误差

(1) 随机误差的定义和特点

在实际相同条件下多次测量同一个量时,误差的绝对值和符号以不可预定的方式变化的误差称为随机误差。

单一次测量的随机误差没有规律、不可预测、不能控制,也不能用实验的方法加以消除。但是,随机误差在足够多次测量的总体上服从统计规律,也就是说,对于大量的测量,从统计学的观点来看,随机误差表现了它的规律性。根据数理统计的原理和大量的测量实践表明,很多测量结果的随机误差的分布形式接近于正态分布。

从这种分布趋势可以定性地看出随机误差具有三个特点:①小误差比大误差出现的机会多,故误差的概率与误差的大小有关;②大小相等、符号相反的正负误差的数目近于相等,误差概率密度曲线是对称的;③极大的正误差和负误差出现的概率非常小,故绝对值很大的误差一般不会出现。

根据如上的叙述,可以知道随机误差变化的特点是具有有界性、对称性和抵偿性。有界性是说在多次测量中随机误差的绝对值不会超过一定的界限。对称性是指绝对值相等的正负误差出现的机会相同。抵偿性是指随机误差的算术平均值随着测量次数 n 的无限增加而趋近于零,也就是说在多次测量中,随机误差有相互抵消的作用。抵偿性是随机误差的重要特性,利用它可通过多次测量的算术平均值的办法削弱随机误差的影响。具有抵偿性的误差,一般也可以按随机误差来处理。

(2) 测量数据的数学期望和方差

测量值的取值可以是连续的,也可以是离散的。通常仪器(特别是数字仪器)的分辨率的限制,实际的测量值往往都是离散的。在此,我们只讨论测量值为离散值时的数学期望和方差。

如果对被测量 x 进行 n 次等精度测量,可以得到 n 个测量值 $x_1, x_2, \cdots, x_n$。由于随机误差的影响,每次测量的值也是随机变量。每次测量结果单独统计,认为 n 次测量得到 n 个测量值,而不考虑这些结果中有无相同的情况,当测量次数 $n \rightarrow \infty$ 时,可用测量值出现的频率 $1/n$ 代替概率 P_i,得到的测量值数学期望:

$$M(X) = \frac{1}{n} \sum_{i=1}^{n} x_i \qquad (\text{当 } n \rightarrow \infty \text{时}) \qquad (2-1)$$

$M(X)$ 也称做总体平均值。

实际测量的次数不可能为无穷大,对于有限次测量不可能得到它的数学期望值。但是我们可以定义 n 次测量的随机变量的算术平均值 $\bar{x}$:

$$\bar{x} = \frac{1}{n} \sum_{i=1}^{n} x_i \qquad (2-2)$$

$\bar{x}$ 是 n 次测量样本值的算术平均值,因此也称做样本平均值。我们测试中和本教材提到的算术平均值实际上指的是测量的样本值的平均值。

测量值的数学期望只反映了测量值的平均情况,看不出每次测量值的分散程度。实际测量中要知道测量数据的离散程度,通常用测量值的方差 $\sigma^2(X)$ 来反映测量值的离散程度。

如果对被测量 x 进行 n 次等精度测量,可以得到 n 个测量值 $x_1, x_2, \cdots, x_n$。由于随机误差的影响,每次测量的值也是随机变量。当测量次数 $n \rightarrow \infty$ 时,可用测量值出现的频率 $1/n$ 代替概率 P_i,得到的测量值的方差为:

$$\sigma^2(X) = \frac{1}{n} \sum_{i=1}^{n} \delta_i^2 = \frac{1}{n} \sum_{i=1}^{n} [x_i - M(X)]^2 \qquad (\text{当 } n \rightarrow \infty \text{时}) \qquad (2-3)$$

式中的$[x_i - M(X)]$是每次测量值偏离数学期望的数量,它可能是正值或负值。式(2-3)中,不采用$[x_i - M(X)]$来取平均,而是对它的平方来取平均,从物理意义上说,这是因为取平方后再进行平均才不会使正负方向的误差相互抵消,使我们容易判断测量结果的离散程度。

方差$\sigma^2(X)$的算术平方根$\sigma(X)$叫做标准偏差,或叫做均方根差。$\sigma(X)$越小,测量值越集中,因此$\sigma(X)$也是用来描述测量值离散程度的。

(3) 随机误差的估计和处理

在相同条件下对被测量对象进行无穷多次测量,可以由式(2-1)和(2-3)求得被测量对象的数学期望$M(X)$和标准偏差$\sigma(X)$,通常把它们称为被测量对象总体的数学期望和标准偏差。从理论上说,求数学期望和标准偏差都需要无穷多个测量数据,但是在实际测量中我们只能进行有限次的测量,这时就不能按前面的公式确切求出$M(X)$和$\sigma(X)$的数值,而只能根据n次测量的数据进行估计。由于n次测量的数据带有随机性,我们称它们为随机样本。

根据概率论中的"一致估计"和"无偏估计"原则,可以得出结论:n次测量的算术平均值$\bar{x} = \dfrac{1}{n} \sum x_i$ 等于测量值的数学期望$M(X)$的估计值,即$\bar{x} = M(X)$。

对于有限次测量,没有办法使用式(2-3)求方差。方差或标准偏差的估计值可以用贝塞尔(Bessel)公式,贝塞尔公式求出的方差值是有限次测量标准偏差的估计值,我们用$\sigma(X)$带上角号来表示,同式(2-3)是有差别的:

$$\hat{\sigma}^2(X) = \frac{\sum_{i=1}^{n}(x_i - \bar{x})^2}{n-1} = \frac{\sum_{i=1}^{n} \nu_i^2}{n-1} \tag{2-4}$$

$$\hat{\sigma}(X) = \sqrt{\frac{\sum_{i=1}^{n} \nu_i^2}{n-1}} \tag{2-5}$$

上式中$\nu_i = x_i - \bar{x}$是第i次测量值与样本平均值之差,称为剩余误差或残差。把$\bar{x} = \dfrac{1}{n} \sum_{i=1}^{n} x_i$带入式(2-4),经换算,式(2-5)可以表示为:

$$\hat{\sigma}(X) = \sqrt{\frac{\sum_{i=1}^{n} x_i^2 - n\bar{x}^2}{n-1}} \tag{2-6}$$

以上我们只是给出了根据n次测量值求被测量总体的数学期望和标准偏差估计值的方法,推导的过程可以参阅有关文献。贝塞尔公式是已知n次测量样本值后估计方差很有用的公式。当n越大时这种估计越接近实际情况。在实际

测量中 n 究竟取多大，取决于测量精度要求，同时要保证测量条件不变。根据误差概率分析，可以知道测量的随机误差 δ_i 在 $\pm 3\hat{\sigma}$ 范围内的概率为 99.33%，可以认为 99.%以上的测量值随机误差不会超过 $\pm 3\hat{\sigma}$，因此可以把 $3\hat{\sigma}$ 作为评定随机误差的极限值。

（4）粗差（野值）判别

利用上面评定随机误差极限值的结论，我们可以把它用做判断测量中是否存在粗大误差（或野值）的准则，这个准则称做莱特准则，也可以叫做 $3\hat{\sigma}$ 准则。

如果在 n 次等精度测量中，某次测量值 x_k 所对应的剩余误差 ν_k 满足：

$$|\nu_k| = |x_k - \overline{x}| > 3\hat{\sigma}$$

则可以断定 ν_k 为粗差，对应的 x_k 值应该剔除。

（5）算术平均值 $\overline{x}$ 的均方根差

对一个被测量对象测量的结果，我们通常用多次测量的算术平均值 $\overline{x}$ 表示，可以认为 $\overline{x}$ 是最佳信赖值。可是，这个值在多大范围内是可信赖的呢？由此，引入了算术平均值的均方根差（也称标准差）的概念。

我们对一个量进行多次测量，每次都重复测量 n 次。每 n 次测量的算术平均值，都不会相同，$\overline{x}$ 与实际值之间也存在随机误差，这是由于随机误差存在的结果。我们用 $\hat{\sigma}_{\overline{x}}$ 表示算术平均值的均方根差。根据概率论的方差运算法则我们可以求出 $\hat{\sigma}_{\overline{x}}$ 的表达式：

$$\hat{\sigma}_{\overline{x}} = \frac{\hat{\sigma}}{\sqrt{n}}$$

式中的 $\hat{\sigma}$ 是用贝塞尔公式求得的有限次测量均方根差的估计值。我们把 $3\hat{\sigma}_{\overline{x}}$ 作为测量结果的可信赖极限值，置信度系数为 3，置信概率 99%，测量结果可以表示为：

$$x = 算术平均值 \pm 算术平均值的极限值 = \overline{x} \pm 3\hat{\sigma}_{\overline{x}} \qquad (2-7)$$

2.8.3　测量误差对测量结果的影响

通常任何一次测量误差都是由系统误差和随机误差组成的。在等精度测量中，对被测量 x 的第 i 次测量的误差为系统误差 ε_i 和随机误差 δ_i 之和，即 $\Delta x_i = \varepsilon_i + \delta_i$。对 n 次测量的绝对误差取平均值，则有：

$$\frac{1}{n}\sum_{i=1}^{n}\Delta x_i = \frac{1}{n}\sum_{i=1}^{n}\varepsilon_i + \frac{1}{n}\sum_{i=1}^{n}\delta_i$$

假定 ε_i 是恒值系统误差,也就是每次测量的 ε_i 都是相同值 ε,那么上式变为:

$$\frac{1}{n}\sum_{i=1}^{n}\Delta x_i = \varepsilon + \frac{1}{n}\sum_{i=1}^{n}\delta_i \qquad (2-8)$$

由于随机误差的抵偿性,当 $n \to \infty$ 时,δ_i 的平均值等于零,由此可得到:

$$\varepsilon = \frac{1}{n}\sum_{i=1}^{n}\Delta x_i \qquad (\text{当 } n \to \infty) \qquad (2-9)$$

式(2-9)说明,只要测量次数足够多(理论上 $n \to \infty$),各次测量绝对误差的算术平均值就等于测量的系统误差 ε,随机误差的影响可以消除。

将 $\Delta x_i = x_i - x_0$ 代入式(2-9),则可以得到:

$$\varepsilon = \frac{1}{n}\sum_{i=1}^{n}(x_i - x_0) \qquad (\text{当 } n \to \infty)$$

$$= \frac{1}{n}\sum_{i=1}^{n}x_i - \frac{1}{n}\sum_{i=1}^{n}x_0$$

$$= M(X) - x_0 \qquad (2-10)$$

式(2-10)说明,只要测量次数足够多(理论上 $n \to \infty$),测量值的数学期望偏离了被测量的实际值,偏离值为 ε。当不存在系统误差时,测量值的数学期望就等于被测量的实际值,即

$$M(X) = x_0 \qquad (\varepsilon = 0) \qquad (2-11)$$

下面观察一下随机误差的影响,由于第 i 次测量的随机误差为 $\delta_i = \Delta x_i - \varepsilon$,将 $\Delta x_i = x_i - x_0$ 以及式(2-10)代入后,可以得到:

$$\delta_i = x_i - M(X) \qquad (2-12)$$

式(2-12)说明某次测量的随机误差等于这次的测量值与测量值的数学期望之差。当修正了系统误差之后,即 $\varepsilon = 0$ 时,$M(X) = x_0$,式(2-12)变为:

$$\delta_i = x_i - x_0 \qquad (2-13)$$

我们通过示意图及说明更为直观地表示出测量误差对测量结果的影响,同时引入测量的正确度(Correctness)、精密度(Precision)和准确度(Accuracy)的概念。图2-18表示测量误差对测量结果的影响。图中的空心圆点表示被测量的实际值(或叫真值),黑点表示测量值。

由图2-18(a)和(b)可以看出,在无野值情况下,可以通过多次测量取平均值的方法消除随机误差的影响,因此,系统误差越小,就可能使测量结果越正确。图2-18(a)测量无系统误差,正确度高于图2-18(b)的测量结果。图2-18(c)存在野值 x_k,野值剔除后测量的正确度与图2-18(b)相同。所以,可以用系统误差 $\varepsilon = M(X) - x_0$ 来作为衡量测量是否正确的尺度,称为测量的正确度(Cor-

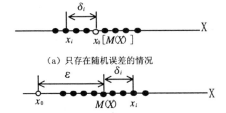

(a) 只存在随机误差的情况

图 (a) 表示系统误差可以忽略并且不存在野值的情况，这时，测量误差中只存在随机误差。由于 $\varepsilon=0$，由式（2-11）可见 $M(X)$ 就等于 x_0，同时式（2-13）的 δ_i 可以表示为 $x_i - x_0$。

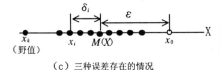

(b) 存在系统误差和随机误差的情况

图 (b) 表示系统误差和随机误差同时存在的情况，这时，$M(X)$ 与 x_0 不再相等，它们的差值等于系统误差 ε，而测量值 x_i 与 $M(X)$ 的差值为随机误差。

（c）三种误差存在的情况

图 (c) 表示系统误差、随机误差和野值同时存在的情况。野值的存在，使测量的平均值失去意义，因此必须要把野值 x_k 剔除。

图 2-18　测量误差对测量结果的影响

rectness)。正确度是表示测量结果中系统误差大小的程度。但是，测量结果的优劣，不能单纯用正确度来衡量。这样，就引出了精密度的概念。请看图 2-19 (a) 和 (b) 所示的两组数据。

图 2-19 给出的两组数据的系统误差相同，可以说测量的正确度相同，但是测量数据的分散程度是不相同的。图 2-19(a) 测量的随机误差比图 (b) 小，测量值较图 (b) 集中。我们在前面已经说过，随机误差的大小可以用测量值的标准偏差 $\sigma(X)$ 来衡量。$\sigma(X)$ 越小，测量值就越集中，测量的精密度就越高。$\sigma(X)$ 越大，测量值就越分散，测量的精密度就越低。$\sigma(X)$ 相同的测量叫等精密度测量。由此可见，精密度 (Precision) 是用来表示测量结果中随机误差大小程度的量，也可以简称为精度。如果测量的正确度和精密度都高，则认为测量的准确度高。准确度 (Accuracy) 是测量中系统误差和随机误差的综合，表示测量结果与真值 (实际值) 的一致程度。

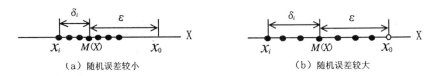

（a）随机误差较小　　　　　　　　　　（b）随机误差较大

图 2-19　随机误差不同的两组数据

我们还可以通过图 2-20 说明测量结果的正确度 (Correctness)、精密度 (Precision) 和准确度 (Accuracy) 的概念。图 (a) 测量结果的平均值与真值 x_0 (实际值) 相差不大，但是数据比较离散，说明正确度高而精密度低；图 (b) 测量结果比较集中,但平均值与真值相差较大,说明精密度高而正确度低;图(c)测量结果既比较集中,平均值又与真值 x_0(实际值)相差不大,兼具(a)和(b)的优点,因而正确度和精密度均高,即准确度高。

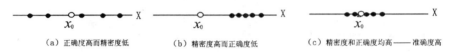

(a) 正确度高而精密度低　　　(b) 精密度高而正确度低　　　(c) 精密度和正确度均高——准确度高

图 2-20　测量结果的正确度、精密度和准确度

2.8.4　误差合成和分配技术

在实际测量中,误差常常来源于许多方面,既有系统误差,又有随机误差,每种误差都是多种多样的,这些个别效应(单项误差)综合起来构成一个综合的效应(总误差)。此外,在间接测量中,常常根据一定的函数关系,由若干个直接测量量推算出最终结果。如果已经知道直接测量量的误差,应当怎样合成起来构成总误差呢?另外如果总的误差限定了,又如何确定各个分项的误差呢?这就是误差的合成和分配问题。误差的合成和分配技术在航天器设备设计过程中非常重要。航天器测试的很多物理参数都是间接测量的参数,如温度、气瓶压力、电流电压值、功率值、姿态的某些参数等。这些物理参数在航天器上要经过传感器变换、调理、编码、调制,经过下行链路后,在地面反变换后才能得到所测得的物理量。在进行参数设计过程中,对每个环节可能存在的误差都应当有所了解。当用户对某个物理参数的准确度有明确的要求时,设计过程中就要对各个环节进行误差的分配。当已经知道各个环节所带来的误差时,设计过程中要通过一定的算法对误差进行合成,以确保总的误差不超过用户的要求。

2.8.4.1　误差合成

(1) 误差传递

在测试中,有些参数只能间接测量。原始测量参数的误差必然会传递到间接测量的参数上。误差的合成是研究如何根据分项误差求总误差的问题。由于分项和总合的函数关系是各种各样的,可能是对数关系、指数关系、乘除关系等,这里给出一个普遍适用的公式——误差传递公式。

设某量 y 由两个分项 x_1 和 x_2 合成,即

$$y = f(x_1, x_2)$$

若在 $y_0 = f(x_{10}, x_{20})$ 附近各阶偏导数存在,则可以把 y 展开为台劳级数:

$$y = f(x_1, x_2)$$

$$= f(x_{10}, x_{20}) + \left[\frac{\partial f}{\partial x_1}(x_1 - x_{10}) + \frac{\partial f}{\partial x_2}(x_2 - x_{20}) \right]$$

$$+ \frac{1}{2!} \left[\frac{\partial^2 f}{\partial x_1^2}(x_1 - x_{10})^2 + 2\frac{\partial^2 f}{\partial x_1 \partial x_2}(x_1 - x_{10})(x_2 - x_{20}) + \frac{\partial^2 f}{\partial x_2^2}(x_{12} - x_{20})^2 \right] + \cdots$$

若用 $(x_1 - x_{10})$ 和 $(x_2 - x_{20})$ 分别表示 x_1、x_2 的分项的误差,假定 $\Delta x_1 \ll x_1$ 和 $\Delta x_2 \ll x_2$,则台劳级数中的二阶以上的高阶项可以略去,则总合的误差为:

$$\Delta y = y - y_0 = y - f(x_{10}, x_{20}) = \frac{\partial f}{\partial x_1}\Delta x_1 + \frac{\partial f}{\partial x_2}\Delta x_2$$

同理,当总合 y 由 m 个分项合成时,可以得到

$$\Delta y = \frac{\partial f}{\partial x_1}\Delta x_1 + \frac{\partial f}{\partial x_2}\Delta x_2 + \cdots + \frac{\partial f}{\partial x_m}\Delta x_m$$

即

$$\Delta y = \sum_{j=1}^{m} \frac{\partial f}{\partial x_j}\Delta x_j \qquad (2-14)$$

式(2-14)是求绝对合成误差的公式,有时不很方便。将式(2-14)两端同除以 y_0,y_0 为 $x_1 = x_{10}$ 和 $x_2 = x_{20}$ 时的函数值 f,则相对误差 γ_y 为:

$$\gamma_y = \frac{\Delta y}{y_0} = \frac{1}{f} \sum_{j=1}^{m} \frac{\partial f}{\partial x_j}\Delta x_j$$

由导数的公式 $(\ln f)' = \frac{\partial f}{f}$ 和 $\partial \ln f = \frac{\partial f}{f}$ 可以推出合成相对误差公式为:

$$\gamma_y = \sum_{j=1}^{m} \frac{\partial \ln f}{\partial x_j}\Delta x_j \qquad (2-15)$$

　　例题　用间接法测量电阻上的功率,若电阻和电压测量的相对误差分别为 $\Delta R/R$ 和 $\Delta V/V$,求所求的功率 P 的相对误差?

　　解　用功率公式 $P = V^2/R$ 推算。由式(2-14)推算出绝对误差 ΔP 和相对误差 γ_P:

$$\Delta P = \frac{\partial P}{\partial V}\Delta V + \frac{\partial P}{\partial R}\Delta R = \frac{2V\Delta V}{R} - \frac{V^2\Delta R}{R^2}$$

$$\gamma_P = \frac{\Delta P}{P} = \frac{\dfrac{2V\Delta V}{R}}{\dfrac{V^2}{R}} - \frac{\dfrac{V^2\Delta R}{R}}{\dfrac{V^2}{R}} = \frac{2\Delta V}{V} - \frac{\Delta R}{R} = 2\gamma_V - \gamma_R$$

由式(2-15)直接推算出相对误差 γ_P 为

$$\gamma_P = \frac{\partial(2\ln V - \ln R)}{\partial V}\Delta V + \frac{\partial(2\ln V - \ln R)}{\partial R}\Delta R$$

$$= \frac{2\Delta V}{V} - \frac{\Delta R}{R} = 2\gamma_V - \gamma_R$$

（2）系统误差合成

由式(2-14)知道合成误差为：

$$\Delta y = \frac{\partial f}{\partial x_1}\Delta x_1 + \frac{\partial f}{\partial x_2}\Delta x_2 + \cdots + \frac{\partial f}{\partial x_m}\Delta x_m$$

各个分项误差一般都由系统误差 ε 和随机误差 δ 两部分构成,上式变成：

$$\Delta y = \frac{\partial f}{\partial x_1}(\varepsilon_1 + \delta_1) + \frac{\partial f}{\partial x_2}(\varepsilon_2 + \delta_2) + \cdots + \frac{\partial f}{\partial x_m}(\varepsilon_m + \delta_m) \qquad (2-16)$$

若测量中各随机误差可以忽略掉,那么总的合成系统误差可由各分项系统误差合成：

$$\varepsilon_y = \sum_{j=1}^{m} \frac{\partial f}{\partial x_j}\varepsilon_j \qquad (2-17)$$

（3）随机误差合成

式(2-16)给出了合成误差公式,假设分项的系统误差 ε_j 可以忽略不计,则可以求得总合的随机误差为：

$$\delta_y = \sum_{j=1}^{m} \frac{\partial f}{\partial x_j}\delta_j \qquad (2-18)$$

通过一些假设和推算(过程略,参考文献),可以得到分项的方差和总和的方差的关系为：

$$\sigma^2(y) = \sum_{j=1}^{m} \left(\frac{\partial f}{\partial x_j}\right)^2 \sigma^2(x_j) \qquad (2-19)$$

比较式(2-17)和式(2-19)可知,系统误差是按代数形式总合起来的,随机误差(的方差)是按几何形式总合起来的,所以也叫均方根合成法。在各个分项都是独立的情况下,可以认为传递系数 $\frac{\partial f}{\partial x_j}$ 为 1,那么可以用下式估计总合的均方差值：

$$\sigma(y) = \sqrt{\sigma_1^2 + \sigma_2^2 + \cdots + \sigma_m^2} \qquad (2-20)$$

2.8.4.2 误差分配

给定系统总误差后,如何将总误差分配给各分项,对各个分项误差应提什么要求,这实际是误差传递的反向问题。常见的分配方法有如下几种。

（1）等准确度分配

假定分配给各个分项的误差 ε_j 和 $\sigma(x_j)$ 都相同,这种假设适用于各个分项性质相同、大小近似的情况,即有：

$$\varepsilon_1 = \varepsilon_2 = \cdots = \varepsilon_m$$
$$\sigma(x_1) = \sigma(x_2) = \cdots = \sigma(x_m)$$

由式(2-17)和式(2-19)可以得到分配给各项的误差为：

$$\varepsilon_j = \frac{\varepsilon_y}{\displaystyle\sum_{j=1}^{m} \frac{\partial f}{\partial x_j}} \quad (j=1,\cdots,m) \tag{2-21}$$

$$\sigma(x_j) = \frac{\sigma(y)}{\sqrt{\displaystyle\sum_{j=1}^{m} \left(\frac{\partial f}{\partial x_j}\right)^2}} \quad (j=1,\cdots,m) \tag{2-22}$$

(2) 等作用分配

等作用分配指各个分项的误差在数值上虽然不同，但是它们对测量的总合误差的影响却是相同的，有：

$$\frac{\partial f}{\partial x_1}\varepsilon_1 = \frac{\partial f}{\partial x_2}\varepsilon_2 = \cdots = \frac{\partial f}{\partial x_m}\varepsilon_m$$

$$\left(\frac{\partial f}{\partial x_1}\right)^2 \sigma^2(x_1) = \left(\frac{\partial f}{\partial x_2}\right)^2 \sigma^2(x_2) = \cdots = \left(\frac{\partial f}{\partial x_m}\right)^2 \sigma^2(x_m)$$

由式(2-17)和式(2-19)可以求得应分配给各分项的误差为：

$$\varepsilon_j = \frac{\varepsilon_y}{m \dfrac{\partial f}{\partial x_j}} \tag{2-23}$$

$$\sigma(x_j) = \frac{\sigma(y)}{\sqrt{m} \left|\dfrac{\partial f}{\partial x_j}\right|} \tag{2-24}$$

(3) 抓住主要项分配

如果各个分项误差中某一项 k 误差特别大，假定其他项对总合的相对影响可以忽略不计。这时，就可以不考虑次要项的误差分配问题，只要保证所考虑的主要项的误差小于总合的误差即可。当如下条件满足时：

$$\frac{\partial f}{\partial x_k}\varepsilon_k \gg \sum_{j \neq k} \frac{\partial f}{\partial x_j}\varepsilon_j$$

$$\left(\frac{\partial f}{\partial x_k}\right)^2 \sigma^2(x_k) \gg \sum_{j \neq k} \left(\frac{\partial f}{\partial x_j}\right)^2 \sigma^2(x_j)$$

就可以只考虑主要项的影响,即有:

$$|\varepsilon_k| < \left| \frac{\varepsilon_y}{\frac{\partial f}{\partial x_k}} \right| \tag{2-25}$$

$$\sigma(x_k) < \frac{\sigma(y)}{\left| \frac{\partial f}{\partial x_k} \right|} \tag{2-26}$$

2.9   参数数值估算方法

通过实际测量后的数据还要进行计算、分析和处理,数据处理涉及数据的表示、数值的估计、误差的分析等,有关这方面专著有详细的论述。本节只对数据的表示和数值估算方法做简要的描述。

2.9.1   数据表示

2.9.1.1   有效数字

由于测量中的误差以及处理计算中的近似等因素,用数字表示一个量时,确切的表示该量的位数应与误差的大小相适应。不加考虑的多取位数可能毫无意义,甚至造成误解。通常规定误差不得超过末位单位数字的一半。对于这种误差不大于末位单位数一半的数,从它的左边第一个不为零的数,直到右边最后一个数字止,都叫做有效数字。举几个例子就会一目了然了。

3.860V 这个数字,最右边的零也是有效数字,有效数字是 4 位,它对应测量的精度的绝对误差不大于 0.0005V。如果改写成 3.86V,有效数字是 3 位,则表明绝对误差不大于 0.005V。

0.0038kΩ,左面的三个零就不是有效数字,它可以通过单位变换变成只有两位有效数字,即 3.8Ω,有效数字为两位。

数字 392000Hz,若实际上在百位数字上就有误差的话,即有 4 位有效数字,在百位上的零为有效数字,十位和个位上的零不再是有效数字,此种表示法容易造成混淆。通常采用有效数乘上幂的表示法,上述表达改写成 3.920×10^5 Hz,清楚的表示有效数字只有 4 位,误差绝对值不大于 0.0005×10^5 Hz,即 50 Hz。

2.9.1.2   数字舍入规则

在测量中经常要对数据进行运算,如多次测量值的算术平均值,其有效数字应当同测量值的有效数字相对应,多取位数没什么意义。经典的法则是"四舍五入",这种法则也有缺点。如果只取 n 位有效数字,那么从第 $n+1$ 位起右面的数字应处理掉。出现 1 与 9、2 与 8、3 与 7、4 与 6 的概率相同,舍入的误差在次数足够多的舍和入时可以抵消。可是,遇到 5 时,却是只入不舍,会带来舍入误差。一般的规定是,第 n 位有效数字为偶数或零时,舍掉第 $n+1$ 位的 5,第 n 位有效数字为奇数时,第 n 位数字加 1 后,舍掉第 $n+1$ 位的 5。舍入次数足够多时,舍入误差也可以抵消。

2.9.1.3　测量数据表示法

对于测量结果表示,还没有统一的说法。一般来说,所表示的测量结果要正确反映被测量量值的真实大小和可信程度,同时数据的表达不应过于冗长和累赘。

对于测量的误差值,包括绝对误差、相对误差、标准偏差、不确定度等,根据需要只需取一位到两位数字,过多的位数可能没有什么意义。科学的对被测量测量结果的表示应该用它的量值和它的不确定度来表示,被测量的量值的最低位通常与误差最低位对齐,例如某电压值为 $4.32 \pm 0.05 \mathrm{V}$,某频率值为 $300.573 \pm 0.068 \mathrm{kHz}$,±号后面的数值是测量值的可信赖极限值。通常把 $3\hat{\sigma}_{\bar{x}}$ 作为测量结果的可信赖极限值,参照式(2-7),测量结果可以表示为:

$$x = 测得的实际值 \pm 算术平均值的极限值$$
$$= x_i \pm 3\hat{\sigma}_{\bar{x}}$$

$\hat{\sigma}_{\bar{x}}$ 值是被测量算术平均值的均方差,可以用贝塞尔公式求得的有限次测量均方根差 $\hat{\sigma}$ 表示:

$$\hat{\sigma}_{\bar{x}} = \frac{\hat{\sigma}}{\sqrt{n}} \tag{2-27}$$

有时测量结果用一个数表示,而不需带不确定度。表示测量结果的具体做法是:由误差或不确定度的大小确定出测量值有效数字最低位;从有效数字最低位向右多取 1~2 位安全数字(克服当运算量大时,误差的积累对测量结果的影响);根据舍入准则处理掉其余数字。

当一个数据是多个数据的运算结果时,如何根据这多个数据的误差情况定出它们运算结果的误差,给出它的可信度范围是一个比较复杂的问题。严格地说应该按照误差合成公式进行误差的合成。应当注意在有些运算中会出现的问题,例如:底数远大于或远小于 1 时的指数运算,指数的小的变化会使结果相差很大;相差不多的两个数相减时,可能对结果产生很大影响的情况。为了避免这种情况发生,要么设法采用其他方法,要么多取几位有效数字。

2.9.2　数值估算方法

测量过程取得的数据常常需要经过一定的算法,既能克服随机误差和系统误差造成的影响,又可以得到用户需要的量值。所谓的算法从广义上说是指为了解决任何问题而详细规定的一套无二义的推理和计算过程。具体的测量算法是指直接与测量技术有关的算法,其主要内容包括:克服随机误差的数字滤波算法和克服系统误差的校正算法。

2.9.2.1　数字滤波算法

数字滤波是通过一定的计算程序对采样信号进行平滑加工,数字滤波较RC 模拟滤波存在着不需要增加硬设备、不存在匹配问题、各个通道可以公用以及对频率很低的干扰信号可以滤出等优点,因而得到了广泛应用。

（1）一阶惯性滤波

图 2-21 是最简单常用的低通滤波器,设它的输入是 $x(t)$,输出是 $y(t)$。输入和输出之间有如下关系:

$$\mathrm{RC}\frac{\mathrm{d}y(t)}{\mathrm{d}t}+y(t)=x(t) \tag{2-28}$$

为了进行数字化,应用它们的采样值,即 $y_n=y(n\cdot\Delta t)$ 和 $x_n=x(n\cdot\Delta t)$,如果采样间隔 Δt 足够小,则上式的离散值近似可以表示为:

$$\mathrm{RC}\frac{y(n\times\Delta t)-y[(n-1)\times\Delta t]}{\Delta t}+Y(n\cdot\Delta t)=x(n\cdot\Delta t) \tag{2-29}$$

简化后得:

$$\left(1+\frac{\mathrm{RC}}{\Delta t}\right)\cdot y_n=x_n+\frac{\mathrm{RC}}{\Delta t}\cdot y_{n-1} \tag{2-30}$$

令

$$a=\frac{1}{1+\frac{\mathrm{RC}}{\Delta t}},\qquad b=\frac{\frac{\mathrm{RC}}{\Delta t}}{1+\frac{\mathrm{RC}}{\Delta t}}$$

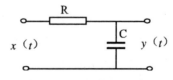

图 2-21　常规低通滤波器

则式(2-30)就可以简化为:

$$y_n = ax_n + by_{n-1} \tag{2-31}$$

可以推算出系数 $a+b=1$。

我们把输出幅值下降到直流幅值(输出幅值为 1)的 $1/\sqrt{2}$ 的频率 F_h 叫做低通滤波电路的"上限截止频率"。根据频率响应的表达式可以推算出:

$$F_h = \frac{1}{2\pi RC}$$

若采样时间足够小时,则 $a \approx \dfrac{\Delta t}{RC}$,上式变为:

$$F_h \approx \frac{a}{2\pi \Delta t} \tag{2-32}$$

系数 a 越大,截止频率越高; b 值越大,滞后越多。举个例子,若取 $\Delta t = 50\mu s$, $a = 1/16$,算出的截止频率为 198.9Hz。第 n 次测量的值为: $y_n = \dfrac{1}{16}x_n + \dfrac{15}{16}y_{n-1}$。

(2) 限幅滤波

测量系统中存在的随机脉冲干扰可能造成测量信号的严重失真。对于这种随机干扰,限幅滤波是一种有效的解决办法。最基本的解决办法是比较相邻的两次采样值 y_n 和 y_{n-1},根据经验确定两次采样允许的最大偏差。如果两次采样值 y_n 和 y_{n-1} 的差值超过了允许的最大偏差范围,则认为发生了随机干扰,并认为后一次采样值 y_n 为非法值,应予剔除。剔除后可以用 y_{n-1} 代替 y_n。如果采样值没有超过允许的最大偏差,则认为本次采样值有效。

(3) 中值滤波

中值滤波是对某个参数连续采样 n 次(一般 n 取奇数),然后把采样值按大小排列,取中间值为本次采样值。这种方法适合缓变参数,克服偶然因素引起的波动对被测量的干扰,对快变参数不宜采用。

(4) 算术平均值滤波

算术平均值滤波适用于一般具有随机干扰的信号进行滤波。这种信号由于一些不确定因素的影响而上下波动。该方法是把 n 次采样值(或称样本值)进行相加,然后取其算术平均值(或称样本平均值)作为本次的测量值,即

$$\bar{x} = \frac{1}{n}\sum_{i=1}^{n} x_i \tag{2-33}$$

式(2-33)是算术平均滤波的基本算式。根据前面的论述知道, n 次测量的算术平均值等于测量值的数学期望 $M(X)$ 的估计值,即 $x = M(X)$。当 $n \to \infty$ 时, n 次测量的算术平均值等于测量值的数学期望 $M(X)$。

假设第 i 次测量值包含信号成分 S_i 和噪声成分 N_i，进行 n 次测量的信号成分之和为：

$$\sum_{i=1}^{n} S_i = n \cdot S \qquad (2-34)$$

噪声成分的强度用均方根来衡量，当噪声为随机信号时，进行 n 次测量的噪声强度之和为：

$$\sqrt{\sum_{i=1}^{n} N_i^2} = \sqrt{n} \cdot N \qquad (2-35)$$

由此可以得出 n 次测量进行算术平均后的信噪比为

$$\frac{n \cdot S}{\sqrt{n} \cdot N} = \sqrt{n} \cdot \frac{S}{N} \qquad (2-36)$$

式中 S/N 是求算术平均值前的信噪比，因此，采用算术平均值后，信噪比提高了 $\sqrt{n}$ 倍。n 大时，平滑度高，外界变化对测量计算结果影响就小。

（5）滑动平均值滤波

上面介绍的算术平均值滤波，每测得和计算一次数据，需要测量 n 次。对于测量速度较慢以及要求实时性较强的系统，该方法无法使用。这时可使用一种新的只需进行一次测量就能得到算术平均值的方法——滑动平均值滤波法。

滑动平均值滤波法采用循环队列作为测量数据的存储区。队列的长度固定为 n，即可以存放 n 个测量数据。每测量一次新的数据，把测得的数据放在队尾，扔掉原来队首的数据，这样队列中始终有 n 个数据，只要对队列中 n 个数据进行算术平均，就可以得到新的算术平均值。结论是：每进行一次测量就可以得到一个新的算术平均值。

（6）加权滑动滤波

上面（4）（5）两种算法中，N 次采样值在测量结果中的比重是均等的，即 $1/N$。用这样的滤波方法，对于时变信号会引入滞后，N 越大，滞后越严重。为了能够增加新的采样数据在滑动平均中的比重，以提高系统对当前采样值中所受干扰的灵敏度，可以采用加权滑动平均滤波算法。这些算法是对不同时刻的数据加以不同的权值，通常越接近现时刻的数据所取的权值越大。其算法：

$$y = \frac{1}{N} \sum_{i=0}^{N-1} C_i x_{n-i} \qquad (2-37)$$

式中 y 为第 n 次采样值经滤波后的输出，x_{n-i} 为未经滤波的第 $n-i$ 次采样值，$C_0, C_1, C_2, \cdots, C_{N-1}$ 为加权常数，应当满足：

$$C_0 + C_1 + C_2 + \cdots + C_{N-1} = 1$$
$$C_0 > C_1 > C_2 > \cdots > C_{N-1} > 0$$

常数 $C_0, C_1, C_2, \cdots, C_{N-1}$ 的选取有多种方法。一般采样次数越靠后，取的比例越大，这样可以增加新的采样值在平均中占的比例。

（7）复合滤波法

通常的被测量参数常常受到的随机干扰不是单一的，有时既要消除脉冲干扰，又要做数据的平滑处理。实际应用中可以把两种方法结合起来使用，这就是所谓的复合滤波法，防脉冲扰动平均值滤波算法就是一个实例。基本算法是：我们进行了 n 次采样，经过比较后剔除采样值中的最大值和最小值，其余采样值之代数和除以 $n-2$，结果可以作为测量值。这种算法兼顾了中值滤波法（消除脉动干扰）和滑动滤波法（消除随机干扰）的优点。

2.9.2.2　校正算法

数字滤波法是用来克服随机误差的，对于系统误差，即恒定的系统误差和变化的系统误差.不能依靠统计平均的方法来消除，通常用测量校准的方法，来校准和减弱系统误差对测量结果的影响。在软件处理上也有所不同，通常是在离线时找出校正算法和处理算法，通过程序在线测试时对测量参数进行修正。

（1）系统误差的模型校正法

在实际测量中，大量存在着实际值 y 同测量值 x 之间的函数关系，同时在函数关系中还包含若干常数参量 α、β 等，即

$$f = (x; \alpha, \beta, \cdots)$$

式中的常量 α、β 等有时并不知道，需要根据测量值确定。

我们举个最简单的例子说明，假设在测量中使用运算放大器电路测量电压，常常会有零值误差和增益误差存在，那么实际值 y 同测量值 x 之间的函数关系大体上是线性关系，即 $y = \alpha x + \beta$。为了消除这一系统误差，可以通过分别去测量标准电压 V_R 和短路的零电压信号，获得如下两个方程：

$$\left. \begin{array}{r} V_R = \alpha x_1 + \beta \\ 0 = \alpha x_0 + \beta \end{array} \right\} \qquad (2-38)$$

解方程组，可以得到参量 α、β 的值为：

$$\left. \begin{array}{l} \alpha = \dfrac{V_R}{x_1 - x_0} \\[3mm] \beta = \dfrac{V_R \times x_0}{x_0 - x_1} \end{array} \right\} \qquad (2-39)$$

从而可以得到校准算式为：

$$y = V_R \cdot \frac{x - x_0}{x_1 - x_0} \qquad (2-40)$$

式（2-40）中 x_1 和 x_0 是二次校准中测得的数值，V_R 是标准电压，因此可以通过测得的 x 值算出实际值 y。如果在多路测量中，专门设置一路为标准电压，另一路设置为零电压，可以做到实时对系统误差修正。

上述校准方法只是靠两个测点确定 α、β 的值，由于随机误差的存在，这种方法可能会带来较大的偏差。在实际测量中，由于存在测量误差，使得 y 的实测值同函数算式推出来的值之间仍然会有随机误差

$$\delta_i = y_i - f(x_i; \alpha, \beta, \cdots)$$

也就是说上述联立方程的方法不能准确地解出参量 α、β 的值。为此，我们使用曲线回归分析方法建立回归方程，利用最小二乘法原理确定参量 α、β 的值。

（2）非线性特性的校正

实际上很多量之间并没有严格的函数关系，往往存在着一种不完全确定的关系，这种关系并不能从理论上用严格的函数关系式加以表示。针对具体情况，这种相关关系我们可以用一个表达式来近似地描述。最通常的办法是，通过实测的方法在不同的 x 输入情况下测量相应的 y 值，然后根据测得的值画出 y 和 x 之间平滑的关系曲线，这种方法就是曲线回归分析法。很显然，曲线回归分析的困难和重要性是确定自变量 x 和因变量 y 之间曲线关系的类型。回归曲线类型的确定常用两种方法：一是根据专业知识、理论规律或实践经验确定；二是在没有理论规律和经验可以借用时，可在直角坐标系上做出实际测点的散点图，找出同观测分布趋势最接近的那一类函数曲线加以近似。用什么样的曲线或表达式来描述 y 和 x 之间的关系，这就是曲线的拟合或修匀问题。拟合校正函数可采用连续函数和分段拟合两种方法。

·连续函数拟合算法　就是根据一组测量数据求得描述曲线的方法，通常首先确定数学表达式的类型，然后确定表达式中常数项的数值。可以根据研究人员对研究对象的了解来选择拟合函数的类型，如果事先缺乏了解，则可以根据曲线的外形估算函数。当找不到相近的函数关系式时，可以用幂级数去逼近。

根据最小二乘法原理，在选定数学表达方程式后，式中的各个常系数的估计值应当这样确定：根据实测得到的各 x 值代入方程，求出回归估计的 y 值（y 值中包含待估计参数 α、β 等）。然后求它与实测 y 值之差的加权平方和，并令加权平方和最小，就可以求出待估计的参数值。简单地说，参数估计的基本原理就

是:回归估计值与实际值之间的偏离差的平方和达到最小。

根据上述原理,等精度测量情况下应满足下式:

$$\sum_{i=1}^{m}\left[y_i - f(x_i;\alpha,\beta\cdots)\right]^2 = \min$$

按通常求极值的方法,取对 α、β 等的偏导数并令其为零,可以得到下面的联立方程:

$$\left.\begin{array}{l}\dfrac{\partial \sum\limits_{i=1}^{m}\left[y_i - f(x_i;\alpha,\beta\cdots)\right]^2}{\partial \alpha}=0 \\[4mm] \dfrac{\partial \sum\limits_{i=1}^{m}\left[y_i - f(x_i;\alpha,\beta\cdots)\right]^2}{\partial \beta}=0 \\[2mm] \vdots\end{array}\right\} \qquad (2-41)$$

式(2-41)称为正则方程。

由于在实践中大量存在线性关系,或者在小范围内可以把非线性关系近似为线性关系。所以,用式(2-41)求 $y=\alpha+\beta x$ 中的 α、β 的情况是常见的一种特例,把 $y=\alpha+\beta x$ 代入方程(2-41),可以得到如下方程:

$$\left.\begin{array}{l}\dfrac{\partial \sum\limits_{i=1}^{m}\left[y_i - (\alpha+\beta x_i)\right]^2}{\partial \alpha}=0 \\[4mm] \dfrac{\partial \sum\limits_{i=1}^{m}\left[y_i - (\alpha+\beta x_i)\right]^2}{\partial \beta}=0\end{array}\right\}$$

解联立方程,可以得到 α、β 值如下:

$$\left.\begin{array}{l}\beta = \dfrac{m\sum\limits_{i=1}^{m}x_i y_i - \sum\limits_{i=1}^{m}x_i \sum\limits_{i=1}^{m}y_i}{m\sum\limits_{i=1}^{m}x_i^2 - (\sum\limits_{i=1}^{m}x_i)^2} = \dfrac{\sum\limits_{i=1}^{m}x_i y_i - m\bar{x}\cdot\bar{y}}{\sum\limits_{i=1}^{m}x_i^2 - m\bar{x}^2} \\[6mm] \alpha = \left(\dfrac{\sum\limits_{i=1}^{m}y_i}{m}\right) - \left(\dfrac{\sum\limits_{i=1}^{m}x_i}{m}\right)\beta = \bar{y} - \bar{x}\beta\end{array}\right\} \qquad (2-42)$$

对于某些可以直线化的曲线类型,可以通过一些变换转化为线性关系,就可以利用式（2－42）求出线性关系中的 α、β 值，然后经过反变换，找出非线性关系的表达式。例如对于幂函数 $y=ax^b (a>0)$，可以对两边取自然对数，得到 $\ln y=\ln a+b\ln x$，然后令 $y'=\ln y$ 与 $x'=\ln x$ ，则 y' 与 x' 之间变成了直线关系：$y'=\ln a+bx'$。又如对于指数函数 $y=ae^{bx}$，可以对两边取自然对数，得到 $\ln y=\ln a+bx$，然后令 $y'=\ln y$，则可以变成 $y'=\ln a+bx$，即变成了线性关系。还有一些非线性曲线类型，如双曲线函数（$\frac{1}{y}=a+bx$）、指数函数（$y=ae^{b/x}$）等都可以通过变换，用直线回归方法分析。

我们上述给出的方法对于测量数据的分析整理，找出各个物理量之间的相互关系，找出它们之间的经验公式等都是非常有用的。随着计算机技术的发展，这种分析方法过于繁杂的缺点显得不那么突出了，一般的计算器都备有计算上式中求和、求平均值的功能键，现代的一些计算机软件工具还提供了直接求线性回归方程的 α、β 的函数，在测量数据处理中是十分方便的。

·分段直线拟合算法　是用一条折线来拟合设备的非线性曲线，如图 2－22 所示就是一个例子。图中 y 是被测量，x 是测量的数据，用三段直线回归来逼近设备的非线性曲线。每段直线都由下列方程描述

$$y=ax+b \tag{2-43}$$

式中的 a 和 b 是系数。每条直线段中都有两个点是已知的，例如图 2－22 中直线 Ⅱ 中的 (x_1,y_1) 和 (x_2,y_2) 点是已知的，分别代入上述方程就可以解出系数 a 和 b。通过解方程

$$\begin{cases} y_{i-1}=a_ix_{i-1}+b_i \\ y_i=a_ix_i+b_i \end{cases}$$

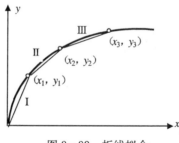

图 2－22　折线拟合

可得到第 i 直线段的系数 a_i 和 b_i：

$$\left.\begin{aligned} a_i &= \frac{y_i - y_{i-1}}{x_i - x_{i-1}} \\ b_i &= \frac{x_{x-1} \cdot y_i - x_i \cdot y_{i-1}}{x_{i-1} - x_i} \end{aligned}\right\} \tag{2-44}$$

在实际应用中，预先确定每段直线方程的系数，测量中根据测量值的大小，找出合适的直线段，按照式(2-43)计算出实际被测量的 y 值。在每一段中如果不是采用线性拟合，而是采用二阶抛物线回归方程拟合，这样的拟合结果应当比直线拟合更为精确。这种拟合的方法也可以称为平方插值法。

图 2-23 是校正曲线分段拟合的例子，图示曲线可划分为 a、b、c、d 等几段，每一段都可以用一个二阶抛物线方程来描述：

$$y = \begin{cases} a_0 + a_1 x + a_2 x^2 & x \leqslant x_1 \text{ 时} \\ b_0 + b_1 x + b_2 x^2 & x_1 < x \leqslant x_2 \text{ 时} \\ c_0 + c_1 x + c_2 x^2 & x_2 < x \leqslant x_3 \text{ 时} \\ d_0 + d_1 x + d_2 x^2 & x_3 < x \leqslant x_4 \text{ 时} \end{cases} \tag{2-45}$$

式(2-45)中，每段的系数 a_i、b_i、c_i 和 d_i 可通过下述办法获得。在每一段中找出三个点，如图中 a 段的 x_0、x_{01}、x_1 及其对应的 y 值 y_0、y_{01}、y_1，把这些值代入式(2-45)的第 1 个方程中，解联立方程

$$\left.\begin{aligned} y_0 &= a_0 + a_1 x_0 + a_2 x_0^2 \\ y_{01} &= a_0 + a_1 x_{01} + a_2 x_{01}^2 \\ y_1 &= a_0 + a_1 x_1 + a_2 x_1^2 \end{aligned}\right\} \tag{2-46}$$

可求得系数 a_0、a_1、a_2，同理可求得其他段的系数。我们将这些系数及 x_0、x_{01}、x_1 等值放入存储区数据表内，应用中判断测得的 x 在哪一个曲线分段，利用二阶抛物方程解出被测量的 y 值。

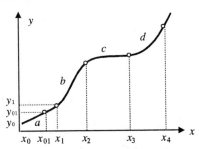

图 2-23　校正曲线分段拟合

2.10   航天器测试数据的获取和处理方法

我们在本章中已介绍了航天器与 EGSE 之间有可能提供的几类电气性能测试接口,EGSE 就是通过这些接口获得反映航天器性能和状态的信息,EGSE 通过对信息的分析和处理,给出对被测试对象评价的定性和定量的依据。航天器在地面测试期间可以提供多种测试接口,测试设备获取数据可以有多种选择,这对于确保测试的完整性是非常重要的。航天器从 AIT 开始直至发射升空,测试能够得到的接口逐渐减少。从航天器离开发射坪升空那一刻起,唯一的测试接口就只有 RF(射频)接口了。因为只有 RF 接口才是航天器在空间运行中同地面的唯一接口,因此在航天器地面测试期间,特别是进入发射产品阶段后,通常把 RF 接口作为最重要的接口,其他的接口都属于辅助接口。

提供测试 RF 接口的是遥测、遥控和跟踪分系统(TT&C)。TT&C 在航天器和地面控制站(地面测试设备)之间提供了双向的数据流。有发送(下行 Downlink)和接收(上行 Uplink)两个功能,发送功能完成准备发送的数据的收集和处理,接收功能完成来自地面的命令的处理和路径选择。此外,对于测距来说将有一个转发器,以及支持有效载荷的服务功能。

任务、轨道、载荷的类型和所选择的地面控制站在确定 TT&C 设计特性中起到重要的作用。通信用的地球同步轨道(GEO—Geostationary Earth Obit)航天器在一个适当的地面站在任何时候都可以看到它,航天器和地面站的链路是连续的直接链路。对于很多用于地球资源遥感或科学探测的航天器而言,一个地面站只能短时间(几分钟或更长时间)看到它,因此在航天器上需要有数据的存储和快速数据传递的功能。为了解决链路的连续性,也可以通过跟踪和数据中继卫星。在地面测试期间,链路始终是连续的。

RF 接口中含有大量的反映运行的航天器性能的信息。一种是 RF 信号本身的一些特性,包括频率特性、调制特性和功率特性,这些特性在地面测试期间,要使用专用的仪器仪表在某些特定环境下,如在吸波室或外场测试区进行专门的测试,或者使用射频电缆进行测试。航天器空间运行期间,对这些特性的测试属于在轨测试的重要内容之一。另一种是 RF 信号"载运"的其他信息。不同的航天器"载运"的方式,包括使用的 RF 频段、调制方式等也不尽相同。RF"载运"的信息有如下几种:

(1) 有效载荷的信息。对于遥感和科学实验型的航天器,往往使用专门的 RF 通道传送有效载荷的数据,经常使用的 RF 频段为 X 波段(6.2~10.9GHz)。

有效载荷的数据包括气象卫星的云图、资源卫星的遥感照片和科学实验仪器所取得的数据等,这类数据不仅速率高而且数量大,在地面测试期间由 PLD SCOE 进行专门的测试和处理,空间运行期间由各自的应用地球站进行数据的接收和处理。对于通信卫星而言,主要是通信和广播信号的转发,使用的频段为 C(3.9～6.2GHz)和 Ku(11～14GHz)波段。基带信号为数字信号时,常采用 QPSK 调制,基带信号为模拟信号时,常采用调频(FM)体制。对于遥感和科学实验型的航天器的 RF 设备常常是与 TT&C 分开的独立信道。

(2) 传送跟踪、遥测和遥控信息的分系统称为跟踪、遥测和遥控(TT&C)分系统。早期的卫星三种功能使用不同频段的载波,现代的航天器则是采用同频段载波,完成跟踪、遥测和遥控的功能。国际电信联盟组织(ITU—International Telecommunication Union)在频率分配时把宇宙噪声最低的 S 波段(2025～2300MHz)分配给 TT&C 使用,我们把它称为统一 S 波段,即 USB。USB 有上行和下行两个信道,上、下行载频频率相干,采用固定转发比,上行频率 2025～2110MHz,下行频率 2200～2300MHz,采用调相(PM)体制。

2.10.1　航天器跟踪测轨的基本原理

航天器跟踪的目的是测量航天器在空间的运动轨迹,它由测角、测距和测速三部分功能组成。跟踪测轨的目的是要确定航天器在空间的瞬时位置,通过测量指向角(A、E)、径向速度($\dot{R}$)和距离(R)等几个参数可以换算出瞬时位置。

2.10.1.1　测角

测角是使地面天线的伺服电机驱动天线方位轴和俯仰轴,使它的主波束的轴向对准航天器发射波束的电矢量,从而测出航天器的方位角(A)和俯仰角(E)。空间运行的航天器的测角工作由测控站完成,不属于地面测试的内容。

2.10.1.2　测速

测速是利用多普勒效应来测量航天器的径向速度。当航天器与地面测控站之间有相对的运动时,上下行载波都会产生多普勒频移 f_d,f_d 也称为多普勒频率。接收到的频率 F 为:

$$F = F_c \pm \left(\frac{V_r}{c}\right) F_c$$

式中 V_r 是径向速度,单位是 m/s;c 为光速;F_c 为上行或下行高稳定度的载波频率。当航天器飞近地面站时,频率增加,式中取"+"号;远离地面站时,频率减

少,式中取"一"号。上式做如下变换:

$$F - F_c = \pm \left(\frac{V_r}{c} \right) F_c$$

$$f_d = \pm \left(\frac{V_r}{c} \right) F_c$$

其中 f_d 为测得的多普勒频率,从而可以得到径向速度 V_r 的关系式是:

$$V_r = \pm \left(\frac{c}{Fc} \right) \times f_d$$

可以看出多普勒频率的大小正比于航天器与地面站之间的径向速度。使用 USB 实现双程多普勒测量,在地面产生高稳定度和高精度的上行载波,通过固定的转发比形成相干的下行载波。上下行频率比较后得出多普勒频率,从而可以计算出径向速度。空间运行的航天器的测速工作由测控站完成,也不属于地面测试的内容。

2.10.1.3 测距

测距的基本原理是:当电磁波在均匀介质中传播时,传输路径上的两点的距离与特征信号在两点之间的时延成正比,即

$$d = v\tau$$

$$d = \lambda \times \frac{\phi}{2\pi} = \frac{c\phi}{2\pi f}$$

这里 τ 是时间延迟,v 是特征信号传输速度,λ 是波长,f 是频率。在空间传输时 v 等于光速 c。上式适合特征信号为正弦波的连续信号。因为航天器测距信号是双程距离,因此单程距离应当减半。

测距根据所采用的测距信号的不同,可以分为单脉冲测距、正弦波测距和伪随机码测距三种。测距采用正弦波测音测距的方案时,由地面测控站发送一组调制在上行载波的正弦波测距信号,这个信号称作测音或测距音信号。航天器接收到后,用固定的转发比将上行载频变换为下行载频,将测距音信号再调制上去,转发到地面测控站。地面站将发出的和接收到的测距音进行比对,求出相位的延时,即可换算出距离。测距音频率高,可以提高测距的精度。国际上对 USB 测控系统规定了 7 个测距音(100 kHz、20 kHz、4 kHz、800 Hz、160 Hz、32 Hz 和 8 Hz)供用户选择。通常选择高和低测距音组合作为测距音信号。高测距音用于解决测距精度,低测距音与系统最大无模糊测量距离 R_{max} 有关,低测距音频率为 f_L,那么最大无模糊距离为 φ 等于 2π 时的距离:$R_{max} = \frac{c}{2f_L}$。测距时间包括发送和接收传输,单程距离要除以 2。以 8 Hz 为例,一个周期的延时为 $\tau =$

125ms, $R_{\max} = \dfrac{\tau c}{2} = 18750 \mathrm{km}$。使用高测距音 100kHz 时, 测距距离为: $\dfrac{c}{2f_L} =$

$\dfrac{c}{2 \times 100 \times 10^3} = 1500 \mathrm{m}$, 如果接收和发送时延测量的精度 $\Delta \tau = 0.1 \mu s$, 测距精度

则为 15m。

测距工作也由测控站完成, 不属于地面测试的内容。但是, 地面测试时, 应当测量出航天器接收和转发过程引起的测距音相位的时延, 这个测量也称为距离零值测量, 也就是在距离为零时的相位延时值, 测得的值可作为测距的修正值提供给地面测控站。距离零值的量级在几十 ns(1ns 相当于 0.3m), 距离零值主要由硬件电路造成, 同时又是温度、频率、电平和大气衰减的函数, 因此在向测控站提供的数据中还应该提供相应的函数曲线。

2.10.2　航天器遥测遥控系统结构

TT&C 分系统中的遥测(TM)和遥控(TC)是对在轨运行的航天器各类参数测量和状态控制的唯一的上下行链路, 也是 EGSE 完成综合测试任务的最为重要的链路, 是电性能测试的主要数据源。从事电测试的人员应当对航天器数据的获取和常用处理方法有所了解。

遥测链路必须向地面站提供航天器各个分系统功能信息的数据流, 从而可以检测出航天器是否有正确的指向或者是否出现故障, 如果出现故障的话它必须能够提供诊断出原因所需要的参数和状态值。对于某些地球观测或科学任务来说, 遥测链路还可能是传送有效载荷的一个通道。

遥控链路必须能使地面控制站改变航天器的状态, 如指向、纠正故障、操作机构等。要求它的链路非常可靠, 要确认指令是否正确执行。

遥测和遥控链路同航天器各个分系统有密切的关系, 图 2-24 是示意图。遥控命令经由 RF 链路被接收、译码和按序分配给其他分系统。遥控命令的验证可以通过遥测的反馈信息实现, 通常可以来自遥控指令分配的每一阶段或来自命令执行的结果。遥测的验证是在处理过程的每个阶段进行的。有些系统参数不要求处理, 但是对任务来说却很关键, 例如展开系统。对于常规的遥测链路来说有效载荷的数据量太大, 常常提供单独的下行(X 或 Ka 波段)链路。

航天器的电子设备(Avionics)包含了 AOCS、TM/TC、数据通信、数据处理、数据存储和转发器的各个电子部件, 包括硬件和软件。现代的航天器的电子设备大都使用了单板计算机完成各项处理任务, 大的航天器使用了多个不同类型的处理器进行分布式处理。TM/TC 数据获取和处理部分(图 2-24 中所示)

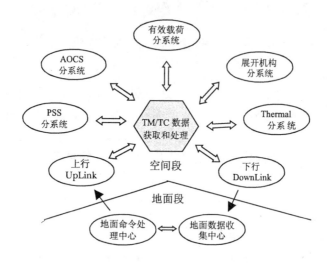

图 2-24   TM/TC 与其他分系统关系简图

对于不同类型的任务的要求也不尽相同,通信卫星主要用于完成平台的健康和指向的遥测和遥控的处理。对于其他多数类型的航天器数据处理的任务要比通信卫星更加复杂。一个典型的航天器数据处理系统的功能包括:

- 能够提供内务和科学探测的数据流;
- 接收和分配命令;
- 完成遥测和遥控的协议;
- 航天器信息时间标记和同步所需要的时间分配;
- 提供数据存储;
- 执行命令和程序;
- 控制有效载荷和各个分系统;
- 监视航天器的健康;
- 完成数据压缩。

2.10.3   航天器遥测

2.10.3.1   遥测系统简介

从词义上理解,遥测就是远距离的测量。如果想要知道航天器及其运行环境的细节,必须要使用精确和定时的遥测系统。一个遥测系统必须能采集、处理和发送各种类型的数据,地面上必须能接收、处理和提取这些数据。对遥测系统的了解是进行地面测试和数据处理的基础,因此有必要对遥测系统做介绍。图 2-25 是简要的航天器遥测系统的框图。

图 2-25　航天器遥测系统框图

数据采集部分由传感器、调理器、数据选路器和模数变换器几部分完成。处理部分的主要任务是完成数据的压缩、格式化和存储。遥测的下行载波频率是 S 波段(2.2G～2.3G Hz)、C 波段(3.7G～4.2G Hz)或 Ku(11.7G～12.2G Hz)波段。在地面遥测数据被接收、解调和解码,最后送给用户。遥测系统的主要部分简要介绍如下。

(1) 传感器。任何状态随外部事件或激励而变化的设备都称为传感器。例如金属导体的电阻随着外部温度变化而变化。导体的电阻可以测量,可以被遥测,可以指示出传感器的温度。因为航天器的遥测系统使用电信号对 RF 调制,所以所有的传感器的输出必须是电气信号。有些物理现象测量起来比较困难,相应的传感器就比较复杂,比如磁强计、高度计和辐射计等都是复杂的传感器,有时把它们作为分系统设计。航天器最经常测量的参数是电压、电流和温度,它们相对容易测量。现在已经使用了其输出电压同绝对温度成正比的集成硅片传感器。运算放大器常常用作电流/电压变换器来应用。

(2) 信号调理。把得到传感器原始输出信号变换为标准范围电压的过程被称为信号调理。在进行信号调理放大器设计时要考虑频率响应、阻抗匹配、参考地和共模干扰抑制的问题。

(3) 信号选择和变换。通常航天器遥测在一个时刻只能遥测一个参数,这就是时间划分的多路方式。按照时序采集测量数据的设备称为多路器(multiplexer),简称 MUX。被调理的模拟信号通过多路器一个时刻选择一个参数,因此多路器也被称做交换器(commutator)。在地面设备中使用了同 MUX 工作相反的设备称为分路器(demultiplexer),简称 DEMUX。一个完整的交换周期构成了遥测的一个帧(frame),每个数据至少每个帧采样一次。如果采样速率大于帧速率的数据类型称为超采样数据(Supercommutated data),如果采样速率低于帧速率的数据类型称为欠采样数据(Subcommutated data)。采用什么样的采样率取决于数据信号变化的速率,前提是不丢失信号的信息。奈奎斯特采样定理(Nyquist sampling

theorem)是确定数据采集率的理论基础,该定理指出使用的采样速率必须大于数据信号最高速率的两倍,实际上使用的采样速率是数据最高速率的5～10倍。在航天器的数据处理分系统中,遥测数据交换的顺序由一个顺序表驱动的软件去控制硬件MUX。顺序表决定了哪些遥测数据直接送下行,哪些送存储器,并规定了每个数据以什么速率被采集。被调理和采集的模拟信号必须要变换成数字量,这种变换设备就是模数变换器(ADC)。ADC要求输入的模拟电压限定在一定的范围,航天器遥测用的是8bit的ADC,输入电压是0～5.10V。量化的单位值是20mV,那么满量程的一个字的输入电压应该为:$20mV(2^8-1)=5.10V$。最大的量化误差是±10mV。

(4) 格式化。每采样一次就要对模拟量进行模数变换,并把数字量存入存储器中,一帧数据完毕后,再同其他(无需ADC变换的)数字数据混合,构成了数据帧。但是,要使得这些数据能够被地面用户识别,还必须附加上以下信息:

- 表明一帧数据哪个是第一个bit的同步字
- 指明当前传输的是哪一帧的帧计数
- 表明是哪个航天器的遥测数据的航天器识别字
- 可以对发送的数据进行检错和纠错的检错和纠错码位(通常没有)
- 表明是哪种格式的格式识别字
- 组装遥测帧的航天器时间字

把这些数据域同数据帧加在一起,构成了完整的标准遥测帧,这个过程就称为格式化(formating)。按照国际和国家标准规定,标准遥测帧有PCM遥测标准和分包遥测标准,这里只介绍PCM遥测标准。标准的遥测帧的最大长度为1024个字,每个字为8bit。遥测格式中的最小单位是bit,排序是0至7。每个bit位用Bk表示,如B6是遥测字中的第六个bit位。由N个遥测帧组成的有序集合称为遥测格式(format)。遥测格式的最大长度为256个帧,每个帧在格式中的位置用Fi表示,如F6是第六帧。每个帧中的字的位置用Wj表示,如W32是第32个字。为了方便起见,对于遥测格式中的信息单元用帧序、路序和比特序的排列方法表示,FiWjBk表示第i帧第j字的第k比特。

按照帧和格式的关系,国家标准规定了优选的标准遥测格式的布局为(帧长×格式长):32×32、64×16、64×32、64×64、128×32、128×64、128×128。例如,某卫星的遥测格式为128×128,即帧长128个字,每个格式有128个帧。如果bit率为4096bit/s的话,每个帧长为$(8/4096)×128=0.25s$,每个格式长为$0.25s×128=32s$。

（5）调制和发送。格式化了的遥测帧存在数据管理分系统的存储器中,通过移位寄存器把并行的二进制数据变成串行的二进制脉冲信号流,这种信号称为基带数字信号。在航天器遥测中,基带信号(PCM 信号)对副载频信号进行相移键控调制(PSK),然后对载频进行相位调制(PM)后发射到地面。考虑到传输的需要,基带信号有各种不同的码型,根据需要进行码型的转换。图 2-26 列出了几种常用的码型。

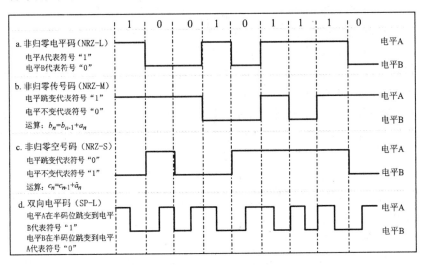

图 2-26　几种常用的二进制 PCM 码型

码型 NRZ-M 和 NRZ-S 也被称为差分码,NRZ-M 为"1"差分码(电平逢"1"跳变),NRZ-S 为"0"差分码(电平逢"0"跳变),也叫相对码(a 为绝对码)。绝对码变为 NRZ-M 的关系：$b_n = b_{n-1} + a_n$,NRZ-M 变为绝对码的解码方程：$a_n = b_{n-1} + b_n$。相对码是航天器遥测中常用的码型。双向电平码也叫裂相码或曼彻斯特码。有关基带信号和基带传输的概念在第 8 章还有描述。

2.10.3.2　遥测数据分类

遥测数据按性质可以分为三大类：内务数据(Housekeeping Data)、姿态数据和有效载荷数据。

（1）内务数据。也称为工程数据,这是为了对航天器上设备健康和工作状态检查需要不断监视的数据。这类数据有多种形式。典型的例子是：

· 设备壳体、太阳阵、姿控推进器和加压储箱等部位的温度。使用热敏电阻把温度变换为模拟电压。对于高温度测量将使用热电偶并把它输出的几个毫伏的直流信号放大为遥测编码器适合的电平；

- 燃料储箱和加压储箱压力参数。使用多种压力传感器；
- 设备供电的电压和电流参数。电压的范围常常是 $0\sim+5.10V$。电流监视包括多种电路技术；
- 表示设备工作状态的单 bit 数字量，每个 bit 代表设备的工作模式。对于比例式状态信息，例如放大器的增益设置由若干个 bit 构成适合的位组；
- 冗余设备状态指示，通常是使用一组触点的继电器或开关的一个触点（一个 bit）状态表示设备是在"主份"（main side）还是在"冷备份"。
- 机构的展开状态，通常使用微动开关提供相应的状态位。

现代的航天器，如大通信卫星将有超过 1000 个工程参数被监视，每个遥控命令的执行结果通常都要经由遥测来检查。大量的工程参数仅仅需要几十秒至 2 分钟间隔采样，因此每秒几百或几千 bit 率对于传输这些信息已经足够了。

（2）姿态数据。姿态数据产生于各种传感器，如太阳、地球和恒星敏感器，陀螺和加速度计。数据可能是模拟量、数字量或混合量。在转移和中间轨道期间，姿态和速度变化比较迅速，需要频繁的采样，一般要每秒 $1\sim4$ 次采样。

（3）载荷数据。载荷数据是多种多样的，不同情况需要单独考虑。科学和地球观测任务可以产生非常大的数据量，例如图像数据是典型的密集型数据。经常需要几个数据通道，速率可能高达每秒几 Mbit 或几 Gbit。这样不得不提供单独的高速率系统，例如中国-巴西合作的资源卫星专门设置了两个数据传输通道（X 波段），数据率大于 50Mbit。对于低地球轨道（LEO）观测任务的卫星需要高速率下行通道，而深空图像可能需要几个小时甚至几天传送到地球。采集这样特点的数据受制于星载存储器的容量以及通信链路的带宽。因为载荷数据的特点完全不同于工程数据和姿态数据，因此常常不把它看作遥测数据，而把它看成是有效载荷的一个部分，通常提到的遥测数据不包含载荷数据。

除了服务系统外，有效载荷分系统本身也会产生大量的工程参数。由于这些数据的复杂性和采用冗余数量大的原因，它所占有的遥测通道甚至可能要多于服务系统。例如通信转发器需要监视的参数需求是：

- 行波管和其他转发设备的温度；
- 每个主份设备的电源电压和电流；
- 各个波导开关的工作和冗余状态监视；
- 每个 RF 设备接口信号电平功率监视；
- 对各个通道放大器发送数字增益设置的监视。

2.10.3.3　不同任务阶段的遥测数据

地面测试、发射阶段和在轨运行阶段，遥测始终都扮演重要的角色。

地面测试阶段,除了有正常的遥测数据之外还可能有航天器设备连接接口和测试与诊断电连接器。对于具有数据管理设备的航天器,还可能得到总线的访问入口。当然,所有的性能测试一直要以使用 RF 链路为主。

发射准备期间,航天器的数据量通常最少和局限于少量的内务数据,如蓄电池状态、某些关键的温度、控制系统的压力和展开设备的状态等。很多情况下有效载荷在进入轨道之前一般都不会接通电源。

在轨运行阶段包括同步轨道任务的转移和中间轨道,在这个阶段的遥测数据获取通常不是连续的,除非有其他中继支持(如数据中继卫星)。为了减少和避免地面操作的干预,希望航天器尽可能做到自主操作。例如使用多数表决(majority-voting)技术代替需要地面遥控的冷备份技术。

2.10.4　航天器遥控

遥控系统的目的是从地面发送无线电信号使航天器或者它的分系统重新配置其状态。遥控系统在航天器的整个生命期中扮演重要的角色。遥控命令有多种,有些需要立即执行,有些需要延时在特定的时刻执行,有些则要求在另外一些事件出现后(条件满足后)才能够执行。遥控命令的功能也是多种多样的,有些使设备的电源接通或切断,有些用于改变分系统的工作模式,有些是控制航天器 AOCS 进而控制航天器的轨道和姿态,有些是控制展开天线、太阳电池阵和保护罩盖,有些则要完成对星载计算机程序的再加载。图 2-27 是完整的遥控系统的框图。

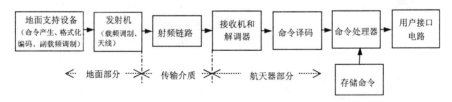

图 2-27　完整的航天器遥控系统框图

遥控的数据格式也同样有国际和国家标准规定。由于遥控系统的重要性和特殊性,安全性和可靠性措施是非常必要的,因此使用了发送检错编码的差错控制、加密码、授权机制或者发送的比对机制等。

2.10.4.1　遥控用户接口

遥控的用户类型有:①继电器类控制命令,输出较大功率的脉冲,控制供电或 RF 波导开关的接通和断开,通常由两个命令(on 和 off)分别驱动自锁器件的两个线圈实现；②脉冲命令，提供短脉冲（几十至100ms宽）给相应的分系统；③电平命令，为分系统提供高低电平触发；④数据命令（或比例式命令），这是为特定的分系统传送数据字的命令（也可以称为数值命令），例如对星载计算机存储器编程、对AOCS寄存器的设置、修改数据块等都属于数据命令。

针对不同的遥控命令类型，用户的接口电路也完全不同。对于地面测试设备而言，关键的是命令表的准备、检查和验证。

2.10.4.2 PCM 遥控

航天器遥控的体制有 PCM 遥控和包遥控两类，目前我国仍然使用传统的 PCM 遥控。PCM 遥控的数据格式在国家军用标准中有详细的规定，规定遥控的 PCM 码速率为 50～2000bit/s，规定遥控信息组合关系格式如图 2-28 所示。地面支持设备必须要严格执行。

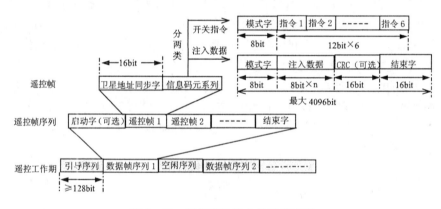

图 2-28 遥控信息组合关系示意图

遥控信息组合由几个部分构成，每个遥控工作期的开始都是由 0、1 交替的引导序列，其后则是若干个遥控帧序列和空闲序列。遥控帧序列的数据结构在图中表示的比较清楚，其中启动字字长 16bit，用户可以自选码值，推荐的值是 EB90；结束字字长 16bit，用户可以自选码值，推荐的值是 09D7；卫星地址同步字用于识别卫星和同步译码器，长度是 16bit，允许和推荐的同步码有几十个（国家军标规定 42 个），要求同步字之间的最小汉明码距为 3。遥控帧数据域（开关指令和注入数据）的格式分别如图 2-28 的右上方所示。

2.10.4.3 遥控操作的制约因素

遥控的作用是对航天器或者它的分系统重新配置的手段，它的重要性决定了地面设计、数据准备和操作必须要小心行事,特别是对于飞行状态的航天器和在轨运行的航天器。通常遥控的操作有一些制约因素必须要考虑,这些制约因素可能有:

- 命令顺序的制约(例如"命令 y 总是在命令 x 执行之后才能执行");
- 命令执行时间的制约(例如"命令 y 总是要和命令 x 执行相隔 2 秒后才能执行");
- 电源和加热器的管理命令(热控试验或在轨运行时);
- 设备配置的准则制约(例如"发射机 1 必须要连接到天线 A 或 B");
- 绝对不允许做的一些事的制约(例如"在工作中绝不要切断通信和数据处理器");
- 事件制约(例如"在电压低的事件出现时,接通调节器");
- 定时制约(例如"校准的灯接通时间不能大于 1 分钟")。

必须要准备一些测试操作的准则供测试操作人员使用。如果航天器很复杂,那么准则的数目可能会多一些。每一个准则都需要一些实现的办法或手段。如果在航天器上已经建立了一定程度的自动化,那么许多准则或制约因素可以在航天器上自动地进行检查,还有许多准则则要通过地面设备的程序或软件进行检查了。无论如何都必须要对每一个准则进行规划以确保这些准则不会被意外违反。可以把准则分成两类,一类是任何情况下都不能违反的,另一类是在特定的条件下可以违反的。

2.10.5　航天器遥测数据处理方法

2.10.5.1　遥测列表和数据格式

在设计遥测系统时非常必要的就是首先要列出航天器的遥测帧参数表,也就是需要遥测系统测量的各类型参数,这个表也是进行地面测试的主要依据。每一项参数都应该包括信号的标识、数据的类型(模拟、数字双电平还是串行数字)、所需要的精度和采样的速率。遥测帧参数表在工程的可行性阶段就应该建立。重要的是在开始一定要有足够富余的通道以便适应工程进展的需要。

参数表确定后的工作就是 PCM 信息的格式了,根据需要可以选用标准推荐的优选格式。通常的安排是每个帧(frame)头两个字(16bit)作为固定的帧同步字,这样地面站设备可以通过它识别一个帧的开始。接下去的字是帧识别字,也叫帧计数字,用于地面站解调分路过程中识别格式中的每一个通道。其他一些特征字,如航天器识别字、时间码等用户可以自己安排了。格式的其余部分就是数据通道了。根据用户数据的要求,安排采样速率,正常的可以每一帧采样一次。特殊需求的则特殊处理,例如姿态传感器的数据可以安排一帧里连续几个字,即超采样;对于内务数据(温度等工程参数)可以安排一个格式采样一次,即欠采样。

根据上述原则和需求可以列出遥测帧参数表,表 2-2 是某通信卫星的遥测帧参数格式表。表中表示的遥测格式是帧长 64 个字,每个格式有 16 帧,遥测帧格式表示为 64×16。该通信卫星的 PCM 遥测码速率为 1000bit/s,故采样帧周期为 0.512s,采样格式周期为 0.512s×16=8.192s。从表中看出,慢变的模拟量占每帧的第 31 至 62 字,可以被测量的参数量为 32×16=512 个,每个参数的测量采样周期是 8.192s,是欠采样。控制分系统的快变参数占每帧的第 17 至 22 字,可以被测量的参数量为 6 个,每个参数的测量采样周期是 0.512s。

表 2-2 遥测帧格式举例

	W$_{0-1}$	W$_2$	W$_3$	W$_{3-4}$	W$_{5-6}$	W$_{7-14}$	W$_{15-16}$	W$_{17-22}$	W$_{23-30}$	W$_{31-62}$	W$_{63}$
F0	帧同步字	卫星识别字	前四位是遥测状态数据,后四位是帧计数	遥测状态数据	备用	通信分系统数字量信号	控制分系统数字量慢变数字信号	控制分系统快变量信号	控制分系统OBC慢变数字信号	00组慢变模拟量	格式识别字
F1										01组慢变模拟量	
⋮										⋮	
F15										15组慢变模拟量	

遥测设计者除了要完成遥测帧参数表的设计之外,还必须要根据用户的技术要求提出遥测参数的处理要求,给出参数正确与否的判据。遥测参数处理要求可以以表格方式给出,包括如下几项:

- 遥测参数分配的标识代号;
- 遥测参数意义的基本描述;
- 遥测参数的类型;
- 处理后遥测参数的工程单位(数字量无量纲);
- 处理方法及公式,即遥测值到遥测电压量或遥测值到工程量之间的转换公式;
- 设备工作在正常状态时的遥测参数值范围。

2.10.5.2 遥测数据处理

卫星遥测参数大体上可以分五种类型,即双电平量、模拟量、温度量、数字量和时间量。

（1）双电平量（BL-Bilevel）

BL 量也称状态量参数，参数取值"0"或"1"，BL 量参数值在遥测数据格式中通常只占据 1 比特空间，根据要求处理成直接显示 0/1 或者状态"ON""OFF"。

（2）模拟量（AN-Analog）

AN 量参数遥测电压量的测量量程为 0～5.10V；每个模拟量参数量化后变换为一字节，即 8bit 数字量，每量化分层为 20mV。当模数转换是线性关系时，输入模拟量每增加 20mV，相应的遥测字增加一个计数。根据不同 AN 量参数所表达的物理量的性质，则具有不同的数据处理要求：电源电压、电流或压力等参数可以按照二进制分层值（8bit）N 转换为模拟电压值 V，再根据处理公式处理成被测试物理值。如果被测量与遥测编码值成线性关系，处理公式非常简单：被测试参数物理值＝$N \times 0.02 \times k$（其中 k 为变换系数，k 由航天器上调理器给出）。如果被测量与遥测值呈非线性关系，可以使用分段直线拟合的方法处理。利用这种方法要求事先进行校准标定，分段不一定等间距，线性好的部分可以间距大，反之要小些，每个分段样本值数量通常不大于 20 个。图 2-29 给出了一个被测物理量与遥测模拟量的标定曲线（图中只有 5 个分段）。根据遥测测得的模拟电压值 V 判断在校准曲线的哪一段，利用换算成被测物理量 P 的一般公式：

$$P = P_i + \frac{P_j - P_i}{V_j - V_i} \times (V - V_i)$$

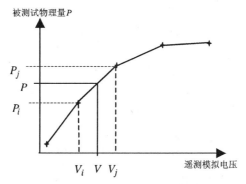

2-29　被测量与遥测模拟量关系曲线举例

（3）温度量（TH-Thermal）

TH 量表示测量的是温度值，在遥测数据格式中占据一个字（8bit）。遥测温度传感器为热敏电阻，连接方式如图 2-30 所示，其中 E_0 是标准电压，R_0 是基准的分压电阻，R_t 是测温的热敏电阻。R_t 的阻值随温度变化而变化，输出电压 U_t 被传送到遥测系统，通过对测得的电压的处理得到温度值。热敏电阻在实验室中对它们的阻值与温度的关系进行了标定。数据处理即根据这些标定值进行计算。从图 2-30 可以算出遥测电压与基准电压的关系：

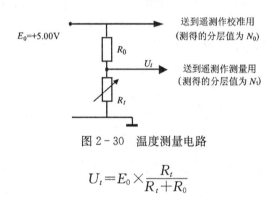

图 2-30　温度测量电路

$$U_t = E_0 \times \frac{R_t}{R_t + R_0}$$

R_t 表示为：

$$R_t = \frac{U_t}{E_0 - U_t} \times R_0$$

对 TH 量参数的数据处理流程为：二进制分层值 N_t→被测电压值 U_t→被测电压值校准（如果必要）→电阻值 R_t→温度值 t。处理可以用曲线拟合和公式两种方法。

二进制分层值（8bit）N_t 与被测电压值 U_t 间的关系为：

$$U_t = 0.02 \times N_t \quad \text{（V）}$$

模拟电压值校准：在遥测中通常设定校准电平用于对遥测 A/D 变换的正确性和线性进行校准。校准电平是由基准电路提供的精确电压值，校准电平包括异源校准电平和同源校准电平。假如在航天器上使用了标准的 E_{std} 电压，其对应的二进制分层值为 N_{std}。在数据处理时用 E_{std} 同 N_{std} 的比值作为标准的量化分层单位值对测量的模拟电压值 U_t 修正：

$$U_t = \frac{E_{std}}{N_{std}} \times N_t = \Delta_{std} \times N_t \quad \text{（V）}$$

按照前面 R_t 的表达式和上式，可以换算出 R_t 和 N_t 之间的关系：

$$R_t=\frac{\Delta_{std}N_t}{E_0-\Delta_{std}N_t}\times R_0$$

各热敏传感器有电阻值 R_t 与温度值 t 之间的标定数据表，按照内插法可以处理出温度值。图 2-31 是 R_t 与温度值 t 之间的关系曲线的例子，同图2-29处理方法一样，只是曲线的斜率是负的。

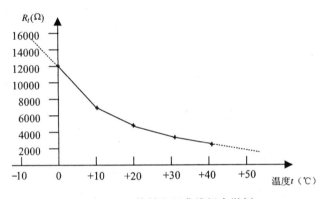

图 2-31　热敏电阻曲线拟合举例

按照公式计算被测温度值的原理和方法是：负温度系数（NTC, Negative Temperature Coefficient）的半导体热敏电阻，热敏电阻的 R-T 特性模型关系符合下列公式：

$$R_t=Ae^{\left(\frac{b}{T}-\frac{c}{T^2}\right)}$$

或

$$R_t=\exp\left(a+\frac{b}{T}-\frac{c}{T^2}\right)$$

式中，T 为绝对温度（K）；R_t 为温度 T 时的阻值（Ω）；e 为自然对数的底；a（或 $A=e^a$），b，c 为取决于材料和结构的常数，其中 A 的量纲为 Ω，b 的量纲为 K，c 的量纲为 K^2。

对式（2-50）两边取自然对数，变换后解一元二次方程得出：

$$t=T-273.15=\frac{2c}{-b+\sqrt{b^2-4c(a-\ln R_t)}}-273.15$$

式中，t 为摄氏温度（℃），R_t 为热敏传感器的电阻值。

按照 R-T 特性公式，3 个常数可以选取 n 个有效的标定数据，应用最小二乘法原理，通过回归拟合方法求得。3 个常数通常在实验室测量和计算后给出来。

(4) 数字量（DS-Digital signal）

很多 DS 量参数都需要在接收时进行特殊的处理，处理方法取决于航天器上数据变换的方法。DS 量在遥测中占据非常重要的地位，比如组合状态的测量、姿态参数的测量等都属于 DS 参数。显然，数字量的处理的难度常常并不在地面，而是在航天器的数据处理系统。我们举例子说明：陀螺积分角输出（滚动）信号 ϕ_{RIGA} 处理。某卫星用两个连续的遥测组合字测量它的输出，其各字的码位的代表的内容如表 2-3 所示。

表 2-3　陀螺仪滚动角输出信号

字号	各码位代表的内容							
W_i	B15	B14	B13	B12	B11	B10	B9	B8
	＋或−	163.84°	81.92°	40.96°	20.48°	10.24°	5.12°	2.56°
W_{i+1}	B7	B6	B5	B4	B3	B2	B1	B0
	1.28°	0.64°	0.32°	0.16°	0.08°	0.04°	0.02°	0.01°

信号中的 B15 是符号位，当为 1 时，表示是正值，则 B14～B0 按表中所列的权值计算，并显示角度值；当符号位 B15 为 0 时，表示是负值，则 B14～B0 取反加 1 后，再按表中所列的权值计算，并显示角度值。处理公式为：

$$\phi_{RIGA} = \begin{cases} 0.01\sum_{t=0}^{14} D_i 2^i & \text{当 } D_{15}=1 \\ -0.01\left(\sum_{t=0}^{14} \overline{D}_i 2^i + 1\right) & \text{当 } D_{15}=0 \end{cases}$$

采用这种方法处理的信号还有太阳敏感器输出角、动量轮转速等。各个码位的含义、最低位的码权值等都取决于航天器的设计。

(5) 航天器上时间量（On-board Timer）

航天器的时间是由高稳定度和高精度的时钟产生，主要作用是为遥感数据定时标和地面某些参数处理用。在遥测格式中，时间字占有多个字，比如某航天器使用了长度为 5 字节，共 40bit 的时间字，其中前 30bit 为秒(s)，后 10bit 为毫秒(ms)如表 2-4 所示，分别以 30bit、10bit 的二进制数表示。各 bit 位的排列规则是：高位在前，低位在后；卫星时间字中的"秒"部分按 30bit 满刻度二进制数循环递增；"毫秒"部分在 0～999 范围内以二进制循环递增；卫星时间字的参考基准（时间起点）可以由用户定义，通常可以以××××年 1 月 1 日 0 时 0 分 0

秒 0 毫秒(正计时)为参考基准。

表 2-4　遥测时间字举例

30 bit	10 bit
秒(s)	毫秒(ms)

2.10.5.3　遥测数据处理一般流程

上面介绍了几种类型参数的处理方法。航天器的遥测数据流通过地面的解调设备后,由地面设备的计算机根据处理要求对参数逐一进行处理。在航天器发射前的各个阶段,遥测参数的属性可能会经常发生变化,如更换传感器、修改模式、修改处理方法等,这样将面临测试软件要随之不断地做适应性修改的问题。在早期的测试系统中由于实时数据处理软件和数据属性的定义捆绑在一起,要改变数据处理方法和数量必须修改运行程序,因此,当测试需求变化大时,测试软件修改工作量很大,而且容易产生意想不到的问题,测试软件无法做到通用。

为了解决这个问题,现代的测试软件,特别是作为 EGSE 的核心软件的 MTP 软件通常采用前后台作业分开的方式开发,所谓前台作业是指实时运行的测试软件,后台作业是指为测试过程准备测试数据库的软件。前台软件也称作实时处理软件,后台软件负责被处理参数的属性定义。前后台软件通过测试数据库接口,后台软件定义和修改数据库,前台软件使用测试数据库。两者之间的关系可以看图 2-32。处理的结果存在结果数据库中,供评估软件使用。所以,可以认为结果数据率是实时运行软件与测试评估软件的接口。

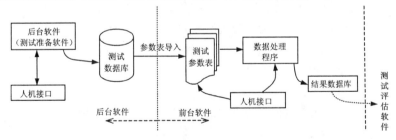

图 2-32　数据处理前后台软件关系示意图

后台软件通过人机接口对所有需要处理的参数进行定义,定义的数据结构可以描述如下:

tm_ss_id 分系统标识符:

分配给航天器分系统的标识符是 A—Y.

tm_param_no 参数号:

参数的识别号的范围是 X001－X400.X 是子系统标识符.

tm_param_table 参数描述:

参数描述最多 16 个 ASCII 字符.

tm_param_frame1(2)帧序号 1(2):

帧序号范围是 0---N.

tm_param_word1(2)字序号 1(2):

字序号范围是 0---N.

tm_param_mask1(2)屏蔽字 1(2):

屏蔽字范围是 0---ff(16 进制数).

tm_param_limit_high 参数上限:

当参数为实数时,其上限范围是－0.9999----＋999.9.

当参数为整数时,其上限范围是－32768----＋32768.

当参数为无符号数时,其上限范围是 0----＋65535.

当参数为 16 进制数时,其上限范围是 0----ffff.

tm_param_limit_low 参数下限:

当参数为实数时,其下限范围是－0.9999----＋999.9.

当参数为整数时,其下限范围是－32768----＋32767.

当参数为无符号数时,其下限范围是 0----＋65535.

当参数为 16 进制数时,其下限范围是 0----ffff.

tm_param_type 参数类型:

参数类型＝1 时,表示参数为模拟量.

参数类型＝2 时,表示参数为数字量.

tm_param_enable 参数允许/禁止处理:

当为 1 时,参数允许处理.

当为 0 时,参数禁止处理.

tm_param_proc 参数处理方法:参数处理方法有 4 种情况:

处理方法＝1 时,根据曲线号进行处理.

处理方法＝2 时,根据特殊处理方法号进行处理.

处理方法＝3 时,直读原始值.

处理方法＝4 时,按公式号进行.

tm_param_curve_ss_id 参数曲线分系统标识符:

参数曲线子系统号范围是 a-y.

tm_param_curve_no 参数曲线号:

曲线号范围是 X001-X400. X 是分系统标识符.

tm_param_spec_no 参数特殊处理方法号:

　　特殊处理方法有 0~250 种.

tm_param_unit 参数单位:

　　参数单位最多 4 个 ASCII 字符.

tm_param_rate 参数帧周期:

　　对信号的采集周期以遥测帧为单位$(1,4,8,\cdots,32)$.

tm_param_limit_id 参数越限标记:

　　当参数越限标记＝0 时,参数值没有超过该参数上下限.

　　当参数越限标记＝1 时,参数值超过该参数上限或数字量参数状态改变.

　　当参数越限标记＝2 时,参数值超过该参数下限.

tm_param_raw 参数数字量结果和相应状态描述:

　　参数数字量结果和相应状态描述(ON/OFF).

tm_param_result 参数工程值:

　　当参数为实数时,其工程值范围是$-0.9999---+999.9$.

　　当参数为整数时,其工程值范围是$-32768---+32767$.

　　当参数为无符号数时,其工程值范围是$0---+65535$.

tm_param_digit 数字量标识.

tm_show_raw 重复显示原始值标识.

tm_calib:参数同源校准标志:

　　当同源校准位为 1 时,参数需要同源校准.

　　当同源校准位为 0 时,参数不需要同源校准.

tm_calib_source[5]:校准源标识.

　　识别号范围是 x001－x400. x 是子系统标识符.

tm_n0:标准源的原始值.

tm_show_result 重复显示工程值标识.

　　每个参数都应按照这样的结构进行定义. 可见参数定义的过程是非常细致和繁琐的工作. 要求后台软件的设计能方便参数的定义,有友好的人机接口,能方便输入、修改和查询,要具有一致性检查,即能检查出非法的输入项.

　　前台软件启动后,把定义的测试数据库导入到实时处理软件环境中,生成数据处理程序参考的测试数据表(包括相关的曲线表). 处理程序接收到遥测数据后的处理过程完全按照测试数据表规定的属性进行,因此把这种处理方法也叫做参数表驱动的方法.

　　如果前台软件的人机接口可以对参数表的某些项目做在线修改（如被测试参数的上下限）对于测试操作无疑是十分方便的。目前的地面测试软件已经具备了这种功能。

　　数据处理通常是以一个遥测帧为一个周期，一完整的帧结束使处理程序被启动，我们把一帧结束作为帧事件。程序根据参数表定义的属性，逐一对参数进行处理，直到这一帧的所有数据处理完毕，再等待下一个帧事件到来。很显然，要求在下一个帧事件到来之前，计算机能够完成对上一帧数据的全部处理，否则会丢失数据。所以要求对处理程序必须做性能分析和强度测试。

　　参数表驱动和帧事件启动的遥测数据处理的流程如图 2-33 所示，参数处理过程中要多次访问参数表。图中的描述非常清楚，不再赘述。

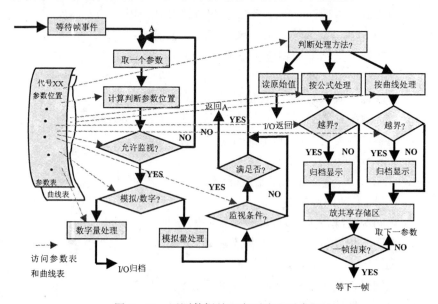

图 2-33　遥测数据处理主要流程示意图

　　后台软件的功能还不仅仅是定义遥测参数表及其相关的处理曲线表等，前台软件运行过程中的遥控命令的定义发送、测试序列的定义以及用户显示图形的定制等都需要在离线情况下由后台软件定义。与遥测参数相似，遥控参数也需要用后台软件定义遥控参数表，表内详细描述了指令的属性，包括：指令表示符和序号、指令的描述符、指令相关的遥测参数代号（可定义多个）、需要授权的标记、授权标记和禁发标记等等。

复习参考题

1. 信号与信息的关系是什么？

2. 试验（Test）、检测（Checkout）和测量（Measure）的定义。

3. 给出模拟信号、数字信号的定义，并各举出 1 个例子。

4. 简述模拟信号量化的过程，并说明量化误差是怎样产生的？

5. EGSE 的接口分为哪两类？选用通用接口（总线）的原则是什么？

6. 广义理解的系统测试主要研究哪两类问题？

7. 具备哪几种功能的测试可以认为是自动化测试？

8. 在测试设计中，首先要做好测试需求分析（TRA）。TRA 的主要目的是什么？

9. 航天器 EGSE（Electrical Ground Support Equipment）通常的选择过程的主要步骤是什么？

10. 请说出面向测试过程的计算机语言的优缺点。

11. 常用的测试实施的四种策略是什么？

12. 在进行"GO/NOGO"链测试中，如果每个参数都一一通过了"GO"链，可以认为被测对象不用进行故障测试。当在某个参数测试中进入了"NOGO"链时，要进行必要的故障测试。

13. 请结合图 2 - 17 描述 AOCS 静态闭环测试的过程。

14. 航天器电性能测试通常有哪些测试接口？

15. 通常说的"三级测试"指的是什么？

16. 可测试性的定义是什么？

17. 国际计量组织对测量误差的定义是什么？

18. 系统误差的定义和特点？

19. 随机误差的定义是什么？随机误差有哪三个特性，它们的含义是什么？

20. 给出在同等条件下有限次数（n 次）测量值的数学期望值（应等于算术平均值）和标准偏差估计值的计算公式。

21. 给出测量的正确度、精密度和准确度的定义。

22. 已知电阻 R_1 的绝对误差是 ΔR_1，R_2 的绝对误差是 ΔR_2，两个串联的电阻 $R_C = R_1 + R_2$，两个并联的电阻 $R_B = R_1 * R_2 / (R_1 + R_2)$，试求出 R_C 和 R_B 的绝对误差和相对误差的表达式。

23. 判断下面几组数据有几位有效数字和最大绝对误差，填入括号中。

    3.1416 有（   ）位有效数字，绝对误差≤（   ）

    3.142 有（   ）位有效数字，绝对误差≤（   ）

    6500 有（   ）位有效数字，绝对误差≤（   ）

6.5×10^3 有（　　　）位有效数字,绝对误差≤（　　　　　）

0.65 有（　　　）位有效数字,绝对误差≤（　　　　　）

0.605 有（　　　）位有效数字,绝对误差≤（　　　　　）

24. 常用的克服随机误差的数字滤波算法有哪几种?

25. 某卫星测试设备使用霍尔器件测量供电电流,电流值与输出电压值的实测数据如下表所示:

I_i(安培)	0.00	0.55	1.01	1.50	2.01	3.00	4.04	5.10	6.08	7.03	8.03
U_i(伏特)	0.06	0.60	1.07	1.56	2.07	3.07	4.11	5.17	6.14	7.09	8.10

试求出电流 I 和电压 U 直线拟合方程的表达式,即 $I = \alpha + \beta U$。

26. 一个被测量的科学表示是什么? 表示式中的可信度范围如何确定?

27. 航天器测距的基本原理是什么? 为什么采用多个测距音信号?

28. 试区分图 2-26 所画的各种基带码型的特点。

29. 航天器遥测参数分成哪几类?

30. 结合图 2-32 说明把地面遥测参数处理程序分为前后台作业的过程和优点是什么?

31. 为什么说前台运行软件可以叫做参数表驱动的软件?

第3章 航天器分系统级测试

3.1 分系统级测试概述

航天器(卫星、飞船、空间站等)是由几个或十几个分系统所组成,绝大多数的分系统都与电系统有直接或间接的联系,如电源分系统、测控分系统、数管分系统、姿态和轨道控制分系统、热控分系统、推进分系统、回收着陆分系统以及有效载荷分系统等。设备在交付总装前,为保证分系统或设备的功能和性能指标,需进行设备检查、各种环境试验以及分系统的设备联试;为全面考核分系统的功能和系统间的匹配性,需进一步参加系统级一系列测试和试验,如桌面联试、电性模型测试、总装过程的测试、各种环境试验(噪声、振动、热真空、热平衡、EMC)及试验前后和试验过程中的测试、发射场技术区及发射区的测试等。

3.1.1 分系统级测试的作用

分系统测试是分系统设备进行总装前后,对该分系统的功能和性能进行的测试。测试时需要有其他分系统的支持和配合,对于一个具体的分系统,可根据分系统的特点和分系统所处的位置合理选择分系统的测试方式。分系统级测试的主要特点是突出重点,测试项目全面详尽。它既可以全面地检查该分系统的各种功能,也可以测试全部或绝大部分主要性能指标和参数,还可以检查与其他有关分系统间的接口关系和性能。因此,对于新研制的型号来说,分系统级测试时间相对较长,测试结果将作为评定该分系统性能的最主要依据。当然,同样一个分系统,在不同的研制阶段和不同的测试地点,其设置测试项目和所花费的测试时间是不一样的。总的来说,初样阶段,测试内容全面详尽,重点解决分系统间的接口匹配关系,花费时间相对要长一些;正样阶段的总装厂测试,测试内容较为全面和详尽,着重检查系统功能和性能;其次是发射场技术区测试,再次是大型环境试验场地,而在发射区测试内容将大幅度精简,侧重于功能性测试,某些分系统还会进行部分性能参数的测试。

　　对装配到系统级(航天器)上的分系统测试,除了仪器设备经历了总装过程外,其主要原因是分系统的工作环境发生变化,而这些环境在总装前的分系统测试中是不具备的。在这种的环境中,分系统是否可靠工作,性能指标是否达到设计要求,需要对分系统进行进一步的测试。这时分系统的工作环境包括:

　　(1) 电环境。总装后的分系统仪器设备均按总体布局要求进行真实的安装,仪器设备间的相对位置固定,设备间的电缆连接,高频电磁信号在设备间的辐射和干扰都完全处于真实的电环境之下。这种状态下测试真实性好、可靠性高、暴露问题更准确。

　　(2) 电磁兼容环境。为了检查分系统的 EMC 特性,需要在 EMC 实验室中对分系统进行试验和测试,以检验分系统对外环境的电磁干扰和接收外部电磁干扰环境的情况。

　　(3) 力学和热环境。在振动、噪声环境和热真空、热平衡环境中对分系统进行试验和测试,以检验其对环境的适应性。

　　(4) 其他环境因素。如长途运输、发射场供电和接地状态、再总装过程、加注、与运载对接等,这都是发射前必须经历的工作阶段和状态,在这些真实状态下对分系统进行必要的测试和检查,以确保发射成功。

3.1.2　分系统测试的主要内容

　　分系统测试在不同的研制阶段其测试内容不完全相同,不同的分系统测试内容、测试方法和使用的测试设备完全不同。不同分系统的主要测试项目可以概括如下:

　　(1) 设备功耗测试。设备功耗在其交付总装前已提供详细的数据,在总装后进一步验证指标的正确性,包括常值功耗和峰值功耗,既包括一次电源的功耗,也包括二次电源(经过 DC/DC 变换)的功耗。这项测试通常是在总装后测试的开始阶段进行,通过直接测量电压电流来完成。在其他阶段,一般不能直接测量,而是通过测量一次电源输出电压和电流的遥测值或有线测量值而得到。

　　(2) 对外接口检查。主要包括供配电接口、遥测接口、遥控和程控指令接口、低频数据接口、数据总线接口、视频接口、射频接口等。这些接口的具体体现为:①高低频电连接器接点关系是否正确无误;②供电电源是否满足负载要求(电压范围、稳定度、纹波、过压过流值等);③输入输出阻抗是否符合设计要求;④输入输出信号的各项特征(幅度、电平、频率、脉宽、脉幅、前后沿、信噪比等)是否满足接口指标要求。

（3）功能检查。全面地检查分系统预先规定的各种功能,如指令接收、处理和执行功能,信号接收、变换和发送功能,工作模式转换、备份切换、冗余功能及安全保护功能等。这是分系统重点要测试的内容。一般情况下,在总装、测试和试验的各个阶段以及发射场,都应对分系统的功能进行测试。在某些场合,由于条件所限,或者设计本身的规定,有些功能检查受到一定限制,必须做一定简化。有些功能甚至无法测试,例如各类火工装置的点火试验、太阳电池阵的展开试验、天线展开试验等。对于不同的航天器其功能项目的测试在检查中会受到不同程度的限制,在相关的测试试验文件(如电测大纲或细则)中都应有明确的体现或规定。

（4）主要性能参数测试。根据设计任务书的要求,各分系统都有一系列反映其性能状况的技术指标参数,这些参数通常应该以定量的数值给出,测试这些参数是分系统设备总装后最重要的测试内容之一。为实现这些参数的测试,需要配备和使用许多性能高、精、优的测试仪器和设备,其中包括专用地面测试支持设备(SOCE)。对于重要的分系统,比如姿态和轨道控制(AOCS)分系统,对它的闭路特性要做尽可能的详细测试。

3.1.3　分系统测试的主要目的

通过分系统的电性能测试达到以下主要目的:①检验被测分系统的耗功是否符合设计要求;②验证被测分系统对外接口的正确性、匹配性和合理性;③检查被测分系统的功能设计是否正确、完整、合理和可靠;④测试分系统的性能参数判断是否满足指标要求;⑤充分暴露问题,找出设计缺陷和工艺缺陷,为修改和完善或优化分系统技术方案、提高设计水平和产品质量提供依据和途径。

由于航天器种类繁多,分系统设置不尽相同。对于不同的航天器,即使相同名称分系统,其包含的技术内容也可能会不同。本章将对电源分系统(PSS)、测控分系统(TT&C)、姿态和轨道控制分系统(AOCS)、有效载荷 PLD 分系统等主要分系统的测试作简要的说明。

3.2　电源分系统测试

电源分系统(PSS-Power Supply Subsystem)的主要功能是:产生电能,储存电能,监测电源分系统运行以及调整供配电,使供需处于最佳平衡状态。配电的主要功能是:按负载要求变换电能,分配电能,并将电能输送给负载。

PSS 是为航天器各个设备提供电能的装置,不同的航天器类型采用不同的电源供电方式.短寿命返回式航天器采用 Ag-Ni 电池组供电,长寿命航天器采用各类空间用的蓄电池组和太阳能电池阵组合供电。为满足各个用电设备的使用,电源分系统需具有电能储存和调节的功能,要把电压变换成满足任务要求的主电源母线电压,再经过电源变换器变换后提供具有不同额定电压、容量和稳定度要求的数路二次电源。电源变换器是配电系统中最主要的部件,一种是采用集中变换的方式,对母线电压进行变换提供给各个分系统使用,另一种采用分散变换的方式,也就是在各个用电设备内部自带变换器模块,也有的是采用集中变换与分散变换相结合的方式。

典型的长寿命航天器 PSS 原理如图 3-1 所示,按照功能划分的话,它由四个部分组成,分述如下:

(1) 太阳能电池阵调节器(Array regulator)部分。太阳电池阵(SPA-Solar Power Array)负责将太阳光能转换成电能,它是由若干模块组成,因此有时被称为太阳电池组合件(SPA-Solar Power Assemblies)。太阳电池阵母线的调节是使用脉宽调节方法或者串联分流调节方法实现的,相当多的航天器使用了后一种方法。控制分流控制器(SR-Shunt Regulaor)的敏感电压来自模式控制单元(MCU-Mode control unit)。SR 根据负载的变化和需求对相关的太阳能电池阵输出实现分流调节。

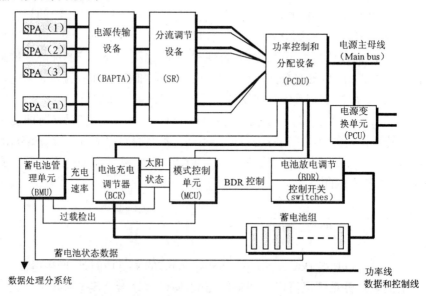

图 3-1　一种典型的航天器电源分系统原理框图

（2）蓄电池控制部分。这部分包括蓄电池管理单元（BMU- Battery Management Unit）、电池充电调节器（BCR- Battery Charge Regulaor）和放电调节器（BDR-Battery Discharge Regulaor）。BMU 的功能是监视蓄电池的温度和电压以及单体电池（cell）电压、压力和温度。而且 BMU 还提供电源分系统与数据管理分系统的接口，它也为 BCR 调节蓄电池充电提供输入控制信号。BCR 的基本功能是在光照期间为蓄电池提供恒定的充电电流。BDR 的功能是在阴影期间使蓄电池为航天器提供恒定的电流。

（3）电源控制和分配单元（PCDU-Power control and distribution unit）。PCDU 为主母线电流提供监视和保护。保护通常通过限流或熔断丝两种方法。后一种方法需要有冗余的通路，通过地面命令切换工作。

（4）电源变换单元（PCU-Power conversion unit）。PCU 为航天器上设备提供各类电压或电流，PCU 也称为二次电源。输出低压的 PCU（例如 5V 或 ±15V）一般是脉宽调制的固态电源块。要求 PCU 也要具有过压和过流保护功能。

3.2.1　地面专用测试设备

电源分系统的地面专用测试设备（PSS SCOE）通常包括：太阳阵模拟器（SAS）、模拟负载、接口匹配和调节设备、控制和参数采集处理设备以及其他的辅助设备。PSS SCOE 是 EGSE 的一部分，它与航天器的接口是脐带电连接器（UMB），它的主要组成部分如图 3-2 所示，各部分功能简述如下。

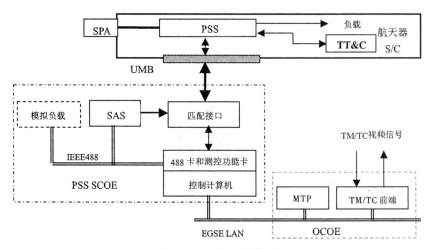

图 3-2　PSS SCOE 结构简图

（1）太阳阵模拟器 SAS。用于模拟太阳能电池阵（SPA）的电输出特性，在航天器测试过程中提供电源。SAS 一般都含有多路独立的供电输出,每一路和一个独立的太阳电池分阵相对应。它们能模拟航天器在轨道上运行时各分阵在不同光照和测试条件下的伏一安输出特性。图 3-3 是伏一安特性示意图,I_{sc} 是短路电流,V_{OC} 是开路电压。曲线表明温度对伏一安特性影响很大,温度升高曲线沿 V 轴左移,拐点变缓,开路电压减少,短路电流增加。

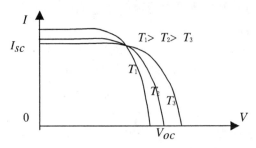

图 3-3   一般太阳电池阵输出伏安特性示意图

　　(2) 模拟负载。当对电源分系统单独进行测试时,模拟负载能模拟航天器上电源真实负载的典型变化,用于检测电源分系统在负载实际变化情况下的适应性、调节特性及过渡过程。模拟负载可进行编程控制,使负载电阻连续变化或阶跃变化。

　　(3) 控制计算机以及机内接口卡。控制计算机通过 IEEE488 卡控制 SAS 和模拟负载工作、采集其参数,通过开入、开出、A/D 等功能卡实现对航天器供电测量与控制、通过 LAN 与 OCOE 通信。

　　(4) 匹配接口。实现被测控对象与测控设备之间的隔离、匹配和驱动。

3.2.2   测试的主要内容和方法

　　在 PSS 设备交付总装前的验收测试和总装后的分系统测试中,都要进行较详细的功能和性能测试,在系统级测试的过程中要进行实时监测。PSS 的测试实际上主要是对 SR、BCR、BMU、BDR 的性能和功能的测试,以及它们与 SPA 和蓄电池接口的测试。对 PSS 测试应充分和全面,包括故障设置和因供电输入和负载变化对电源母线输出特性的影响,以及瞬态特性等测试。主要的测试内容有以下几项:

　　· 蓄电池充电功能测试,主要是对 BCR 功能的测试;

　　· 蓄电池放电功能测试,主要是对 BDR 功能的测试;

　　· 蓄电池充电效率测试;

　　· 分流调节器功能测试,是对 SR 功能的测试;

・进出阴影区供电方式切换功能测试；

・电源主母线调节特性测试，主要是对 BMU 功能的测试；

・DC/DC 变换器特性测试；

・遥控指令和遥测参数测试；

・太阳电池阵光照试验检查。

3.2.2.1　蓄电池充电功能测试

蓄电池充电功能测试的主要内容：①蓄电池的充电达到满容量时是否能正常地结束充电；②选择不同的 V-T 曲线时充电控制器能否正确地按照相应 V-T 曲线控制充电过程；③选择不同的 Ah（安培/小时）系数时充电控制器能否正确地按照相应 Ah 系数控制充电过程。

控制蓄电池充电是否达到满容量的方法分为 V-T 曲线控制法和 Ah 系数控制法，分别按照不同的方法计算和判断蓄电池的充电特性。两种控制法的测试方法分别简述如下。

（1）V-T 曲线充电控制法的测试。镍镉（NiCd）蓄电池充电的终止电压与蓄电池的温度关系非常密切，电压与温度的关系被称为 V-T 曲线。随温度的提高蓄电池充电终止电压明显减少，利用 V-T 曲线控制蓄电池充电是目前常用的一种方法，这种控制方法也叫做温度补偿电压控制方法。为了能确保航天器在寿命期内不同情况下使蓄电池得到最佳充电量，通常在电源分系统控制电子电路中设定了多条 V-T 曲线供选择，如图 3-4，设置了 8 条曲线。V-T 曲线控制功能是蓄电池充电功能测试的主要内容。

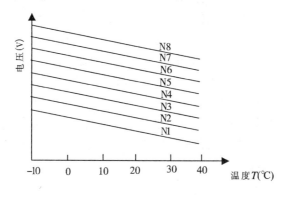

图 3-4　蓄电池输出 V-T 特性示意图

在进行 V-T 曲线充电控制测试时，首先对充电控制器设定一条充电控制曲线（V-T 曲线），太阳阵模拟器通过充电控制器对蓄电池充电，并监测充电电流及充电控制器的工作状态,当充电控制器结束对电池的充电后,计算并判断电池的充电量是否已达到或符合蓄电池的额定容量,达到额定容量后自动断开充电控制开关。然后对蓄电池进行放电至一定程度后,选定第二条控制曲线重复上述充电功能检测过程,直到对所有可选的控制曲线都得到验证为止。根据每条 V-T 曲线所测得的蓄电池终止电压值、蓄电池充电量的辅助检测信号和蓄电池温度数据,并参照相应的 V-T 曲线来判断蓄电池是否充电至额定容量。通过这种测试,验证航天器电源 BDR 的 V-T 曲线控制法的正确性。

(2) Ah 系数充电控制法的测试。首先对充电控制器设定一个充电控制 Ah 系数,太阳阵模拟器通过充电控制器对蓄电池充电,并监测蓄电池组电压、蓄电池充放电电流、充电时间、计算放电、充电容量及充电控制器的工作状态,当充电控制器结束对蓄电池的充电后,计算并判断蓄电池的充电量是否已达到或符合蓄电池的额定容量,达到额定容量后自动断开充电控制开关。然后对蓄电池进行放电至一定程度后,选定另一个 Ah 系数重复上述充电功能检测过程,直到对所有可选的 Ah 系数都得到验证为止。计算充电电流的时间积分求得充电安时值,再计入充电效率从而估算出充电容量。通过这种测试,验证航天器电源 BDR 的 Ah 系数充电控制法的正确性。

3.2.2.2 蓄电池放电控制功能测试

通过分别改变太阳阵模拟器的输出和电源主母线的负载大小进行测试。根据测试阶段的不同,电源主母线的负载可能是地面模拟负载,也可能是其他分系统设备负载。另外由于蓄电池的放电控制为主母线提供输出功率,因此蓄电池放电期间主母线的特性测试也是蓄电池放电控制功能测试的内容之一。

测试时蓄电池充电到一定程度或达到满容量,并使主母线负载调至最小。测试开始后逐渐减小太阳阵模拟器对航天器的输出功率直至零,再逐渐增大用电负载直至航天器最大母线负载,对使用地面模拟负载的测试则连续递增至放电控制器最大额定负载。而后,再逐渐减小主母线负载。在调节主母线负载的过程中,应一直检测放电控制器的工作状态、放电电流和蓄电池的端电压等数据,并测量主母线电压的稳态和瞬态特性参数。在测试过程中应注意防止蓄电池过放。根据测量数据判断放电控制器功能的正确性,以及主母线特性是否满足设计要求。

3.2.2.3 蓄电池充电效率测试

充电效率亦称安时效率或充电/放电比。它是在规定条件下,蓄电池放电期间所输出的电量与恢复到初始荷电状态所需电量的比值。

因为蓄电池容量与温度有密切关系,测试应在一定环境温度下进行。测试时先将蓄电池充电至额定容量,然后对蓄电池放电至某一时刻,计算出蓄电池的放电量,接着对蓄电池充电至额定容量,计算出蓄电池的充电量。计算放电量与充电量的比值即得蓄电池的充电效率。

3.2.2.4　分流调节器(SR)功能测试

分流调节器有多路分流电路,每一路对应一个太阳电池分阵。分流电路有两种类型,开关分流式电路和脉宽调制分流式电路。前者对应于限压调节式主母线,而后者对应于稳压调节式主母线。开关式分流器各路分流电路的工作状态可以直接测试,而对脉宽调制式分流器的工作状态,可以从太阳阵模拟器各路输出的电压电流变化来间接测试。

分流器的功能测试,包括最大分流功能测试和调整能力测试两个主要部分,测试方法如下:

(1) 最大分流功能测试。①模拟负载作为负载时对分流调节器的测试:首先设定航天器供电主母线工作在最小负载状态,再调节太阳阵模拟器的各路输出至最高开路电压或至最大功率输出的工作点,然后监测分流调节器是否工作在最大分流状态。对开关式分流电路,其分流级数应最多,而对脉宽调制式分流电路,各路分流脉宽至最大状态。②航天器设备作为负载时对分流调节器的测试:首先设定主母线工作在可能的最小负载状态,并在使主母线电压满足负载工作条件下,调节太阳阵模拟器各路输出至规定的最高开路电压或最大功率输出的工作点。这时监测分流器状态是否与相应负载时的分流级数或分流脉宽的设计值相一致。

(2) 调整能力测试。从最大分流状态开始,逐步增大供电主母线负载至最大负载状态,同时监测各分流电路的工作状态,它们应顺序改变为最小分流状态。相反逐步减小主母线负载至最小负载状态,则诸分流电路应顺序改变为最大分流状态。

3.2.2.5　进出阴影区供电方式切换测试

该项测试旨在检查航天器进出阴影过程中,对分流调节器和蓄电池放电控制器供电方式转换过程的正确性及相应电源主母线电压的变化特性的测试。

测试过程中航天器电源主母线工作在额定负载状态。调节 SAS 的输出,使其模拟航天器由光照区进入阴影区过程中太阳电池阵输出功率曲线变化过程,同时检查分流调节器和蓄电池放电控制器的工作状态的变化是否满足设计要求,测量主母线的稳态电压值,用示波器监测主母线供电方式转换时的瞬态过程、稳态纹波及尖峰电压幅度,各项指标均满足设计要求。然后再以相反的过程使 SAS 模拟航天器飞出阴影过程的输出,检查供电方式切换过程和主母线特性。

3.2.2.6　电源主母线特性测试

主母线特性测试在蓄电池放电控制测试、分流器功能测试和供电方式切换测试的全过程中都应进行监测。电源主母线特性测试包括:电压稳定度测试、纹波测试和主母线瞬态过程测试。

另外,为测试电源主母线的最大瞬态过程,还应对主母线进行最大可容许的负载切换能力进行测试,并且使用示波器记录其瞬态过程。对上述各种情况下的测量结果进行统计分析,即可估算出电源主母线的特性数据。

3.2.2.7　DC/DC 变换器测试

检查 DC/DC 变换器的供电电压和电流值是否正确;检查其输出电源电连接器正、负接点间电阻,应无短路现象;检查 DC/DC 变换器相关的遥测参数、遥控指令的正确性;检查 DC/DC 变换器的主备份状态和切换功能正确性。

3.2.2.8　遥控指令和遥测参数测试

电源分系统有大量的遥控指令和遥测参数(电源状态参数、母线电压、电流、温度、太阳电池阵展开指示等),通过对电源分系统遥控指令和遥测参数的监测,检查电源的正常工作状态。

3.2.2.9　太阳电池阵光照试验检查

在太阳电池阵安装后,对太阳电池阵的外板进行光照检查,通过光照定性的检查电源分系统供电母线、蓄电池充电功能、分流器基本接口功能的正确性。

3.3　遥测、跟踪和遥控(TT&C)分系统测试

跟踪、遥测和遥控(TT&C)分系统是航天器进行地面测试和执行在轨运行管理任务的重要服务分系统。遥测的任务是把航天器内部的工作状态、环境情况、科学探测参数等通过遥测传感器,采集编码和调制设备将其测量的参数,由无线电载波发回地面的测控站,再由地面对这些数据接收、解调、识别处理和分析判断。遥控的任务是向航天器发送实时的控制,包括操作指令或者控制操作的数据、修改或新增程序控制指令、或者航天器计算机的新程序等,以完成航天器的在轨管理和空间运行任务。跟踪设备的任务利用上行和下行的无线电信号,测量航天器相对地面的速度、距离、方位,借以确定航天器的位置和轨道信

息,从而对其进行控制。

TT&C 分系统既可使用单独的无线信道,也可以使用统一的无线信道即统一载波系统。目前多数航天器都采用统一 S 波段载波系统(USB 系统),其信道频段根据任务需要可以是:超短波段(VHF)、S 波段、C 波段、X 波段或 Ku 波段。

TT&C 分系统的主要功能配置应包括:射频通信的天线、上行接收机和下行发射机及超高稳定度晶体振荡器;遥测的传感器、信号变换器、数据采集、下行数据流格式生成单元、遥测视频副载波调制单元;遥控的上行副载波解调、同步、识别以及指令和管理数据分发单元。根据任务需要,上行接收机、下行发射机和晶体振荡器可以包含在应答机设备中,而遥测和遥控的视频部分的各功能单元既可以是独立的设备,也可以包含在数据管理(OBDH)分系统之中。OBDH 使用了命令和数据处理器,使 TT&C 分系统基带部分处理功能更为灵活,已为现代航天器广泛采用。典型的 TT&C 分系统的框图如图 3-5 所示。由于 TT&C 分系统在航天器任务中的特殊重要性,大多数 TT&C 分系统的设备都有冗余。

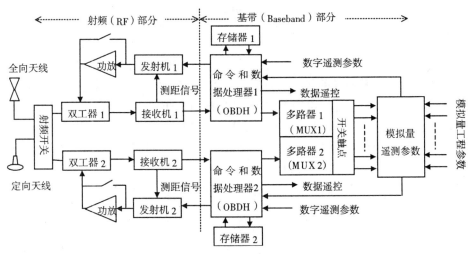

图 3-5　典型的 TT&C 原理框图

3.3.1　TT&C 分系统测试设备(SCOE)配置

TT&C 是一个复杂的分系统,是与地面交互的唯一通道,它的性能和功能的正确性直接影响航天器在轨运行管理,因此在发射前各个阶段都要进行必要的测试。测试 TT&C 分系统的 SCOE 是花费高的复杂系统,它通常由许多可程序控制的通用仪器和专用的接口设备组成,测试过程由计算机和软件管理。图 3-6 是一个较典型的 TT&C SCOE 配置框图。TT&C 分系统的 SCOE 中的通用仪器都通过 IEEE488 总线与控制计算机连接,开关矩阵和衰减器的设置、A/B 路的切换、仪器测量数据的采集、分析、计算和记录等主要都由控制计算机的软件管理。

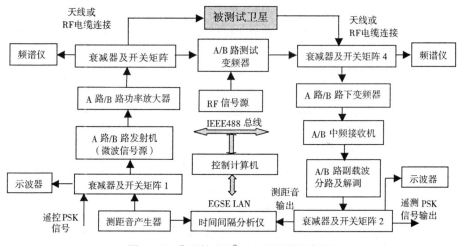

图 3-6 典型的 TT&C SCOE 配置框图

TT&C SCOE 对外的接口有:通过天线或 RF 电缆与航天器通信,通过局域网(LAN)与 EGSE 连接,接收来自 EGSE 的 TCFEE(TC Front Eend Equipment)发送的遥控副载频信号,向 EGSE 的 TMFEE(TM Front Eend Equipment)发送遥测副载频信号。TT&C 分系统性能测试的最重要的接口是通过天线或 RF 电缆与航天器通信接口。

测试人员除了对被测试对象工作原理和测试参数的含义有透彻的理解之外,必须能熟练地使用测量仪器,如频谱仪、接收机、发射机、RF 信号源、衰减器、功率计等。

3.3.2 测试内容和要求

TT&C 分系统测试是航天器测试的重要测试内容。TT&C 分系统测试是由航天器上相应的设备、地面设备和信道传输媒介共同构成的,这里分别对 TT&C 分系统各部分的测试做介绍。

3.3.2.1　遥测系统的测试

遥测有不同的调制体制,主要有频分制和时分制两种。频分制的优点是设备简单,缺点是容量小、精度低、抗干扰能力差;时分制的优点是容量大、精度高、抗干扰能力强,缺点是设备复杂一些。就目前技术而言,应用于航天器的遥测系统多为时分制的数字化系统。当前主要使用的 PCM－PSK 数字遥测系统的简化工作原理如图 3－7 所示。

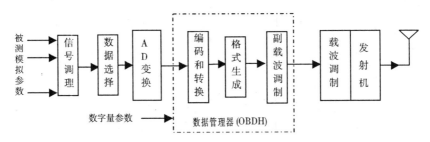

图 3－7　PCM 遥测系统的原理框图

遥测系统主要测试项目包括如下几方面:

(1) 模拟量采集精度测试。模拟量采集测量的精度取决于数据源输出阻抗、遥测采集器的输入阻抗、时分模拟开关的导通电阻和分布电容、串路干扰特性、缓冲放大器和采样保持器的传输特性,A/D 变换器的变换特性、量化误差等重要因素的影响,在系统测试中仅对其综合测量精度进行测试。

(2) 数字量采集正确性测试。要对路同步、码同步、开门信号、数字信息的信号幅度、脉冲信号的上升沿和下降沿的先后关系、时间间隔等内容检查。

(3) 时间精度和正确性测试、遥测时间码测量、时间码复位检查。

(4) PCM 遥测格式正确性检查:帧同步头、型号识别字、格式识别字、状态字、校准电平、帧计数等。

(5) PSK 副载波信号测试。包括 PSK 信号的幅度、寄生调幅分量,频率和频率稳定度,波形、换相点相位和换相过渡过程的测试,波形不应有大的畸变。

(6) PCM 数据流信号特性测试。对 PCM 信号进行幅度、频率及波形参数的测试。

(7) 遥测设备的供电参数检查。一次电源供电、二次电源供电参数测量。

(8) 遥测切换功能测试。通常遥测的主要设备都有备份,遥测的帧格式也有多种模式,要对主备份切换功能和格式切换功能进行检查。

3.3.2.2 遥控系统的测试

遥控系统是对航天器进行管理控制的重要手段,它可以对运行的航天器各个分系统发送控制指令和注入数据,实现不同工作模式的转换。早期的遥控系统从接收机到指令输出都是独立的,随着技术的发展遥控系统同遥测和跟踪系统一起采用同一载波(如统一 S 波段 USB),视频部分也同 OBDH 结合到一起了。图 3-8 是当前大多数航天器遥控系统的简化原理示意图。

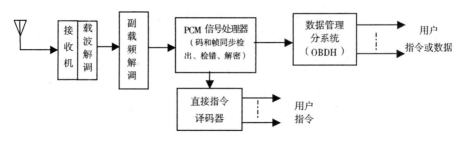

图 3-8 遥控工作原理示意图

遥控系统主要测试项目包括如下几方面:

(1) 遥控门限灵敏度测试。包括上行接收机在内,检测遥控系统能正确接收、解调和译码时的门限灵敏度指标。

(2) 遥控自检测试。通过遥控自检指令,验证遥控系统接收、解调和译码部分的功能,每发一条指令遥控指令计数加 1。

(3) 遥控指令正确性测试。验证遥控系统向用户输出的每一条指令的正确性。

(4) 遥控复位测试。通过遥控复位指令,验证遥控指令计数清零,遥控初始状态。

(5) 遥控密钥检查。明码切换为密码功能、发送加密钥(分几组)功能,发送加密指令应与密钥相一致方可执行。综合测试时,可随时发加解密指令,且指令均能正常发送和执行。

(6) 遥控 A/B 通道切换测试。遥控 A 通道或 B 通道接收数据功能测试。

(7) 遥控上行数据分发功能测试。验证遥控系统向用户分发相应上行数据的正确性,包括遥控开门、数据上行、遥控关门、数据送用户的功能。

(8) 遥控大回路比对测试。有些航天器收到上行指令数据后,再通过下行信道转发,通过地面设备比对正确后,再发送执行指令。对发送、转发、比对和执行的正确性要进行测试。

(9) 纠错功能测试。检查纠错编码和检错的正确性。

3.3.2.3　跟踪系统测试

跟踪系统工作原理简图如图 3－9 所示。

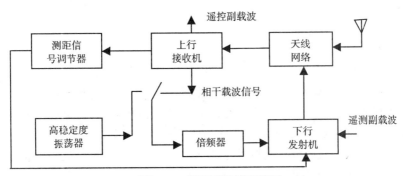

图 3－9　跟踪系统原理简图

跟踪系统包括天线、上行接收机、测距信号调节器、高稳定度振荡器和下行发射机。下行发射机接收来自 OBDH 的被调制的遥测副载频（PSK）信号和转发的测距音信号,对载波调制（PM 调制）后通过天线网络发送给地面。上行接收机对地面发送的载频信号解调,提取遥控副载频信号（PSK 或 FSK）送给遥控视频设备或 OBDH,此外可以提取测距音信号送给测距信号调节器,由发射机转发,用于测距。

上行接收机和下行发射机通常使用同一波段,如 C 波段（C 波段范围是:3.9～6.2GHz,可以选用上行 5923MHz,下行 3700MHz）;统一 S 波段 USB（2025～2300MHz）,USB 上行频率 2025～2110MHz,下行频率 2200～2300MHz 和 Ku 波段（11～14GHz）。通常在作测速时要使上、下行载频频率相干,使用地面高稳定度振荡器,采用固定转发比（例如 221：240）,采用调相（PM）体制。

跟踪系统的主要测试项目包括:

- 接收机／发射机的供电、遥控、遥测接口检查;
- 接收机锁定最小信号功率测试;
- 遥控灵敏度检查;
- 接收机 AGC 曲线测试;
- 接收机鉴频曲线;
- 接收机动态范围;
- 发射机输出信号特性测试,包括功率、频率、频率稳定度、频谱特性和调制度等;

· 测距功能测试；

· 距离零值测试；

· 测距门限灵敏度测试。

3.3.3　测试原理和方法

TT&C 分系统的测试过程比较复杂，因为它包含遥测、遥控和跟踪三个部分，读者可以结合图 3-5、图 3-6、图 3-7 和图 3-8 以及有关的描述，参看被测试航天器相关的技术文件对以下描述的测试过程和方法加以理解。设备的详细的性能试验在交付前由研制部门负责，设备在交付总装前按规定进行振动、冲击、噪声和热真空、热循环试验以及电磁兼容性试验，试验前、试验中和试验后，都要进行各项主要的性能测试，结果应符合设计要求。只是设备交付前的单元级测试，通常由研制部门完成。

总装后，TT&C 分系统参加系统级的常规环境、力学环境、热真空环境以及磁环境的试验，试验中要使用 TT&C SCOE 对它的性能和功能进行测试，特别还要测试它的电磁兼容（EMC）性能。根据上节说明的遥测、遥控和跟踪几个部分测试项目，归纳起来说，测试的具体原理和方法如下：

（1）遥测数据采集精度、数据格式和副载波测试。这项测试是在其他分系统没有接入的情况下进行的，各遥测通道的输入端加模拟信号源。测试时，将遥测副载波输出直接送地面遥测副载波解调设备解调分路后，以规定的格式显示供判读使用。

数据采集精度测试步骤如下：①将某一路遥测通道接模拟量下限值（0.00V），其他路接模拟量上限值（5.10V）。此时测量该通道编码值并与其输入电压相比较，得出路际误差。之后，将该路接模拟量上限值，而其他路接下限值，此时测量该路的编码值并与相应的输入电压相比较；②某一路输入电压信号，信号电压下限值逐渐升高到上限值，按 A/D 变换器的最小分层值（20mV）逐点进行测试，并记录模拟电压与编码值之差，然后进行统计处理得出采集测量的综合误差；③与以上过程相同，将被测电压再由上限值逐渐变到下限值进行测量。

遥测数据格式的测试，需检查帧长、格式长及同步、识别字、格式字、时间码的正确性，检查各遥测通道的输入电压值与地面所显示的相应路序上的数值是否一致。

遥测 PSK 副载波信号测试，用示波器观测其幅度、波形和换相点，测试结果应满足要求。

（2）遥控门限灵敏度测试。遥控接收机工作使用 RF 电缆连接的输入方式。利用衰减器连续减小通过长线同轴电缆传输的上行载波信号的幅度，并同时发出遥控自检指令。当自检指令不能正常接收和译码输出时,记录此时的接收机输入信号功率(扣除电缆损耗),即为所测的遥控载频门限灵敏度。

(3) 遥控自检测试。用于验证接收、解调和译码部分的功能。多次发送遥控自检指令,观测自检指令的输出显示,从而判断遥控的接收、解调和相应的译码电路是否处于正常状态,每发一次自检指令,指令计数加 1。

(4) 数据发送功能测试。向某特定用户通过遥控系统发送上行数据块,再利用分系统专用检测设备监测所收到的数据,比对确认其正确性。对其他用户依次进行功能性验证测试,测试结果应表明数传数据的分发功能无差错。

(5) 遥控大回路比对测试。地面专用设备发送上行遥控数传或指令信号,同时接收和监测下行信道转发的上行数据,比对发送和接收和的结果是否相同。

(6) 接收机最小锁定信号功率测试。地面发射机通过连续可调衰减器与接收机用同轴电缆连接,用功率计监测地面发射机的输出功率,衰减器初始状态为最大衰减位置.遥测监测锁相接收机的相位锁定状态信号。连续减小衰减器的衰减值,当接收机的载波相位锁定状态变为"1"时,记录此时的衰减值,这时地面发射机的输出功率减去衰减器的衰减值,并扣除电缆损耗,即得接收机的最小载波锁定信号功率。

(7) 接收机/发射机供电、遥控、遥测接口检查。供电检查内容包括接收机/发射机供电的正负端输入电阻及对地的电阻、输入端的供电电压和供电电流;相关遥控指令检查,遥测参数(应答机的功率电压、锁定电压、灵敏度电压、供电参数)检查,遥控副载波幅度检查,遥测 PSK 信号波形及幅度检查。可通过示波器、多用表及指令和遥测通道进行上述检查。

(8) 发射机输出信号特性测试。发射机的输出信号特性包括:功率、频率、频率稳定度、频谱特性和调制度等。测量时直接把发射机的输出通过射频(RF)电缆连接到功率计、频率计和频谱分析仪,并进行下列测试:①未调载波测试:发射机输出为未调载波时,测量其功率、频率和频率稳定度,测量频带外谐波、杂散发射频谱以及主发射谱线;②已调载波测试:发射机输出为已调载波时,测量其功率、带内频谱特性和带外频谱特性,并由频带内频谱分量计算调制度和交调分量。

(9) 接收机 AGC 曲线测试。RF 信号源作为上行载波信号,通过 RF 电缆连接到接收机输入端。信号频率为上行载波的中心频率,在不加调制的情况下进行测试。使接收机输入端信号功率电平以固定步长变化,每变一步,记录相应的遥测 AGC 电压值,得到一组 AGC 电压随上行信号功率电平变化的数据,即AGC 曲线。

（10）接收机鉴频曲线测试。RF 信号源作为上行载波信号，通过 RF 电缆连接到接收机输入端，在不加调制的情况下进行测试。在设定接收机输入信号功率电平情况下，按照一定的步长改变输入信号频率（通常在 Fu±500kHz 范围内调节），记录每步进一次所测得的频差值（可从遥测通道获得），从而得到一组频差电压随上行载波信号频率变化的数据和曲线。

为测量鉴频器的带宽，使上行载波信号频率分别向标称的带宽两侧变化，观察频差电压值，直到频差电压绝对值达到最大时为止，记最高频率为 F1，最低频率为 F2，鉴频器带宽为 BF=F1-F2。

（11）接收机动态范围测试。上行载波信号频率为中心频率，向低端调整接收机输入端信号功率电平至 P_{min} 时，使发射机能转发测距音，地面设备能解调测距信号；加大接收机输入端信号功率电平至 P_{max} 时，使发射机能转发测距音，地面设备能解调测距信号。在两种状态下工作均正常，则接收机的最小动态范围是：

$$\Delta P_s = \mid P_{max}-P_{min} \mid$$

（12）测距功能测试。测距功能测试在遥控不工作时进行。地面专用测距设备向上行信道发送测距信号，并接收和恢复下行返回的测距信号，测量发出和返回的测距信号的时延，检测测距功能是否正常。该测试在应答机为相干工作模式和非相干工作模式时分别进行。

（13）距离零值测试。地面专用测试设备位于航天器的近处，通过上行链路发送测距音信号，并接收、解调和恢复返回的相应测距音信号，比较两者相位差，计算出相应时延。

（14）测距门限灵敏度测试。本测试包括上、下行通信链路，且均使用 RF 电缆连接传输方式。上行链路连续发送调制有主、次侧音的载波，地面专用检测设备接收并解调返回的测音信号。衰减上行的载波信号电平，直至刚好分辨不出接收解调的侧音信号为止，此时上行载波信号强度即为测距门限灵敏度。

3.4　姿态和轨道控制（AOCS）分系统测试

3.4.1　AOCS 的基本组成

AOCS 分系统的任务是对航天器实现姿态控制、指向控制和轨道控制。根据航天器任务的不同要求，其姿态稳定模式可能是：自旋稳定、重力梯度稳定或三轴稳定。指向控制是根据任务要求使航天器的某个轴指向特定的方向，如太阳电池阵指向太阳、热辐射器指向深空、天线指向目标、推力器指向正确的方向等等。轨道控制则是借助推力器使航天器按预定轨迹运动或使航天器保持在所要求的轨道附近。

姿态和轨道控制分系统是一个闭环控制系统,它由测量部件、控制器和控制执行部件所组成。测量部件测得航天器相对于系统坐标系的姿态和方位数据;控制器根据系统所规定的控制要求,按照预先设定的控制定律和程序对测量数据分析和运算后,向控制执行部件发出控制数据和命令,从而控制轨道或姿态进入所期望的稳定状态。一个航天器的 AOCS 根据任务的不同有多种工作模式,它是通过各个部件不同组合和不同的 OBC(On-board computor)程序控制实现的,比如对一个三轴稳定的同步轨道卫星而言,工作模式有捕获模式、地球指向模式、远地点工作模式、位置保持模式、正常工作模式以及故障应急模式等。可以说 AOCS 完全是一个自成算法的系统。简要的 AOCS 工作原理如图 3 - 10 所示。姿态和轨道控制分系统常用的测量部件包括太阳敏感器(SS-Sun Sensers)、地球敏感器(ES-Eearth Sensers)、地磁敏感器、速率陀螺(Gyro-Gyroscope)和加速度计等。常用的控制执行部件包括推力器(如喷气发动机)、动量轮(Momentum wheels)、磁力矩器(Magnetic torquers)、重力梯度杆(Gravity-gradient torquers)、太阳电池阵驱动(SAD-Solar Arrays Drive)和太阳阵转动和电源传送组件(BAPTA- Bearing And Power Transfer Assembly)等。中央控制器(ACC)则包括控制计算机和硬件逻辑控制线路。

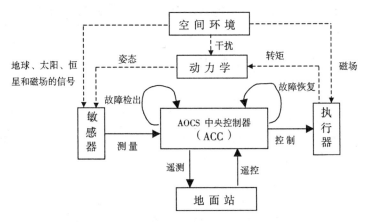

图 3 - 10　AOCS 工作原理图

由这么多测量部件和控制执行部件所构成的闭环控制系统是一个非常复杂

的系统。图 3－11 简要地表示了 AOCS 的组成,图中的中心控制器是一个以星载计算机(OBC-On-Boad Computer)为核心的系统,敏感数据的分析和处理、控制定律的运算、控制模式的识别和转换以及执行部件的控制都是由它实现的,可以说 OBC 是 AOCS 实现闭环控制的核心。

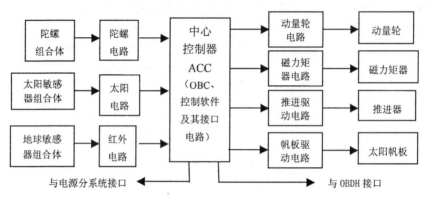

图 3－11　AOCS 分系统的组成

　　根据航天器特点和控制精度以及稳定度要求,姿态控制分系统的具体测量部件、执行部件和控制器可以是上述相应部件的不同组合。例如,一种对地定向三轴稳定系统的测量部件由若干个太阳敏感器(分别指向不同方位)、两个红外地球敏感器(分别为俯仰和滚动方向)和三个速率陀螺(分别为 X、Y、Z 三个方向)所组成;而控制部件则由若干个喷气推力器、三个动量轮(分别为 X、Y、Z 三个方向)和包括三个绕线磁棒(分属 X、Y、Z 三个方向)的磁力矩器所组成。

3.4.2　AOCS 分系统测试设备(SCOE)配置

　　AOCS 分系统测试需复杂的地面测试设备支持,一个典型的三轴稳定的 AOCS 分系统测试设备(AOCS SCOE)连接关系如图 3－12 所示,为了能够完成测试,需要 AOCS 设备提供必要的测试接口,也就是星表电连接器(On-board skin connector)或 UMB。从原理上说,图 3－12 同本书 2.5.3.2 节的图 2－17 所示的原理类似,不过它更加详细。AOCS SCOE 基本组成如下:

　　(1) 姿态敏感器模拟部分。为了在系统测试中取得航天器姿态信号,分别设置了:驱动陀螺仪的激励源,模拟陀螺仪输出的陀螺信号源;模拟太阳光的太阳模拟器(物理模拟),模拟太阳敏感器输出的太阳敏感器信号源;模拟地球的地球模拟器(物理模拟),模拟地球敏感器输出的地球信号源。

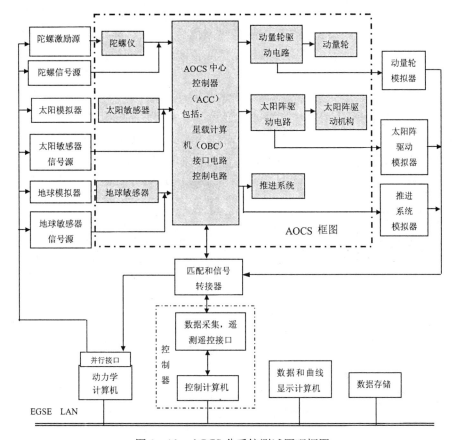

图 3-12　AOCS 分系统测试原理框图

（2）执行部件模拟器。在地面测试过程中,执行器不能实际动作,因此采用如下模拟器:动量轮模拟器、太阳阵驱动模拟器和推进系统模拟器。它们的作用是采集 ACC 给出的姿态调整的控制信号。

（3）动力学计算机部分。是 AOCS 地面闭环测试的核心,它通过软件模拟空间环境和卫星动力学控制定律。通过并行接口给出姿态信号,接收执行部件模拟器送来的信号,进行分析和计算。计算出作用在卫星上的力和力矩,进行动力学转移计算,求出卫星的角速度和姿态,再转换成各敏感器的输入信息,并通过并口送相应的敏感器信号源(或模拟器)。

（4）控制器部分。它包括控制计算机和数据采集、遥测遥控接口,其作用是控制 AOCS 的测试过程,可以向动力学计算机发动力学模型指令、向 AOCS 发送遥控指令、读取 AOCS 的相关遥测数据(可以直接读取,也可以从 EGSE LAN

网上读取)。

（5）其他部分。ACOS与地面设备之间信号匹配器，起到隔离作用。数据和曲线显示计算机可以测试结果进行显示和绘制控制过程的曲线，数据存储器对过程数据记录。

图3-12的配置是完成AOCS系统测试的基础，从事测试的人员还应该对AOCS的工作原理，特别要对在不同工作模式下姿态敏感器和测试使用的模拟器的作用有比较深入的了解。表3-1列举了同步轨道航天器的几种工作模式和所需要的控制部件。

表 3-1　工作模式及所需要的控制部件

工 作 模 式	航天器 控制方向	运 行 所 需 姿态敏感器	地 面 测 试 所需模拟器	执 行 机 构
捕获模式	滚动 俯仰	太阳敏感器 陀螺	太阳模拟器 SS信号模拟器 陀螺模拟器	推力器
	偏航	陀螺		
地球指向模式	滚动 俯仰	地球敏感器 陀螺	地球模拟器 ES信号模拟器 Gyro—M	推力器 反作用飞轮
	偏航	太阳敏感器 陀螺	太阳模拟器 SS信号模拟器 陀螺模拟器	
远地点模式	滚动 俯仰	地球敏感器 陀螺	地球模拟器 ES信号模拟器	推力器 （大、小推力器）
	偏航	太阳敏感器 陀螺	太阳模拟器 SS信号模拟器 陀螺模拟器	
位置保持模式	滚动 俯仰	地球敏感器 陀螺	地球模拟器 ES信号模拟器 陀螺模拟器	推力器 反作用飞轮
	偏航	太阳敏感器 陀螺	太阳模拟器 SS信号模拟器 陀螺模拟器	
过渡模式	滚动 俯仰	地球敏感器	地球模拟器 ES信号模拟器	推力器 反作用飞轮
	偏航	太阳敏感器 陀螺	太阳模拟器 SS信号模拟器 陀螺模拟器	
	转速卸载	反作用轮转速		

续表

工作模式	航天器控制方向	运行所需姿态敏感器	地面测试所需模拟器	执行机构
正常模式	滚动俯仰	地球敏感器	地球模拟器 ES 信号模拟器	推力器 反作用飞轮 太阳阵驱动机构 Magnetic torquers
	偏航	太阳敏感器 陀螺	太阳模拟器 SS 信号模拟器 陀螺模拟器	
	太阳电池阵	太阳敏感器、太阳阵驱动机构转角	太阳模拟器 SS 信号模拟器 SAD 太阳阵驱动机构模拟器	
	转速卸载	反作用轮转速		
故障应急模式	滚动俯仰	太阳敏感器 陀螺	太阳模拟器 SS 信号模拟器 陀螺模拟器	推力器
	偏航	陀螺	陀螺模拟器	

3.4.3　测试内容和要求

姿态和轨道控制分系统由众多的部件构成,在空间飞行状态时它是一个闭环的多元自主控制系统,在航天器飞行任务的不同阶段有不同的控制模式,每种模式都有特有的测量部件和执行部件组合,以及不同的运算和控制规律。为验证该系统方案和技术设计的合理性及详细的性能指标,就需要创造一个为其构成闭环控制的物理环境,这种环境只有在专用的物理仿真实验室中产生。为此该分系统的测试根据环境条件限制而对实验室状态和航天器状态下的测试提出了不同的目的和任务要求。

(1) 仿真实验室的主要测试任务

这项测试只能由 AOCS 分系统研制部门在特定的实验环境下才能完成,其主要测试任务是:

·验证系统方案和技术设计的合理性、正确性;

·验证各部件及软件的功能、性能及相互间匹配性;

·定量检测主要性能指标是否符合规范要求;

·模拟故障模式,验证系统适应能力及故障对策。

(2) 航天器状态下的主要测试任务

- 检测各主要部件的功能及主要技术性能；
- 检测各部件间的匹配性和兼容性；
- 验证系统在正常工作模式、系统重构模式和应急模式下的功能；
- 定性验证系统主要性能指标。

航天器状态下的主要测试项目包括：关键部件和设备测试、正常工作模式测试、应急工作模式测试。

3.4.3.1　部件性能测试

部件级测试主要在装配到系统上之前由研制部门进行，并提供性能数据。通常在系统级上不再做单独的测试，但是由于部件所处的环境变化，有些时候也需要做尽可能详细地测试。除了图 3 - 12 中 AOCS 的配置之外，有些航天器还有恒星敏感器、磁力敏感器等。

（1）太阳敏感部件测试。如图 3 - 12 所示，使用太阳模拟器信号源对太阳敏感器进行检查。主要进行太阳敏感器输入/输出特性检查，测试过程是：动力学计算机按照一定的步长分别给出 0°和一组±角度的模拟激励信号激励被测试的太阳敏感器，ACC 经过采集和运算，把得到的太阳敏感的数据通过通信口送给动力学计算机。计算机对每个角度的数据采集 N 次（如 100 次），进行统计分析，计算出测量值的样本均值、均方差和极差。最后得出输入/输出特性，检查是否符合该太阳敏感器规定的技术要求。对于每一个太阳敏感器都按照上述同样方法进行测试。

（2）地球敏感器性能测试。对俯仰方向的地球敏感器和滚动红外地球敏感器分别进行测试，测试使用地球模拟器。动力学计算机向 ES 模拟器发送激励信号，地球敏感器（ES）产生航天器的滚动（roll）和俯仰（pitch）角信号。经过 ACC 采集和处理后送给地面设备监视和处理。按测试程序顺序改变激励信号，产生不同的地球敏感器输出（滚动和俯仰角）信号，地面设备对这些数据处理，判断与设置的数据是否一致，得出被测试地球模拟器输入、输出特性。

（3）陀螺仪（Gyro）姿态敏感器部件测试。Gyro 敏感器部件测试包括对它的驱动恒流源标定、零点测量、陀螺性能测试。测试前应首先对 Gyro 中的加温电路加电预热 30 分钟以上，然后才能对测量部件马达电路加电。测试时由地面电激励源对航天器上惯性基准单元的每个单自由度速率积分 Gyro 的力矩绕组施加激励电信号，并且按顺序改变各激励电流的大小和方向，同时检查各相应速率积分 Gyro 所输出的角速率信号及 Gyro 马达电流是否与所施加的激励信号的大小与方向相一致。

(4) 动量轮(RW)测试。动量轮装置通过与航天器的动量交换可以吸收航天器干扰力矩并控制航天器姿态的稳定。对动量轮测试时,由地面测试计算机向航天器上控制计算机发出控制数据和命令,控制计算机向动量轮控线路输出表征飞轮加速或减速的控制电压信号和飞轮加电指令。动量轮工作时,地面设备通过导线引出的信号或遥测参数监视它的马达电流信号、转速和方向信号,其旋转的速度与控制电压的关系曲线应符合动量轮技术指标的要求,测试还包括动量轮的启动、加速、减速、负向转动的性能。

(5) 磁力矩器测试。磁力矩器由相互正交的三根绕线圈的磁棒及驱动线路所组成,用于为动量轮卸载。驱动线路根据所加电压的大小和正负(一般为$-5\sim+5V$)来决定线圈的加电电流的大小和方向。测试时只需验证控制电压与线圈电流间的关系是否符合设计要求。

(6) 推进驱动器测试。推进驱动器是控制系统中的执行部件,若使某推力发动机工作,可通过系统控制器向推进系统线路盒发出相应自锁阀的控制信号和推力发动机的控制信号。自锁阀的状态可通过遥测数据观察,而推力发动机功放的输出脉冲宽度和脉冲数目则可通过有线监测,自锁阀和发动机可以通过连接地面模拟器测试。

(7) 太阳电池阵驱动机构(BAPTA—Bearing And Power Transfer Assembly)测试。太阳电池阵驱动机构在系统控制器的控制下使太阳阵对日定向,它是由太阳电池阵驱动电路(SAD)和驱动机构组成。在太阳电池阵安装前,驱动机构可以进行空转,由地面测试设备向 BAPTA 发送主零位基准脉冲和归零脉冲,并且运行 AOCS 中的 BAPTA 测试程序,由地面设备向 BAPTA 线路发送BAPTA 工作模式指令和转角数据,包括水平归零、垂直归零、正常跟踪、正反向捕获、停转。监测 BAPTA 绕组的电流信号和转角输出信号,验证监测数据是否与设置的控制数据相一致。

(8) ACC 的测试。对 ACC 的测试是通过 ACC 的自检程序来进行的。地面测试计算机向 ACC 发出自检命令,通过数据通信接口设置航天器上初始姿态数据。当 ACC 完成自检程序后,将运行的结果数据返回地面测试计算机,由地面测试计算机来判断和分析 ACC 工作的正确性。另外,ACC 有模块或整机备份,因此用遥控命令对控制计算机进行主、备份切换和重组后,应再次对新的重组模式运行上述自检测试。

(9) 部件极性测试。极性测试是姿态和轨道控制分系统的重要组成部分,极性测试的部件有太阳敏感器、红外地球敏感器、动量轮、磁力矩器、推力器、太阳阵驱动机构等。

- 太阳敏感器(SS)极性测试:SS 的输出和应与 SS 模拟器的光源设置数据和方向相一致。
- 红外地球敏感器(ES)极性测试:地球模拟器转动方向和红外 ES 输出的姿态数据变化方向相一致。
- 惯性姿态敏感器极性测试:根据航天器精测的方位角度和陀螺的安装精度,测出陀螺的输出极性数据,并换算出精测和安装的极性。
- 动量轮极性测试:动量轮本身的极性在实验室检查完毕。系统测试时,依次对每个动量轮加电启动,每次启动一个,派专人用手感触轮体转动,将转动的动量轮安装方位记录下来。
- 磁力矩器极性测试:依次对 X、Y、Z 磁力矩器加+5V 电压,每次启动一个,用指南针在磁力矩器的一端观察指南针的方向,判断极性的正确性。
- 推进器极性测试:在管路中充加氮气,控制某一个推进器开,检查喷气口喷气方向与控制要求相一致。
- 太阳阵驱动机构极性测试:靠人观察控制机构正转、反转、捕获、跟踪、归零、停转、快速、慢速与控制要求是否相一致。

3.4.3.2 内部接口与外部接口测试

内部接口检查:包括对 AOCS 系统 ACC 与 ES、SS、Gyro、动量轮、BAPTA 等电路接口的检查。

外部接口检查:包括姿轨控分系统控制计算机和推进驱动电路、动量轮驱动电路,BAPTA 驱动电路等接口的检查,还有对 ACC 其他接口信号的检查,如相关的遥测数字量、模拟量、遥控指令、数据注入、与 OBDH 通信以及 OBC 总线的接口检查。

3.4.3.3 AOCS 分系统级测试

AOCS 在系统级测试中最重要的是要进行开环测试、闭环测试和故障应急模式的测试,这项测试是对 AOCS 分系统综合性能的检查和验证。

测试设备与星上之间的信号接口主要通过 UMB 或星表电连接器实现。此外,推进器模拟负载通过测试电缆与推进电路盒相连接,遥控指令和遥测信号通过 EGSE 与遥测及遥控连接。测试的基本过程是将 AOCS 设置在不同工作模式下和设备在不同组态下,实现对姿态控制功能的设置和控制指标的测试。

(1) AOCS 开环测试

开环测试示意图如图 3-13 所示,开环测试环境下主要测试控制系统的开路技术指标,开环测试可以检查敏感器和执行机构的部分电路状态、控制器的开环增益、姿态处理算法和力矩处理算法的正确性。图中的黑色粗线是开环测试过程的信号流。

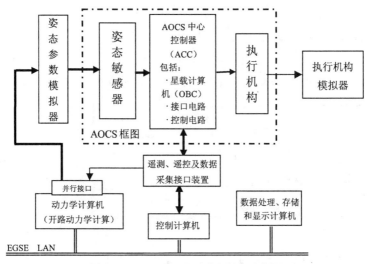

图 3-13 AOCS 开环测试原理示意图

控制系统开路测试的过程如下:控制计算机通过遥控接口器往 ACC 发遥控命令,并通过计算机网络将测试命令字送动力学计算机和处理计算机,动力学计算机在收到测试命令后,根据不同命令字通过并口向敏感器(或敏感器模拟器)输出相应的姿态误差,姿态误差通过中心控制线路盒(AOCE)的接口送星载计算机(OBC),OBC 的应用软件根据控制算法计算出作用在卫星上的控制信号,送中心控制线器 ACC,并且每隔一帧将数据送地面遥测模拟接口(在系统级测试时数据也可以从 EGSE 网上获取),控制计算机将数据送给数据处理、存储和显示计算机,从而完成了一项测试。开环测试的闭合点在 SCOE 的控制计算机。

开环测试需要记录的数据包括测试序号、通道选择、理论数据、遥测数据、理论力矩、计算力矩、遥测力矩(角度)、理论极性、实际极性等。其中理论力矩需要根据理论输入进行计算,计算力矩需要根据遥测数据输入进行计算。

(2) AOCS 闭环测试

闭环测试示意图如图 3-14 所示。闭环测试主要通过动力学计算机模拟卫星在轨道上的真实运动,测试整个 AOCS 的设计正确性。它可以测试各个模式的功能和性能指标,是 AOCS 的最重要的测试。

图中的黑色粗线是闭环测试过程的信号流,它与图 3-13 的不同点在于执

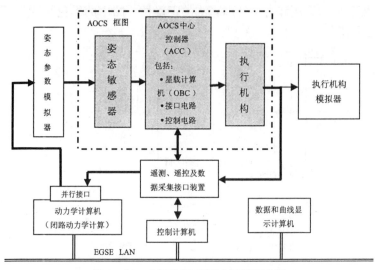

图 3-14 AOCS闭环测试原理示意图

行机构的输出信号也要返回地面 SCOE。控制系统闭环测试的过程描述如下：由动力学计算机仿真软件输出卫星初始的姿态角和角速度，经坐标变换后转换成与敏感器相对应的角度、角速度，通过接口分别送给姿态传感器或模拟器，AOCS控制器收到各敏感器或敏感器模拟器的姿态信息后，经接口电路送星上 ACC 的星载计算机（OBC），OBC 的应用软件根据控制算法计算出作用在卫星上的控制信号，通过 AOCS 中的接口电路驱动推进系统和动量轮，使喷管喷气、动量轮转速发生变化，动力学计算机仿真软件读入喷管产生的推力脉冲和动量轮转速，计算出作用在卫星上的力和力矩，并进行动力学转移运算，算出此时卫星新的姿态参数（偏转角和角速度），再用新的姿态参数送给姿态传感器或模拟器，这样循环往复，构成实时闭环测试。闭环测试的闭合点在动力学计算机，这一点也不同于开环测试。

如果测得的姿态参数收敛于设定的初始姿态角和角速度，姿态调整的精度符合设计要求，说明 AOCS 的设计是正确的。如果姿态参数不是收敛的，而是发散的或调整的精度不符合设计要求，则需要分析和修正。

数据显示计算机实时显示出卫星的姿态角度、角速度、各部件的状态数据，曲线显示软件根据参数选择可以在闭路测试中以直观的曲线形式显示测试中的对应模式的各姿态角、姿态角速度或其他遥测参数的时变曲线和参数之间的相对关系。

为了提高 AOCS 的可靠性，重要的部件如姿态敏感器、OBC 等都设有备份件。按照 AOCS 分系统的主份、备份不同组合，可以配置为多个组态。在各个不同的组态下,分别对照 AOCS 技术要求对控制指标进行上述闭环测试。

(3)故障应急模式测试

为了应对航天器在任务期间可能出现的 AOCS 系统故障,除了具备各个备份部件的重组能力之外,OBC 还具备故障应急处理软件。根据故障模式的不同,有的在动力学不方便设置时可以在开环模式下完成测试,有的可以在闭环模式下实现测试。

3.5　有效载荷分系统测试

根据任务的不同需求,航天器上针对各种应用目的的有效载荷分系统,包括通信广播用的转发器分系统、各类遥感分系统(传输型和返回式)、各类科学探测器等,与其相对应的测试也各不相同。本章以传输型对地观测卫星有效载荷分系统和转发器分系统测试为例加以介绍。

3.5.1　通信卫星转发器(Transponder)分系统测试

3.5.1.1　通信卫星转发器基本组成

转发器是通信卫星的有效载荷,是接收机、频率变换器、发射机组件结合成一体作为卫星组成部分的设备。早期的通信卫星是靠无源反射器,这种转发信号的方式效率低下、信道干扰造成的通信不可靠,已经不再使用了。现代通信卫星都使用了有源转发方式,使得通信的容量和质量得到了大幅度的提高,通信卫星在话音通信、电视广播、数据传送等多种业务中得到了广泛的应用。

通信卫星的轨道有低高度地球轨道(LEO)、中高度地球轨道(MEO)和地球同步轨道(GEO),其中最常用的是 GEO 轨道。这种轨道的卫星位于赤道上空36000km 的高度,轨道周期是 24 小时,可以实现全球、区域和点域的覆盖。

由于转发器的复杂性和专用性,通常都安装在卫星专门的转发器舱(transponder module)中。通信的过程要靠地面和卫星的配合。图 3-15 是简单的卫星通信链路示意图。工作的简要流程是:地面站 1 的用户输入信号经过地面站的处理调制后发射出去,卫星接收到调制 RF 信号,经过滤波、噪声放大器和变频器,变换成下行 RF 信号,由输入多工器(multiplexer)选择相应的通道,经过滤波和 TWTA(Travelling Wave Tube Amplifier)或 SSPA(Solid-State Power Amplifier)放大,通过输出多工器和发射天线发射出去。地面站 2 的用户就可以通过接收机和解调器得到地面站 1 用户发来的信号。

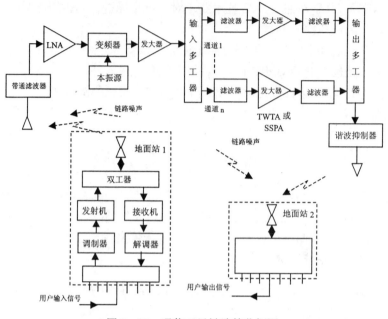

图 3-15　通信卫星链路简化框图

通信卫星使用的 RF 频段是一种资源,为了避免互相干扰,国际电信联盟(ITU-International Telecommunication Union)制定了无线电规则(radio regulation)。规则规定了不同区域通信卫星使用的频段,分配给通信卫星业务的频段在 L、C、Ku 和 Ka 波段,并且对发射到地球表面的最大功率通量密度作了限制。由于通信业务的多样性和用户的不同要求,转发器可以同时使用几个频段。转发器的输出功率可以是几瓦到几十瓦不等,占用的带宽一般是 36～72 MHz,转发器的数量可以有几十个。例如 INTELSAT IX 系列卫星是大容量的通信卫星,现在有九颗卫星分布在不同经度的赤道上空。卫星总带宽是 3456MHz,初始功率为 8085W,干重量为 1900kg,设计寿命为 13 年。卫星转发器使用了 C 波段(上行为 5850～6425MHz,下行为 3625～4200MHz),有 76 个转发器,每个带宽是 36MHz;还使用了 Ku 波段(上行为 14.00～14.50GHz,下行为 10.95～11.70GHz),有 23 个转发器,每个带宽也是 36MHz。用户可以根据自己的业务量租用一个转发器或者部分频带使用。

为了确保通信传输质量,对转发器的通道规定了许多严格的技术指标要求。除了对单元级设备在研制部门经过严格的测试外,对作为一个整体的转发器舱以及它装配到卫星上后还必须对它进行一系列测试,以便检验技术指标是否符合设计要求。转发器工作的质量与天线的性能有密切的关系,天线的测试是专门的课题。地面转发器测试通常是通过 RF 射频接口完成的。

3.5.1.2　转发器分系统测试设备(SCOE)配置

完成转发器测试需要配置复杂的测试设备,这套设备支持转发器分系统级测试,称为转发器专用测试设备(Trans SCOE)。Trans SCOE 与被测试对象卫星转发器的接口主要是 RF 电缆或者是波导(wave-guide),与 EGSE 的接口是LAN。它粗略地可以划分为三个部分:开关矩阵、测量仪器组合和控制计算机,图 3-16 是该 SCOE 的简化连接框图。Trans SCOE 三部分的功能是:开关矩阵的作用是选择所需要的测试通路,它是由射频开关和控制电路组成;测量仪器组合由多种测量仪器,如频综信号源、频谱分析仪、网络分析仪、功率计、频率计、噪声系数测试仪、噪声源、调制域分析仪和相位噪声测试仪等组成;测控计算机根据需要测量的参数,通过 IEEE488 总线控制开关矩阵选择测试通路,控制测量仪器组合选择所需要的仪器和设定仪器的状态,启动和采集测量的参数进行分析和处理,同时通过 EGSE LAN 把结果送出去,它还可以通过 EGSE LAN获取相关的遥测数据。

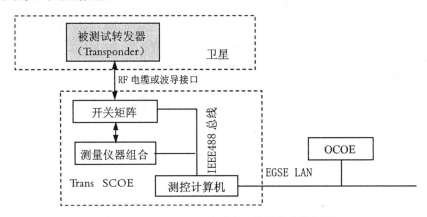

图 3-16　Transponder SCOE 的简化连接框图

3.5.1.3　测试的具体内容

用户对转发器的要求和转发器设计技术指标是测试的基本依据。测试主要包括以下四个方面:①接收(上行)通道测试,反映卫星接收通道性能的是接收品质因数 G/T(gain of the system and noise temperature)和饱和通量密度 SFD(Stauration Flux Density),精确的指标通常要在特定的紧缩场进行,在总装厂测试是通过测量增益、接收机噪声系数等计算得到;②发射(下行)通道测试,主要测试卫星的有效全向辐射功率 EIRP(Effective Isotropic Radiated Power)值,地面测试时通过输出功率、网络损耗和天线增益进行计算得到;③转换特性测试,转发器的各个部件(如滤波器、LNA、变频器、功率放大器等)都不是严格的线性器件,输入信号经过以上部件后其幅度和相位将产生畸变,影响信号传输的质量。反映频率转换特性的参数有增益频率响应特性,幅频线性度、幅度线性度和相位线性度等;④频率转换特性测试,包括频率转换的精度、频率稳定度和纯净度测试。

完成上述四项内容的具体的测试项目如下:①功率特性测试,包括单饱和输出功率和增益测量、输入和输出功率特性测量;②频率特性测量,包括本振源稳定度、频率转换精度的测量;③其他特性测量,包括增益-频率(幅频)特性测量、AM/PM 转移系数测量、噪声系数测量、群延时特性测量等。

(1)功率特性测试

测试的框图如图 3-17 所示,实际测试中是通过计算机和开关矩阵配置的。通过功率计测量输入/输出特性、饱和输入功率、饱和输出功率、增益、增益稳定度、幅频特性、增益斜率等数据,并通过频谱仪测量数据绘制曲线;用频谱仪读取增益、带外抑制、噪声频谱、载波杂波等数据。功率计的 A 端反映了转发器输入的特性,B 端反映了转发器输出的特性。通过计算机改变输入信号特性,采集其输出特性,可以测量出相应的参数,举几个参数测试为例说明。

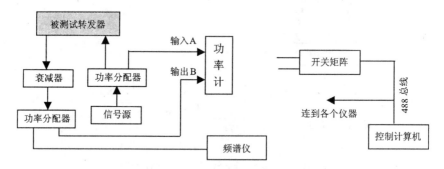

图 3-17 功率特性测试原理图

例 1 单载波频率饱和输出功率和增益测试。当输入电平增加到一定值时,输出电平不再增加或很少增加时的输入和输出值称为输出功率饱和点。饱和点对于 SSPA 和 TWTA 的定义不同,SSPA 为输出电平最大时的点,TWTA 是线性增益 2dB 时的点。

测试过程:在没有输入激励情况下记录输入和输出的初始值,按照一定的步长(如 0.5dB)调节信号源功率电平,记录相对应的输出电平,直到达到饱和点为止。这时不但能够测出饱和输出功率,而且可以绘出转发器单频的输入输出特性曲线。还可以用下式计算出转发器的单频增益:

$$G = 10\lg \frac{P_o}{P_i}$$

式中,P_o 和 P_i 是输出功率与其对应的输入功率。通常的功率计给出的测量值为 dBm 或 dBw 值,换算 G 值时要注意。如果在带内取不同的频率,按照上述方法测试,可以得到带内的最大 $G(G_{max})$ 值和最小 $G(G_{min})$ 值,可以得到增益平坦度(G_f):

$$G_f = G_{max} - G_{min}$$

例 2　输入和输出功率特性测试。输入输出特性反映了转发器不同输入功率情况下输出情况,反映了线性动态范围,确定转发器工作饱和点。可以根据输入输出特性间接计算出卫星的 EIRP 值和 SFD 值。测量中要注意动态范围的选择,由于在小信号时功率计误差较大,要使用频谱仪测量。

(2) 频率特性测试

频率测量包括转发器接收机本振源稳定度、频率转换精度的测试。测试的框图如图 3-18 所示。

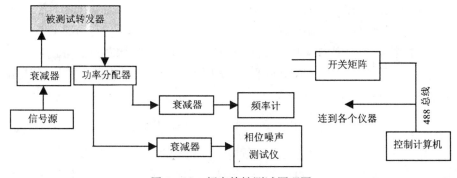

图 3-18　频率特性测试原理图

这项测试要求测试仪器有较高的精度,要求比转发器频率精度高出 2~3 个量级。测量前需要对被测量设备和仪器预热(不少于 2 小时)。转发器接收机频率是温度的函数,函数关系在单元测试时给出,测量中要根据此函数关系对结果加以修正。

设定带内的中心频率,通过图 3-18 可以测得转发器的上行频率 f_u 和下行频率 f_d,接收机的本振源的频率 f_o 是已知的。通过下式可以计算出接收机本振源初始精度：

$$\Delta\delta=\frac{f_u-f_d-f_0}{f_0}$$

用户关心的另一项指标是频率的稳定度，也就是工作一段时间后，频率的变化程度。通常可以用测量值的均方根差 σ 表示。长期稳定度(如一天)需要间隔一定时间的做 n 次测量，按照随机误差处理方法求出稳定度。通常在卫星系统测试时只测量短期稳定度，方法是在一定时间间隔内采集 n 次，用第 2 章的贝塞尔公式求得：

$$\sigma=\sqrt{\frac{1}{n-1}\sum_{i=1}^{n}(f_i-\bar{f})^2}$$

式中 f_i 是第 i 次测量的值，$\bar{f}$ 是 n 次测量的算术平均值。上式的 σ 只是 n 次测量的估计值，更精确的测量可以采用分成 N 组测量，每组测量 n 次，再利用公式计算估算 σ 值。

（3）其他特性测试

除了功率和频率特性测试之外，还有转发器的非线性特性测试、噪声特性测试和群时延特性测试等，每类测试的仪器配置不同。

a）幅度线性度特性测试。在多载波情况下，由于转发器的非线性的作用，将产生载波之间的相互干扰，其中以三阶(third order harmonics)交调影响最为严重。这种干扰实际上是交调(cross modulation)干扰，是一个 RF 载波对另一个 RF 载波的非期望的调制。在同一转发器带内的两个载波 f_1 和 f_2（一般 f_1 和 f_2 间隔取 5MHz），三阶交调干扰的频率($2f_1-f_2$)影响最严重，三阶交调影响程度的表达式为：

$$R=10\lg\frac{A_p}{A_t}=A_p(\text{dB})-A_t(\text{dB})$$

式中，A_p 是 f_1 信号电平，A_t 是三阶干扰电平。测量的框图如图 3 - 19 所示。测试中使两个信号源输出相同的电平值，从频谱仪得到 A_p 值和 A_t 值，利用上式可以计算出 R 值。按照一定的步长调节两个信号源的输出电平，测量和计算出各点 R 值，从而就得到了被测转发器等幅双波三阶交调随输入功率变化的特性曲线。

b）AM/PM 转移系数测试。多载波信号输入到一个非线性放大器时，其包络是起伏的。每个载波产生附加的相移，它随输入电平的变化而变化，这种现象称为调幅/调相(AM/PM)变换。多载波信号输入到一个非线性放大器时，一个载波的输入功率电平变化时，会在另一个恒定输入电平的输出载波上引起相位的变化，这种现象称为调幅/调相(AM/PM)转移。AM/PM 转移系数是衡量输

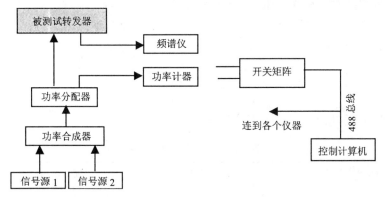

图 3 - 19　非线性特性测量原理图

出信号相位非线性畸变大小的参数,称为 AM/PM 转移系数。测量的框图同图 3 - 19。测试过程是:使信号源 1 和 2 输出相差 2～5MHz,输出电平相差 30dB,从频谱仪可以得到两个信号的电平值 P_1 和 P_2,P_3 是 AM/PM 转换产生的信号功率值,按照下列公式可以计算出 AM/PM 转移系数 K_p:

$$K_p = 13.16\sqrt{S_1 - \left(\frac{1+S_1-S_2}{2}\right)^2}　(\text{/dB})$$

$$S_1 = 10^{0.1(30-P_1+P_2)}　\qquad(\text{dBm})$$

$$S_2 = 10^{0.1(30-P_2+P_3)}　\qquad(\text{dBm})$$

c) 噪声系数测试。噪声系数是许多 RF 设备的关键性能参数。低的噪声系数的模拟接收机提供了改善的信号噪声比,低的噪声系数的数字接收机减少了误比特率。因此,为了验证产品是否满足技术规范就必须要测量它的噪声系数。在介绍噪声系数测试之前先介绍几个重要的概念。

噪声因数。输入信号的信噪比与输出信号的信噪比之比值,称为噪声因数 F(Noise Factor)。根据定义可以看出,噪声系数代表信号通过设备后的信号噪声比率的衰减程度,它只适用于描述双端设备特征,不适用于单端设备。噪声因数 F 的表达式是:

$$F = \frac{\text{被测试设备输入端信噪比}}{\text{被测试设备输出端信噪比}} = \frac{S_i/N_i}{S_o/N_o} = 1 + \frac{T_e}{T_i}$$

因为所有的设备都会对信号附加一定量的噪声,所以 F 总是大于 1。式中 T_e 为被测试件有效噪声温度(effective or equivalent temperature),T_i 为输入端的噪声温度。把 T_i 作为参考温度,通常用 $T_0 = 290\text{K}(16.8℃)$ 代表。噪声温度又是一个需要掌握的非常重要和基本的概念。

噪声系数。通常用分贝(dB)表示,为了区分起见我们把用分贝(dB)表示的噪声因数称为噪声系数 NF(Noise Figure),表达式是:

$$NF=10\lg\frac{S_i/N_i}{S_o/N_o}=10\lg(1+\frac{T_e}{T_i}) \quad (dB)$$

NF、F 和 T_e 的几个选择值的比较如表 3-2 所示。

表 3-2 NF、F 和 T_e 关系

噪声因数 F	噪声系数 NF(dB)	噪声温度 T_e(K)
1	0	0(绝对零度)
1.26	1	75.1
2.00	3	290
10	10	2610
100	20	28710

热噪声功率。任何导体从良导体到近绝缘体都有自由电子的随机运动(布朗运动),这种随机运动就产生了随机噪声。随机噪声的功率与物理温度成正比,因此也叫热噪声。热噪声的频谱非常宽(高达 5000GHz),因此设备的噪声功率也同该设备的带宽成正比。热噪声功率 P_N 与温度 T 和带宽 B 之间的关系是:

$$P_N=kTB$$

式中,P_N 是噪声功率,k 是波尔兹曼常数,1.38×10^{-23}J/K,T 是物理温度(K),B 是带宽(Hz)。

例如,一个电阻在 290K(接近室温环境)时所产生的噪声功率为 $1.38 \times 10^{-23} \times 290 \times B$(W),每赫兹带宽产生的噪声功率为 4.00×10^{-21}(W)(合 -174 dBm/Hz)。噪声功率与 k 和 T 有关,与电阻的阻值无关。

等效噪声温度。等效噪声温度是设备噪声性能的另一种表示方式。等效噪声温度并不是设备环境的物理温度,也不是设备内的物理温度。为了说明等效噪声温度的概念,我们参看图 3-20 加以理解。如果把 290K 的 50Ω 电阻接到噪声功率测量仪输入端,如图 3-20(a)所示,这时的输入噪声功率为 $1.38 \times 10^{-23} \times 290 \times B$(W)。

假设把被测试设备(DUT)接到 50Ω 电阻和噪声功率测量仪之间,如图 3-20(b)所示。现在在 DUT 的输出端的噪声有两个部分,一部分是被 DUT 变换了的 50Ω 电阻产生的噪声($T_0=290$K),另一部分是 DUT 自身产生的噪声。应该注意的是噪声功率测试仪并不能对两部分加以区分。

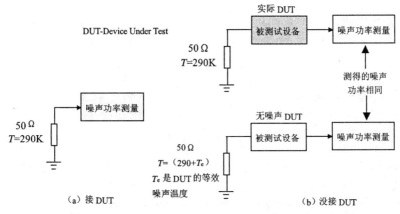

图 3-20 噪声温度概念

假定对 DUT 作为无噪声的设备来建模,也就是把它的内部噪声去掉,如图 3-20(b)下图所示。把输入电阻的温度从 T_0 提高到 $T_0 + T_e$,那么在 DUT 的输出端可以得到同样的噪声功率。这个附加在输入端的热噪声源被称为 DUT 的等效噪声温度 T_e,简称噪声温度。

噪声温度概念的优点在于它是测量随机电气噪声的基础,小到晶体管大至银河系的噪声都可以用噪声温度来描述。尽管噪声的类型不一定不是来源于热,但是都可以用物理温度 T_e 产生的等效量的热噪声表示。

在介绍了几个重要概念之后,我们再回到噪声系数测量的话题。噪声系数的测量有三种方法,即噪声系数测试仪法、增益法和 Y 因子法。噪声系数测试仪法需要昂贵的测量仪器,而且对于高噪声系数的测量也不够准确。增益法需要预先知道 DUT 的增益,测量结果比较精确。最常用的方法是 Y 因子法,测量框图如图 3-21 所示。在介绍 Y 因子测量方法之前先引进两个重要的量:超噪比(ENR-Excess Noise Ratio)和 Y 因子。

超噪比(ENR)。Y 因子测量技术要使用预先标定的 ENR 噪声源。超噪比是指噪声源(也称噪声探头)本身的剩余噪声比率,它同噪声源的频率有关。ENR 的定义是:

$$ENR = \frac{T_h - T_c}{T_c} = \frac{T_h}{T_c} - 1$$

用 dB 表示的表达式是:

$$ENR_{dB} = 10 \lg \frac{T_h - T_c}{T_c}$$

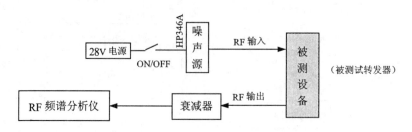

图 3-21   噪声系数测量原理图

式中 T_h 和 T_c 分别是噪声源加电时(通常是 28V)和不加电时的等效噪声温度。通常认为 T_c 就是参考温度 290K,即 $T_c = T_0 = 290$K。实际上 T_c 并不等于 290K,在文献[29]中给出了校正的算法。ENR 噪声源产品提供了在某些频点上标准的 ENR 值,例如 HP346A 噪声探头在 2GHz 时的 $ENR = 5.28$dB,在 4GHz 时的 $ENR = 5.07$dB。

Y 因子。在噪声源接通和断开的情况下 DUT 的输出功率电平分别为 P_h 和 P_c,P_h 和 P_c 之比称为 Y 因子,又因为噪声功率同噪声温度成正比,因此 Y 因子的表达式为:

$$Y = \frac{P_h}{P_c} = \frac{T_h + T_e}{T_c + T_e}$$

其中,T_e 是被测试转发器的噪声温度,T_h 和 T_c 是噪声源通断的噪声温度。从上式可以推出:$T_e = (T_h - YT_c)/(Y-1)$,从 F 的定义推出:$T_e = (F-1)T_i$,使两个表达式相等且假定 $T_i = T_0 = T_c = 290$K,得到噪声因数 F 的表达式为:

$$F = \frac{(T_h/T_0 - 1) - Y(T_c/T_0 - 1)}{Y-1} = \frac{ENR}{Y-1}$$

可以得到噪声系数 NF 为:

$$NF = \lg\frac{ENR}{Y-1} = ENR(\text{dB}) - 10\lg(Y-1)$$

从这个表达式看出,ENR 是已知量,NF 是 Y 因子的函数,把对 NF 的测量变成了对 Y 因子的测量,这就是 Y 因子测量法的由来。

图 3-21 表示噪声系数测量的连接原理图。接通和断开噪声源的 28V 直流电源,利用 RF 频谱分析仪分别测出 DUT 的输出电平 P_h 和 P_c,计算出 $Y(=P_h/P_c)$ 系数,再查出所用的频率点上噪声源的 ENR 值,就可以用上面的公式换算出 NF 值。

假如图 3-21 中使用的是 HP346A 噪声源,工作频率为 2GHz。测试步骤如下:①开和关 28V 直流电源,从 RF 频谱仪上测出 DUT 输出功率分别为－90dBm 和－87dBm；②根据 Y 因子定义算出：$Y(\text{dB})=3\text{dB}$，$10\lg Y=3\text{dB}$，则 $Y=1.9953$；③查噪声源提供的数据，在 2GHz 时，$ENR=5.28\text{dB}$；④把 ENR 和 Y 因子代入下式中：

$$NF=\lg\left(\frac{ENR}{Y-1}\right)=ENR(\text{dB})-10\lg(Y-1)$$
$$=5.28-\lg(1.9953-1)=5.28+0.02$$
$$=5.30 \text{ dB}$$

实际测量中，有些测量仪器本身已经按照 Y 因子法计算并给出了在单频下的 NF 了。测试人员不但可以在仪器面板上读出而且可以通过 IEEE488 总线读到计算机里。在 DUT 工作带宽内选取不同的频率点，还可以测出 NF 的动态曲线。

d）群时延（group delay）特性测试。被转发的用户信号所产生的总的相位移动变化速率称为群延时，通常表示为 $d\theta/d\omega(\omega=2\pi f)$。测试框图如图3-22所示。测试过程：使用低频信号对上行单载波进行调制，下行载波经过解调后在调制域分析仪与原调制信号进行相位比对，得出相位延时值 $d\theta$，通过公式 $d\theta/d\omega$ 计算出相位变化速率。通过选择不同的单载波和不同的调制信号频率可以得出带内的群时延特性。

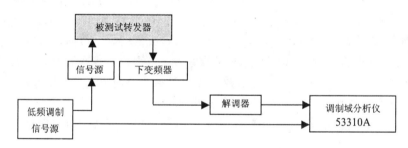

图 3-22　群时延测量原理图

3.5.1.4　转发器测试中要注意的几个问题

转发器测试是一种定量的和要求精确的测试，测试过程需要软件管理，因此在仪器选择、使用和软件处理中要注意以下几个问题：

（1）要熟读各类测试仪器的使用说明书，掌握各个测试参数的物理意义和定义。

（2）要根据测量的需求选用合适的测量仪器，如频率范围、功率范围、精度要求等。

（3）测试前要对仪器进行定期的校准，确保测试结果的可信。对于测试路径上所用的器件,如 RF 电缆、波导、衰减器等也要进行校准,数据处理中要考虑到这些因素,对测试结果进行必要的修正。

(4)要注意测试点的选择,选择测试合适的单载频测试点和输入输出工作点。

(5)间接测量的(通过其他几个参数推算的)参数,要确认计算公式的正确性和输入输出特性的线性工作区。

(6)由于干扰的存在,测量中应采用数字滤波的方法,减少干扰引起的随机误差。

(7)要注意设备和被测试对象的安全,如防止对上行出现过激励。

3.5.2　对地观测遥感分系统测试

3.5.2.1　对地观测遥感器的组成和工作原理

对地观测卫星是遥感类航天器的一种,它的任务是从空间获取地球表面的图像信息,并实时或事后将这些图像以电信号的形式传输到地面的地球站,由地面进行校正、处理后提取出所需要的应用信息,获取地球的遥感信息可以用光学成像、雷达成像或其它的遥感器(Remote Sensor)。遥感器可以分为无源和有源两大类。无源遥感器包括对可见光成像的照相机和 CCD(Charge Coupled Device)、对电磁波敏感的无线电辐射计等。有源遥感器对目标产生辐射能,接收返回的辐射能,有源遥感器有实时雷达(RAR－Real Aperture Radar)成像仪、合成孔径雷达(SAR- Synthitic Aperture Radar)成像仪等。目前,最常用的光学遥感航天器大都是采用 CCD 遥感成像系统。CCD 遥感器的原理可以参看图 3-23(a)和(b)。CCD 通常是由数百万个二维的电荷隔离井(charge-isolated well)组成的大规模集成电路,每一个 well 都代表一个像素。各个电荷井上的电荷量代表被遥感对象的发光电平,被电子电路读出并变换为数字信号,通过对 RF 调制后发送出去。

我们以某可见光遥感卫星为例描述其组成和工作原理,它的有效载荷由光学遥感器、相机电路控制器、视频信号处理器、数据记录器、RF 射频数传机等部分组成,原理框图如图 3-24 所示。光学遥感器从空间获取地球表面的图像信息由 CCD 敏感后的电信号被转换成数字视频信号,经数据处理和传输系统进行编码调制后向地站传输,数据记录系统完成图像信息的记录和回放,系统在卫星服务系统的管理下协调工作。

光学遥感器由相机主体、成像电路、控制电路、温度控制器组成。光机主体包括光学镜头、焦面组件、侧摆机构、定标组件;成像电路包括 CCD 驱动电路、信号处理电路,完成光学图像的光电转换、A/D 转换、多路数据合成;控制电路包

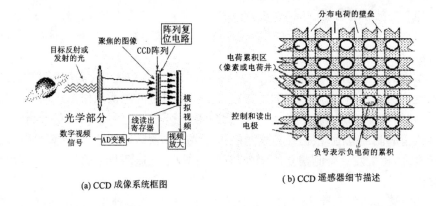

(a) CCD 成像系统框图　　　　　　　　(b) CCD 遥感器细节描述

图 3 - 23　CCD 遥感器工作原理示意图

括电源控制电路、侧摆控制电路、定标控制电路、调焦控制电路和管理电路完成相机的控制和管理；温度控制器完成相机的温度控制。

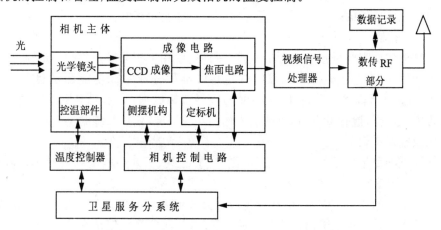

图 3 - 24　某对地观测卫星有效载荷原理框图

3.5.2.2　测试内容和方法

　　有效载荷分系统的详细性能将在特殊的实验室条件下进行测试。在整星状态下，由于受测试场地和环境条件的限制，对相机系统成像质量（如光学特性和调制传递函数）方面的技术指标已无法进行详细和精确的测试，主要进行功能性的定性测试。该测试应覆盖光学系统、成像电路、记录系统和数据传输系统的各主要功能及性能。主要测试项目包括相机控制功能、相机成像质量、相机温度控制器功能、RF 数传系统功能、图像记录器功能以及载荷系统联试。

（1）相机控制功能测试

测试目的是检查相机控制功能是否正常。测试项目包括侧摆功能和调焦功能的测试。

摆镜的侧摆功能和性能测试。主要测试项目是侧摆范围、侧摆精度以及侧摆的复位功能。测试方法是：发送遥控指令使相机进入侧摆工作模式，启动侧摆工作，向相机发送摆镜调角指令，将摆镜调到两个极限位置，根据摆角遥测信号，计算摆镜的侧摆范围；根据几组摆角的遥测数据和摆镜调角数据，计算出摆镜摆角精度；向相机发一个侧摆复位指令，侧摆完毕，根据遥测指令数据，判断相机是否复位。

相机调焦功能和性能测试。主要测试项目包括调焦范围、调焦精度以及焦距的调节的功能测试。测试方法是：发送遥控指令使相机进入调焦工作模式，向相机发送调焦指令，启动调焦工作模式，将焦面调到两个极限位置，根据焦面位置遥测信号，计算焦面的调焦范围；根据指令步长和遥测参数计算调焦精度；根据返回焦面位置的遥测数据，判断焦距调节功能是否正常。

（2）相机成像质量测试

这项测试需要模拟定标源的支持，一种是使用半积分球光源的外定标，另一种是使用在卫星上安装的光源的内定标。半积分球定标功能测试目的是对CCD相机进行辐射定标，获取发射前的辐射定标数据，为后期卫星图像的辐射校正提供数据；检查CCD相机的输入输出响应情况，获得系统的响应曲线，动态范围及辐射灵敏度。

测试项目包括辐射定标、动态范围、响应曲线、辐射灵敏度和信噪比。需要的测试设备有半积分球、数传SCOE、图像采集系统。

外定标的测试方法是：由标准光源积分球定标系统提供均匀性好、辐亮度已知且多档不同辐亮度输出的均匀光源，通过数据采集系统记录CCD相机系统在不同辐亮度条件下的视频输出。同时在每档辐亮度情况下，改变相机系统的参数（积分级数、增益、积分时间等），得到相机系统在不同参数情况下的积分球辐射定标数据。通过对半积分球辐射定标数据的分析、处理，可以得到相机系统的响应曲线、动态范围、信噪比、辐射灵敏度、输出不均匀性以及相机系统输出与不同参数之间的关系。测试原理框图见图3-25。

需要注意的是在进行辐射定标前，需要对标准光源积分球自身进行光谱辐亮度标定和均匀性测试，以满足辐射定标精度要求。

内定标使用卫星上设置的定标设备，它的测试目的是找出内定标的测试数据和半积分球外定标的数据的关系，提供给应用地面图像处理。测试项目与半

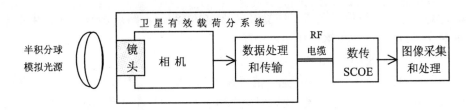

图 3-25　半积分球定标测试原理框图

积分球定标相同。使用的测试设备包括星内定标灯、数传 SCOE、图像采集系统。

内定标测试方法是：发送遥控指令使相机进入定标工作模式，分档调整定标灯的量度，通过数据采集系统记录 CCD 相机系统在不同辐亮度条件下的视频输出。内定标测试原理框图见图3-26。

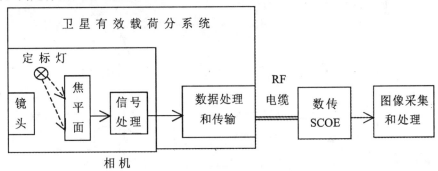

图 3-26　内定标测试原理框图

（3）相机温度控制器功能测试

测试目的是检查相机温度控制器的功能。为了保证相机工作在所需要的温度范围内，在相机上安置了若干测量温度的热敏感电阻和加热电阻，温度控制器的工作原理是采集来自热敏电阻的（反映温度的）值，进行计算，确定和控制加热电阻的接通或断开，从而达到控制温度的目的。测试项目包括控温加热回路、单路加热、控温精度。需要的测试设备是热敏电阻模拟器，该设备主要是模拟测量相机温度的热敏电阻值，每一回路设置了一只电阻，作为加热器模拟负载。在常温下测试时温度不变化，使用可变电阻模拟热敏电阻变化，为温度控制器提供输入信号。

测试方法和步骤大体是：①针对某一控温回路，根据其热敏电阻与温度对应表，调节出反映相应温度的热敏电阻值，直到加热器状态（接通或断开）发生改变时记录下当前电阻值以及所对应的温度值;②检测每一路加热器的电流计算出加热功耗、控温仪的线路功耗和总功耗。

(4)数传系统功能测试

测试项目包括射频参数、输出信号杂波、谐波抑制、中频频率特性、数据格式、误码率、短期频率稳定度、通道码速率以及辅助数据格式等多种参数的测试。需要的测试设备是数传 SCOE,它是由多种通用测量仪器和图像采集处理设备组成,各个测量仪器通过 IEEE488 接口与管理控制计算机连接,原理框图见图 3-27 所示。

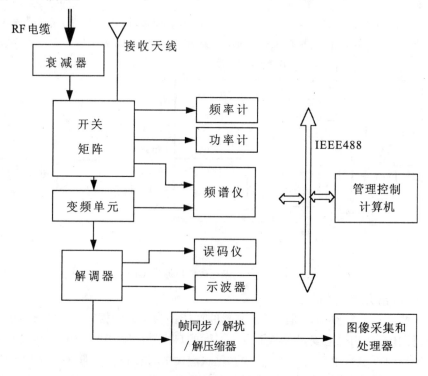

图 3-27　数传 SCOE 原理框图

数传 SCOE 通过 RF 电缆(有线)或天线(无线)方式接收有效载荷分系统输出的数据信号。数传 SCOE 主要由衰减器、开关矩阵、变频器、频谱仪、功率计、解调接收机、解密/解扰/帧同步/解压缩器等组成。测试的过程控制、通路选择、参数处理等由管理控制计算机负责。主要测试方法分述如下。

a)射频参数测试。主要是 RF 的功率、频率和频谱特性的测试,为了得到精确的定量数据,通常使用 RF 电缆连接。管理控制计算机按照测试项目通过开关矩阵选择测量通路、设置衰减器状态、选择相应的测量仪器,采集和处理测量的数据。射频特性测量原理框图如图 3-28 所示。由于数传的 RF 输出功率比较大,为了防止对测量仪器的过激励,衰减器初始设置为 30dB。

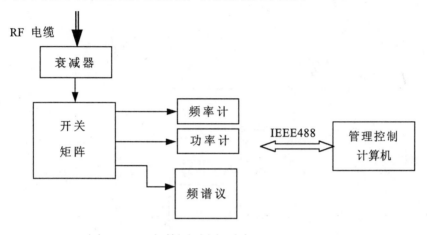

RF 电缆

衰减器

开关
矩阵

频率计

功率计

IEEE488

管理控制
计算机

频谱议

图 3-28 RF 参数测试原理图

b)数传系统误码特性及中频频谱测试。测试使用 RF 电缆连接在有线状态下进行,通过 PN 码发生器向卫星发 PN 码,调制有 PN 码的数传发射机输出通过 RF 电缆送地面测试设备。衰减后的射频信号由送入到下变频器变换为中频信号,解调器输出的信号送误码仪测量误码率。星上改发单载波信号,变频器输出信号送频谱仪测量 C/No 值,完成中频频谱测量和误码率测量。

数传设备正常工作时,数传系统误码率主要取决于地面接收解调设备。对一定性能的地面接收解调设备,传输误码率指标可通过比较及定性分析星上设备已调载波的交调及相位抖动情况。数传系统误码特性及中频频谱测量原理框图见图 3-29。

c)辅助数据格式测试。测试中 CCD 相机可以工作或不工作,RF 数传开机,使用景物模拟器为相机提供模拟图像,通过 SCOE 的图像采集和处理系统,察看辅助数据格式与卫星发送的是否一致。

(5)图像记录器测试

测试目的是验证卫星图像记录器的功能是否正常。测试项目包括图像记录、回放、自检和擦除功能。需要的测试设备有景物模拟器、数传 SCOE、图像采集系统。

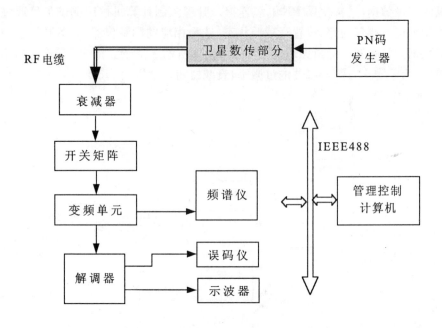

图 3-29 对地观测卫星有效载荷原理框图

测试方法:相机景物模拟器工作,相机开机,图像记录系统工作并记录景物模拟器模拟图像数据,经图像记录系统回放输出至通道,最后经数传 SCOE 解调后送到地面图像采集系统显示和记录。

图像记录器的测试有记录、回放、自检和擦除四种工作模式,通过遥控发加电、断电、工作模式设置、工作启动和停止指令。测试中监测遥测信号和记录与回放的数据来验证图像记录器工作的正确性。测试原理框图见图 3-30。

(6) 有效载荷系统联试

实时传输模式联试时,图像视频系统和数传系统都加电并正常工作,相机光学部分可工作在内定标模式,或者工作在正常照相模式。在内定标模式,像源是相机的内定标灯的光源。而在正常照相模式,像源是地面景物模拟器,并通过平行光管进入相机光学镜头成相在焦平面上。通过遥控和遥测功能控制和监视有关各部分的工作状态,对地面设备所接收解调出的比特数据流进行格式检查,检查同步信号和辅助服务数据的正确性,并通过视频图像监视器定性观测所接收的图像质量,同时进行数传系统已调载波特性测量。

实时记录模式测试时,图像视频系统和图像记录器都加电工作,相机光学部分可工作在内定标模式,或者工作在正常照相模式。由图像磁带记录器对图像

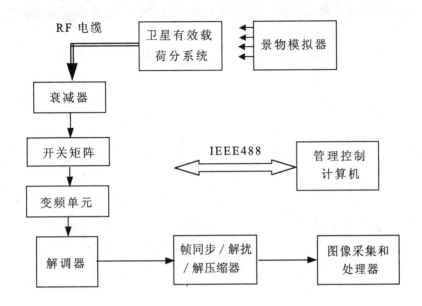

图 3-30　图像记录器测试原理框图

视频系统输出的视频数据流按照图记录器测试时的操作方式进行实时记录,并在实时记录过程中监测图像视频系统和图像记录器的工作状态。

　　系统回放模式测试时,只有图像磁带记录器和数据系统加电工作,图像视频编码器则不工作。图像磁带记录器设置为回放模式,启动记录器回放后,监视磁带记录器和数传各部分的工作状态,同时地面设备对所接收和解调出的比特数据流进行格式检查、同步和辅助服务数据检查,并通过视频图像监视器定性观测所收到的图像质量。同时还可进行数传系统已调载波特性测量。

复习参考题

1. 分系统级测试需要经历或适应哪些环境?
2. 分系统测试的主要内容和目的是什么?
3. 电源分系统的主要功能是什么? 其主要测试内容有哪些?
4. 遥测、遥控、跟踪分系统的任务是什么? 分别包括几项测试项目?
5. 姿轨控分系统的测量部件和控制部件各有几种? 电测内容有哪些方面?
6. 结合图 3-13 和图 3-14,说明 AOCS 开环测试和闭环测试的过程,并说出开环测试与闭环测试有哪些不同点?

7. 请给出转发器的单频增益、AM/PM 转移系数、噪声系数和群时延的定义。

8. 什么是 RF 设备的噪声温度？

9. 遥感航天器的光学遥感有效载荷由哪几部分组成？

第4章　航天器系统级测试及实施

　　航天器系统级测试是在航天器总装后,按规定的电性能和功能做全面的检查,在统一供电状态下对电气设备的工作情况检查,对各分系统之间电气接口的匹配性检查,对航天器飞行管理和控制功能的动态模飞检查,进行电磁兼容性多项复杂的综合检查,及各种环境试验(振动、噪声、真空、热)条件下的电测试,通常称为综合测试。综合测试的目的是检验航天器各有关电系统(包括机电、光电、热电)的正确性和兼容性,检测航天器是否达到所要求的技术指标,特别是航天器经受各种地面模拟环境考验后,检测其性能是否恶化。通过综合测试,使得不满足技术条件的性能、不完善的功能、不匹配的电气接口以及设计缺陷都得到暴露,加以改进,尤其在初样设计阶段,综合测试将会暴露大量的问题,从而在正样设计中修改不合理部分,完善功能,确保航天器工程质量。因此,综合测试在航天器研制中占有极其重要的地位。

　　综合测试的作用是明显的,它在航天器整个研制程序中起到质量总检验的作用,是航天器研制流程中不可缺少的重要环节,综合测试可有效地提高航天器的匹配性、兼容性和可靠性,消除隐患,是确保航天器飞行成功、完成任务的重要保障。

　　本章主要介绍综合测试的任务分析;综合测试的分类;综合测试内容及状态;综合测试实施要点;综合测试故障分析和判断。

4.1　综合测试的任务及制约因素

4.1.1　综合测试的任务

　　航天器综合测试的任务主要包括以下几个方面:

　　(1) 检验航天器总体电气设计的正确性、合理性、匹配性及接地系统的正确性。

　　(2) 检验各分系统电气性能和参数指标是否符合总体提出的要求。

(3) 检验各分系统在系统级条件下能否完成规定的功能和性能。

(4) 检验各分系统之间接口的匹配性,包括电接口、热接口在内的正确性。

(5) 检验信息通道传递的可靠性、准确性和精确程度。

(6) 检测指令传递系统的准确性和可靠性。

(7) 检测部件级和航天器系统级的电磁兼容性。

(8) 检测航天器与运载火箭电气接口的匹配性。

(9) 检验火工品装置的安全性、工作的可靠性。

(10) 检验航天器空间飞行程序的正确性及与软件的协调性。

(11) 综合测试最初阶段,需检测航天器与地面接口间的兼容性,检验控制通道的正确性,测试软件、测量参数和开关状态的正确性,以及测试文件的正确性。

综合测试主要指航天器系统级电测试,即对总装后的航天器的测试。这时航天器上电系统已连接,测试分别在总装电测厂房、大型环境模拟试验室、发射场的技术区和发射区进行。许多航天器在总装后,虽然分系统的设备已装到航天器上,根据需要仍可以进行分系统级的部分测试,这也应作为综合测试的主要任务之一。由于受到条件限制,往往难以对分系统进行全面的性能检测。因此在总装前和总装过程中的分系统测试应包括分系统方案和任务书中的所有技术指标和性能,以及与其他分系统的所有接口的测试。分系统的缺陷和性能不良均主要应在分系统测试中发现,总装前的分系统级测试数据应是分系统技术指标的最重要数据,并可作为航天器系统级综合测试数据的依据。分系统级测试程序和软件经过简化后将提供综合测试使用。当然,简化应符合综合测试程序和软件的要求,亦应满足综合测试对此分系统的检测要求。为了使分系统级测试尽量符合总装后的实际情况,在测试时所有电接口均应模拟航天器上的真实情况,包括设备间的电缆长度、电源参数和负载等。分系统级测试实施的问题已在第 3 章作了介绍,本章提到的综合测试重点要说明的是在 AIT 后期系统级测试实施中的若干问题。

4.1.2　综合测试的制约因素

各研制阶段中航天器综合测试占有很重要的地位,这种测试既可测定性能,起到检查、鉴定作用,也可发现问题对航天器及分系统进行改进,提高航天器的可靠性。

为实现航天器测试任务,需制订航天器综合测试方案和配备综合测试所需的地面测试设备,在航天器设计阶段,必须同时考虑航天器综合测试的实施,因为航天器与地面综合测试系统之间存在着方案上的联系和接口上的联系,两者应同步进行,以便在初样航天器总装后即可开展航天器综合测试工作。

航天器综合测试方案与航天器构形、布局、总体电路、设计建造规范、EMC规范以及各分系统电接口设计等,相互影响,互有制约,综合测试受以下条件约束:

(1) 航天器研制对综合测试的要求。在综合测试时,对各分系统的主要性能参数作检测,可对航天器上重要分系统分配较多的测试参数。综合测试主要依靠遥测、遥控进行无线测试;也可通过航天器分离电连接器(或脱落电连接器)以及专用测试电缆进行有线测试。

(2) 航天器在测试时所处状态。测试将受到航天器状态的影响,包括航天器热真空试验,振动、噪声模拟试验,其测试内容与在总装厂房的测试有很大不同。此外航天器在发射架上时,航天器的参数主要是通过数百米长电缆在发射控制室进行长线测试或依靠射频进行无线测试,测试方案的制定要考虑以上因素。

(3) 航天器结构布局和运载火箭。航天器综合测试时,经常要观察或直接用仪器测定某一分系统的状态或参数,因此对结构布局提出某些要求,如开测试窗口,设立检测电连接器。航天器是密封舱还是非密封舱都影响着测试方法和测试方案的制定,综合测试对航天器所处的状态要求将影响到结构布局,如一些大型航天器,在测试厂房中作全面测试时可以分舱段进行,或者分舱布置仍进行统一测试,一旦出现异常便于查清原因。此外,要实现航天器在发射塔架上由射频无线电通道进行检测,运载火箭整流罩(热防护罩)应开测试窗口,或采用透波材料。有些航天器在发射场测试时需通过运载火箭的脱落电连接器(UMB)进行,这都需要与运载火箭的设计者进行协调。

(4) 航天器总体电路设计、电源分系统设计、测控及数据管理系统设计。综合测试与星上(On-board)电缆网设计和配电器设计密切相关,测试时大多使用地面模拟电源对航天器或分系统供电,但要对航天器上电源进行监测,用航天器上供电系统的供电状态进行测试,电源分系统以及总体电路设计均需要考虑到电测要求。地面综合测试设备应具有供电、供电控制、检测的功能。遥测、遥控及数据管理系统不仅是航天器"在轨测试"的主要手段,也是航天器在地面测试时的重要手段,它应是航天器综合测试设备的组成部分。

综合测试方案除了受上述四个因素影响外,还与航天器方案、地面环境模拟设备的要求、测试允许的时间、自动化程度等有关。实现航天器综合测试主要依赖于地面测试系统(EGSE),它由总控设备(OCOE)和分系统专用测试设备

(SCOE)组成,包括测试系统硬件、系统软件和应用软件。

4.2 综合测试分类

航天器综合测试按其测试场地和环境、供电检测方式、航天器测试时本身的状态等因素有不同的分类方法。

4.2.1 按测试场地或环境分类

4.2.1.1 总装测试厂房中的综合测试

在总装测试厂房的条件下,对航天器的技术指标性能进行全面的检查。此时的测试,由于厂房设备条件环境最好,因而测试也最全面。在航天器总装后,环境试验后,以及航天器出厂送往发射场前均要进行这种全面的综合测试。在厂房进行航天器综合测试主要是:检查航天器各分系统之间的电接口(机电、光电、热电)和匹配性、信息处理和信息流程的正确性,并在航天器状态下测定航天器和各分系统的性能指标。

4.2.1.2 各种环境试验中的综合测试

航天器要经受运载火箭发射、与运载分离、轨道空间环境、返回环境等考验。因此航天器在研制过程中要进行噪声、振动、冲击、热真空、热平衡等试验。航天器在这些模拟环境试验状态下进行综合测试,一般可较厂房条件综合测试简单,主要是检验航天器各分系统是否能在上述环境中正常工作。通常在各种环境试验后,航天器还要返回测试厂房进行全面测试检查。

环境试验分为鉴定级和验收级两种。鉴定级环境条件较为苛刻,用于检验鉴定航天器耐环境的性能,经过鉴定级试验的航天器一般不能再用于正式飞行。验收级试验环境条件大体上相当于航天器实际遭受的环境条件,以检查航天器是否在制造、装配中存在缺陷,通过验收级试验的航天器可用于正式飞行。

4.2.1.3 在发射场技术区的综合测试

这是航天器运输到发射场后的全面检查测试,航天器运输过程要经受运输条件考验,个别部件甚至航天器舱段可能要分解后运输,在技术区再重新装成完整的航天器。这是航天器在发射前最后一次的全面检查和性能综合测试。

4.2.1.4 在发射场发射区的综合测试

航天器从技术区检查测试完毕后,送到发射区与运载火箭对接,对接后仍要进行测试,这时的测试不可能作全面的检查,只能观测各分系统最主要的关键参数,有些航天器已被置入火箭的整流罩内。在临射前数小时内的测试,只是通过长电缆的有线或无线遥测遥控进行快速的功能测试。

4.2.2　按供电方式分类

4.2.2.1　外电测试

电源分系统给航天器各分系统供电,通常包括一次电源、二次电源、配电系统和电缆网。对于大功率、长寿命空间飞行器,往往采用太阳电池阵/蓄电池组联合供电系统作为主电源。对仅有几天或十几天飞行寿命、功率要求又仅有几百瓦的航天器则采用锌银电池组作为主电源。无论采用何种主电源,在地面综合测试中都不可能用它长时间连续供电,因此,需要采用模拟电源来代替航天器上的主电源,如用稳压电源代替锌银电池组,用太阳电池阵模拟器代替太阳电池阵。通常将航天器上的电池组定义为内电,将地面模拟电源定义为外电,在测试厂房和环境试验场地,技术区和发射区等场合的长期测试过程中,一般都采用外电供电,即用地面模拟电源代替航天器上的主电源进行测试。地面电源可以模拟航天器上主电源的变化,诸如电压在航天器寿命初期和末期的变化,或电压恒定输出、功率变化等,以检验直接挂在母线上的各电源变换器和其他用电负载,在电压拉偏条件下的工作状态和性能参数是否正常。

保证对航天器各分系统的安全供电是航天器地面测试和航天器轨道运行的重要前提。因此,地面模拟电源必须具有过压过流保护功能,一旦由于电源本身故障或航天器上负载和地面模拟负载引起过流现象,过压过流保护装置立即起作用,切断输出,保护航天器。

地面模拟电源的供电电缆长度大约在 60～150 米之间,为了满足航天器上的电压范围要求,往往要求地面模拟电源必须具有远端(负载端)调节功能,地面供电电缆设置如图 4-1 所示。

为了安全可靠供电,测试时可以编程实现自动化测试,并统一指挥调度,因此,地面模拟电源必须受控,其接通和断开、输出功率的大小、输出电压的高低,都受计算机的控制。

4.2.2.2　内电测试

尽管外电供电测试几乎贯穿综合测试全过程,但在外电供电条件下进行全面系统测试之后,还必须在内电供电条件下测试。因为模拟电源在性能上不可能与真实的航天器上电源完全一致,比如输出阻抗就不一样,接口关系也不可能完全一致,对一次电池和储能装置,还必须通过内电供电来考验电池供电能力,

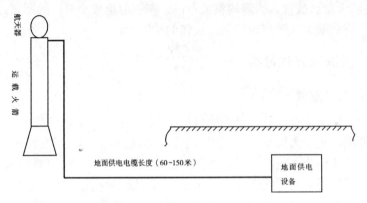

图 4 - 1   地面供电电缆连接示意图

检查放电性能好坏。

由于内电测试受蓄电池容量的限制,它与测试时放电电流量有关,放电电流与测试时间的乘积(安时数)不应超过电池额定容量的规定要求。对锌银电池组来说,作为飞行发射航天器的内电测试供电时间不能超过设计所允许的时间,因此内电测试要尽量地简化,在出厂前的测试要配备电测工艺电池用于内电测试,保证系统级主要功能的测试,尤其要保证对那些在外电供电条件下测试易受干扰的部件进行性能测试。

4.2.3   按测试通道分类

4.2.3.1   有线测试

有线测试由地面综合检测设备通过脐带测试电缆(UMB)和表面电连接器(SKC)与航天器连成一体,完成航天器综合测试任务。要完成有线综合测试,必须有配套的地面控制检测系统和复杂的地面配电器和电缆网。一个配套完整的测试系统其连接如图 4 - 2 所示,在地面遥测、遥控专用设备配合下可完成下列功能:

- 供电控制;
- 电源电压、电流及有关分系统工作性能检测;
- 发送控制指令,实现地面对航天器各种功能的控制;
- 采集和处理有关工程参数,分析判断有关分系统的工作性能;
- 产生模拟激励信号;
- 模拟运行轨道的工作流程,考核航天器工作的稳定性。

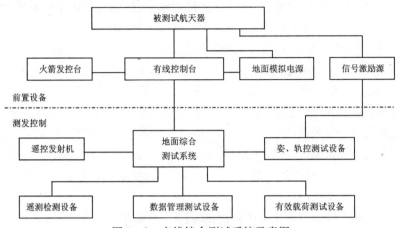

图 4-2　有线综合测试系统示意图

有线综合测试必须注意以下几点:

(1) 设备自检。有线测试前,测试设备进行自检工作至关重要,无论是在总装厂房、大型试验场地,还是在发射场,都必须在转换场地展开设备后进行一次自检,确信测试设备处于良好状态,功能正常后方能去检测航天器性能。

(2) 技安检查。测试前测试现场的技术安全检查是确保航天器安全测试、不出意外事故必不可少的措施。一般技安检查内容包括场地接地和航天器接地要求,地面设备接地及机壳绝缘检查,供电系统分配是否符合分配原则,配电盘零线及火线是否符合规定及零线电压值测量等。

(3) 合理接地。有线测试中弱信号的测量与接地是否合理有着密切的关系。航天器测试中所出现的故障,除由于元器件早期失效、设计不合理、接口电路不匹配、连接器接触不良等原因引起外,还有一类问题就是因为接地和屏蔽不合理,使得有线测试时引入各种传导干扰。不合理的地线设计网络将造成地线回流,使航天器与地面之间,航天器上各设备之间相互干扰。为避免测试系统地线回流,对地线及屏蔽体端按严格规定和具体要求,尽量采用隔离技术。通常按下列原则接地:

· 地面测试系统应采用分布式单点接地;

· 功率地线、信号地线及测量地线之间要独立走线,在检测设备端彼此绝缘;

· 测试电缆屏蔽层不能作为回流通路,电缆屏蔽层单端接地,一般接地端在待测对象的地端;

· 地面电源、激励源、测量仪器、控制设备等电子系统,均需对外壳绝缘。

(4) 火工品测试。火工品装置的测试时必须慎之又慎,火工品装置是航天器的一个特殊系统,它以电、机械或热的形式输入,以爆炸形式反映出来,在航天器运行期间,动作时间虽然很短,却起着关键作用,通常用于太阳电池板的展开、推进系统电爆阀动作、通信天线解锁、变轨发动机点火、返回式航天器返回制动火箭点火、舱段解锁分离以及开降落伞等关键部位。由于电爆装置为易爆部件,测试时,就必须考虑火工品装置测试的特殊性,采取安全措施,以防意外。

有线测试往往比较直观,航天器发展初级阶段,往往采取有线测试方法。因为这些航天器一般来说,分系统设置简单,遥测量和控制量很少,采取有线测试方法是可行的。随着航天器技术的发展,航天器上分系统越来越复杂,遥控指令有上百条甚至几百条,遥测参数几百个,如果还采取有线测试法,势必使地面控制设备配电器等搞得很复杂,电缆网搞得很庞大。另一个缺点是容易引入干扰,有时地面设备和航天器上设备严重交叉,给航天器测试工作带来了人为的复杂性。

4.2.3.2 无线测试

无线测试就是航天器与地面设备不是通过测试电缆连接而是主要通过 RF链路完成的测试。采用无线测试可以克服有线测试的不足。无线测试地面设备相对于有线测试设备来说要少一些,利用航天器测控系统及其地面设备,构成无线测控回路,因此无线测试可利用地面遥控设备发送遥控指令和注入数据给航天器,改变航天器某个分系统的工作状态,并由遥测设备接收和解调遥测信号并进行数据处理。由航天器上无线电设备提供上下行通道,无线测试设备与被测对象之间不通过电缆进行信息交换。测试系统连接框图如图 4-3 所示。

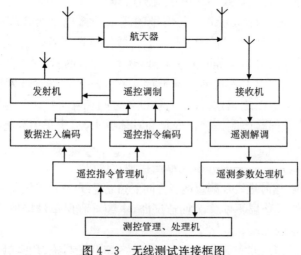

图 4-3 无线测试连接框图

　　无线测试程序与有线测试程序大致相同,都是先进行分系统级,后进行系统级,不同型号的航天器测试安排会有差异,其测试方法也不尽相同。

　　有线测试和无线测试在航天器综合测试过程中都占有一定的比重。为了克服有线测试上述的一些缺点,随着计算机技术的发展,无线测试已成为航天器综合测试中的最主要的方法。但是,在供电控制、信号激励、总线探测等方面有线测试又是无线测试无法取代的。因而,目前的航天器综合测试仍然是有线测试与无线测试同时共用,相互补充。

4.3　综合测试内容及状态

　　航天器综合测试是航天器研制过程中的重要组成部分。无论是初样阶段还是正样阶段,都要按设计要求进行各种测试。

4.3.1　综合测试内容

　　航天器综合测试既包括对所有航天器功能和性能的测试,也包括对一些主要分系统的功能和性能参数的测试,此外,综合测试还应完成以下的检查和测试:

　　(1) 检查航天器上所有备份设备性能参数,并检查备份切换功能是否完善可靠。

　　(2) 全部无线遥控指令、程控指令必须逐条按航天器发射后执行程序进行检查,还要按可能改变的程序进行检查。

　　(3) 航天器所有的工作模式均应在每次测试的全程序中出现至少一次,以便检查这种模式下航天器的性能。

　　(4) 航天器处于正常工作状况和模拟某些故障工作状况的各种模式下的测试,包括温度控制系统的加热器控制。

　　(5) 遥测及有线监测各种状态下的航天器测试参数和事件归档记录,用于在线监视和事后分析。

　　(6) 计算机控制的测试设备,对被测参数进行自动判别,出现故障时应给出提示并自动停止下一步的操作,以便做进一步分析判断。

　　根据航天器飞行程序、工作模式、测试要求以及地面综合测试设备的配置情况来编制航天器电性能综合测试应用软件。在航天器初样研制阶段,电性综合测试程序及应用软件也是处于初期状态,应在电性航天器测试的实践中予以修改和完善。

　　由于航天器上各系统间的匹配性、兼容性在初样阶段尚未经过充分试验考验,以及航天器的复杂性和测试程序及应用软件的不完善性,航天器综合测试应在自动化检测中充分考虑测试人员的干预。测试应用软件在不同的研制阶段有不同的测试应用状态,包括:

(1) 在初样阶段的开始时期,电性能测试将主要依靠测试者的介入。

(2) 在初样阶段的航天器电性产品测试阶段,随着各种设备的协调性、兼容性的完善以及程序和应用软件的完善,逐步进行自动化检测。

(3) 正样测试和发射场测试实现航天器自动化检测,这是对地面测试设备的要求,同时提高测试速度,缩短测试周期,更真实地反映航天器在实际运行时的工作状况。

(4) 为实现自动化测试,测试设备需配置较强的功能和较快运算速度的计算机,这样才适应各种工作状态较快变化,在短时间内实时完成监视、记录(存储)、分析、判决、报警、转入诊断程序等一系列功能。

(5) 测试结束后,对记录的数据进行离线回放,因为在测试中,有些故障的潜在因素会在某些相关系统中出现瞬态反应,这需要系统具有快速的获取和记录能力。

4.3.2　被测试航天器的状态

航天器综合测试状态可按航天器总装状态划分,也可按电测需要划分,不同状态下的测试要求和内容各有不同。目前划分方法尚未统一定义,在前面我们曾介绍了 CBERS 的测试阶段划分方法,现在我们以某个航天器测试实施为例做具体说明。该测试分为 A、B、C 和 D 四个状态进行。

4.3.2.1　A 状态

A 状态是在航天器系统状态下进行分系统测试,即各分系统已安装在航天器的结构和支架上,主要利用航天器上电缆进行。由于此状态主要是分系统测试,除了与电源系统相关外,其他分系统之间没有信息联系。许多航天器上电缆网、电连接器不与其他分系统设备的电连器相连。当检测某一分系统时,电源分系统与此分系统的电缆连接,即可通过航天器上的供电系统向其供电,此分系统内各部件间也应利用航天器上电缆连接。在分系统测试时,通过地面测试控制台来控制电源供电,此时航天器上电源转换器应由地面的一次电源模拟器(或太阳电池阵模拟器)来供电,被测分系统则通过专用地面测试电缆与该分系统的专用检测设备相连。A 状态的测试程序应是:

(1) 航天器机械结构体呈开放状态,即外壳或壁板未装上或是处于打开状态。航天器可分成两个或两个以上舱段,各设备已安装上(或试装过),电缆网已铺设好。首先检查总体电路连接的正确性(包括电缆网、配电器)。

(2) 检测电源分系统的工作性能。首先检查地面电源模拟器供电是否正常,然后再检查一次电源母线和二次电源母线输出处的参数,并在用户(分系统)接口处用模拟负载检查电源输出特性。

(3) 地面模拟器(电源)供电,通过一次电源控制分配器及二次电源控制分配器向被测分系统供电。被测分系统各设备间用电缆网连成分系统,并利用专用测试电缆与本系统的专用测试设备连接并检测本系统的性能指标。

(4) 在遥测遥控分系统通过检测后,其他分系统检测时,就可以利用遥测分系统获得该分系统的遥测参数,遥控分系统也可参与控制。如航天器上装有数据管理分系统,则数据管理分系统亦应首先正常工作后并投入使用。

(5) 地面综合测试设备在此阶段主要是供电控制、监视电源、发送遥控指令、获取遥测参数以及和专用测试设备一起对航天器上各分系统的性能参数进行测试。

4.3.2.2　B 状态

B 状态是航天器电性综合测试的最重要状态,它是在航天器和分系统综合工作时,航天器和各分系统电性能的全面检测,除火工品为代用品外,全部进行真实的通电测试。此时不装航天器外壳或分舱段设置便于检测,各分系统可利用短电缆与专用测试设备相连接,较全面测试本系统性能,因此 B 状态是对航天器全面检测最方便的状态。采用航天器电缆网,由电源分系统供电,通过数据管理分系统、遥测分系统以及电缆线对各分系统参数进行测试,同时要求某些专用设备向航天器上分系统设备提供测试所必需的激励信号。此测试状态由于各分系统同时工作,系统的兼容性和匹配性得到充分试验。同时也能获得各分系统的全面性能参数,以作为航天器测试各阶段的对比和判决的依据。B 状态的测试程序应是:

(1) 与 A 状态一样,航天器机械结构体呈开放状态,并可分成两个或两个以上的舱段,此航天器已通过 A 状态测试。

(2) 航天器上电缆正式连接(火工品仍用模拟件),发射机输出经同轴电缆(或波导)接到天线等效器或接检测设备(也可经衰减器后再接天线)。B 状态与A 状态一样利用专用检测设备更全面地检测本分系统的性能。与 A 状态不同的是 B 状态要求被测分系统与相关分系统的电缆基本上全部连通,以进行完整的航天器测试。

(3) 航天器上电源分系统、遥测分系统、遥控分系统必须已正常工作。地面模拟电源通过航天器与地面连接电缆和脱落电连接器(或分离电连接器)给航天器供电,航天器上遥测分系统起监视和测量作用。通过地面遥控专用检测设备向航天器发出遥控指令,并检测验证指令输出的正确性以及各执行部件对指令的执行情况。在电源、遥测、遥控的有线和无线通道正常的情况下对航天器上其他分系统进行全面的测试。

(4) 在地面综合测试的统一指挥和协调下进行模拟飞行状态的测试(简称"模飞")。包括模拟发射前准备状态的设置以及火箭发射后,升空、入轨、轨道运行期间各分系统的工作状态。由地面综合测试设备控制和调整上述工作程序运行,遥测、遥控、数据管理系统和地面综合测试设备以及必要的专用测试设备一起配合工作。

有些型号根据本身特点将 A 状态与 B 状态合并,统称 A 状态。

4.3.2.3   C 状态

C 状态是航天器呈总装完毕的状态(包括航天器外壳等),在航天器出厂前,在各环境实验室及发射场的两个区进行的测试。它比 B 状态测试简化,主要侧重于功能性测试,在航天器工作状态下,监视各分系统的工作状态,仅对各分系统的少量主要参数进行定量测试,不做全面的测量,如发现异常再进行分系统的补充测试。C 状态的测试程序是:

(1) 航天器总装成可出厂的完整状态。此时航天器与地面之间只是通过装有脱落电连接器(或分离电连接器)的长电缆和地面综合测试设备连接,或通过无线信道建立联系。

(2) 为了使测试方便逼真,同时也减少长线对弱信号的损耗和干扰,可以允许在航天器上装有小型(轻型)信号模拟器或激励源,如光信号模拟器、太阳信号模拟器、地球信号模拟器等供某些分系统检测用。

(3) 测试中,充分利用遥测遥控及无线通道功能,尽量减少有线测试内容。

(4) 测试大纲和细则的制定应以保证测试质量为前提,尽量缩短测试时间,简化测试内容,包括地面供电(简称外电)条件下的测试和脱落电连接器脱落后全部由航天器内电源(简称内电)供电的模飞测试。

4.3.2.4   D 状态

某些型号航天器将模拟飞行工作状态的测试定为 D 状态测试。此时航天器所有状态及电接口均按飞行状态要求,接通正式天线,但火工品加有保险电连接器(此保险电连接器在火箭起飞前需除掉)。这种状态测试要受到发射架条件以及射前允许测试时间的限制,所以只能做最主要的功能性及极少量参数的定量测试。D 状态测试程序为:

（1）航天器结构呈封闭状态，航天器上除火工品加保险电连接器外等同于飞行航天器状态。脱落电连接器（或分离电连接器）的地面电缆长度要模拟发射场地需要的实际长度。

（2）在工厂测试大厅和技术区均要进行 D 状态测试，除包括一些辅助测试外，它以转内电后的模飞测试为主要内容。由于利用内电进行测试，所以测试大纲和细则的制定在保证测试质量的前提下更应尽量简化测试内容，缩短测试时间，以保证在内电的容量许可条件下完成此项测试。

（3）D 状态的模飞测试是以航天器上无线电遥测、遥控、跟踪系统及地面专用无线测试系统为监视、控制和观察航天器的唯一手段。模飞试验中改变航天器工作状态主要是依靠指令和程序，也就是说依靠地面测试设备发出的遥控指令或依靠航天器存在数据管理系统（或程序控制系统）中的程序来进行控制。

4.4　综合测试实施要点

综合测试工作贯穿于航天器的整个研制阶段。综合测试方案的制订与测试设备的研制以及综合测试的实施是航天器研制流程中的重要环节。航天器不同研制阶段的测试任务和内容是不同的。下面叙述综合测试在航天器的不同研制阶段中的任务、内容及测试方法的要点。

4.4.1　航天器各研制阶段的综合测试内容

4.4.1.1　方案研制阶段

制订航天器综合测试方案，制定各地面测试设备间的接口关系。综合测试方案应与航天器方案制订同时进行。根据航天器的方案、电性能要求、航天器的各种测试环境，包括所采用的运载工具、总装厂、大型试验设备及其环境、发射中心的技术区和发射区等多方面条件来制定。在制定航天器测试系统方案时，首先要制订总控设备方案，确定与各分系统专用测试设备的接口要求、通信规程要求等。在确定各分系统测试方案的基础上，制定专用测试设备和综合测试方案。

4.4.1.2　初样研制阶段

初样研制阶段也可以称作模型或原型样机研制阶段，一般初样阶段的产品不用于发射的航天器上。初样阶段综合测试实施的要点是：

（1）综合测试系统实现。根据确定的综合测试方案，开发研制综合测试系统,包括硬件的配置和测试软件的研制,并在初样研制阶段的测试中逐步修改和完善测试系统。

(2) 航天器桌面联试。对于要安装在航天器上的电性设备在桌面上通过电缆网连接并进行电性能测试。桌面联试的任务是:①检查供配电和电源分系统、地面供电系统的性能以及供电系统与各分系统间电接口的匹配性;②检查地面综合测试设备和分系统专用测试设备之间的匹配性;③检查各分系统间电接口是否协调匹配,并排除系统间的干扰;④测试各分系统的主要电性能技术指标是否达到设计技术指标;⑤通过测试,不断修改和完善测试程序、测试方法和测试文件(软件);⑥通过测试提出分系统产品及地面测试设备存在的缺陷,并提出修改意见。

(3) 航天器电性产品测试。在设备桌面联试的基础上,各分系统设备经过修改完善,交付初样产品并组装成为较完整的初样电性航天器,配置好综合测试设备后,再进行初样航天器的电性综合测试工作。试验目的是检验航天器上电子设备以及光电、机电、热电等设备间的匹配性和兼容性,检查航天器上设备间有无干扰;测试航天器工作状态下的各项电性能及其他有关技术性能指标;航天器状态下的电磁兼容性试验;为正样的设计提供修改依据。其综合测试任务是:①完成桌面联试所要求的测试任务;②检查航天器布局、电缆布设对电性能和电磁兼容性的影响;③测试航天器和各分系统的主要电性能技术指标,以及机电、光电、热电性能技术指标,全面鉴定航天器和各分系统是否达到设计技术指标;④航天器状态下的电磁兼容性试验(EMC);⑤通过测试提出初样产品(航天器上及地面测试设备)存在的缺陷,提出修改意见作为确定正样(飞行)产品状态的依据。

4.4.1.3 正样研制阶段

正样研制阶段也称作飞行产品研制阶段,最终的航天器产品被用于发射。正样研制阶段综合测试实施的要点是:

(1) 正样合格鉴定级航天器测试。这是对航天器进行性能的全面测试,并进行合格鉴定级的环境考验。进行过合格鉴定试验的航天器,由于它已遭受过比预计最高环境还要严格的考验,也许会有内部损伤,影响其工作寿命,因此,一般对经过合格鉴定试验的正样航天器不再作为正式飞行航天器。

(2) 用于飞行任务的航天器试验及发射场测试。正样航天器的成功发射是要通过许多必要的试验和测试来保证的。测试项目如下:①在航天器总装后要进行系统综合测试和检查,以保证航天器电气和机械性能以及接口的正确性;②进行航天器的验收试验(振动、噪声、热真空、热平衡)和测试,通过验收试验和测试,作出对该航天器功能是否满足技术要求的最终结论,合格后批准出厂;③在发射场的技术区的总装测试厂房进行部分总装和全面测试;④航天器推进燃料加注,加注后航天器和运载火箭对接并进行发射区测试;⑤测试完毕后火箭加注推进剂,然后再进行临射前测试直到火箭点火起飞。

4.4.2　初样电性产品综合测试

初样阶段的电性航天器联试主要是对航天器上的仪器设备进行电性能的综合测试。这个阶段进行综合测试主要是检查航天器产品电气设计的正确性,为转入正样研制阶段提供修改的依据。

4.4.2.1　测试目的和状态要求

测试目的与初样研制阶段航天器电性产品测试的任务一致,主要检验航天器上与电有关的分系统设备在总装后是否达到规定的功能和性能及各分系统设备间的相互匹配性,并鉴定航天器电气性能是否达到设计指标,进一步熟悉航天器的电气性能和测试技术并修改和完善测试设备、测试文件,对正样产品的技术状态提出修改意见。

航天器上设备的技术状态均应符合电性能设计要求,高低频电缆及设备的安装和固定达到规定的要求,地面测试设备及测试电缆状态与发射场的测试状态要求相一致。

4.4.2.2　测试步骤及流程

航天器的测试状态与总装状态和电测需要有关,各型号尚无统一规范,不同状态下的测试要求、内容和试验方法不尽相同。航天器通用综合测试技术流程如图 4-4 所示,以下简要介绍综合测试的步骤。

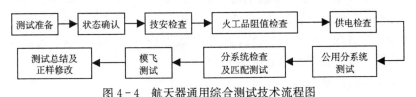

图 4-4　航天器通用综合测试技术流程图

(1) 测试准备工作
· 测试文件和图纸:测试细则、连接图、接点表、指令表、参数表等;
· 测试场地和工作环境:供电、接地、环境、温度、湿度等;
· 测试设备和测试电缆:校准、调试、联试、电缆铺设到位;
· 等效设备:模拟运载信号、控制系统模拟器、推进阀模拟器、工艺电池等;

· 辅助测试设备及有关设施:稳压源、调度通信、转接盒等;

· 总装过程中进行的测试:电缆导通、天线测试等。

(2) 测试状态确认。总装结束后,供电前总体及各分系统对航天器测试状态与总体文件要求确认一致,不同的测试阶段提出不同的测试状态的设置,确认连接测试电缆及天线转接,安装等效器、模拟器等设备。

(3) 技术安全检查。航天器加电前,对测试现场全面进行技安检查,包括测试设备的供电、接地检查,对航天器的接地检查,静电接地棒的设置检查,接地状态的确认,对参试人员提出技安要求。

(4) 火工品阻值检查。对航天器上火工品进行单个阻值与综合阻值的检查,确保供电前测试安全,检查完毕,插好保护电连接器。

(5) 供电检查。航天器统一供电情况下,检查直接使用母线供电设备的供电状态,检查母线电压等电源分系统工作参数和功能,各分系统供电的基本工作情况。

(6) 其他分系统检查。一般是按照电源、测控、数管、姿态控制的顺序对服务分系统进行检查,保证供电控制工作正常,无线通信、遥测和指令通道的正常工作。

(7) 分系统测试及匹配。在服务分系统测试的基础上,对其他分系统进行功能和性能测试,检查分系统间硬件接口或程序(数据)接口的匹配性,确保工作正常。

(8) 模飞测试

· 发射前的准备:电池充电、供电检测;

· 模拟临射状态设置:分系统射前工作状态设置、电池组供电、脱落电连接器脱落试验、待发等待起飞信号;

· 模拟发射段:此阶段由镉镍电池组供电,各分系统进行参数监视;

· 模拟轨道运行段:模拟入轨、变轨、轨道维持、返回制动(返回式航天器)、舱段分离等各阶段的工作程序;

· 模飞结束恢复到模飞前初始状态。

4.4.3　航天器环境试验测试

(1) 环境试验条件下的综合测试。环境试验的前后对航天器性能及功能全面检查。按照航天器的实际飞行情况,在经受环境考验时所处的工作状态,在有些环境试验项目中各分系统是处于加电工作状态,考虑到环境试验的特殊性,这种在环境试验中的综合测试,往往简化到只对能发现故障的最主要(与环境有密切关系的参数)参数监视,其余参数要做完整的记录。即使如此,环境试验中,除了环境模拟试验设备本身工作特性之外,对于测试方案及实施仍有许多区别于航天器单独的综合测试的技术问题:①环境试验设备与航天器上各系统的电磁兼容性问题;②试验设备与航天器之间匹配问题;③试验前要确定在试验中航天器工作所需要的条件(供电,信号源等)以及外部检测所必需的参数和状态。

(2) 航天器合格鉴定的性能试验。目的是用于确定航天器性能是否满足环境要求,以及在每项环境试验考核下是否会导致性能下降,事先应有性能数据的参考基准。

(3)电性能测试。除了火工品外,航天器应按其飞行状态与所有部件或分系统连接。如果有些设备在环境试验时无法进行测试,则需要简化或采用"模拟源"等替代,尽可能多地检测到这些设备在试验时的主要性能。所有分系统均应工作,所有指令均应以正常程序发出,并验证响应的正确性。

(4) 电磁兼容性试验。本试验的目的是用于验证航天器的电磁兼容性,并确定航天器在模拟发射、轨道运行或返回大气层时的电磁环境下是否具有足够的安全系数。

(5) 航天器振动试验。本试验用于验证航天器在发射段飞行,以及地面运输等振动环境中的承受能力。振动沿航天器相互垂直的三个轴向分别加载。在振动试验前、后及试验过程中,航天器都要通电工作并监测性能参数。

(6) 航天器噪声试验。本试验是用来验证航天器对飞行过程中,所施加的声频振动环境的承受能力。在噪声试验前、后和试验过程中,航天器都要通电工作并监测性能参数;试验过程中设置某飞行段工作程序,检查在噪声环境下电性设备工作的性能。

(7) 航天器热平衡试验。验证航天器热分析模型的正确性和热设计的适应程度,检验航天器热控制分系统使航天器的所有组件,分系统工作在规定的温度范围内的能力。在多数情况下,航天器热平衡试验和热真空试验一起顺序完成。试验期间,航天器应通电工作,并自始至终使航天器处于模拟轨道运行工作状态。

(8) 航天器热真空试验。根据航天器的各分系统设备以及航天器内由温控设计所保证的温度范围要求,验证在预计飞行的极端温度并考虑设计安全系数的环境下热控分系统的保证能力以及各分系统设备的承受能力。航天器置于热真空罐内,在抽真空前,对航天器先进行一次功能性测试,测试后断电。要特别注意低气压放电现象。在抽真空时要监测航天器主要参数,先将真空气压和温度降到规定的最低水平并使之稳定,随时观察航天器主要参数变化情况。然后保持真空气压,温度升高到规定的最高水平并使之稳定。经测试后,再回降到环境温度,从而完成一次真空温度循环。在第一次和最后一次温度循环的高温和低温极限下应详细记录航天器主要参数数值,其他循环期间可只做监视。整个试验期间,航天器上电气设备都应和空间运行时的工作方式一致。每次循环在高温和低温端各停留至少8小时。

由于在做热平衡和热真空试验时,航天器处在真空罐中,所有的测试接口只能通过密封穿墙电连接器和转接电缆引出。航天器与EGSE的连接方式如图4-5所示。由于热试验周期长和费用高,在合罐之前要确保连接方式和线缆的正确性,所有转接电缆要按照地面电缆的生产工艺生产,并逐一进行导通和绝缘检查。

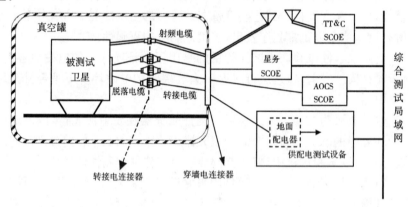

图4-5　卫星与EGSE连接示意图

4.4.4　正样航天器综合测试

正样航天器从总装开始到发射,其间要完成各种试验和测试。

4.4.4.1　正样航天器验收试验

目的是检查正样航天器是否存在着研制生产过程中的缺陷,正样航天器验收性能测试内容大体上和鉴定测试相同。包括电性能综合测试、力学环境(振动、噪声)试验、真空热试验(热平衡、热真空)、零磁试验等电测试。

4.4.4.2　航天器与其他系统的联合试验

航天器工程是包括有几个大系统的工程,即:航天器(本体),运载火箭,地面测控站网(包括测控中心),地面应用系统,发射场、着陆场、载人航天员系统等。航天器本体与这些系统的接口匹配及电磁兼容性等,必须通过对接匹配试验予以检查和确认。

(1) 航天器与运载火箭对接试验：检验航天器与运载火箭之间的机械接口以及接口电路的匹配性能，航天器与运载火箭同时加电工作，测试各自的性能，检查相互干扰的情况，检查两系统间工作程序的匹配性。

(2) 航天器与运载火箭发射场联合对接试验：在发射架上，模拟发射的实际情况，各系统同时工作，以检验航天器与运载火箭、发射区的适应性与协调性，并检查工作程序，测试文件的正确性，并训练发射场操作人员，为实施火箭和航天器的发射积累经验，这是一次发射的合练程序演练。航天器、运载火箭以及发射场内同时工作设备的兼容性能检验也在此阶段进行。

(3) 航天器与地面站测试联试：主要考验航天器与地面测控站之间的匹配试验。包括航天器与测控中心的天地无线通道及程序合练，航天器部件遥测、遥控、跟踪、通信等设备以及数管设备与测控站的对接试验和"校飞"试验。

(4) 航天器与地面应用系统联试：许多航天器有效载荷系统是与地面应用系统紧密相关的。例如通信卫星转发器与地面通信站的匹配，遥感卫星的遥感数据传输系统与遥感地面接收站和数据处理中心的匹配，均需要经过一定的匹配试验和联试。

(5) 人船箭发射场合练：对于载人航天任务而言，还必须做航天员与航天器、运载、发射场间的匹配演练，包括出厂前人进出飞船及手动操作控制的匹配；船箭在发射架上，人进出飞船及从飞船中逃逸、与地面进行通信联络等各个方面的配合和程序演练。

4.4.4.3　技术区综合测试

在完成航天器的总装测试和各种验收试验后，航天器运往发射基地，由于航天器本身的技术要求，或运输的限制等，有些航天器可能不做完整的整体运输。航天器在发射场技术区再组装后，还必须进行综合测试。

技术区是一个能提供相当能力的航天器总装和性能测试的设施，包括总装厂房、设备及附属的试验室。技术区需要具备总装测试条件的原因是：①航天器可能要分段运输；②航天器上某些部件需要在发射场最后安装。例如火工品（引爆元件）、伸展天线、太阳电池阵、远地点发动机等；③需要在发射场处理的项目，如航天器上化学电池的补充电解液和充电，姿态控制轨道控制系统中燃料的加注，回收型航天器相机的胶片安装和返回生物样品的安装等；④在技术区有时需要更换经检查测试发现不合格的设备和部件。

技术区测试是航天器地面试验程序的最后一次全面的综合测试。航天器自出厂后经过长途运输，在技术区进行部分总装测试工作，为确保发射成功，技术区的性能测试是很重要的,它应达到出厂前的验收性能指标。

4.4.4.4 发射区综合测试

　　航天器在技术区总装测试完毕后,以整星(船)完整的形式由专用运输车运到发射区与运载火箭对接,并进行系统测试和与运载匹配测试。由于计算机和网络技术的应用,许多航天器发射区测试时的设备仍然在技术区,只有少部分设备转运到发射区。发射区与技术区之间通过转发器实现航天器 TT&C 射频信号的传递,从而完成在远端的测试。不同的航天器测试设备在发射区的配置也不会相同,这取决于测试要求和可以提供的测试接口。图 4 - 6 是某航天器 EGSE 在发射区的布局框图。航天器所在的位置与测试前置间之间有长达 100 多米的电缆连接,而测试控制室与前置间有千米的距离,可以通过网络或光缆连接。

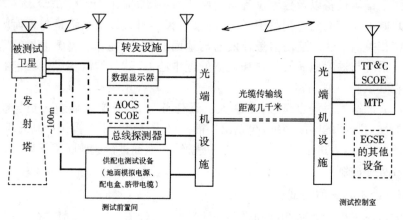

图 4 - 6　发射区设备连接示意图

　　模拟电源设在前置间,为了减少长电缆对航天器供电所造成的电压降等不利影响,通常前置间设置在发射塔架下面的地下室内,即使这样供电电缆长度仍有上百米。

　　测试和控制较为安全的地点是半地下室或远离发射架。控制室包括有显示和控制间、综合测试间、主要分系统测试监视间和通信勤务等。

　　一般发射区测试分成两个阶段,首先在发射架上对航天器进行最后的检查和状态处理(例如摘除保护盖及安全连接器等)。在航天器附近根据提供的测试接口情况只能进行部分功能和性能的测试(如火工品电路的检查)。第二阶段的测试是通过脐带电缆和长电缆的供电检测,以及射频(遥测、遥控)链路的测试。这时只能监视和测试航天器最重要的性能参数,这些参数送到显示和控制间以便显示航天器的主要工作状态。航天器的测试程序应以能发现航天器主要系统故障为主要目的,并且要求能迅速判断故障,并作为能否发射决策的依据。

在发射区测试时,地面设备与航天器间的连线应尽量少,并尽量减少长电缆对航天器的干扰,长线测试的数据准确性受到一定限制,应以无线测试参数为主进行测试。

航天器起飞后,航天器研制阶段的各种地面试验任务全部完成。但是各阶段所获取的测试数据仍是宝贵资料,可留做与航天器轨道寿命期间无线遥测取得的数据及航天器有效载荷的性能测试数据进行比对,它不仅可判定航天器在轨性能和品质,还可以供航天器出现异常或故障后进行分析。

4.5　综合测试故障分析和判断

综合测试的目的是检验各分系统间及各设备间的匹配性、电接口的正确性和兼容性,分系统的性能和功能的正确性。而航天器工程是极其复杂的系统工程,在不同研制阶段的综合测试中,出现异常现象和故障是不可避免的,也是正常的,综合测试的任务是在测试过程中当故障出现时,如何迅速、准确地确定故障发生的部位,查明故障发生的原因,分析故障的危害程度并以最快的速度排除故障。

4.5.1　故障的定义和分类

对航天器进行加电工作时,航天器上的分系统或仪器设备出现不能完成预先规定功能的事件或状态则称该系统或仪器设备出了故障。

电测故障按故障出现的时间长度分为永久故障和间歇故障;按故障影响程度可分为灾难性故障和非灾难性故障;按故障级别分为一级故障、二级故障和三级故障。

永久故障也称硬故障。硬故障就是故障的重复性好,不随时间变化,故障排除容易,定位确切。间歇故障也称软故障,它是在特定条件下(如当电压、电流和开关状态的恰当组合时)出现的故障,故障出现时间短,重复性差,故障原因查找困难。即使工作状态和环境相同,也不一定能复现原有的故障现象,只有多次进行重复测试和进行有效的分析,才能将软故障的故障原因确切进行定位。

灾难性故障影响面大,危及航天器的安全,而非灾难性故障的影响是局部的。在测试过程中如出现灾难性故障,则必须采取紧急安全断电措施以保护好航天器产品,避免造成故障蔓延带来的重大损失和不堪设想的后果。对于非灾难性的局部故障,为方便查明故障原因,要对故障现象观察清楚,在不损坏设备的情况下,适当地延长故障出现的时间进行检查。

一级故障是影响航天器主要性能和功能,危及供电系统和航天器上其他分系统设备安全,不排除电性能测试无法继续进行的故障。二级故障虽影响航天器主要性能和部分功能,但未危及供电系统、故障设备自身及其他分系统设备安全,航天器其他测试项目仍可继续进行的故障。三级故障不影响航天器主要性能和功能,且现象清楚、故障定位明确,航天器电性能测试仍能继续进行的故障。

航天器在轨运行出现的故障可以根据故障对飞行任务的影响程度,大体上分为致命故障、重大故障、一般故障和异常现象四类。致命性故障导致航天器飞行任务失败,属灾难性故障。重大故障影响航天器部分任务的完成,所以重大故障、一般故障和异常现象属非灾难性故障。

4.5.2　常见的故障模式

不同类型的航天器其分系统的组成、构型、舱段的划分及仪器设备的布局差异很大,航天器上总体电路也各不相同,其任务的设置和具备的功能不同,工作方式也不同,因此,很难对故障模式进行准确确定。这里介绍测试中经常出现的几种故障模式:

(1) 性能指标故障模式。在测试过程中,往往会出现一些电性能指标不满足系统设计要求的现象,如信噪比偏低、电流电压超差、电源稳定度或精度超差等性能指标故障模式。

(2) 功能性故障模式。在测试过程中,该给出的正常功能信号未准确给出,不该给出的信号却给出,造成航天器或分系统的功能失常。功能性故障几乎覆盖航天器测试全过程,当然初期和中期出现的概率更大一些。

(3) 短路故障模式。在设计上或生产加工过程中某个环节控制不严,或产品有多余物,或状态不正确等造成某个环节可能发生短路现象,在供电时,就会出现短路故障。若电源具有过流保护功能,那么除电源受到一次冲击外,不至于带来灾难性的影响;若电源没有过流保护功能或者存在保护功能故障,则有可能烧坏其他航天器上设备。

(4) 开路故障模式。由于电连接器接插的不到位或针孔配合不好、接触不良、导线断开或电缆网设计错误等原因,都可能造成给航天器加不上电,或信号不能通过、指令接收不到等开路故障。

(5) 过压故障模式。由于电源稳压失控或人为设置母线电压发生错误,与要求的母线供电范围不符,超出规定上限,这就造成过压现象,如果电源无过压保护措施,则因为高电压加在航天器上,造成航天器上的仪器设备损坏。过压故障在整个航天器测试中曾多次出现,在一次母线和二次电源供电中都可能出现这种故障。

(6) 干扰型故障模式。在各研制阶段,对航天器、分系统乃至仪器设备都提出电磁兼容性要求,但在电测时设备之间、系统之间仍然或多或少会出现相互干扰,严重时造成无法正常工作,而且这类故障因航天器的状态不同、测试场所不同,干扰故障的现象也不一样,多数属于软故障,因而查找故障原因也比较困难。

(7) 接口电路不匹配。测试过程中,因为设备与设备之间、分系统与分系统之间的电气接口不匹配而出现故障的也不少,这类故障往往表现在阻抗不匹配造成信号幅度小,相位不匹配造成信号异常,脉冲多或少,开门信号宽或窄,互相"串电"等故障现象。

(8) 测试操作故障。此类故障分为两种情况,一种是被测目标状态变化,测试人员对变化的情况没有及时改变测试内容而引起的故障,或者是没有按测试程序规定的时间间隔或顺序进行测试检查引起的故障,状态变化故障或程序安排故障为软操作故障。另一种情况,总装操作人员在设备安装或设备检查时,接插件漏插、相互插错或者接插件没有插到位而引起的航天器上的设备故障,此为硬操作故障。

由于设备单检或分系统验收时只能简单地检查接口关系,如只能检查接插件接点的正确性、绝缘电阻等,因此接口电路的检查往往带有局限性,实际上需要在系统级条件下检查,匹配与否也只能在综合测试中才能完成最后的检查。

另外,地面测试设备的故障也应引起足够的重视,地面设备故障一是无法对航天器进行有效正常测试,另外地面设备的故障可能会直接导致航天器上设备的故障或造成设备的损坏,尤其是与航天器有直接连接关系的测试设备。

4.5.3　故障判定的方法

在测试中出现故障后如何准确迅速地查明原因,判定故障部位,排除故障,对于不同的型号和不同测试设计师,会有不同的排故步骤和方法。因此,只有在测试中,对出现故障时所处的测试型号、测试阶段、测试场合进行具体情况具体分析,灵活运用掌握的知识,才能不断提高测试水平。

排除故障的关键是弄清故障现象。当故障发生时,要充分利用一切观察手段和记录仪器,尽可能完整地记录下故障过程的参数,包括遥测参数、测试参数、记录的波形、特性曲线等,弄清楚故障的每一个细节。对归档数据进行回放,事后检查故障前后的全部遥测数据,与现场观察作对比,纠正现场人为记录的不准确性、有时为了进一步搞清楚故障现象，必要时，在不损坏航天器上设备和地面检测设备的前提下，可根据需要进行重现故障现象或捕捉故障的试验，为分析故障提供试验依据，直到测试人员弄清故障现象为止。重现或试验时，方法应周密审慎，手段应安全可靠，试验状态应正确合理，确保不引发新的故障和异常现象。但是对于那些危害航天器的故障，却应立即断电，保护现场，根据发生故障时观察到的和现有记录到的参数及故障现场状态综合起来，查清故障现象。

初步分析出现的故障。现场测试人员针对出现的故障现象，根据出现故障的分系统或者部件的功能，控制电路的逻辑关系，对故障现象进行分析、判断、推论。对于分系统内部或设备的故障原因比较容易得到结论，发生故障的部位比较容易确定，硬故障比软故障容易得到解决。牵涉到分系统与分系统之间接口关系及地面设备与航天器上设备之间接口关系的故障，就相对难以判断，难以确定故障发生部位，如果出现这种情况，往往必须制定查找故障的具体步骤，分段检查，直到将故障部位确定清楚。

故障检查的原则是先地面后航天器上，先有线后无线，先系统后部件，从大到小，从易到难，由浅入深，逐步缩小故障检查范围。先检查和排除地面设备的问题及电缆网的问题，再检查和排除航天器上的问题；对航天器检查时先检查供电情况，再检查出现故障的分系统状态；对分系统检查先进行系统检查，再进行部件、器件检查。对于系统可能发生的部位较为明朗的故障，可直接进行部件、器件的检查。

4.5.4　故障分析的基本方法

（1）断点分割法。断点分割法是分析排除故障、寻找故障常用方法之一。其基本出发点是将与故障有关的系统或者回路综合起来分析，设定若干断点，这些断点将该系统或回路分成若干部分，可逐步分析，逐个排除，以便确定故障部位。该分析法，常用于测试中所出现的短路、开路，接触不良或"串电"等故障。

（2）现象比较法。现象比较法就是通过定量或半定量的比较分析，将异常现象和正常现象作比较，寻找造成这种异常现象的一种或若干种因素，再通过测试观察，确定故障现象发生的原因。

（3）模拟法。模拟法是根据故障现象，通过一种或几种合理的模拟试验，确定故障发生的原因及部位。测试中，常用的模拟方法有程序模拟法、物理模拟法及逻辑模拟法等。进行模拟时出现与程序预先安排的指令提前、延迟、漏执行或误执行等异常现象时，可用程序模拟法确定异常部位。用实物或信号源来产生模拟信号，加在出现故障的回路或系统上，给出参考电平或信号，观察过程现象进而分析确定故障发生的原因和部位,称为物理模拟法。根据故障现象,提出一种乃至若干种假设,这种假设在某种逻辑条件下成立,进一步测试使故障复现,确定故障原因和部位称为逻辑模拟法。

(4) 逻辑分析与推理法。航天器上广泛地使用了数字电路和逻辑电路,如计算机、测控、姿控、有效载荷以及其他具有智能功能的各种接口电路等。虽然提到的设备在设计时采用了冗余或容错技术等各种可靠性措施,但在测试中可能会出现这样那样的问题,这类故障通常是逻辑故障或接口电路不匹配引起的。寻找这类故障的原因和部位常采用逻辑分析和逻辑推理方法。计算机出现故障,可以用计算机测试软件诊断;数据管理出现故障,如数据注入、传送或接收故障,通常用数据求和及位比对的方法来确定故障原因和部位;接口电路出现不匹配,反映出来的故障往往是漏脉冲、多脉冲或错位(脉冲相位不正确),这类故障可通过多次测试观察传输脉冲波形的变化,用逻辑推理方法,判定故障的原因,以便采取措施,消除故障。

(5) 系统分析法。综合测试在供电过程中如果不谨慎或者种种未知因素,可能造成供电灾难性故障,一旦出现,少则烧坏某一仪器设备,多则波及一个分系统,甚至几个分系统的设备。对这类灾难性故障,不可能用如前所述的排除故障方法去复现和模拟,只能根据前面所述的方法,去寻找故障原因和产生的结果,借助于综合测试连接总图,航天器上各部件之间的电连接关系,从系统分析入手确定故障波及的范围,仪器设备损伤的程度,并根据分析的结果,将怀疑已被损伤的仪器从航天器上拆卸下来,利用单检设备进行功能检查。对于已有明显损伤的(如在故障现场已经冒烟的仪器)则直接开机检验线路损伤程度。根据检验结果,提出对故障妥善处理的办法。

(6) 逐步孤立法。逐步孤立法与断点分析法有类似之处。逐步孤立法通常用于引起故障的原因比较复杂,被怀疑的仪器或分系统在两个以上。在初步分析故障原因,初步确定引起故障的对象及解决问题已有具体步骤的基础上,将被怀疑对象的输入、输出电连接器断开,串上转接盒,借助示波器对有关电路的输入输出信号进行监视,记录瞬时变化波形,根据预先设想的引起故障的各种原因,复现故障前的状态,进行发生故障过程的测试。逐步排除那些表现正常的设备,将真正产生故障的设备逐步孤立出来,确切查找出故障的真正原因。

(7) 反证验证法。反证验证法就是通过反验证的办法去证实故障发生的原因或部位。在测试中有一种叫做小概率故障,它往往是不可预见的,是一种随机的故障,也就是前面所说的软故障中的一种,往往只出现一次,很难复现。有时为了让它复现,经过分析,模拟试验,反复进行,故障现象始终不出现,这种情况,可采用反证验证法。

(8) 扣除法。航天器上的主电源为整个系统供电,通常是一条母线或一组电源为几个分系统或若干仪器设备提供电能。每一台设备或一个分系统在航天器各个不同飞行阶段具有它们自己的功能特性(负载特性),将一条母线或一组电源的负载根据各种飞行阶段,将其功耗集成,就形成该母线或者该组电源的功耗特性曲线,称为功率分布曲线。在测试中的某些特定环境下,利用正常负载功耗曲线可以初步判断出现异常现象的部位。

(9) 故障综合分析法。上面介绍的几种常用故障基本分析法,在综合测试过程中,绝对不是也不可能当出现一个故障时,就可以对症下药采用上述某个故障基本分析法去确定故障部位和找到故障的原因。由于不同型号航天器在不同研制阶段和不同测试场合,故障现象和故障性质不尽相同,甚至千变万化,所谓故障综合分析法就是利用上述两个或两个以上的基本方法,或基本方法之外的其他手段和方法,灵活应用,综合起来,以较快的速度排除故障。

(10) 故障诊断系统的诊断方法。实时故障诊断将利用先进的地面检测系统,人工智能技术和测试领域中专家们分析、推理、判断及决策的知识及解决问题的思维方法在计算机中汇集、复现,并建立一个以知识和推理为基础,以实时采集数据为判据的航天器实时故障诊断专家系统。

测试领域专家或者是设计领域专家在进行故障分析诊断时,总是充分利用他们对被测对象的原理和结构性知识以及他们丰富的直观判断型经验知识。他们的诊断知识可以归纳为三类,即数据解释知识、故障模式知识和诊断策略知识。这三方面的知识在测试现场故障分析过程总是被综合地利用。实时故障诊断专家系统就是利用测试领域专家的诊断方法,建立知识库,将专家的诊断故障方法变成智能化的计算机程序,用他们的知识和解决问题的推理方法去解决通常只能由专家在现场去解决的问题,快速排除故障。

故障诊断的工作程序是:数据处理,即对被测数据进行统计分析剔除野值,对异常数据预处理;状态监视与报警,即利用背景数据库、历史数据库、超限数据库对数据进行分析,并对不同故障的诊断优先级和故障发生的快或缓程度进行相应的报警;系统和分系统级故障诊断,对出现故障进行管理、调度、诊断结果综合、给出故障定位结论;对策建议,即通过确定故障原因和故障定位,提出排除故障的对策建议;对策验证,即验证故障对策的方案合理性和可行性,通过故障复现验证和故障对策实施合理性验证。

4.5.5　故障处理的原则

航天器综合测试应重视和进行故障预想和对策工作,并制定相应的故障对策,参试人员应明确故障情况下的应急措施。故障发生后,检查故障,对故障分析和处理,应遵守有关标准和规定,做到安全可靠、判断准确、处理迅速,并使故障处理都处于全面质量管理控制下。在综合测试过程中一旦出现故障,现场测试人员一般按照下列原则去寻找、排除和处理故障。

4.5.5.1　故障监视

参试人员严格监视测试过程中星上及地面设备的参数,及时发现和抓住不正常参数和现象。发现故障和异常现象时,应及时向测试现场指挥报告。自动化测试设备应该按照测试数据的判据进行实时地监视,对于不符合判据要求的数据和事件要及时给出提示。

4.5.5.2　应急故障处理

(1) 出现一级故障时应紧急关机和航天器断电;出现二级故障时应中止测试;出现三级故障时可继续测试。

(2) 及时记录故障发生时航天器或系统的供电状态、供电参数、系统的电性能参数及故障表现。

(3) 保持现场状态,记录地面检测设备种类、状态和工作方式。

(4) 在不损伤航天器上仪器设备前提下,保持供电状态,让故障现象充分地表现出来。

4.5.5.3　故障分析

(1) 根据故障现象和现场状态,由测试指挥主管领导组织有关人员参照有关文件、图样对故障现象进行回顾和分析。

(2) 分析工作应包含故障机理分析、故障后果分析、故障模式分析。

(3) 分析结论应与故障现象吻合,或能通过试验重现和验证。

4.5.5.4　故障检查

(1) 确定故障检查小组人选,制定检查故障的具体步骤,通过故障检查最终确定故障的部位、原因及故障的等级。

(2) 故障检查的原则是先地面后星上,先有线后无线。先检查和排除地面设备的问题,再检查和排除星上的问题。

(3) 星上检查:先检查星上供电情况,再检查出现故障的分系统状态。

(4) 出现故障的分系统检查:先进行系统检查,再进行部件、器件检查。对于系统可能发生的部位较为明朗的故障,可直接进行部件、器件的检查。

(5) 在未确定故障部位,未分析清楚故障现象的情况下,不应轻易破坏现场状态。必要时,在不损坏星上设备和地面检测设备的前提下,可根据需要进行重现故障现象或捕捉故障的试验,为分析故障提供试验依据。重现或试验时,方法应周密审慎,手段应安全可靠,试验状态应正确合理,确保不引发新的故障和异常现象。

(6) 故障检查中需要在航天器上操作时,应按操作有关文件的规定进行。

(7) 检查工作结束后,由检查小组作现场检查情况汇报,为设计、质量、检验及有关人员对故障模式和后果进一步分析,为制定故障处理措施提供依据。

4.5.5.5 故障处理措施

(1) 一级故障,现场及时修复或更换故障设备,对需修复、更换的设备,应先将准备换上的备份设备作单元检测,合格后方能装入系统;换下的设备,由有关系统作进一步检查分析,查清故障原因,作出具体结论,提出解决办法,并避免原故障在新换设备上重复出现。对元器件的故障应交由专门部门进行分析,并提交故障模式分析报告,分清是单个器件失效还是批次性质量问题。

(2) 二级故障,检查后故障原因清楚,解决途径明确,可暂不排除,故障设备暂不更换,待某一阶段测试工作完毕后,再进行排除或更换故障设备,换下或换上的设备的处理通上。

(3) 三级故障,一般待某一阶段测试工作完毕后进行处理,若故障排除费时较多,程序复杂,系统状态有大的变动,影响研制进度时,可待航天器测试工作结束后处理。

(4) 故障设备修复、更换后,还应在航天器状态下进行该设备所属分系统检查及与此设备相关的其他分系统的有关项目检查,地面检测设备应先对等效器检查,再进行航天器状态下的检查。

4.5.5.6 故障登记

故障处理完后,应填写故障登记表备案。故障登记表应包括下列内容:

(1) 测试阶段及状态。填写故障发生时进行到测试细则中哪一章、条、款、项。故障发生前的状态:供电状态、供电参数、系统参数、时间、地点、环境条件。

(2) 故障现象。填写故障发生时电源电压、电流参数;故障分系统的参数及故障的其他表现。

(3) 故障检查情况和结果。按实际检查步骤、使用仪器、测量数据及检查结果,参加人员、操作者、环境填写清楚。

(4) 故障原因。确定故障发生部位,画出电路原理图,尽可能准确地指出故障发生在如原理图所示的某部分或某个元器件上。

(5) 解决方法和措施。填写实际采取的故障处理措施。

4.5.6　故障案例及分析

航天器在发射升空之前的各个阶段都要进行电气性能的测试,支持综合测试的是电气地面支持设备(EGSE)。综合测试的目的是对航天器在 AIT 过程中和各种模拟环境下的电气性能和功能进行测试,从而发现被测试产品的问题,为改进设计和维修故障提供依据。地面的综合测试是面向故障(failure oriented)的一种测试活动,也就是说通过测试发现被测试航天器设备的电气性能和功能的故障是测试活动主要的目的之一。为了使测试所取得的结果准确和可信,要求 EGSE 的功能齐全和性能良好。

可是在实际的测试中,常常因为 EGSE 自身的问题、卫星测试接口设计的问题或者操作者的责任,造成了卫星或设备的故障。本来我们是用 EGSE 测试卫星的,EGSE 自身的问题却造成被测试卫星或设备的故障,此事应当引起领域专家的注意。我们通过对收集到的众多事例进行分析,归纳起来造成事故的主要的问题可以分为以下几类:①测试设备本身设计缺陷和星地接口设计不合理;②测试操作程序不合理;③潜通路效应影响;④测试操作的人为错误。

从事卫星测试和测试设备的人员完成设计任务的基本出发点是用户需求、技术发展现状和本人的经验积累等,这些固然是非常重要的。但是,吸取领域内其他人或其他任务在实施过程中付出代价换来的教训,避免重蹈覆辙和少走弯路同样是必要的。本节只选择了十一个不同类型的案例,对每个案例的故障现象作了描述,结合设计的原理对故障的原因作了分析,既说明故障的处理办法,又举一反三地给出了应该得到的教训,通过某些故障案例我们又引申出了潜通路分析等话题。

设计工作需要成功的经验和范例,需要技术上的深入探索和研究,同样也需要失败的代价换来的教训。本节的内容是从另一个角度为从事卫星综合测试和综合测试设备研制的人员提供参考和借鉴,使之在从事设计任务时防止类似的事故发生。

从对案例的分析可以看出,大多数故障是设计阶段考虑不周到,属于设计缺陷。上面所说的前三类故障无疑通过精细的设计可以避免事故的发生。即使是第四类的测试操作的人为错误造成的故障,不少也是可以通过技术途径加以避免的。

案例 1　地面电源电压升高使星上直流稳压电源损坏

（1）故障现象描述

在进行某卫星测试时,地面发出"地面电源接通"命令后,发现测量电压值出现跳动,超过正常值 28V,最高值达到 50V 左右,并且卫星上应该工作的遥测、跟踪和遥控设备(TT&C)没有工作。停止对卫星供电,关掉地面电源,查找问题。经检查发现,卫星上为 TT&C 供电的直流稳压电源(DC/DC-1)已经损坏。

（2）故障原因分析

图 4-7 示出了地面供电原理。地面电源是恒压电源,通过控制地面配电器中的继电器 K 接通供电。电源距离卫星有几十米至一百米。为了使负载端的电压能稳定在 28V,采用了远端(或称负载端)采样工作方式,使反馈的采样点设在了卫星的脱落电连接器的插座端,确保负载端电压达到预期值,如图4-7所示。

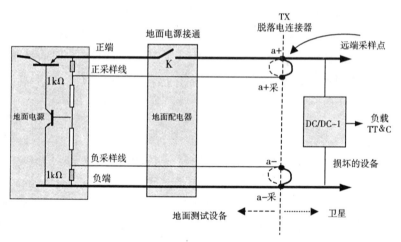

图 4-7　地面电源供电原理示意图

从电路分析看出,当地面电源的正采样线与正端输出线出现开路情况时,电源将失去调整能力,输出电压可能增至最大值,即 50V 左右。通过试验验证,与分析得出同样的结论。

产生上述故障的直接原因是脱落电连接器(TX)插接不到位,脱落电连接器(TX)只是在卫星端把"a+采"与"a+"短接,使得"a+采"与"a+"出现了空接现象,造成了 a+点即正端输出超过正常值 28V 达到了 50V 左右,致使星上直流稳压电源(DC/DC-1)输入电压过高而烧坏。

（3）解决措施和经验教训

根据地面电源的工作原理和试验验证,采取以下两项措施:①减少地面电源的采样线与供电线之间的保护电阻,由原来的 1kΩ(如图中所示)变为 100Ω。这时试验表明,当"a＋采"与"a＋"断开时,正端输出电压不大于 35V,在 DC/DC-1允许值之内。②在脱落电连接器的电连接器处使"a＋采"与"a＋"短接,"a－采"与"a－"短接(如图中虚线所示)。即使在脱落电连接器插接不到位情况下也不会出现上述问题。

案例 2　地面电源操作错误造成地面电源损坏

（1）故障现象描述

在对某卫星型号进行地面电源进行自检时,因操作错误造成地面电源损坏,共损坏 8 只调整管和 1 只场效应管,经及时修理,更换损坏的器件,造成一定的经济损失,推迟测试时间一周。

（2）故障原因分析

地面电源对卫星供电采用负载端采样控制方式,如图 4－8 所示,实线是供电线,虚线是采样线。操作人员把电源的正负两个采样线接反了,造成电源短路,如图(b),致使地面电源损坏。

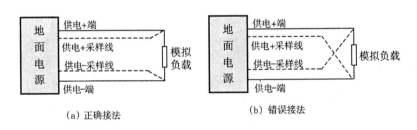

（a）正确接法　　　　　　　　　　　（b）错误接法

图 4－8　地面供电示意图

（3）解决措施和经验教训

请电源生产厂修理损坏电源,更换损坏的器件。这是一起很低层次的操作错误,引出的教训是:要求使用者必须熟悉设备的使用要求,严格遵守安全操作规程操作。

案例 3　星上控制开关接通使蓄电池过放

（1）故障现象描述

在发射场的发射区检查某颗星上脱插电缆时,如图 4－9 所示,发现 XTC 的 2 点对 6 点有 16V 左右的电压,4 点对 6 点有 1V 左右的电压。2 点对 6 点应是星上 A 组蓄电池电压 U_a,4 点对 6 点应是星上 B 组蓄电池电压 U_b,6 点是接地点。此时星上应是未加电状态,即 J1 的触点(1,2 点与 5,6 点)并未合上,U_a 和 U_b 的值应为 0V。通过地面测试设备控制 J1 继电器使其触点闭合,测得 U_a = 15.6V,U_b = 0.7V;控制 J1 继电器使其触点断开,测得 U_a = 0V,U_b = 0V。现象表明在此之前继电器 J1 触点(1,2 点与 5,6 点)已处于闭合状态,卫星是内电供电。当时负责星上电池组的人员认为 B 组电池已经过放,不能保证长期工作。于是把卫星从运载上取下,返回技术区进行检查和处理。

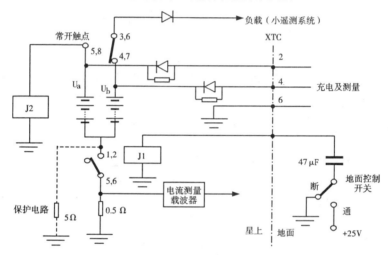

图 4-9　电源控制示意图

（2）故障原因分析

从图中可看出,在 J1 的触点(1,2 点与 5,6 点)接通时,切换电路由 A 组电池供电,J2 电磁继电器常开触点(3,6 点与 5,8 点)吸合,A 组电池给负载供电。在没有对 A 组电池充电的情况下,U_a 降到设定的切换电压(15V)时,继电器释放,常闭触点(3,6 点与 4,7 点)接通,B 组电池为负载供电,在没有对其充电情况下,U_b 将不断下降,直至造成 B 组电池过放。出现这种情况的直接原因是 J1 继电器的触点开关在星箭对接前的某个时间已经接通。为什么 J1 触点会接通?经讨论和分析认为最大可能的原因是 J1 继电器为单线包磁保持型,地面控制开关扳向"通"时,+25V 控制电源经 $47\mu F$ 电容产生一脉冲电流驱动 J1 继电器使之触点接通并保持,控制开关扳向"断"时,$47\mu F$ 上储存的电能产生一反向脉冲电流驱动 J1,使触点断开并保持。测试中曾经出现过 J1 触点接通后,系统正常工作过程中,触点又跳开的现象。可能是磁保持能力不强所致。此外,卫星起吊运输等造成继电器触点接通的可能性也是存在的。

（3）解决措施和经验教训

卫星运回技术区后,对 A、B 两组电池进行了连续反复地充放电,使电池充分活化,经测试判断,电池性能仍然良好,作为电池负载的小遥测系统工作也正常。

为防止卫星发射的主动段强烈的震动可能引起 J1 触点断开,经反复试验和讨论,决定加接保护电路,即在发射前 4 小时,在触点 1,2 与地之间加接 5Ω 电阻,这样即使触点断开,供电回路仍然是通的。蓄电池放电电流的遥测值要加以修正。经采用上述措施,卫星与运载对接后,经过精心测量,加接保护电路,发射后,小遥测系统工作一切正常。

设计选用性能良好、工作可靠的器件是非常重要的,重要的控制部分应加备份措施;每次测试完毕都要检查星上工作状况,要确保卫星已真正断电。

案例 4　电烙铁漏电造成星上设备损坏

（1）故障现象描述

某卫星在发射场技术区电测中,由于发现某些参数不正常,为了排除故障查清问题,更换遥测视频调制器备份设备。再次进行电测时,发现遥测视频调制器和温度参数不正常,更换视频器模拟开关后仍然不正常。

（2）故障原因分析

多次连续出现的故障使问题分析陷入了困境,有位质量检验人员说曾经发现电装工人在焊接测温电阻时有打火现象。技术人员对使用的电烙铁进行了检查,结果发现电烙铁漏电,经过了解得知操作人员在实施焊接时没有按照要求将电烙铁的电源电连接器拔下来,虽然在电源接线板上有通断开关切断电烙铁的 220V 市电,但是单刀开关只是切断了市电的地线,220V 市电的火线通过烙铁头加到了卫星上,造成了热敏电阻和遥测视频设备损坏和性能下降。可以通过图 4-10 对故障原因进一步分析。

卫星上很多温度的测量是通过热敏电阻实现的,热敏电阻与标准电阻串联分压,如图中的 R_{ti} 与 R_{0i} 串联。R_{ti} 随温度变化而变化,b_i 点输出电压就相应发生变化。模拟开关采集的是 b_i 点电压作为遥测数据传送给地面,根据变换公式将接收到的电压值换算成温度值。在进行更换遥测视频调制器时,需对某些测温度热敏电阻与星上测温电缆引线连接,图中的 a_i、b_i 点是需要实施的焊点。当带有 220V 的电烙铁焊接 a_i 点时,形成了通过 R_{ti}、R_{0i} 以及 R_{ti}、$1kΩ$ 电阻、模拟开关这两股电流直奔大地,如图中的虚线所示。造成模拟开关损坏、性能下降和热敏电阻损坏就是理所当然的了。由于电压过高使得在模拟开关的输入端串接的 $1kΩ$ 保护电阻也无济于事,其后的电路难免受到了高压冲击。

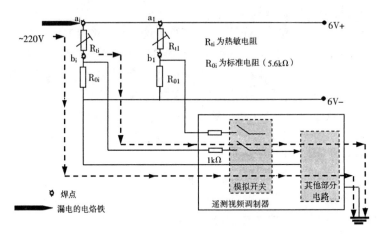

图 4-10　热敏电阻与遥测视频器接口示意图

（3）解决措施和经验教训

现场解决的办法只能是更换受损的设备。按照操作规程更换已失效或对温度要求苛刻或对温度控制影响较大的热敏电阻 41 个；而对温度适应范围大、控制影响小或有备份设备的热敏电阻没有进行更换。更换设备和热敏电阻后，对卫星进行重新电测，卫星状态正常。

这是在测试发射场出现的严重的责任事故。如果事先对操作工具进行检查，使用不漏电的电烙铁操作，如果按照规程在实施焊接时拔下电烙铁电源电连接器，如果当初设置的接线板开关是关断电源火线或用双刀开关（火线和地线同时断），如果使用的是低压电烙铁，事故就不会发生了。可惜的是这些如果都没有成立。这起事故的经验教训是：使用合格的操作工具，按照规章办事！

（4）此案例引出的话题

图 4-11 是卫星上温度测量电路的两种接法的示意图。我们从案例 4 的分析看出，那时卫星测量温度的电路接法是热敏电阻 R_t 接到标准电压 V_0 的正端，标准电阻 R_0 接在标准电压的负端，如图 4-11(a) 所示，采样的温度模拟电压值是：

$$V_t = V_0 \frac{R_0}{R_0 + R_t}$$

可是现在的卫星上测量温度的电路接法全都变为了标准电阻 R_0 接到标准电压 V_0 的正端，热敏电阻 R_t 接在标准电压的负端，如图 4-11(b) 所示，采样的温度模拟电压值是：

$$V_t = V_0 \frac{R_t}{R_0 + R_t}$$

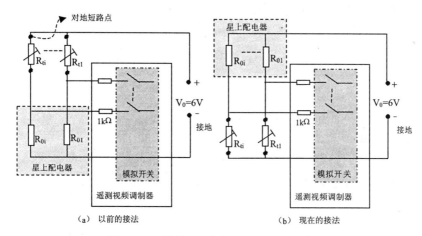

图 4-11　热敏电阻与标准电阻连接示意图

　　从电路原理上看,两种接法效果一样,只是在数据处理方面稍有区别。那么,为什么会出现这样的变化呢? 事情还要从一起在轨运行卫星的事故说起。

　　某卫星在轨道运行中出现故障:所有的温度测量的模拟电压都变成了零伏! 温度参数校准用的几路电压也同时变为了零伏! 地面无法知道卫星的热状态了。

　　除了温度以及校准电压不正常之外,卫星其他测量参数都正常,由此可以断定遥测视频设备没有问题,应该是测量用的 V_0 电源被短路了。因为此电源专门用做测量温度的,即使短路对其他部分也不会造成任何影响。

　　什么原因会使 V_0 电源被短路呢? 分析认为热敏电阻的焊接点或 V_0 电源正线对地短路的可能性最大。我们知道,通常的卫星都有几十个或更多的测温点,测温电阻分布在卫星的各个地方,分布在仪器内部、仪器机壳、卫星蒙皮、太阳阵、天线上等部位。所有的热敏电阻的一端都要焊接在同一个 V_0 电源的正线上。哪里需要布测温点,哪里就会有 V_0 电源的正母线。可以说 V_0 电源的正母线遍布卫星的各个部位,每一个热敏电阻的一端都会有一个焊点。这么多的引线和焊点,任何一处发生与卫星结构体的搭接,例如图 4-11(a) 的 R_t 的焊点搭接到地,就会造成 V_0 电源的短路。这时温度测量的模拟电压值自然就为零了。

　　基于这样的分析,在此事故之后的卫星测量温度的电路全都按照图 4-11(b)的接法。这种接法使测温电路的可靠性大大提高了。从图(b)可以看出,V_0电源正线只需要引到星上配电器中,所有测量温度的标准电阻的一端共接到 V_0 电源正线上,另一端引到各个需要测量温度的部位,再与热敏电阻的一端焊接起来。任何焊点的对地短路,只会造成本路测量值为零。

这样改动之后,上述故障再也不会发生了,除非 V_0 电源本身故障。测温电路接线方法从图(a)变为图(b)这样简单的变化,而电路的可靠性却大大提高了。这是在轨故障给设计人员带来的启示,是严酷的教训换来的经验!

案例 5　电源火线同设备机壳短接造成设备损坏

(1) 故障现象描述

在发射场技术区进行测试设备的等效器检查时,交流稳压电源已经接通,测试设备还没有通电。当移动仪器支架车时,听到了电源短路的打火声音,看到了两个 CAMAC 机箱冒出青烟并伴有焦味,交流稳压电源的保险丝烧断,机箱 1 的交流供电线烧焦。检查发现,两台 CAMAC 机箱的机箱控制器(CCU1 和 CCU2)遭到严重损坏,共有四块 PCB 板上的 200 多个集成电路片烧坏,造成很大损失。

卫星的供配电测试设备的框图如图 4 - 12 所示。两个 CAMAC 机箱叠放在专用的仪器支架车上,机箱 2 的机壳接到了大地上。

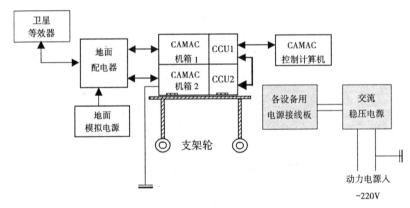

图 4 - 12　设备连接框图

(2) 故障原因分析

经过检查和分析断定,外购的 CAMAC 机箱(潍坊计算机厂生产)的电源部分电装工艺不合理,使交流 220V 电源火线碰设备机壳,造成了上述后果。结合图 4 - 13 对故障原因加以说明,图中只画出受损的 CCU 部分。

在 CAMAC 机箱的底部有四个冷却用的排气电扇,电扇的电源输入线上并接了两端用金属封装的瓷管耐高压电容 C。电容 C 的封装金属端没有任何绝缘措施,安装部位很靠近机箱底部机壳,机壳是 0.5mm 厚的铝片。机箱移动时很容易使机壳与 C 金属端相碰(发现了短路的烧熔点),电源的开关 K 控制的又是动力电源 220V 的零线,造成了电源火线对机壳短路。

由于 CAMAC 的模件都没有做浮地处理,因此短路电流流过 CCU1 上的地

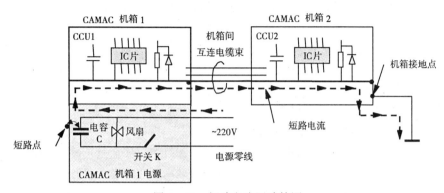

图 4-13　短路电流回路简图

线,经过两个机箱之间互连电缆中的地线流经 CCU2 上的地线,由机箱 2 的接地点直奔大地,如图中的虚线箭头所示。

如此高的电压和强大的电流,使得两个 CCU 上的 IC 电路几乎无一幸免,很多 IC 片被烧的面目全非,有的已经爆裂。接地线、电源线和机箱互连地线的塑料外皮都被熔化,交流稳压电源的保险丝熔断。

（3）解决措施和经验教训

针对故障原因,把 CAMAC 机箱上的可能引起短路的电容作了绝缘处理,更换了受损的两个 CCU 模块,经过自检后系统恢复正常,确保了任务的使用。任务完成后,对全部的 CAMAC 模件作了浮地处理,损坏的 CCU 全部换上了新 IC 组件。

这起事故提醒我们,要特别注意地面测试设备的交流供电部分的电装工艺,要使供电线有必要的绝缘措施,使之远离信号线,做到电源地、信号地分开,必要时做浮地处理。这样可以减少高压串扰,确保设备和人身的安全。另外,在设备供电电连接器的接线上要按照"左零右火"的原则,设备的电源开关一定要设置在电源线的火线上。

案例 6　测试环境造成红外信号异常

（1）故障现象描述

某卫星在工厂测试时,控制系统俯仰红外输出波形幅度比正常幅度下降约50%。故障过程有规律性,姿控加电后,俯仰红外输出波形幅度开始下降,30 分钟后,波形幅度开始回升,直至信号基本恢复正常。开始怀疑供电二次电源或示波器故障,经过检查排除供电电源输出异常或显示测量仪器的差错而引起红外异常的可能性。为了比对,同时观察俯仰和滚动红外输出波形,发现滚动红外输出波形虽还满足技术条件要求,但比正常输出幅度也下降了约 10%,变化规律与俯仰红外极相似。对比结果得到启示,引起异常的原因可能不是红外敏感器本身,而是某种引起它们不能正常工作的外部因素。后来经过进一步观察发现,异常情况几乎都产生在上午,姿控系统如果在下午加电,异常现象不再出现。

(2) 故障原因分析

引起异常现象原因是设备受外界湿度影响造成的,当时测试季节正好是雨季,厂房温度一般在 22~24℃,相对湿度 70% 以上,湿度较大。现场分析认为,红外刚加电时,由于湿度较大,小地球模拟器加热部位的铝合金抛光镀金的反射面上有雾状水气,使反射出去的能量小于正常值,致使两通道的红外波形的幅度相应下降,小地球模拟器继续加电 30 分钟后,反射面的雾状水汽逐渐减小,红外波形幅度开始上升,当反射面的雾状水汽全部蒸发后,红外输出波形幅度也上升到正常值。

采用物理模拟法进一步证实上面假设。经姿控系统加电红外输出波形幅度正常以后,人为地在滚动小地球模拟器窗口上哈气,滚动红外波形立即下降,并与上述加电时异常情况几乎一样。另一种试验是当姿控加电出现红外波形幅度下降时,用吹风机对小地球模拟器吹热风,示波器上的红外输出波形幅度立即上升,恢复正常状态。

(3) 解决措施和经验教训

改善测试环境条件,对红外加电等到工作稳定后再进行测试检查工作。测试环境对被测的对象会造成影响,对测试现场要求提供必要的测试环境条件。

案例 7 接点表定义不一致造成设备损坏

(1) 故障现象描述

某型号在第一次供电检查过程中,发现有效载荷设备的地球辐射收支(吸收/反射)仪设备上无电压电流参数显示,紫外光谱监视器、紫外光谱电控箱两个设备没有工作。

(2) 故障原因分析

有效载荷的二次电源采用集中供电方式,通过对供电电缆的检查发现地球辐射收支(吸收/反射)仪的 27V 供电线在经过穿舱电连接器时,错误的与另一端的紫外光谱监视器、紫外光谱电控箱设备的 5V 供电点连到了一起,造成 27V 供电送到紫外光谱监视器、紫外光谱电控箱的 5V 供电点上,使得收支仪、紫外光谱监视器、紫外光谱电控箱三个设备均不正常工作。导致紫外光谱监视器、紫外光谱电控箱内的 5V 供电电路损坏,而收支仪不会损坏,拆下设备进行单检,证明了分析结论的正确性,两件设备已损坏。产生故障的原因是电缆的接点表不一致,即舱段间电连接器一端定义的 27V 供电接点,在另一端却定义为 5V 供电点。

（3）解决措施和经验教训

修改错误定义的接点表,并把造成设备损坏的电缆接点进行相应的修改和检查,损坏的设备改正备份件,重新进行电测后,设备工作正常。

设备之间接口设计非常重要,该接点表虽然经过总体、分系统会签,仍出现了这样的错误。因此要求设计中对接点表定义进行认真、仔细复查,尤其是供电点的复核和检查,否则会造成星上设备的损坏。

案例 8　地面设备测量线对地短路导致星上设备损坏

（1）故障现象描述

某卫星在总装厂电测进行分系统解锁检查时,当程序发出"两舱二次解锁"后,为解锁火工品供电的第 6 组电源的输出电流达 2.09A 的过流现象,远远大于正常电流值。过流持续了约 50 秒后电流恢复正常。

经检查发现,过流是因为星上一路测量信号通过导线引到地面,在地面设备的跳线箱内,对机箱壳体短路造成。进一步检查发现,由于设备长期使用和颠簸振动,引起该路信号导线与机箱壳体摩擦,导致导线外皮磨损并与机箱壳体有接触。

（2）故障原因分析

我们先从解锁电路及测量原理说起,图 4 - 14 是原理示意图。

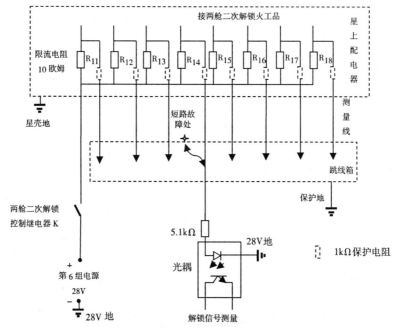

图 4 - 14　解锁电路及测量原理示意图

　　两舱二次解锁的火工品是 8 路,每一路都有 10 欧姆的限流保护电阻(图中的 R_{11}-R_{18})。每一路的保护电阻上端都引出了测量线,通过地面跳线箱后接到测量设备,在测量设备里通过 5.1kΩ 的电阻接到光电耦合器输入端。当"两舱二次解锁"指令控制的继电器 K 动作后,第六组电源的 28V 将通过各自的保护电阻驱动测量用的光耦,每一路的驱动电流大约为:(28V-发光管压降 1V)/5.1kΩ≈5.3mA,8 路的电流应该是 40 多毫安。

　　由于 8 路中的一路(图中接 R_{14})的测量线在跳线箱中对地短路,当"两舱二次解锁"指令执行后,第六组电源的电流将通过测量线直接流回地。电流值大约等于:28V/(10Ω+测量线路的电阻约为 7Ω)≈1.7A,远远大于保护电阻 R_{14} 承受的电流,持续到该电阻过热开路后,28V 电流恢复正常。但是星上设备已经损坏,虽然只是一个电阻损坏,但设备也不得不返厂维修。

　　(3) 解决措施和经验教训

　　问题准确定位之后,对导线束进行绝缘处理,用绝缘胶布绑扎,确保与壳体绝缘。从电路分析看出,在测试设计时如果采取必要的措施,即使测量线路短路情况出现也不会造成星上设备的损坏。通常测量线路长度可能超过 100 米,中间经过几段转接电缆和跳线器等,难免出现短路问题。如果在测量线星上引出端加接 1kΩ 保护电阻(为保证测量 5.1kΩ 电阻要减少 1kΩ 左右),出现短路时,回路电流也只有几十毫安,不会造成火工品保护电阻烧毁的事故。由此得出教训:任何星上引出的测量线,都应当有保护措施和隔离措施,应该允许测量线开路和短路。

案例 9　地面设备状态设置错误导致星上设备损坏

　　(1) 故障现象描述

　　对某飞行星出厂前验证测试中,在进行 4 小时的模飞测试时,当星上时间到达某一时刻,地面发出"放气"遥控指令后,星上操作岗位发现火工品模拟器冒烟,立即报告后,作了断电处理。经检查,地面火工品模拟器中模拟电阻已被烧坏,并导致星上设备故障。

　　(2) 故障原因分析

　　按测试细则要求,需要在出厂前模拟发射区的操作过程,对各路火工正线和负线接入情况进行检查。检查时是利用火工品模拟器(图 4 - 15 中虚线框部分)。为此,首先按照图 4 - 15(a)连接方式,将测量电缆连接到模拟器的 X1 插座上,进行了火工品正、负线接通情况检查,即测量点 1、2、…n 点对公共点间的电阻(应为火工品发火管模拟电阻 2.6Ω 加上测量线路的电阻)。测量结束后,要求必须将测量电缆连接到模拟器的 X2 插座上后如图 4 - 15(b)所示,才可以进行卫星加电测试。在模拟正、负线接通测试结束后,测试电缆没有及时更换到X2插座上,就开始了卫星加电测试,酿成了事故的发生。

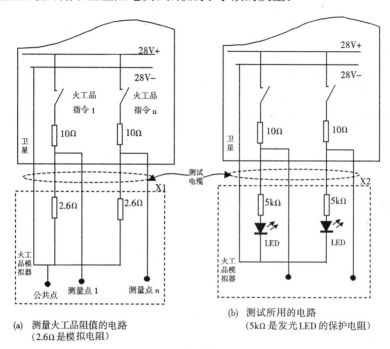

(a)　测量火工品阻值的电路
　　　(2.6Ω 是模拟电阻)

(b)　测试所用的电路
　　　(5kΩ 是发光 LED 的保护电阻)

图 4 - 15　火工品模拟器与卫星接口示意图

由于在火工指令测试时没有将测试电缆插接到图 4 - 15(b)的配置,而仍然是图(a)的配置。因此在进行火工指令测试时,指令执行使火工品电源通过 10Ω 和 2.6Ω 电阻形成了闭合回路,使星上保护电阻(10Ω)和模拟电阻(2.6Ω)被烧断。又因为火工指令多为自锁指令,致使多条指令连续发出,多个星上保护电阻(10Ω)和模拟电阻(2.6Ω)烧毁。

(3) 解决措施和经验教训

在技术方面,经分析、检查,此次故障造成星上三台配电器中部分限流电阻因受大电流冲击而损坏,其余设备和星上电缆未受到影响。经检查后,更换上述三台配电器,恢复星上状态,重新进行全面验证测试。

虽然这起事故被作为管理问题处理的,实际上在设计上采取措施的话,事故是完全可以避免的。如果火工正线和负线接入情况测量电路不将火工母线电压(28V−)接到公共点上,上述事故不会发生了。

案例 10　测试操作时机不对致使磁带机断带

（1）故障现象描述

在总装厂进行某卫星电性能测试中，分别对卫星的两台磁带机发出"正走指令"，之后进行其他项目的工作状态设置。在没有确认磁带机正走程序是否已经完成情况下，发出了两台磁带机电源断电指令。在随后再次测试磁带机时，卫星加电后从遥测发现磁带机出现张力不正常信号出现，随即停止了测试。经现场协调，将两台磁带机以及两台线路组合全部拆下送交研制部门检修。经检修发现两台磁带机的磁带均断掉，其他组件均未受损伤。

（2）故障原因分析

事故原因很简单，星上磁带机的正向走带过程要持续十五分钟左右，在磁带机走带过程中不允许断电。在磁带机正走程序还没有完成情况下，发出了两台磁带机电源断电指令，致使断带事故发生。

（3）解决措施和经验教训

这起事故也是作为管理问题处理的。诚然，严格按照操作规程操作，时刻监视被测试卫星的参数，可以避免此类事故的发生。从技术层面上看，在测试设计上采取必要的措施，这类事故完全可以避免。地面发出断电指令，要通过计算机程序进行某些条件的判别，条件满足可以发出和执行，否则不能发出。遥测信道中提供了磁带机是否完成走带的参数，可以作为判别的条件。在计算机已经广泛应用于测试设备的今天，应该尽量避免完全靠人工对测试过程的监视和判决。

由此我们得出一个教训，测试过程要发出的任何一条操作命令必须做到两条：一是任何指令的发出必须要有对执行结果的判别响应信息；二是对有前提要求的命令必须有条件的判别、互斥操作等措施。

案例 11　潜在通路效应引起的误动作

（1）故障现象描述

某卫星的地面供配电测试设备采用工控计算机（IPC）进行管理，为了增加设备的可靠性，同时设置了手动操作开关。为防止计算机"死机"造成误动作，设置了"机控允许/禁止"开关，接口示意图如图 4 - 16。从图中看出，计算机的开出卡是集电极开路（OC）门输出，OC 门是由光耦驱动的达林顿对管，图中简化为 G_1、G_2。OC 门使用了有七路输出的 ULN2003 芯片。

使用上述配置的设备在对某个初样卫星测试或对卫星等效器进行检查时，都出现过这样的现象：机控处于"禁止"状态时，当我们操作手动开关 S1 时，控制继电器 K1 正确动作，K1 的触点吸合。这时本来没有被操作的继电器 K2、K3 等同时动作，K2 和 K3 的触点也吸合了。造成了意想不到的误动作。

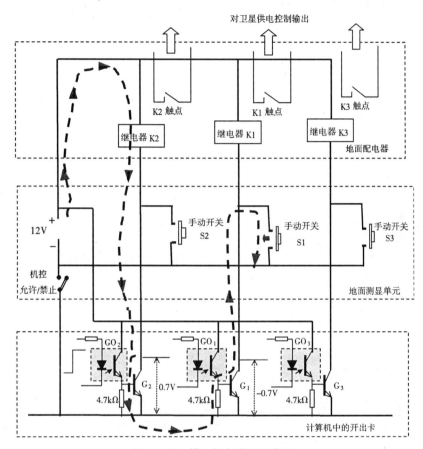

图 4-16　供电控制接口示意图

（2）故障原因分析

从电路图上分析，误动作的出现似乎难以理解。S1 的动作为 12V 电源通过继电器 K1 提供了回路，使继电器 K1 接通，这是很明显的。但是手动开关 S2 并没有动作，机控开关也处于禁止状态，继电器 K2 和另外的继电器怎么会动作呢？12V 电源的回路在哪里？开始使人百思不得其解。为此，对电路的几个关键点进行了在线测量。在 S1 接通时刻，用万用表测量门 G_1 和 G_2 的输出电压分别为 -1V 和 -0.7V 左右。说明了 G_2 处在了饱和导通状态。

为了进一步弄清原因，进行了进一步检查。将机控开关掷到"允许"位置，在手动开关 S1 没有接通时用万用表测量门 G_1 和 G_2 的输出电压分别为 12V 和 +0.7V 左右。说明了 G_2 门被激励，处在饱和导通状态，断定激励 G_2 门的光耦

GO_2 有光电流。G_1 没有导通,激励 G_1 门的光耦 GO_1 没有光电流。再将将机控开关掷到"禁止"位置,再用万用表测量门 G_1 和 G_2 的输出电压均为为 0V 左右,G_2 门虽然处在饱和导通状态,由于发射极悬空,电流无路可走。这时,将 S1 接通,相当于将 G_1 的集电极强制接地了,使经过 G_2 的电流通过 $4.7k\Omega$ 电阻,再经 G_1 的集电结所形成的潜通路流入地(图中虚箭头线为电流走向),使达林顿管 G_1 倒置导通,造成了继电器 K2 动作和触点吸合。

进一步的检查,发现驱动 G_2 的光耦的输入端的确为高电平,这是由于开出卡的地址冲突造成的。G_2 的光耦输入端被计算机置为高电平使 G_2 处于饱和导通,形成上述的误动作当然是在情理之中。就是说当手动开关 S1 接通和 G_2 的光耦 GO_2 被驱动两个条件同时出现时,继电器 K2 就会出现误动作,这是典型的潜通路。

问题到此似乎已经解释清楚了,然而奇怪的现象又出现了。同样出现误动作的继电器 K3 相应的 OC 门 G_3 的光耦 GO_3 并没有被驱动(计算机没有对它置高电平),可是 OC 门 G_3 也处于导通或饱和导通状态,致使继电器 K3 也发生动作和触点吸合。这又是怎么回事呢?为此,技术人员搭建了由芯片 ULN2003、光耦 521-4 和相关器件的模拟实验电路。实验结果发现,出现误动作的继电器的驱动 OC 门都是在同一 ULN2003 芯片上,处在另外芯片驱动的继电器不会出现误动作。实验表明了,在特定的条件下(即对某一个驱动 OC 门强制短路),因 ULN2003 芯片工艺或内在连接的固有特性会导致另一潜通路的存在,造成 OC 门 G_3 的光耦 GO_3 虽然没有被驱动,但输出达林顿管 G_3 也导通。实验还表明,在同一个芯片内,离被强制短路 OC 门近处的 OC 门受到的影响要大。

这种潜通路是由于 ULN2003 芯片内部的固有属性在使用不当的情况下造成的。

(3)解决措施和经验教训

计算机的开出板的 I/O 基地址不能与系统发生冲突,避免对开出板误发指令。在应用程序的初始化时将所有开出通道都要清"0"。

最主要的是根据潜通路分析结果,修改电路设计的缺陷。将手动开关 S1、S2 等与控制继电器的触点(如图中的 K1、K2 等)并接,"手动"开关的设置不能与计算机开出卡的 OC 门并接,避免器件出现的潜通路影响。

(4)案例 11 引出的话题——潜通路(Sneak circuits or paths)

案例 11 问题的发生,提醒我们在进行电路,特别是进行复杂的电路设计时要特别注意潜通路(Sneak circuits or paths)的问题。对于潜通路我们做如下的简介。

　　潜通路定义：一个系统内在一定的条件下出现的不期望的通路，这个通路可以启动某个不期望的功能或者禁止某个期望的功能。这个不期望的通路可能由硬件、软件、操作者动作或者这些因素的组合造成的。潜通路不是硬件故障导致的，而是不经意地设计到系统里的、编码到软件程序里或者由人为错误触发的一些潜伏的条件所导致的。

　　潜通路早在 1960 年代就已经引起了注意，NASA 提出了潜电路分析（SCA-Sneak Circuit Analysis），只用于分散器件，如晶体三极管二极管、继电器等组成的电路设计分析。随着技术的发展，大规模集成电路的广泛应用和软件的应用，SCA 不再适用了。1970 年代提出了涵盖 SCA 的潜在分析（SA-Sneak Analysis）。SA 可以对于硬件和软件的问题定位，SA 工具把若干分析方法，如故障树、故障模型和影响分析（FMEA- Failure Mode and Effects Analysis）加以集成。至 1975 年，波音公司完成了阿波罗的潜在分析任务，发现潜在电路 208 个，设计缺陷 13 个，设计图错误 1500 多个，提高了阿波罗的安全性和可靠性。由于 SA 技术在预先发现潜在问题和潜在通路上作用巨大，1980 年被作为美国军用系统设备可靠性和安全性的保障措施之一，并列为了编号为 MIL-STD-785B 的美军标。

　　潜通路定义中的"一定条件"是潜通路发生的征兆，这些征兆指那些通过测试或模拟不会重复的系统问题、常规分析不能检查出来的问题、自我清除的内在问题以及高出期望的故障率的问题。

　　潜通路造成的危害常常是非常巨大的。波音公司研究报告举出了由于不曾预略的潜通路所造成的一些有名的例子，如：停放在地面的 B-52 轰炸机的导弹的意外发射；B-52 轰炸机的炸弹意外释放；商用喷气机在飞行中没有给飞行员任何指示情况下失去电源和耗尽蓄电池；在供电线处在"OFF"时，使在电源线工作的电气维修人员触电身亡。

　　潜电路分为以下四类，即：①潜通路（Sneak paths），以非期望的方式沿着非期望的通路的逻辑流；②潜定时（Sneak timing），按照非期望的或相互矛盾的顺序出现的事件；③潜指示（Sneak indications），系统工作情况的含糊的或虚假的显示，这些指示可能引起系统或引起操作人员采取非期望的动作；④潜标志（Sneak Labels），系统功能（系统输入、控制、显示等等）的不正确或不准确的标志，可能会使操作者做出不正确的反应。

　　根据这些简单的对潜通路的描述可以看出，潜通路不仅可能存在于硬件电路中，也可能存在于软件中。潜通路并不是器件或电路的损坏，常规的检查往往查不出来,然而潜通路的存在仍然是设计的不完善和设计的缺陷所造成的。因此,对于从事电路或软件设计人员来说潜通路分析是不容忽视的课题。

中国航天发展经历了40多个春秋,到目前为止,发射了各类航天器近70颗。每一颗航天器在发射前都经历了反复的电性能测试,测试工作为发现航天器设计错误和改进设计,确保产品质量起到了至关重要的作用。与此同时,由于EGSE自身的问题或测试设计得不周全或人为的操作错误,常常发生各类导致被测试对象和设备损坏的故障。这种案例到底有多少,笔者没有做过统计。文中只是列举了作者认为有代表性的一部分案例,相信还会有很多典型的有价值的案例没有收集到。

复习参考题

1. 综合测试的定义是什么? 主要包括哪几个方面的任务?
2. 综合测试有几种分类方法?
3. 综合测试的主要内容有哪些?
4. 航天器综合测试分哪几个阶段? 初样综合测试分哪几步?
5. 故障的定义是什么? 常见的故障模式有几种?
6. 什么是潜电(通)路? 潜电路有哪几种类型?
7. 请简述故障处理原则。

第 5 章　EGSE 系统概述

　　航天器在总装和环境试验期间以及在发射前,都需对各分系统的电性能进行测试。支持航天器测试的就是航天器地面测试设备 EGSE(Electrical Ground Support Equipment)。随着航天器功能的不断增强,测试设备也日趋复杂。它不仅要在各次电测中完成对航天器的控制、测量、数据收集及处理、信息加工等操作,还要实现各种模拟、激励和仿真功能。系统中既包含处理能力很强的总控设备,用来实现对整个系统的自动综合管理,也包含有多种类型的专用测试设备,用来实现对各分系统的测试。

　　由于航天器种类很多,其应用目的与系统组成各不相同,为它们配置的EGSE 也有很大差别。随着技术复杂程度的提高,对 EGSE 的要求也越来越高,系统的造价也很可观。为每一颗研制一套特定的 EGSE 的做法显然是不经济的,因此设备通用化和开放性的要求是必须解决的课题。随着星载测控系统和星载数据管理系统标准化的建立,为这一课题的解决提供了先决条件。EGSE最大限度地将可适用于不同应用的部分做成通用设备,将软件部分提炼成通用的核心软件,各特定的分系统专用测试设备则尽量由市售的通用仪器设备组成,将必须定制的专用设备压缩到最低限度。

　　随着测试要求的不断提高,EGSE 的自动化水平也不断的提高,从早期基于手动操作的 EGSE,到后来可对下行数据进行自动处理的系统,直到发展成上下行闭环自动测试的分级管理式的系统。本章以这种分级管理工作的自动化EGSE 为重点,对其功能、组成及接口等内容分别叙述。这种系统除总控设备及其前、后台基础软件有很高程度的通用性外,各分系统及科学探测项目在其研制过程中所用的测试设备及经过分系统级测试验证过的软件,只需通过接口与总控设备连接,就可将其用作自动化 EGSE 中的分系统专用测试设备。在各国的实践中,EGSE 的研制往往是研制计划中的一个短线项目。分级管理式 EGSE的这一特点,对缩短研制周期具有重要意义。从功能、进度和经济等各方面看,通用性强的分级管理式的自动化 EGSE 具有明显的优点,并已在各国卫星测试活动中广泛采用。

　　总控设备与专用设备之间的安装距离是很灵活的,利用这一特点,可以把专用测试设备安置在测试现场,而总控设备安置在远离现场的控制操作中心,通过局域网络或光纤电缆连接后,便可在远处控制和监视的测试。甚至通过通信卫星通信线路,用安置在远离发射场的总装间的总控设备进行卫星发射前的远距离测试也是可行的。

　　自动化 EGSE 不仅是从总装至发射前的必备设备,而且它也可在发射后及在轨运行时期,对的监测发挥重要作用,特别是总控设备。事实上,发射后虽不再具有与地面测试设备的直接连接,但对通过射频遥测通道下行数据的收集、处理、加工与分配等操作都是与地面测试时的操作是一致的。不仅功能一致而且可用同样的设备。这种方式可以使研制人员利用测试时使用过的很熟悉的软件和硬件设备,利用已经验证过的数据库,对在轨的工作情况进行监视,这种使用方式已越来越多地得到应用。

5.1　EGSE 发展的几个阶段

　　航天器 EGSE 是一个庞大的系统。在美国和欧洲,对卫星自动测试设备的投资与卫星本身的投资相比,占有相当可观的比例。它的功能不仅包括测控、数据处理、信息加工,还要包括各种模拟、激励、仿真,还要求能支持各个阶段的测试应用。它的组成既包括总控设备,也包括众多类型的专用测试设备。在组成应用系统时,可以根据需求的不同以各种不同拓扑结构出现。其中分散式体制、集中式体制以及分级管理式体制为三种常见的模式。

5.1.1　分散式体制

　　所谓分散式体制,是在卫星电性能测试工作中,电性能测试设备按各分系统分成若干部分,并由综合控制台负责航天器供配电和进行一些模拟量测量及合格判决。而各分系统的专用测试设备之间没有电气和信息的横向联系,各对各自的系统进行自主测试,测试结果由自己判决。只有当各系统测试完毕后,经过人工汇总来判决测试是否完成。其结构如图 5-1 所示。

　　这种测试体制在早期卫星电性能测试中被普遍使用。主要是由于当时在卫星电性能测试中计算机应用不普及,整体自动化程度低,信息集中处理有一定困难。这种体制的优点是各分系统并行自主开发,在使用中是分散控制,本系统使用方便,设备利用率也比较高。其缺点是测试信息分散,信息交流困难。特别是初期的分散供电,由于地线不统一,更容易带进一些干扰,而且分析故障难度大,测试周期长。这种纯分散体制逐渐被其他体制代替是理所当然的。

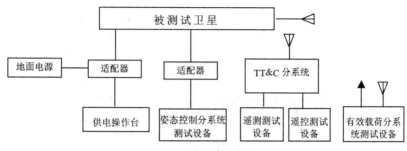

图 5 - 1　分散体制 EGSE

5.1.2　部分集中管理式体制

图 5 - 2 是通过通用接口(如图中的 CAMAC 接口),实现部分集中管理的一个例子。此例中使用 2 个 CAMAC 机箱,卫星上各种信息大部分汇集到各 CAMAC 模块,测控测试计算机通过两个机箱控制器对各模块进行读写操作。测控计算机可以通过对采样开关的选择,启动 A/D,采集到所需的模拟量通道。通过设置测时测频模块状态,来测量卫星上的频率和时间间隔参数。接收遥测解调模块的输出,可以实时采集遥测数据并处理成物理量。通过开入、开出模块,可以判决卫星状态,实现对卫星供电、系统接通的闭环控制。通过键盘控制,可以单步执行控制流程。这种体制比分散式体制进了一步,将遥测信息纳入综合管理,但还不能统一管理各分系统专用测试设备,未能实现航天器的自动测试。

5.1.3　集中式体制

集中式体制在计算机已经应用于卫星电性能测试之后,计算机的价格相对比较昂贵和网络技术还不普及的情况下,使用一些标准接口和通道技术,对整个卫星测试进行集中管理。它包括所有系统的输入信息,也包括所有的模拟源和上行控制信息。

这种集中管理体制,系统管理比较方便,信息集中,便于整体判决。但对卫星分系统多、测试内容复杂,测试流程多变的卫星,整个测试设备很复杂,软件开发难度大,数据的采集、处理、测试程序的实时控制以及激励信号源全部纳入一个主控机管理,将使得系统硬软件设计变得很困难。因而,这种集中式体制往往

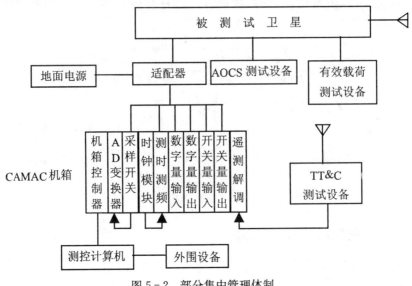

图 5-2　部分集中管理体制

适合于较简单的小型卫星,对分系统多、测试内容复杂,测试流程多变的卫星是很不适用的,最好采用分级管理体制。

5.1.4　分级管理体制

分级管理体制的基本特征是在 EGSE 中,总控设备的主测试计算机作为中心计算机,控制和管理各分系统专用测试设备(及前端设备)。它的发展和提出是基于计算机的普及、价格的大幅下降、能力的大幅提升、网络技术迅速发展以及航天器的日益复杂的需求。在这种体制中,各分系统专用测试设备与被测对象直接接口,在分系统测试阶段,它们是独立的测试设备,对相应的分系统有完全自主测试的功能。进入总装测试阶段后,各分系统专用测试设备需和总控设备连成一体,按照测试进程,在总控设备统一调度下协调地工作。总控设备向各专用测试设备发出各种控制命令,启动它们的测试程序,通过各专用测试设备实现对的供电、控制、数据加载、测量和激励。专用测试设备将测得的数据、状态、对控制和激励的响应及各种测试结果送给总控设备进行分析判断。总控设备接收、处理并监视这些来自各专用测试设备(含遥测前端设备)的信息,并将处理结果及时间基准和有关数据分送给各专用测试设备。分级管理的基本布局如图5-3所示。

对这种体制加以抽象,可以认为是两级管理的体制。一级是面向被测试对

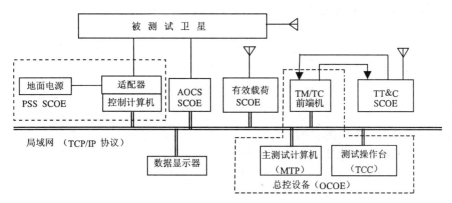

图 5-3　分级管理体制

象的前置级或称为现场级,这一级与被测试对象有直接的电气接口,他们之间的耦合比较紧,比较靠近被测试对象,图中的各个 SCOE 属于这一级。另一级是远离被测试对象的远置级,或称远端控制级,它与被测试对象没有直接的电气接口,他们之间的耦合比较松,图中的 OCOE 属于这一级。这种划分使得 OCOE 级可以设计的更为通用。

　　这种体制兼有分散式体制和集中式体制两者的优点,它利用分系统研制阶段研制成功的成熟设备和经过考验的分系统测试软件作为分系统 SCOE,并与总控设备接口组成 EGSE。这种体制的优点如下:

- ·各分系统测试设备可与总控设备研制同时进行,研制周期短;
- ·可实现航天器自动测试,保证了运行的协调和数据的统一,并可实现各分系统之间的状态、事件与数据的相关测试;
- ·总控设备具有很高的通用性;
- ·分系统测试设备可在航天器测试时重复使用;

由于这些优点,测试设备分级管理体制已被广泛采用。

5.2　EGSE 的主要功能

　　卫星电性能测试设备是对卫星及分系统进行功能和性能测试的有效和必备的设备,利用它来测试卫星的各项性能指标,验证卫星的完好状态,并据此做出卫星是否允许出厂和是否可以发射的结论。

　　卫星电性能测试设备的主要功能有:供电与供电测试;状态控制;测量与测试;参数监视;测试过程的管理;时间基准;数据记录与归档以及对测试准备活动

的支持等,完成这些功能是通过现场级和远置级的协同工作实现的。下列各小节分别对这些功能作简要的说明。

5.2.1　供电与供电测试

卫星在总装测试、环境试验及发射场发射前,都需由电性能测试系统提供电源进行测试。电性能测试设备提供的这些电源,除能使星载设备正常工作外,还有检测星载电源系统的目的,因此它具有较大的调节范围,其输出特性应能覆盖星上电源的技术指标范围。通常采用太阳电池阵模拟器和蓄电池模拟器二种。供电与供电检测是通过前置级 PSS SCOE 实现的。

太阳电池阵模拟器模拟卫星在轨时的太阳电池阵输出,使被测试航天器工作。因此太阳电池阵模拟器应具备下述功能:

(1) 模拟星上电池阵(或各分阵)的静态和动态输出特性。

(2) 模拟太阳电池阵在各种预期温度下及不同太阳入射角时的各种开路电压,短路电流及曲线因子。

(3) 模拟卫星进出地影前后和半影过渡期间太阳电池阵的输出特性,包括地影期间造成电池阵的低温导致出影后产生的高电压输出。

(4) 对于自旋稳定的卫星或机构展开前处于自旋状态的卫星,模拟各分阵按特定的相位以自旋速率的正弦形幅度调制的输出特性。

蓄电池模拟器的主要功能是代替星载蓄电池为卫星供电,它用于检测的功能只是提供可调节的母线电压,模拟母线的最高和最低电压,以测定功耗和星载系统对母线电压的适应能力。

模拟电源直接往星上供电,为了星上设备的安全,过电压保护是一项重要的功能,对于分阵电压和母线电压,当超过规定值 10% 时,应能在非常短(ms 级)的时间内得到保护。在供电系统检测时,星上母线电压应进行连续监测。检测系统提供的另一项功能是对星上蓄电池放电深度的监测和对蓄电池充电。第 3 章中对航天器电源系统的测试有较为详细地描述。

5.2.2　状态控制

系统级电性能测试需在航天器的各种工作状态下进行,电性能测试设备应具有控制航天器工作状态的功能,以实现对航天器的供电控制、对星载设备的开关机控制、在线设备与离线设备的切换、可调部件工作档级的选择以及向星载计算机注入数据和程序代码。

最简单和直接的控制方式是由地面设备通过电缆及脱落电连接器控制卫星

上设备的状态,一些关键性的控制操作如紧急关机、内外电转换、设备状态设置等,都是选用这种控制方式。但为了减少联线及更接近航天器在轨时的工作情况,更为广泛采用的办法是由地面设备中配置遥控指令发送设备,经遥控通道(可以是射频通道,也可以是通过电缆连接的视频通道)以遥控指令的形式,对星上工作状态进行控制。利用遥控指令格式中方式字的不同代码,可以向航天器发送直接指令、间接指令、延时指令和加载指令。利用延时指令和加载指令,可模拟出在地面站可视范围以外运行时对航天器的状态控制。

5.2.3　测量与测试

对星上参数及状态的测量和对航天器功能及性能的测试是自动化 EGSE 的一项最基本的功能,测试人员根据这些测试的结果,判定航天器的完好状态。系统级电测时的测量与测试大致有下述三种类型:

(1)参数测量的主要特征是对星上被测量(包括状态量)采集,直接或经变换后,通过信号通路传送到地面测量设备或仪表,测出这些量的量值或状态。

测试设备为参数测量提供直接测量和遥测两种手段。直接测量是将星上被测点经电缆,通过转接盒或配电器,连接到电性能测试设备中相应的仪器仪表进行测量。遥测手段是充分利用星载遥测或数据管理系统的功能,将遥测信号经射频或视频通道送到地面的接收解调分路处理设备,而获得所有遥测参数值。

(2)开环性能测试的特征是由地面设备经上行线路或通道向航天器施加供电、激励及控制,再经下行线路或通道检测星载系统相应的参数,以测量和验证航天器对这些供电、激励及控制的响应及阈值。

上行线路或通道也有直接有线连接和遥控通道两种形式,因此地面设备可提供两个基本环路:上行遥控和下行遥测形成的环路和直接有线连接的上行控制激励和下行测量形成的环路。在一些电性能测试项目中这两种环路也可交叉并行使用。

开环测试可以实现对某些部件的性能测试,也可以实现分系统级的端对端的性能测试,它具有较强的综合性及概括性,是分系统级功能测试和性能测试的主要方法。

(3)闭环特性测试的特征是利用地面自动测试设备中的模拟器与星上回路形成闭环,以检测该回路的各项特性,特别是动态特性,这是对航天器的 AOCS 性能测试的必备方法。

模拟器的构成因被测回路的不同而异,但一般均包括测量、算法逻辑及激励信号源三部分。以 AOCS 回路闭环测试为例,模拟器中测量部件测出星上执行驱动电路的驱动信号,例如喷气脉冲的宽度及次数,经算法逻辑部件按航天器运动的动力学数学模型,计算出航天器姿态变动量,激励信号源按变化后的姿态产生出姿态敏感器的模拟输出信号,激励星上控制算法与逻辑电路,它的输出再去控制执行驱动,这样形成闭环。

闭环特性测试可以实现除传感器和执行器等非电量部件以外的整个系统的功能与性能测试,具有很强的综合性与概括性,是航天器电测中特别是对姿态与轨道控制系统测试中的重要测试方法。

5.2.4 参数监视

参数的监视是按测试程序或人工命令测取指定参数的数值。但在更多的情况下,并不需要读取参数的具体数值,只需判定参数值是否在正常范围之内,当超出正常范围时,给出报告或报警。参数监视中要注意条件的判决,不满足条件的监视将没有意义。

系统级电性能测试设备的监视功能就是对卫星的各种参数按一定时间间隔(例如按遥测格式周期)周期地进行背景监视,并按判据检出状态变化状态量参数和越限的模拟量参数。状态量参数监视的判据为状态出现翻转变化。模拟量参数监视的判据是其上限值、下限值、增量限值(即相邻两次测试期间该参数允许的变化范围)、危险限值。当被监测参数值超限时,给出异常报告,当超出危险限时执行某一预定程序或发送遥控指令以处理此异常现象。

由于航天器可有多种工作模式和工作状态,星上许多模拟量参数对应不同的工作状态可有多个正常值,对这种参数只按一组上下限判据进行监视,会导致产生许多虚假的越限报告,使测试不能顺利进行。因此为模拟量参数监视可以设置多组上、下限判据,是系统级电性能测试设备监视操作的一项重要特征。在测试运行期间,可以按照条件、组方式选定相应的上、下限判据。

5.2.5 测试过程的管理

在航天器电性能测试过程中,由于测试设备多,容易相互产生影响,因而各个分系统设备不能随便操作,并且应按一定的要求进行管理,下面对此分别叙述。

(1) SCOE级的在线管理。SCOE在网络系统中,首先应注册入网,等待主测试计算机授时,经应答确认后,主测试计算机将其置在线状态,才能进行与OCOE的通信。

(2) 操作控制台级别管理。在分级管理系统中,为了方便在不同工位上测试人员的操作,通常设置多个操作控制台。每个操作控制台必须按自己的编号注册进入系统。中心操作控制台可以对各操作控制台设置不同的权限级别,使低级别的操作控制台不能进行高级别的人工干预,以确保测试流程不受干扰。相应的键盘命令也在软件层次上设定不同级别,只有同等或高于此级别的操作控制台才能发出相应的命令。

(3) 遥控指令发送管理。遥控指令的发送直接影响到航天器的状态,因此,对遥控指令发送的管理是测试过程中的一个重要内容。遥控指令管理有以下控制方式:

- 完全禁止;
- 授权发送;
- 使能/禁止控制;
- 按分系统分类控制;
- 遥控指令的应急自动发送。

5.2.6　时间基准

对电性能测试的 EGSE 来说,时间基准虽然不如测控系统的时间基准要求那么高,但由于各设备间硬件时钟的差异,可能会导致信息处理的误差,所以测试过程中,采用统一的时间基准是必要的。通常可用一个专门的时间基准源,由总控计算机定期读取基准时间,并把此时间传给各分系统专用测试设备计算机进行校准。

5.2.7　数据记录及归档

在航天器测试过程中,要求记录测试过程所发生的所有事件,记录和归档过程在两级都可以做。这里所说的事件是指:

- 人工干预记录;
- 遥控指令发送记录;
- 参数越限记录;
- 测试程序运行状态记录;
- 专用测试设备在线状态记录;
- 遥测、遥控链路状态记录;
- 状态参数变化翻转记录;
- 图形在线记录;
- 通信出错记录;

· 由测试程序产生的各项信息输出记录。

航天器测试过程中，除对事件记录外，还需要将遥测原始数据、分系统专用测试设备原始数据以及实时测试过程中的所有键盘命令、遥控指令等控制指令一起归入数据文件中，以便事后离线回放这些数据，为详细分析数据提供依据。

在一些大型例行试验中，由于这些试验不可能重复多次，而在现场测试时对各种现象的观察又难免会出现部分遗漏，利用数据归档文件进行回放处理，显然是一个很好的补救措施。

数据归档要求将原始数据毫无遗漏全部归档，并按时间区间划分成各个独立的归档文件。回放时，可以按时间段挑选任意一个子集回放。

5.2.8 后台准备工作

为了在电性能测试时运行上述各节所述的功能（亦称前台功能），需在测试运行前进行大量的测试数据与测试程序准备，电性能测试设备应能为这些准备工作提供方便的和有力的支持。这种支持的程度同样是衡量测试设备能力的一个重要指标，它极大地影响着测试准备工作的质量与所花费的时间。后台准备在测试操作台上实现，这些准备活动主要有：

· 数字量参数定义；

· 模拟量参数定义；

· 遥控指令定义；

· 曲线定义；

· 条件元素定义；

· 测试程序的编写和编译；

· 测试图形定义；

· 测试环境的生成；

· 模拟测试。

5.3 分级管理的 EGSE 描述

如图5-3所示，分级管理的 EGSE 中的设备可分为总控设备和 SCOE 两大部分。前者具有较强的通用性，可应用于各型号航天器的电测，而后者的规模、组成和功能将因不同型号的航天器有很大的差异。本章叙述总控设备及它的核心主测试计算机，同时也简述有代表性的一些专用测试设备。

5.3.1 总控设备(OCOE)

总控设备(OCOE)负责完成测试数据库准备、测试过程管理、数据处理与验证、实时测试控制以及数据归档和事后离线回放处理等。它主要组成部分包括主测试计算机(MTP)、遥测前端设备(TMFEE)、遥控前端设备(TCFEE)、操作控制台(TCC)、网络接口和标准外设。在有些系统中,还配备有卫星模拟器、专用测试设备模拟器和数据服务器等。图 5-4 是 OCOE 的结构简图。

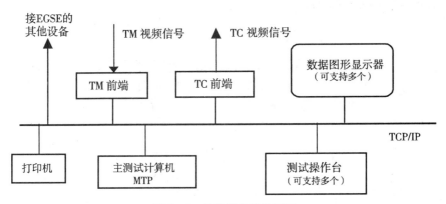

图 5-4 总控设备结构框图

5.3.1.1 主测试计算机(MTP)

主测试计算机(MTP)是总控设备的核心部分,它不仅能在测试前支持数据监视表的生成、测试程序库的生成、测试图形库的生成、遥控指令块定义、遥控禁止指令表生成及测试环境生成等测试数据库的准备工作,还能够在测试运行过程中完成数据的处理与监视、星上状态和测试程序的控制、数据归档和事件记录等在线功能。此外主测试计算机还可支持测试后的离线处理。

从航天器测试早期的测试控制模式到闭环测控模式,再发展到分级管理体制,已经历了三个阶段。早期,由于计算机主要用于对航天器系统参数的收集、加工处理和输出结果。操作人员将这些结果和预期值比对,根据比对结果再进行人工干预。这时,对计算机的要求相对较低。在闭环测控模式,由于主测试计算机要和众多的标准接口(CAMAC 接口,IEEE 488,STD 总线等)打交道,负责收集和处理来自航天器和其他仪器设备来的信息,并且负担着上行控制任务,因而对主控机的要求就高一些,特别是主测试计算机的可靠性,比速度更重要。分级管理体制,主测试计算机负责测试数据库准备,测试数据库验证,实时测试控制和事后离线再处理等任务,因而对主测试计算机的速度、内存容量、磁盘容量等都提出了更高的要求。

主测试计算机的速度要以数据处理所占机时为制约。为了确保监视、测试程序、接口管理、显示和归档、图形等的并发功能,上述功能程序所占机时不得超过总机时的 85%,即计算机应该有 15% 的空闲时间。背景监视程序所占机时通常最大,一般不应超过所占机时的 50%,其余的留给其他进程。在对 MTP 的软件进行测试时,它的性能指标的测试是非常必要的。

主测试计算机的软件必须具有实时性、灵活性、可靠性和可移植性。图5-5是 MTP 软件的结构示意图。

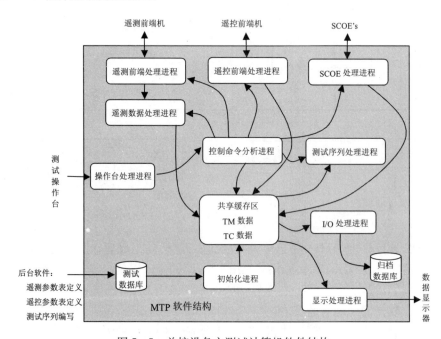

图 5-5　总控设备主测试计算机软件结构

MTP 软件分为前台和后台软件,图 5-5 中的前台软件通常包括:监视程序,图形驱动程序,测试程序调度运行程序,键盘命令分析程序,数据归档,事件记录程序,遥测数据获取程序,遥控指令发送程序,通信接口管理程序,窗口驱动程序,公共数据区管理程序,各种共享程序库,特定部件、接口检查驱动程序,如网络接口驱动程序等。

图 5-5 中后台软件通常包括:监视参数表生成程序,图形生成程序,测试程序编译器,遥控指令表生成和遥控指令块生成程序,遥控禁止指令表生成程序,测试环境生成程序,测试数据库验证程序。后台软件生成的测试数据库支持

MTP 前台软件实时运行。

由于航天器测试过程是一个实时测控过程,因此,实时性是一个重要指标。所谓实时性,即处理数据的响应时间,通常以遥测速率为准,当遥测是以帧为处理基础时,响应时间应以一帧的时间间隔为响应时间。在以格式为处理基础的遥测格式中,响应时间即为格式的时间。只要在此间隔内,处理程序完成,即认为是实时性的。图中的遥测数据处理进程是由接收到的遥测帧驱动的。

测试操作台发出的测试操作命令由操作命令分析进程进行语法分析和功能分析后,分送给其他的进程。测试操作台也是测试过程的人机接口,在实时测试时,可以人工干预测试流程,可以修改监视参数上、下限,可以启动或禁止某些参数的监视,可以修改计算曲线,可以启动或禁止某些测试程序等,这样就给用户提供更大的灵活性。

用于电性能测试准备工作的软件是多方面的,在早期的 EGSE 中由于实时测试软件和数据处理定义几乎为一体,所以几乎分不出前后台软件层次。由于必须修改运行程序才能改变数据处理方法和数量,因此,当环境变化大时,测试软件准备工作量大。

在分级管理体制中,前后台层次清楚,修改工作量(即建立测试数据库)几乎全在后台,因此,前后台软件都可以编写得较完整,除隐含的错误或条件改变必须修改外,一般不做修改,仅用后台定义生成测试数据库就可以了。

5.3.1.2 其他设备

(1) 遥测前端设备(TMFEE)是总控设备获取星上数据的主要接口。它可以经视频电缆直接从航天器获取遥测 PSK 信号,也可以从测控专用测试设备取得经天线接收、解调后得到的遥测 PSK 信号,TMFEE 将 PSK 信号解调、同步、分路后送到主测试计算机,对于带有信道编码的分包遥测系统,还需在前端设备内完成译码和解包装操作。典型的 TMFEE 方框图示于图 5-6。设备配备的模拟信号源,能产生出模拟信号,可以对前端设备和 MTP 软件进行自测试。

(2) 遥控前端设备(TCFEE)通过测控专用测试设备或直接连接到航天器以实现对航天器的遥控。待发的遥控指令信息代码或遥控数据块由主测试计算机送到遥控前端设备的微处理器,进行编码后扩展成带有校验码的指令帧,再经调制成 PSK 或 FSK 信号后直接送往星载遥控视频设备或送往测控专用测试设备进行射频调制后,通过射频发送到星上。遥控指令的加密操作也在遥控前端中实施。图 5-7 是一种遥控前端设备的框图。图中的 PSK 或 FSK 解调器将发送出去的遥控信号进行解调以实现对发送出去的指令进行在线的比对和监视。

(3) 总控设备通常配置几套操作控制台(TCC),以方便各工位测试人

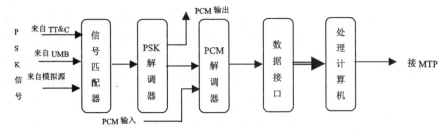

图 5-6　典型的 TMFEE 方框图

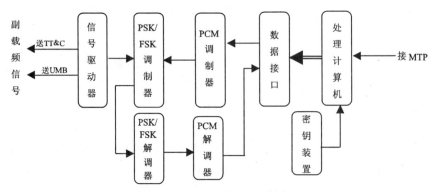

图 5-7　典型的 TCFEE 方框图

员的现场操作和观察。每个 TCC 包括三部分:命令输入终端、数据显示监视器和语音通信设备。命令输入终端提供人工干预测试流程的人机界面,用于发送指令、启动测试序列等,它可以是直接键入字符命令串或通过鼠标点击的命令串窗口完成。数据显示监视器提供多幅在线数据图形显示,显示测试的数据和命令执行情况,可根据需要进行监视切换。操作控制台可以是终端和彩色监视器,也可以用一个通用计算机或工作站,利用多窗口显示技术来实现。

(4) 主测试计算机配备有网络接口和其他标准接口,以便通过它们和其他计算机交换信息。关于和各专用测试设备的接口,根据需要可以用网络也可以用其他接口。在远距离通讯中(总控和专用测试设备之间)可通过光纤或调制解调器经电话线、微波中继、卫星中继等手段实现。

(5) 为了在离线状态下验证检查总控设备测试数据库和培训用户,总控设备应配备专用测试设备模拟器和卫星模拟器。专用测试设备模拟器应能模拟多个专用测试设备和总控设备的通信,模拟各专用测试设备执行总命令后的应答信号。卫星模拟器可通过网络模拟航天器在轨状态,可以人工设置模拟故障,其送出的信息可以是调制信号,也可以是数字信号。

(6) 当航天器遥测信道码速率很高时,如果单靠总控的主测试计算机处理遥测数据在速度上不相适应,这时应考虑增加一个数据服务器,用来专门处理快速遥测数据,将处理结果报告主测试计算机。

5.3.2　分系统专用测试设备(SCOE)

在分级管理体制中,各分系统的 SCOE 不仅要完成本系统的部件级测试和分系统级测试,而且要在电性能测试时,按照和总控之间的约定,完成相关的测试和信号激励,通过计算机互联,构成一完整的卫星 EGSE。

SCOE 的构成是全开放式的,完全由各分系统按自己的习惯和需要自行设计,只要按照和总控的约定,通过计算机互联,进行机间通信即可。而计算机间互联可采用网络和其他串行接口等多种方式。

由于 OCOE 和 SCOE 之间是互相支持、互相制约、互相依存的关系,因此,在整个航天器 EGSE 定义中,需对各 SCOE 的功能作相应定义,以保证整个系统协调一致。这里仅就常用的几个 SCOE 功能作一粗略介绍,在第 3 章中对主要的 SCOE 已有较详细的描述。

(1) 电源分系统专用测试设备(PSS SCOE)功能

· 对航天器供电;

· 模拟太阳电池方阵的各种特性,包括:不同负载下的各种伏安特性;进出阴影模拟;方阵组合及分流模拟等;

· 模拟蓄电池各种特性,包括:电压调节范围模拟;不同电流负载模拟;过充、过放状态模拟;

· 对蓄电池正常充放电的控制,电池活化;

· 火工品,电爆管的在线测试和模拟测试;

· 接收 MTP 送来的各种命令并执行,并向 MTP 报告测试数据和结果。

(2) 测控专用测试设备(TT&C SCOE)功能

· 上行信号发送,可发送射频信号到航天器;

· 下行信号接收,可接收航天器发来的载波,并解调出遥测付载波送遥测前端;

· 视频接口,将视频信号转到遥测前端设备。遥控前端设备来的视频信号经调制后由射频送出;

· 测距音发生、测距音提取和延时测量;

- RF 特性测量（相位测量、频谱分析、射频功率测量、射频频率测量等）；
- 接收并执行 MTP 发来的各种命令。

（3）姿态与轨道控制专用测试设备（AOCS SCOE）功能
- 提供姿态与轨道控制分系统所需的各种模拟信号源和仿真程序；
- 用专用测试设备测试姿态与轨道控制分系统各种在线参数，如动量轮转速测量，推力器脉冲宽度测量等，和遥测遥控等系统配合完成匹配试验；
- 和总控一起完成闭环测试，包括遥控指令发出、遥测参数回送、比对，信号激励等。

（4）有效载荷专用测试设备（PLD SCOE）功能
航天器有效载荷差别很大，这里仅述及必须具备的功能：
- 提供有效载荷的特定信号模拟源和驱动器；
- 完成和其他分系统的接口匹配试验；
- 对本系统进行性能测试；
- 和总控实现计算机间通讯，协调测试步骤。

5.4　欧洲空间局的 ETOL 系统

欧洲空间局（ESA）的测试操作语言（ETOL）系统是一种典型的分级管理的 EGSE 系统。因为 EGSE 的核心是 ETOL，因此常常把它称为 ETOL 系统。图 5-8 是 ETOL 系统测试软件包组成图。

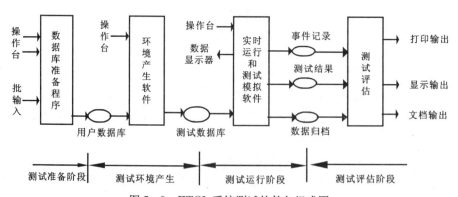

图 5-8　ETOL 系统测试软件包组成图

ETOL 系统可分成系统基础软件和测试应用软件两个主要部分。系统基础软件中除计算机操作系统及语言编译器等通用软件以外，重点部分便是专为卫星测试而开发的 ESA ETOL 测试软件包。其中用作后台管理的称为后台软件或数据库准备程序,包括:①ETOL 测试语言编译程序 ETOL COMPILER;②监视参数表产生程序 MTDB;③图形定义及模拟程序 PICTGEN 和 PICTSIM;④遥控块定义及遥控禁止指令定义 TCMESS 和 PROHTC;⑤测试环境生成程序 ENVIRO。用于前台实时运行的实时测试执行程序包括:①测试程序执行器 SEQUENCER;②参数监视程序 MONITOR;③图形显示驱动程序 TVPICT;④键盘命令分析程序 ANALYSE;⑤遥测遥控前端处理、SCOE 驱动以及记录归档及其他管理程序。

5.4.1　监视参数表产生

电性能测试过程中,对卫星的监视是以参数表为基础进行的,定义监视参数表是用户数据库的一项最基本工作。每个参数可以大于 8 个 bit,最小到 1 个 bit。大于 8 个 bit 的参数可以由多个遥测字组成,也可以对已定义的几个参数进行运算导出新的参数。ETOL 的参数定义包括下列内容:

- 参数子系统和序号:子系统代号为 A~Y,序号为 1~250。
- 参数描述符:最多 16 个 ASCII 字符。
- 参数位置:帧号、字号和屏蔽字。
- 参数类型:模拟量和数字量。
- 参数界限:模拟量参数的上、下界限值。
- 参数危限界:危险界限及其反应,反应可定义三条遥控指令或一个测试程序。
- 参数处理方法:曲线法/导出法。
- 参数处理曲线号:曲线号为 1~250,每条曲线可定义最多 16 个点。
- 参数工程单位:2 个 ASCII 字符。
- 参数采样间隔和次数:正常、超采和慢采样。
- 数字参数结果描述:ON/OFF 状态定义。

5.4.2　ETOL 测试程序编写

ETOL 系统提供的是一种面向卫星测试过程的测试语言,它是一种解释性的语言,除一般编程语言的通用功能外,有一些特别功能语句和特定的限制。这些内容包括:

- 用 ETOL 语言编写的程序数量不作限制,但在 ETOL 环境下可同时并行运行的测试程序为 16 个;

- 每个程序的最大长度为 1024 个语句;
- 系统提供有 128 个系统实型变量和 511 个布尔变量,每个程序运行时都可以存取;
- 用户还可以自定义全局整型、实型和布尔变量,供定义者和引用者使用;
- 测试程序有等待外部事件的能力,包括时间间隔、帧同步、格式同步、SCOE 通信请求等;
- 可根据测试运行状态读取监视参数、修改监视参数的上、下限和计算曲线;
- 可根据测试需要更新测试数据显示图形;
- 可以启动、暂停或停止另一个程序的执行。

　　ETOL 语言和别的语言一样,定义了自己的语句、保留字、变量和调用函数,这里只介绍其独特的部分,ETOL 的条件语句、循环语句、文件语句、说明语句、注释语句等与通用语言是一样的,在这里不作介绍。不同于常规语言的面向卫星测试的语句有:

　　(1) 控制语句

EXECUTE	启动运行并行程序
PERFORM	串行执行外部程序
CALL	调用子程序
RETURN	返回调用
STOP	停止一个测试程序运行(自己或其他在线运行程序)
HOLD	暂停一个测试程序(自己或其他在线运行程序)
RESUME	继续运行一个暂停测试程序
START	启动一个外部特殊程序

　　(2) 监视控制语句

ENABLE	参数监视使能
INHIBIT	参数监视禁止
REPORT	输出当前参数值
VERIFY	检查参数的 GO/NOGO 状态
UPDATE	修改监视参数的上、下限
LIMIT	按组(GROUP)选择上、下限集(SET)

(3) 遥控语句

SEND	发送遥控指令
SEND MESSAGE	发送预先定义的遥控块
SEND FRAME	发送一个透明遥控帧
SEND BK	发送由 COMMAND 定义的指令块,并可以加上时间标志
COMMAND	定义一个指令块

(4) 图形显示控制语句

ASSIGN	为指定的数据显示器存储区分配图形
DISPLAY	选择显示已分配的图形为当前显示
RESET	清除已分配的图形

(5) 等待外部事件语句

WAIT	等待外部事件,包括时间、帧号、帧数、格式数、SCOE 请求
WHEN	按 SCOE 送来的标识,运行相关子程序

(6) 连接断开 SCOE 语句

CONNECT SCOE	连接 SCOE
DISCONNECT SCOE	断开连接 SCOE

5.4.3　测试图形定义

ETOL 可配置、管理四个彩色图形显示设备,每个图形显示设备上可在线显示 4 幅测试图形,定义存放于磁盘上的测试图形的数量不限,键盘命令可对图形显示设备进行赋图、显示选择或图形清除,测试程序也可以对图形显示设备进行赋图、显示选择或图形清除。测试图形的动态元素随与之相关的监视参数而动态变化(开关的开、合,参数值的改变,相关窗口颜色的变化等)。测试图形中常用的图形元素包括:

(1) 模拟量显示窗口。每幅图形中可以定义若干个模拟量显示窗口。每个窗口对应着一个真实的模拟量监视参数。在卫星进行电性能测试时,各窗口显示着它对应的模拟量参数的数值。窗口中模拟量参数的数值是动态刷新的,刷新速率以参数监视速率(遥测帧速率)而定。当参数设定有上、下限时,在参数越限时,此窗口将以报警颜色(通常用红色或闪烁)显示。给测试人员监视这部分参数提供了极大的方便。

(2) 数字量状态显示窗口。每幅图形中可以定义若干个数字量状态显示窗口。每个窗口对应着一个数字量监视参数。每个窗口可以定义多达16种状态显示,即一个数字量参数可以定义16种状态。每种状态可以对应窗口的一种颜色和一个不大于8的字符串显示。

(3) 测试程序数据显示窗口。每幅图形中可以定义若干个测试程序数据显示窗口。窗口与监视参数无关,而是实时显示测试程序送给窗口的实时数据。如卫星电池充、放电累计,测试程序以小间隔采样电流值,并与采样间隔相乘,然后将其累计结果送测试程序窗口显示。

(4) 开关量用开关或转换开关显示。图形中可以定义一些开关和转换开关,每个开关或转换开关对应着一个数字量参数。可以设定此数字量参数为何值时开关得状态(打开或闭合),或转换开关的掷向位置。这特别适宜用来表达星上电路的连接状态。

(5) 其他静态图形元素符号,如线、粗线、二极管、三极管、交叉点等。

5.4.4 测试数据库生成

对用户后台定义的参数监视表、测试程序、图形文件、遥控块文件、遥控禁止指令表等文件进行适当的剪裁,按阶段形成实时测试数据库。特别是不同用户定义的用户数据库,根据卫星的不同,在对系统测试数据库初始化后,就可以建立新的卫星测试数据库。

5.4.5 测试运行

测试运行是 ETOL 系统的前台或称实时软件的运行,它首先启动测试环境下的各个进程和装载共享数据区。这些进程包括:

(1) TMFEP 进程。完成主测试计算机和遥测前端之间的数据通信、完成遥测数据的采集和对遥测前端设备的状态设置控制。

(2) TCFEP 进程。完成主测试计算机和遥控前端之间的数据通信、完成遥控指令的发送和对遥控前端设备的状态设置控制。

(3) TCSEND 进程。完成对遥控指令和遥控块的队列管理、发送、验证等。这些发送要求可以来自 MONITOR、ANALYSER、SEQUENCER、SCOEFEP 等。

(4) ARCH 进程。负责将遥测原始数据、遥控发送数据、SCOE 输入数据、用户键盘命令等归档到数据文件中,这个文件名是以月、日、时、分命名,每半小时产生一个新文件。这些文件可以用于数据回放。

(5) TVPICT 进程。负责测试图形设备的管理、图形页面分配、测试数据的动态刷新。

　　(6) SEQUENCER 进程。负责测试程序的执行和调度、测试程序之间的通信、与其他进程之间的通信(MONITOR、ANALYSER、IOSVDU、IOSPLOG、TVPICT、TCSEND、SCOEFEP)

　　(7) MONITOR 进程。本进程由遥测格式(或帧)周期驱动,按照监视表中的分系统、参数号、条件、计算曲线等处理出每个参数的工程值和 GO/NOGO 状态送共享数据区。处理完一格式的全部数据后,进入休眠状态,等待下一次格式周期驱动唤醒。接收来自 ANALYSER、SEQUENCER 等进程的请求,修改在线参数监视表。

　　(8) IOSVDU 进程。本进程是测试操作控制台的终端设备接口程序,负责接收测试操作人员的命令,将命令传给 ANALYSER 进程。并负责 MONI-TOR、ANALYSER、SEQUENCER、SCOEDRIVER、TCSEND、TMFEP 等进程产生的显示信息的显示窗口安排。

　　(9) IOSPLOG 进程。本进程负责接收来自各进程的输出到事件记录文件的请求,并将这些事件请求打上进程、时间标志后将它们放入系统事件记录文件,此文件按 30 分钟间隔关闭一次老文件,打开一个新文件。也可以用 PR 键盘命令关闭当前事件记录文件,打开一个新文件。

　　(10) ANALYSER 进程。是键盘命令分析程序,负责接收 IOSVDU、SCOEDRIVER 送来的键盘命令,进行语法分析、权限检查,根据分析和检查结果,将指令执行或根据需要给其他进程发送相关请求,如语法分析有错或权限不够,将拒绝执行并返回错误信息。键盘命令是用户与测试过程交互的必备方式,它分为五类,为了确保安全键盘命令的使用有权限控制。主要键盘命令介绍如下:

　　a)监视参数管理键盘命令

　　　　EM　允许参数监视

　　　　IM　禁止参数监视

　　　　UL　更新模拟参数上、下限

　　　　UC　更新曲线 X、Y 值

　　　　DL　记录显示当前参数所用的上、下限和曲线号、曲线点

　　　　DV　记录显示当前监视参数工程值

　　　　DR　记录显示当前监视参数原始值

　　　　RV　重复显示记录监视参数工程值

　　　　RR　重复显示记录监视参数原始值

　　b)遥控指令控制命令

AU　遥控指令授权

IT　禁止 TC 发送

ET　允许 TC 发送

TC　发送遥控指令

SM　发送遥控命令块

TC ON/OFF　遥控链路控制

c)数据源管理命令

TM ON/OFF　遥测链路控制

AR ON/OFF　原始数据归档

OFF　设置系统为离线状态

ON　开始数据回放或在线状态

RP　指定数据回放时间间隔或开始时间

RP STOP　停止数据回放

RP CONTUNUE　继续数据回放

SET　设置系统参数变量

QL　在固定窗口显示遥测原码

PR　关闭当前事件记录文件

d)测试程序控制命令

EX　启动测试程序

ER　指定运行测试程序范围

HL　停止测试程序

HD　暂停测试程序

GO　继续执行暂停的测试程序

ED　启动危险测试程序

TE　停止总控系统程序

e)设备控制命令

KC　键盘级别状态设置

RC OPEN/CLOSE/OUTPUT　对 SCOE 的远程控制

ASSIGN　分配图形到指定的数据显示器页面

DISPLAY　选择显示页面

RESET　清除指定的数据显示器页面

为了保证键盘命令的使用安全,将键盘命令从 F 到 A 共分为 6 级。测试操作台和 SCOE 分别赋予不同的级别权限,每一级别的测试操作台和 SCOE 只能发送本级或低于本级的键盘命令。1 号操作台具有最高级别的权限,它可以设置其他测试操作台的权限。除 1 号操作台外,其他操作台和 SCOE 的默认权限为 D 级。

A 级权限的操作台可以发送所有级别的键盘命令。

F 级权限的测试操作台只能执行一些显示方面的键盘命令,包括 DV、DR、DL、DISPLAY、ASSIGN、RESET、QL 等。

E 级权限的测试操作台能执行显示和参数监视状态控制的键盘命令,除 F 权限的命令外,另加上 RV、RR、EM、IM、ET、IT、UC、UL 等。

D 级权限的测试操作台能执行显示、参数监视状态控制和测试程序运行状态控制命令,除 F、E 级权限命令外,还包括 EX、ER、GO、HD、HL、PR、SET 等。

C 级权限的测试操作台能执行除上述所有命令外,另加归档、回放和链路控制方面的命令,这包括 AR ON/OFF、RP、ON、OFF、TM ON/OFF、TC ON/OFF、RC 等。

B 级权限的测试操作台除上述所有命令外,另加 KC、AU、ED、TC、SM 等命令。

5.4.6　链路管理和通信规程

主测试计算机与前端和 SCOE 之间的通信必须是在链路建立的基础上才能进行。在链路建立后,双方按照规程进行通信。

(1) MTP 与 TMFEE 数据链路通信规程。通过 ETHERNET 网,使用 TCP/IP 规程。MTP 送给 TMFEE 的数据链路信息格式如表 5 - 1 所示。MTP 接收 TMTEE 的信息格式如表 5 - 2 所示。

表 5 - 1　MTP 送给 TMFEE 的信息格式

信息长度低字节
信息长度高字节
类型码＝1
操作码(0 断开遥测链路,1 建立遥测链路)

表 5 - 2　TMFEE 发送给 MTP 的信息格式

信息长度低字节
信息长度高字节
类型码＝1
包含有年、月、日、时、分、秒的时间标志段
包含一个遥测传输单元(1、2、4、8 或 16 帧)的遥测数据

(2) MTP 与 TCFEE 数据链路通信规程。通过 ETHERNET 网,使用 TCP/IP 规程,MTP 送给 TCFEE 的信息格式如表 5 - 3 所示。MTP 接收 TCT-

EE 的信息格式如表 5－4 所示。

表 5－3　MTP 发送给 TCFEE 信息格式

信息长度低字节
信息长度高字节
类型码＝1
操作码(0 断开遥控链路,1 建立遥控链路)

表 5－4　TCFEE 发送给 MTP 信息格式

信息长度低字节
信息长度高字节
类型码＝1
≤1026 字节的可选择长度数据域

（3）主测试计算机与 SCOE 链路通信规程。主测试计算机与 SCOE 间接口使用 RS－232 接口,软件通信规程遵循 OCOE—SCOE 通信规程,主测试处理机负责链路的建立和断开。OCOE－SCOE 通信规程内容如下：

- 采用全双工异步链路(9600 波特),为了保证发射场远距离测试的需要,每个异步接口应能加接调制解调器(MODEM)；
- 采用传输差错检测,采用偶校验检测数据传输错误;检测无响应(即超时)中断退出;检测到三次否定回答前重传数据；
- 采用肯定回答(ACK)和否定回答(NAK)方法,使另一端能迅速检测到错误条件和避免系统死锁。每个接收者在接收到一个信息后,必须在 5 秒内回答 ACK(接收正确)或 NAK(检测到校验错)；
- 规定各 SCOE 向 OCOE 传送的信息仅允许下列几种类型：

SEQ:〈ASCII 码串〉　送给正在运行的测试程序的信息

MON:〈ASCII 码串〉　送给监视进程的信息,用于专用测试设备测试参数背景监视

LOG:〈ASCII 码串〉　送 MTP 用于写入事件记录文件的信息

VDU:〈ASCII 码串〉　送 MTP 用于测试操作台显示的信息

ERR:〈ASCII 码串〉　送 MTP 用于写入事件记录文件并在操作台显示的信息

KBD:〈ASCII 码串〉　允许 SCOE 级别发送的键盘操作命令

CMD:〈Z 指令号〉　　允许 SCOE 送出本系统的遥控指令

5.4.7　ETOL 系统实例

图 5－9 是 ETOL 系统在中国"东方红三号"通信卫星测试中应用的设备连

接框图。主测试计算机(MTP)VAX3400 通过以太网,用 TCP/IP 规程与遥测前端机通信,每套系统配置三个测试操作控制台(TCC),每个 TCC 包括一个字符终端(VDU),一个图形发生器(GSCP)和一个彩色显示器(CD)。每个 VDU、GSCP 和系统打印机各占主机一个 RS−232 串口。能源系统测试设备(PSS)、姿控系统测试设备(AOC)、应答机(TTC)、转发器测试设备(RTE)、遥测测试设备(TMTE)、推进系统测试设备(COE1)各占用一个串口,遥控测试设备(TCTE)占用一个物理链路,二个逻辑链路,加上 SCOE 桥路共占用三个串口。

所有 RS−232 接口连接,在厂房通常用几十米的串行通讯线连接,到发射时根据需要,可以使用 MODEM 通过几公里长的电话线传送信息。

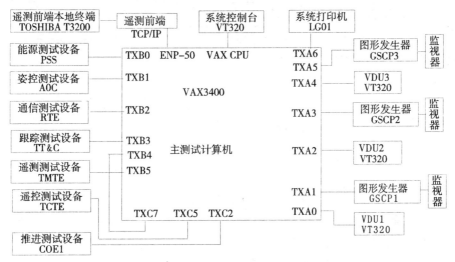

图 5−9　"东方红三号"EGSE 连接图

5.5　中国开发的典型分级管理 EGSE 系统介绍

20 世纪 90 年代以来,在消化、应用引进 ETOL 系统的基础上,已经在一些卫星电性能测试中广泛地采用分级管理模式的 EGSE。图 5−10 给出了一个典型的卫星电性能测试设备的配置图。

根据航天器分系统的不同,在分系统专用测试设备配置上会有所不同,但大致系统结构大同小异。特别是主测试计算机上的测试系统软件结构基本上都是如图 5−11 所示,我们称之为 STOS(飞行器测试操作软件)。这个软件和 ETOL 系统在功能上基本相同,由于计算机硬件和网络技术的飞速发展,在系

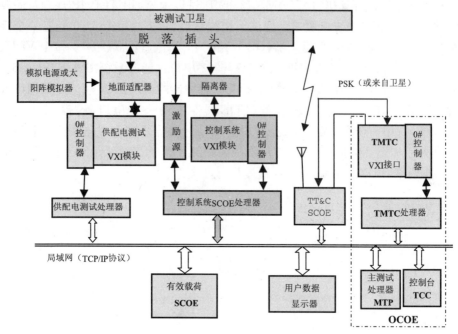

图 5 - 10　卫星 EGSE 分布图

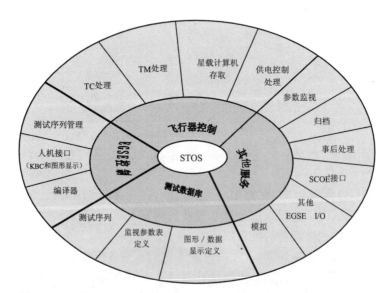

图 5 - 11　STOS(Spacecraft Test Operational Software)飞行器测试操作软件

统配置和设计上较原 ETOL 系统有了较大的改进。这主要表现在下列方面：

（1）硬件连接全部网络化，包括主测试计算机和前端、SCOE、操作台、测试数据显示器等。

（2）用廉价的 PC 机代替原来的小型机（少数采用小型机服务器），普遍采用 UNIX 平台。

（3）数据显示采用 PC 机代替原来的专用显示设备，功能和显示质量大大提高。

（4）遥控、遥测前端趋向于一体化。

（5）测试操作台和数据显示趋向于一体化。

（6）系统通常都加入了遥测原码广播功能，使一些复杂的问题可以在外部解决。

5.5.1　STOS 测试程序用函数

Test_init( )　说明语句，表示测试程序开始

Test_end( )　说明语句，表示测试程序结束

Execute(测试程序名)　执行指定的测试程序，并与其他启动的程序同时执行

HD(程序名表)　暂停测试程序

Stop(程序名表)　停止运行测试程序

Wait(整数)秒

EM(监视参数表)　启动监视参数

IM(监视参数表)　禁止监视参数

INitiate(监视参数表)　将数字参数的期望值设置为遥测中的当前值

UL(监视参数，监视界限)　修改监视界限

TC(遥控指令名)　发送遥控指令

TCB(遥控指令块文件名)　发送遥控指令块

Outb(SCOE 名)　将二进制数据送给 SCOE

Outa(SCOE 名)　将工程值以文本形式送给 SCOE

Get_Val(监视参数)　取监视参数原始值

Get_EnVal(监视参数)　取监视参数工程值

UC(曲线号，点号，XY 值)　更新曲线 XY 值

ET(遥控命令表)　允许 TC 发送

IT(遥控命令表)　禁止 TC 发送

5.5.2　STOS 键盘命令

(1) 监视命令

　　IN　初始化参数

　　EM　允许参数监视

　　IM　禁止参数监视

　　UL　更新模拟参数上、下限

　　UC　更新曲线 XY 值

　　DL　记录显示当前参数所用的上、下限和曲线号、曲线点

　　DV　记录显示当前监视参数工程值

　　DR　记录显示当前监视参数原始值

　　RV　重复显示监视参数工程值

　　RR　重复显示监视参数原始值

(2) 遥控指令控制命令

　　AU　遥控命令授权

　　TC 和 TCB　发送遥控指令

　　TC ON/OFF　遥控链路控制

　　IT　禁止 TC 发送

　　ET　允许 TC 发送

(3) 数据源管理命令

　　TM ON/OFF　遥测链路控制

　　QL　在固定窗口显示遥测原码

(4) 测试程序控制命令

　　EX　启动测试程序

　　HL　停止测试程序

　　HD　暂停测试程序

　　GO　继续执行暂停的测试程序

　　ED　启动危险测试程序

(5) 数据回放控制命令

　　OFF　关闭测试

　　RP　指定数据回放

　　ON　开始数据回放

　　RP STOP　停止数据回放

复习参考题

1. EGSE 的基本组成包括哪些？

2. EGSE 的主要功能？

3. 在 ETOL 测试数据库准备中必须要对监视参数进行事先定义，请问监视参数定义一般应包括哪几项？

4. ETOL 测试语言中定义了哪六类语句？

5. 下面是一个基本的 ETOL 测试序列，请给出注释和说明。

    SEQUENCE SETUP；

    ENABLE P008，X001，X002，X003，T1，T2；

    SEND Z4；

    SEND Z9，Z11，Z13；

    WAIT 2 FRAMES；

    VERIFY P008，X001，X002，X003；

    CONNECT SCOE PSS；

    OUTPUT SCOE PSS"SEQ：BATTERY TEMPERATURE IS"，T1，T2；

    EXECUTE OTHERSEQ；

    END；

说明：P008，X001，X002，X003，T1，T2 为定义的参数代号；Z4，Z9，Z11，Z13 是遥控指令代号；PSS 是电源分系统名称；OTHERSEQ 是另一个测试序列名。

第 6 章 EGSE 系统设计

由于航天器的复杂性及运行期间不易维修从而提出的高可靠要求,使得在研制的每个阶段确保设计的正确性和测试的准确性都具有非常重要的意义。本章首先论述了测试设备的研制程序,其次就设备用户和开发者在进行 EGSE 总体设计中所必须考虑的几个主要问题做了说明。这些问题是:EGSE 与航天器间电气接口设计;在航天器非运行状态下应当提供的模拟手段,即硬件或软件模拟器;测试设备所用的计算机机型、接口和程序设计语言的选择;提高设备可靠性的一些考虑。

6.1 EGSE 技术要求

EGSE 是航天器在进行各种地面试验必不可少的设施,在设计和配置时应该符合以下技术要求:

(1) 一般要求。EGSE 的故障不应导致被测试航天器的故障。EGSE 的设备都必须按照地面电子设备常用标准建造和组装。设计必须同航天器测试和检测设备现行的工程标准和实际相一致。EGSE 不必使用任何航天器硬件便可以做功能检查,这样在同航天器硬件连接前就可以完成 EGSE 的自测试。EGSE 系统的硬件和软件各个结点之间容易断开并且又不会引起对网络或其他结点的任何打扰。

(2) 应急保护措施。EGSE 的设计必须包含自动和手动的应急切断能力。手动切断控制应当位于容易接近的地方并要防止意外触动。

(3) 可靠性和寿命。EGSE 的设计和制造必须确保在平均每月使用 200 小时的情况下达到至少 10 年的使用寿命。在定期的预防性维护之间,设备要有每天连续工作 24 小时而性能又不下降的能力。设备在航天器测试中至少 90% 的时间是可用的,其余 10% 的时间用做防护性和校准性维修工作。为了达到 90% 可用系数,要推荐使用适当的备份件。

(4) 可维修性。所设计和建造的设备应易于维护、组装和拆卸,易于直观功能性检查以及模块和部件的更换。实现上述设计要考虑的特点是：①分层化结构（部件、子部件的模块化布局）；②任何像螺丝、螺栓和紧固件等部件的操作的易接近性；③必须要有重复性移动和再插入的部件的牢固性；④要提供标识号；⑤为完成设备的维护必须提供适当的文件。

（5）标识和标记。EGSE 的每个单元需要有标识的地方，都必须有正确的标识：

- 机架和机箱都应有包含有项目专用名称和系列号的标记，对操作人员是可视的；
- 全部配套的电连接器的头和座都必须加标记，以便能清楚地指明正确的连接；
- 全部的控制和显示部件上都有明确的标记；
- 在对设备和人员有可能造成危险的部位必须设有警告标志；
- 要清楚地标出应急断开或校正操作使用的部位，并且对操作人员是可视的和易于接近的；
- 所有的标记都应不被临近的部件遮挡，并且能防止因移动或起吊而磨损。

（6）电气要求。包括电源要求、接地与搭接要求、电缆和电连器要求。

电源要求。适应的电源电压为 220V±10%，频率为 50Hz±2%。直流电源应有过载和过压保护功能，所有的保险丝都必须容易更换；

接地与搭接要求。为了防止对人员和设备造成危险，设备必须正确地接地，避免可能产生共模的接地环路。接地和搭接的实施主要要满足下列需求：①防止由于设备内部故障或感应电场而产生设备结构高电位的危险；②减少由于电场或其他形式互耦引起的电磁干扰；③通过把 EGSE 所有结构接到中央接地点上而建立接地网；④不允许负载电流流过地网的任何部分。

电缆和电连接器要求。只要有可能，设备间的连接电缆都要通过安装在设备后面板的电连接器实现。连接应有如下特征：①全部电缆和电连接器都必须标志清楚，以避免在经常的拆装操作中出现错误连接；②电连接器和电缆线的排列应便于直观检查；③电连接器的护套电气上必须同设备结构连接到一起；④为了防止电缆插拔引起的焊点的脱出或焊线的缠绕，电连接器的电缆卡箍必须足够紧而又不能伤线；⑤需要拆装电缆的电连接器必须安装在容易接近的位置上；⑥必须采用标识记号或其他方法以防止电连接器的错误配接。

（7）机械要求。EGSE 的结构应当被设计、制造和修整成高质量吻合的并符合规定的尺寸。要特别注意可能引起人员和硬件损伤的毛刺和锋利边缘的修整。喷漆面应是无漆滴、无孔隙、无灰尘、无过漆、无表面下的气泡和杂物。标记应是鲜明和清楚的,并且使其保持时间超过设备的工作寿命。EGSE 应使用无霉菌成分的材料。整机遵循模块化概念,使得可修性强、查错方便和易于更换。

(8) 环境要求。不同环境有不同的标准,分别如下述:

存储环境:

温度:$-40℃\sim+70℃$

相对湿度:$<90\%$

气压:$800\sim1050$ 毫巴

磁盘不要存储在载有强电流的电缆附近或磁性材料附近

避免直接光照

运输环境:

温度:$-40℃\sim+70℃$

相对湿度:$<90\%$

气压:$800\sim1050$ 毫巴

避免直接光照

机械环境:

垂直冲击:$10ms$ 内可达 $15g$

线性加速度:垂直方向可达 $3g$

操作环境:

温度:$+10℃\sim+32℃$

相对湿度:$<80\%$

气压:$800\sim1050$ 毫巴

(9) EMC 要求。为了使电磁干扰(EMI)能量的传播和耦合减至最小,EGSE 使用正确的接地技术。使用交流动力电源的单元必须包含有滤波设备。

(10) 文件。EGSE 所有部分提供的文件应当包括:

·EGSE 硬件安装说明;

·包装和运输说明;

·系统方案设计报告;

·详细设计技术说明;

·用户手册;

·验收大纲和细则;

·测试报告。

(11) 验收测试。EGSE 的每个设备都应完成如下验收测试:

·检验专用硬件是否满足性能要求;

· 检验材料、工艺和结构上是否有缺陷；
· 检验部件之间接口是否相容；
· 检验软件是否满足性能和功能要求；
· 检验系统持续无误工作的能力；
· 验收测试的参数要记录在测试报告中。

6.2　EGSE 研制程序

　　测试设备是航天器地面电气和机械设备的主要组成部分。它是完成航天器总装出厂验收、各种模拟环境条件下（如振动、热真空及噪声）的测试及发射前在发射场的功能测试时不可缺少的电气设备。早期的航天器测试设备是由专用的控制台和通用仪器仪表等组成，靠手动操作、人工判读记录。近几年普遍采用了数字计算机控制，手动操作只作为一种备用或应急操作的手段而设置。无论是手动操作还是当前普遍采用的计算机控制的自动化测试设备，它们的基本原理都是对被测航天器进行上行控制（或称激励），并对其响应进行收集和处理。由于航天器有很多分系统，其测量和控制的参数很多，有些参数用手动测试无法完成，特别是高速测试和数据处理只能靠复杂的计算机系统（硬件/软件）的配合才能进行，这样使得地面测试设备变得很复杂和庞大，同时要求设备的使用寿命也要足够长，从而花费的成本也很高。测试设备的质量和稳定性也必须优于被测的对象，这样才能保证测试设备能可靠地测试航天器的各项指标。

　　我们习惯的做法是每个分系统都有一套专用的测试设备，各有自己的操作人员，彼此之间没有直接的信息联系。在整星测试时，常常靠测试指挥人员统一指挥，人工判读和协调彼此的操作。目前国外广泛采用的是分布式测试系统，即航天器每个分系统的测试设备既是独立的又是整个测试设备的一个有机组成部分。各分系统的测试设备通过接口（如局部网络等）同中央控制设备相连，由中央控制设备协调和管理分系统的测试工作，使之彼此配合共同完成整星测试。

　　由此可见，航天器测试设备不但要求各分系统同航天器之间的测试有严格的接口关系，而且设备系统内各部分也要有严格的接口关系；不但有复杂的硬件系统，而且有复杂的软件系统，在某种意义上说软件的复杂性要超过硬件，这样的系统不可能由几个人去完成，事实上它往往是由很多单位很多人员协同去完成。这样就需要有良好的组织管理和质量控制，需要遵循一定的研制设计程序开展工作。

　　在本教材的 2.4.2 节中，对 EGSE 构建的策略和原则做了说明，结合我们的实践可以按照一定的阶段实施。阶段的划分可根据设备的规模有不同的分法,但大体上可分为用户(任务)要求定义、设备要求定义、系统方案设计、详细设计、技术实施和生产、验收、使用及维护等五个阶段。本节将就这几方面问题加以说明。

6.2.1　用户要求定义

在用户要求没有明确定义之前,任何一项工程都不应开工。缺乏对用户要求的了解,就开始对系统设计、生产,往往是造成时间和经费浪费的重要原因之一。所有各层的管理人员,从一线工程人员(即实施者)到工程的指挥者都应当明白这个问题的重要性。

负责航天器测试的人员应当对航天器各分系统加以研究,把各分系统提出的测试任务和要求加以分析,研究所提要求是否合理、预计可能会发生的测试问题、是否需要利用特殊的测试技术加以解决等等,要同航天器设备设计者、地面测试设备设计者以及使用者等进行讨论协调,形成使用要求,也就是用户要求。

测试设备的设计人员积极参与此阶段的工作是十分重要的,他们参与的程度取决于要求的复杂程度和用户对设备能力的熟悉程度。有些用户完全有能力提出清楚的说明设备所要完成任务和功能的用户文件;有些用户以前没有使用设备的经验,在定义使用要求时就要借助一些帮助,这时设备设计者的参与就更不可少了。无论哪种情况,保证设备设计人员的参与都是重要的,这对设备设计人员所要解决的问题、系统设计和成本估算都是有益的。

用户要求不应涉及实现设备设计的细节,即使用户有这种能力也不应这样做。用户要求的重点应放在测试目的、类型、参数、输入输出信号定义、信号的容差以及测试接口等方面。

有些航天器分系统设计人员往往把研制分系统本身看得重要,而对装到航天器上后如何测试,如何以最佳最少的测试点完成测试考虑较少。如果用这种观点去左右管理工作的话,将会延误测试设备乃至整个工程的研制进度。大多数测试要求可以从被测设备性能、技术要求、接口参数表及设计方案等文件中把测试要求初步提出,这个初步要求再经本阶段的最后评审后形成测试要求文件,就可以进入下一阶段。

6.2.2　设备要求定义

被评审和批准的用户要求文件是进入本阶段所必需的条件。本阶段的最终目标是完成设备(包括硬件/软件)技术要求文件。这是研制周期中最关键的阶段。用户、设备设计人员、操作和维修人员对最终的产品有不同的想法,把这些

想法综合成具体而又可行的要求需要相当大的努力。在综合设备要求时,要把它们分类说明,这些类别可能包括:

(1) 功能要求。这是从整个系统要求得出来的总体要求,主要说明的是设备要做哪些工作、要完成哪些功能。可以包括使用的环境、对星上的哪些系统进行何种类型的控制和测量、测试的回路、测控的物理流程等都可以在此范围。

(2) 性能要求。这是指能通过数值表明被测参数(如电流、电压、频率……)的那些要求,如测试范围和误差。通常有些定性的说法,如"快速响应"、"高精度测量"、"高稳定度"等等,在此都应以具体的数值形成技术指标而加以描述。

(3) 接口要求。要对航天器中某些设备的性能和功能进行测试,就必须提供能对航天器进行测控的"通路"。我们这里所说的接口要求就是指对这些"通路"进行连接的要求,也可以说是星/地之间的接口要求。通常有两种通路,一是通过射频路径(如遥测、遥控、跟踪等系统),二是通过航天器表面电连接器引出的一些导线(如电源控制、状态参数、信息传输总线等)。接口要求就要从星/地两方面把连接这两种路径的有关参数、接口电路、星地信息交换的约定和软件接口关系等清楚地加以说明。

(4) 操作要求。一个测试系统总要同操作人员进行信息交换,因此这类要求可以包括对操作人员数量、技术熟练程度、任务、显示屏内容的排列、操作用的语言及人机对话的方式等。

(5) 资源要求。这些要求可以包括对现存设备的利用、专用和通用程序语言的利用、数据库的利用等等,还可能包括对一些物理参数方面的制约,如电源功率、存储器容量、设备使用场合的环境等。资源要求要考虑到以后的扩充发展和尽量节省开支。

(6) 验收要求。验收要求可指明检验计划和环境,提出验收规范及验收所要完成的测试项目和方法等。

(7) 文件要求。说明应提供哪些文件。一般情况应提供设计任务书、用户要求文件、设备设计文件及技术说明、电原理图、源文件和目标文件以及使用说明等等。

(8) 安全要求。安全要求可以包括操作人员和设备的安全,设备应不对操作人员造成危险;设备某部件的损坏不应顺序地扩展而引起其他部件的损坏,特别是不能使被测设备(航天器)造成损坏。设备安全要求的关键点应被监测,出现危险时应有报警信号提示给操作人员。设备应具备应急切断电源能力等等。除了从硬件上采取措施保证设备安全之外,在软件上也可采取诸如操作命令的互锁、命令关键字检测、只读存储器等方式。

(9) 可靠性要求。设备在规定条件下,无故障工作的时间就被定义为它的可靠性。我们可用平均无故障工作时间（MTBF）的形式给出它的定量指标，同时给出产品应达到的平均寿命，一般要求测试设备平均寿命应为 10 年。由于航天器测试设备比较复杂，所有各个环节的质量都会影响到产品的质量和可靠性，因此，可靠性要求要从设计、采购、生产、管理、使用、维护等多方面提出必要的要求。对设备可靠性影响较大的是使用的环境条件，如温度、湿度、冲击、洁净度等。因此要提出在操作、存储和运输三种情况下的环境要求。

除此之外，还有可维修性、成本、计划等方面的要求，这些要求都对其他要求有些影响，因此在多种要求之间必须做出适当的折中考虑。有些要求是绝对必要和不可忽略的，还有一些可能不那么重要，可能需要协商或可能在设备寿命期内有所变化。把全部要求汇集起来是几个部门（用户、设计人员和管理人员）协同努力的结果，最终形成令人满意的要求文件。我们所说的令人满意的含义是：这些要求应当是不含糊的、完整的、相容的和可测试的。如果一项要求有一种并只有一种语义解释的话，它就不是含糊的；如果没有把用户的要求忽略掉，它就是完整的；如果各项要求之间没有抵触，它就是相容的；如果各项要求都能通过人或仪器检查产品是否满足要求，它就是可测试的。

本阶段给出的结果应当是设备要求文件。该文件要由用户、操作人员、开发者做一次或几次评审，评审要就文件的完整性、协同性、可测性及可行性等给出结论。设备要求文件的批准就是该阶段完成的标志。

6.2.3　系统总体方案设计

本阶段的目标是完成测试设备系统结构的设计。如果说在此之前的研究还只是提出问题的范畴（即用户要求、设备要求），那么，从本阶段开始则是过渡到了解决问题的范畴。

总体方案要根据前面提出的用户要求文件和设备要求文件，根据所提供的经费、现有设备的可利用性、计划进度要求、当前技术发展的潮流、今后系统扩充能力等多方面的因素加以考虑。系统总体方案设计阶段的主要工作包括硬件系统结构设计和软件系统结构设计。

6.2.3.1　硬件系统结构设计

航天器测试设备是由硬件和软件两大部分组成，硬件是整个设备的基础，在简单的情况下，可能是一个专用的控制器。近年来由于自动化测试技术的发展，它包括计算机及有关外围设备。我们指的外围设备不仅包括常用的打印机、显示终端、磁盘机等，而且包括面向被测对象的各种接口和某些专用设备。

首先要确定选用单计算机控制还是多计算机控制。单计算机控制可以分为专用计算机控制和通用计算机控制两种。随着计算机的迅速发展和广泛应用，已经很少有人再使用专用计算机了。即使有人用，也是在通用机上加以开发，充分利用其资源，增加一些特殊的接口，把专用程序固化，以方便使用。目前广泛应用的是价格较低的微型计算机。航天器是由多个分系统组成的复杂系统，用单一计算机进行测试是很困难的。单机控制适用于航天器的分系统测试。多计算机控制系统中常用的是分布式系统。航天器测试设备可使用两级或多级分布式系统。图 6 - 1 就是一种两级分布式航天器测试设备原理框图。主计算机可用微型机或小型机，它主要起到数据管理和对航天器各分系统测试设备管理的作用。

　　电源分系统、姿控分系统、有效载荷分系统以及其他分系统的测试设备由微型机控制，它们一面要同被测航天器接口，另一面同主计算机接口。在确定了计算机控制方式之后，就要着手选择两级微型计算机的型号。在计算机迅速发展的时代，选择合适机型不是一件容易的事，后面章节我们将说明此问题。

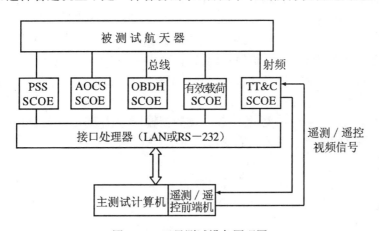

图 6 - 1　卫星测试设备原理图

　　硬件系统设计的另一个重要问题是确定接口。图 6 - 1 所表明的结构有两部分接口必须确定，一部分是主测试计算机同航天器分系统测试设备、测试操作台及监视器之间的接口，这部分接口大多采用串行接口或局部网络。选用哪一种要根据两级选用的计算机配置（硬/软件）、传输距离、速率等多种因素加以考虑。另一部分是各分系统测试设备同被测航天器之间的接口。很显然对航天器发出的控制信号和来自航天器的测量信号（通过电缆线或射频链路），都无法直接同计算机连接，而必须通过一个中间环节，即接口连接起来。

　　在选定接口之后，可以画出整个系统的硬件结构图。它是测试设备的总图，要力求简单明了、层次清楚,并要把整个分系统按功能从上到下分成若干模块,提出模块之间的接口关系。

6.2.3.2　软件系统结构设计

同硬件一样,软件是航天器测试设备不可缺少的组成部分。软件是整个测试设备的神经中枢,设备功能发挥得如何,很大程度上取决于软件设计。软件系统结构设计,在有些文章中称之为软件概要设计。

首先要确定选用何种系统软件,也就是计算机厂家提供的软件,它包括操作系统、编程语言。系统软件是通用软件,它所提供的高级语言(如 BAS-IC、FORTAN、C 等)可能不具备通用的供测试控制用的测试语句或函数,需由用户进一步扩充或由用户在汇编级的水平上对专用接口的 I/O 进行编程操作。

根据对测试任务的分析和所选用的硬件结构,可以拟定出测试物理流程。它的基础是对用户要求和设备要求的深入了解。

由于航天器测试是个很复杂的过程,因而用流程图法则难以把问题表述清楚,我们可以把整个程序分成若干子任务或模块。采用从上向下的方法实现系统模块化。模块划分的原则是使它们彼此之间耦合关系尽可能少,每个模块的功能尽可能单一。这样使设计者之间彼此有较少的制约关系,使各模块可以并行地进行设计。这种把系统分解成若干模块的过程就是软件系统结构设计。对每个模块必须定义它的功能,给出模块的数据输入、数据输出及控制流程。同时要说明模块之间的接口关系,如交换什么样的信息。

总体方案设计阶段应给出系统总体方案,即硬件系统组成和软件结构设计文件。这个文件要由设计人员、管理人员及用户加以评审。为了保证评审的完整性,可以事先列出评审项目的清单。

6.2.4　详细技术设计和生产

总体方案设计阶段所提供的系统硬/软件结构设计文件是本阶段工作的主要依据,详细设计工作可以从较低层模块着手。

由于设备采用了通用计算机,所以硬件设计的重点无疑是放在接口设计上。航天器测试设备可以使用不同的接口方案。为了减少工作量、节约经费和提高可靠性,应选用标准的通用接口系统。在用通用仪器仪表进行测量的地方,可以选用 IEEE 488;在通过电缆线(通常是脐带电缆)同航天器接口的地方,可以使用 CAMAC、STD、IPC 或 VXI 接口;在要求设备各个部分之间长距离传送数据时,可以选用串行接口系统,如 RS 系列接口、LAN 接口等。事实上很多测试系统都采用了不止一种接口方式来实现。

在硬件设计时,如果通用接口模件解决不了设备的某些应用,那就要自己设计和生产。在设计和生产中要特别注意被测对象与测试系统相互连接中的某些问题。这个接口常常涉及信号的长距离传送、弱信号的测量、信号的变换与隔离等环节。测控环路中的干扰、噪声等都可能通过这些环节对测量的精度和控制的准确性造成影响。对采购的通用接口和自行设计的专用接口模件,都必须逐级做静态和动态测试,方可装入系统。

软件详细设计是最繁重的工作。在上阶段已经把软件模块化了,每个模块的功能、输入输出数据及模块间的接口关系都已定义了。详细设计的目的是更进一步地细化前一阶段的设计,应分别研究每个模块,特别要说明它的细节。常用的软件详细设计工具有两种。一种是程序框图,这是从事软件设计的人常用的一种工具,它提供了一些基本的图形单元,用以表示条件、执行和分支等,把这些基本图形按一定逻辑关系连在一起或互相嵌套在一起,就能装配成程序框图。另一种是详细设计语言,有时也叫做伪源程序语言,它是一种用文本格式的方法描述程序模块的数据和处理过程的一种工具。详细设计语言有自己的语法,有顺序语句、选择语句、IF 语句、CASE 语句和重复语句等等。为了能说明细节,其间也可插入一些日常用语。用这种方法描述的软件设计既容易理解,又易于翻译成源程序,因而是一种很有效的方法。

按照经过检查和评审的详细设计文件,可以开始编写程序了。编写程序要遵循结构化编程的规则,注意编程的格式和方法,以提高程序的可读性、可测性和可维护性。对编写的程序模块要分别做测试,验证其功能和接口的正确性。验证过的程序模块按照软件结构,逐次组装,分层测试。当所有软件模块都组装在一起,能完成所有测试功能时,软件测试才告结束。此后还要进行软件和硬件的匹配测试,也是系统测试。

详细技术设计和生产阶段要产生详细设计文件、用户使用手册、验收测试计划和源程序清单等文件。

6.2.5　验收、应用和维护

验收测试以用户要求文件中规定的功能为基础,按照预先准备好的测试计划和规程进行,这是整个测试系统在交付前的最后测试。根据用户要求,验收测试有可能在某种特定的现场环境下进行。通过验收可能会发现硬件设计、软件设计和系统文件中的差错,交付前还必须对设计做最后的修正。修正的项目还要做必要的验证和测试。

合格的设备交付之后,使用设备就是用户的责任了,产品的维护阶段也就开始了。开发阶段产生的很多文件是维护阶段的基础。由于维护阶段往往比开发阶段长许多,再加上常常不是设备开发者本人去诊断和解决问题,因而设备的维护工作可能要付出比较大的代价。维修工作最好事先做计划,维修的投资和所需要的资源也应提前确定。一般说来在设备交付使用的初期出现的需要维修的问题可能会多些。这些问题可能是用户使用不当、程序编写与文件不一致、设计同使用要求不一致或用户要求不恰当等原因造成的。这些问题的维护常常涉及研制阶段的工作,需要用户与设计部门认真对待,加以协商,按照一定的工作程序加以解决。任何一项修改都要做严格的检查和测试,因为表面上或局部上认为是正确的修改往往会引起别的错误。软件的修改尤其要倍加注意。对于那些扩充设备功能和改进设备性能的改进性维护,应该像开发新设备那样计划、安排和实施。

上述测试设备研制的工作网络图可以用图 6 - 2 表示。图中用了许多反馈线表示每个阶段结束,评审后提出的问题,需要前面某个阶段进行修改设计。这实际上是一个反复叠代的设计和研制过程。我们可以看到,研制早期发现问题,修改付出的代价要低。如果属于用户需求出现了问题(图中反馈线没有画到用户需求处),修改付出的代价最高。

6.3　EGSE 费用和效益分析

在选定 EGSE 方案之前,要对备选方案进行分析,对每种方案在系统使用寿命期内的使用和维护的能力做出评价,以便做出最后的选择。有多种费用和效益的分析方法,美国国防部(DoD)对军用的自动测试系统(ATS)提出了选择过程指南。指南中给出的费用效益分析(CBA—Cost Benefit Analysis)工具可以作为参考。

指南的宗旨是通过使用指定的 ATS 系列产品和鼓励使用商用测试仪器,使得特殊类型的设备减至最小。规定了设备采办环境,使采办人员在满足设备需求情况下,减少总的费用。这一政策要求使用 CBA 方法。

CBA 分析是 ATS 选择过程中不可缺少的一个组成部分,它的目的是确保所选择的 ATS 在其整个寿命期内使主管部门得到最大的效益。推荐的备选方案可以采用几种形式:商用测试设备、现存的 ATS 的使用或改进、专

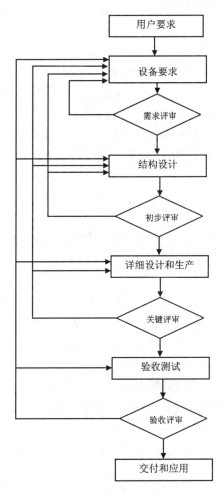

图 6-2　研制流程图

用新研制的 ATS。为了辅助项目经理进行分析,研制了 CBA。CBA 有两个主要部分:①费用的定量因素,必须要考虑到各种费用类别;②定性分析要素、加权及分析。现在已经开发了自动化的 CBA 工具。

6.3.1　EGSE 寿命期费用因素的确定

　　EGSE 的费用分析类别包括投资费用和维护费用两项。投资费用包括 EGSE 开发、EGSE 生产、软件开发、软件生产、初始培训、临时保障和初始保障的费用。维护费用包括人工费用、维护培训、EGSE 保障/维护、在用工程费用。以上每项费用都有明确的定义和适合的概算方法。通过费用分析可以得出总的费用概算。

6.3.2　10 项定性分析要素

EGSE 的定性分析可以用 10 项要素,每项要素分为三级,一级为最坏情况,三级为最好情况。我们把每项要素的三级的含义也列出来,供测试设备构建时参考。这些要素及其分级如下:

(1) 使用的简易性,即操作人员使用 ATS 的容易程度。

一级:①有书面技术手册;②有被测试设备(UUT)规定的对操作人员所需的培训。

二级:①有菜单驱动用户操作接口;②有 UUT 规定的对操作人员所需的培训。

三级:①有图形用户接口及综合技术手册;②有代表性的 UUT 培训与 UUT 规定的对操作人员所需的培训。

(2) 使用适应性,即 ATS 在期待的环境中使用的能力。

一级:①需要对很多设备或要对 ATS 进行改进,以适应工作环境的温度、气压、湿度、电源波动等条件;②如有可搬运要求时,这种 ATS 是不能移动位置。

二级:①需要添加设备才可以适应工作环境的温度、气压、湿度、电源波动等条件;②如有可搬运要求,这种 ATS 的移动位置需要做大量准备工作、很长拆装时间需要其他设备辅助才能移动就位。

三级:①无须增加外部设备即可在期待的环境中工作;②如有可搬运要求,这种 ATE 是便携的,并且不需要调整过程。

(3) 测试软件的可移植性,即将测试软件移植到其他的 ATE 上的能力。

一级:①需要新的编程硬件和软件;②需要特殊的 ATS 环境。

二级:①只需要对编程的硬件和软件做最少的修改即可移置测试程序;②需要开发出一个翻译器或者只需要重新编写测试程序。

三级:①无须修改硬件和软件即可移置测试程序;②适合其他 ATS 标准环境。

(4) 可更新性,即可增强测试系统能力的程度。

一级:①基本上是定制设计(专用的保障设备);②ATS 不使用工业标准。

二级:①公用系统设计(通用保障设备);②使用工业标准和系统专用标准。

三级:①采用开放体系结构的通用保障设备;②ATS 是工业标准。

(5) ATS 的年龄,即具备初始能力后已使用的时间。

一级:10 年以上。

二级:1.5～10 年。

三级:1.0～1.5 年。

(6) 纵向通用性,即 ATE 应用在不同场合(工厂、测试站和发射场)时的适应程度。

一级:只能在工厂、测试站或发射场其中一级使用。

二级:可在工厂、测试站或发射场两级使用。

三级:可同时在工厂、测试站或发射场各级使用。

(7) 横向通用性,即 ATE 在其他型号内用于保障应用的程度。

一级:是专用保障设备。

二级:支持同一型号内的多个系统或多个型号的某一系统。

三级:支持多型号的多个系统。

(8) 寿命期内保障性,即在期望的寿命期内保障 ATS 的能力。

一级:①在寿命期内无综合维护保障;②同维护部门无关。

二级:①在寿命期内有不完全的综合维护保障;②同维护部门有关。

三级:①在寿命期内有完整的综合维护保障;②始终同维护部门有关。

(9) 测试程序开发简易性,即测试程序开发的工程方面工作的容易程度。

一级:①没有现成的工具,没有自动化工具帮助生成软件和算法;②只有复杂的传统的软件编程方法;③需要其他复杂的硬件接口设计;④需要其他复杂的硬件和软件集成。

二级:①已有专用的软件工具;②中等复杂的软件编程方法;③需要中等复杂的硬件接口设计;④需要中等复杂的硬件和软件集成。

三级:①可广泛采用工业标准软件工具;②有标准化的或开放环境的图形用户接口用于软件开发;③简单的硬件接口设计;④简单的硬件和软件集成。

(10) 适应性,即为了测试以前没有在该系统上测试过的被测件(UUT)而重新配置该测试系统的能力。

一级:①没有能力;②软件和硬件不可以重新配置。

二级:①包含模块式的硬件和软件标准接口;②具有扩展的结构。

三级:①具有开放式体系结构。

6.3.3　选择方案的定性分析

对于每一个备选方案都应当按照上述的 10 项定性分析要素进行定性分析。定性分析的过程是对每一项要素填一个表格。把 10 个表格提供的数据作为输入填入综合评估表中,就完成了定性评估。为了对每项要素填写表格,DoD 给出了三项信息:期望性能的额定值、置信度值和信息来源,其中前两项以数值形式给出。

(1) 期望性能的额定值。上面给出了10项定性分析要素的定义,每项都定义了低级(一级)、中级(二级)和高级(三级)。表6-1给出了这些级别同额定值之间的关系,这个值代表要满足给定指标所选择方案的性能。

表 6-1　定性分析的额定值换算

等级	描述	额定值
一级	勉强可接受	1
二级	平均水平	3
三级	最优	5

(2) 置信度值。置信度值代表所选方案可以获得的效益的一种度量,低级的置信度水平表示所选方案可能永远不会实现。置信度值的确定是主观的,应根据事实或专家的意见来综合确定。各个置信水平和置信度值见表6-2。

表 6-2　定性分析的置信度值

置信水平	置信度值
非常可信(VC)	0.9
可信(C)	0.6
一般可信(MC)	0.3
很少可信(VLC)	0.1

(3) 加权。在填综合评估表时,有一项是加权值。根据ATS的工作环境,给出10项定性分析要素在三种环境(即外场、基地或工厂)的不同加权值,列在表6-3供参考。加权值是根据各个要素对所选方案的重要程度决定的,权值的确定也是主观的,根据事实或专家的评估意见来综合确定。比如从表6-3看出,设备在发射场使用时总的权值为10,使用的简易性和适应性的权值较高(分别是1.20和1.25),ATS的年龄的权值最低(0.62)。

表 6-3　定性要素的加权值

定性要素	发射场	试验站	工厂
使用简易性	1.20	1.09	1.13
使用适应性	1.25	1.13	1.20
软件可移植性	0.93	0.92	0.97
可更新性	1.09	1.07	1.13
ATS 年龄	0.62	0.58	0.61
纵向通用性	0.86	0.95	0.93
横向通用性	0.88	0.85	0.78
寿命周期保障性	1.17	1.29	1.15
软件开发简易性	0.94	1.07	1.02
适应性	1.06	1.07	1.11
总权值数	10	10	10

（4）综合评估。根据上述分析,可以对选择的方案做综合评估。综合评估需要填写综合评估表,如表 6-4 所示。按照表中添加的值计算出费用效益比值,作为不同的设备选择方案的比较。费用效益比高的设备应是优选方案。分析中的额定值、置信度值、加权值等具有一定的主观因素,是一种估计值,因此 CBA 方法仍然是一种定性的分析方法。

表 6-4　费用效益比评估表

选择的方案:					
加权值	定性要素	期望额定值	效益	置信度值	折合效益
	使用简易性		加权值乘以额定值		效益值乘以置信度值
	使用适应性				
⋮	⋮	⋮	⋮	⋮	⋮
	适应性				
	总效益		上列值之和		
	折扣总效益			上列值之和	上列值之和
	总置信度				
寿命期总费用		根据费用因素确定			
费用效益比值		总费用与折合总效益之比			

6.4　EGSE 与航天器间接口设计的问题

6.4.1　EGSE 与航天器间电气接口

在第 2 章中已经简要地介绍了航天器综合测试接口,通常应当设置如下的接口:

- 单元设备专用测试电连接器接口;
- 通过脐带电缆的 TM/TC 视频信号接口;
- 通过射频电缆或天线收发的 TM/TC RF 信号接口;
- 经由航天器表面电连接器(或脱落电连接器)的航天器至 EGSE 的专用测试信号接口;
- 星载计算机总线接口;
- 太阳阵模拟器(SAS‐Solar Array Simulator)供电接口;
- 火工品测试接口。

在系统级测试时,航天器与 EGSE 之间通过脐带电缆(UMB)和表面电连接器(SKC)引出的接口,是对航天器的通过硬导线的直接电气测试的接口,在综合测试中起到举足轻重的作用。接口设计的不合理,不仅影响测试质量,甚至会危机航天器的安全。早在 20 世纪 80 年代,航天部门颁布了"星地信息接口标准"。该标准阐述了星地之间信息的几种基本类型以及信息接口设计的某些问题,标准是多年工程实践经验的总结,对今后的设计提供了参考。实际上星地之间传输的信息是以电信号形式实现的,根据在第 2 章的论述,在这里我们还是使用信号的术语。本节将对 UMB 接口做一些描述。

一般航天器有 1 个或多个脐带电连接器,用于与 EGSE 接口。根据不同的要求,脐带电缆(UMB)有 100~200 根硬导线,通常包括无屏蔽单导线(Single,no shield)、有屏蔽的单导线(Single,shield),有屏蔽的双绞线对(Twisted shield pairs)以及屏蔽线(shield)。实际应用中,UMB 并不是一段电缆,而是多段连接而成。通常从航天器的分离面到发射器末级壳体分离面的长度大约 10~15 米,从末级分离面到发射台地下室的长度大约 50~100 米,从发射台地下室到测试掩体间的长度大约 100 米。图 6‐3 是 UMB 与 EGSE 连接示意图。

航天器分离电连接器分离控制和分离状态的监视通常都由发射器电路在起飞后按照预定的程序完成,在 S/C 没有装到发射台之前,由 EGSE 完成。发射器末级壳体分离面的电连接器的分离控制和分离状态监视由 EGSE 在发射起

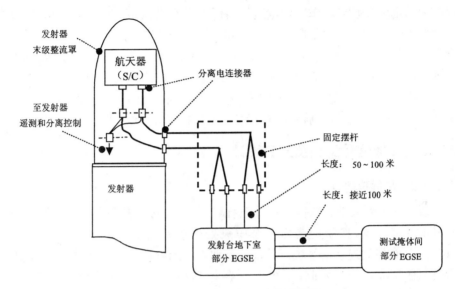

图 6 - 3　UMB 与 EGSE 连接示意图

飞前完成。UMB 传送的信息种类多、距离长,EGSE 的接口设计要做到安全可靠。表 6 - 5 列出了 UMB 与 EGSE 电气接口的信息种类、作用和接口设计要求。

表 6 - 5　UMB 与 EGSE 接口

UMB 传输线种类	作　用	EGSE 接口设计要求
电源线	SAS 供电,蓄电池充电	多股粗导线,继电器控制
信号线	电压、电流测量,状态监视	双端输入、滤波、光耦等隔离
控制线	星上电源和状态切换,分离电连接器分离	继电器控制、光耦隔离
视频线	下行:TM PSK;上行:TC PSK/FSK	双绞线、隔离电路(如射随器)等
OBDH 总线	RS-422、RS-485、1553B 等	双绞线、差分输入

　　除了各类传输线的接口要做认真的处理之外,UMB 的接地和搭接(bonding)问题在设计时必须要处理好。良好的接地和搭接可以使两个结构面之间的电位减到安全值,确保有效的电缆屏蔽以消除静电放电(ESD - Electrostatic discharge)对人员的危险,减少 S/C 等结构件和地之间的电压差。要求 S/C 有

靠近分离面的"地"（Earth）参考点，分离面上设有搭接带（bonding strap），要求搭接电阻小于 3×10^{-3} 欧姆。UMB 上也应该有搭接带，用于确保 S/C 与发射器之间有良好的电接触。另外 UMB 中的双绞线屏蔽线和单导线的屏蔽线要在 UMB 中有相应的接点，必须做到与 UMB 电缆的屏蔽编织网隔离。

通过 UMB 传送的信号有很多种，有电源线、信号线、传输总线等，传输的距离也比较长，这些信号与航天器有直接的电气接口，因此要精心设计。

6.4.2 传输信号类型及接口设计

6.4.2.1 总线信号

现代航天器大都有数据管理分系统（OBDH），它一般都是由多个智能单元组成的网络系统，典型的是由一个中央处理单元（CTU）和若干个远置单元（RTU）通过网络连接的系统。总线上流动着航天器运行中的各种信息，如工程数据、控制命令等。因此，不少航天器把总线引出，通过总线探测器（BUS Probe）采集总线信息，注入指令或数据，支持航天器的测试。这些总线都是串行总线，大多数总线本身的隔离和驱动特性都支持远距离（几十米到几百米）传输，通过 UMB 的双绞屏蔽线引出，对系统不会带来影响。根据不同航天器的要求往往选用不同的总线。我们简单介绍国内已用过的总线。

（1）CAN（Control Area Network）的国际标准 ISO11898 规定的只相当于 OSI 网络协议的最低层：物理层和数据链路层。物理连接如图 6-4。信号用一对差分信号线进行传输，分别为高电平线和低电平线，信号的 0 和 1 用对线间的电压差不同来表示，双线均受到同相干扰时，不会影响信号的传输，这也是 CAN 抗干扰能力强的一个原因。商用的 CAN 总线的 PCI 接口板对支持地面测试是十分方便的。国内在某些小卫星上使用了 CAN 总线。

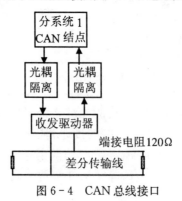

图 6-4 CAN 总线接口

(2) 1553B 是一种串行多路数据总线,最初是美国空军用于飞机航空电子系统的。它是异步、时分的多路数据总线,单总线半双工工作方式,数据传输率 1Mbit/s,编码为曼彻斯特双向电平,传送介质是屏蔽双绞线,各个终端与总线之间一般采用变压器耦合,传输距离不超过 90 米,具有 BU-61580 等系列芯片支持。图 6-5 为 1553B 总线接口简图。商用的 1553B 总线的 PCI 接口板对支持地面测试将是十分方便的。目前在多种航天器上使用的就是这种标准总线。

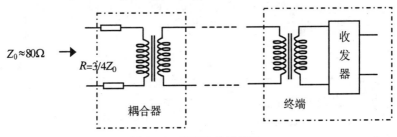

图 6-5 1553B 总线接口

(3) OBDH 总线是 ESA1979 年推出的专门用于航天器的数据管理的总线。该总线采用同步方式而不是异步方式,采用双总线全双工工作方式而不是半双工方式,信号传输率为 500kbps,使用的仍是曼彻斯特码。OBDH 总线接口同 1553B 类似,因协议不同目前还没有专用支持芯片。地面测试用的接口卡还没有现成的产品,需要自己开发。

(4) RS-485 总线实际上是 RS-422 的变形,它与 RS-422 的不同处在于:RS-422 为全双工,RS-485 为半双工;RS-422 采用两对平衡差分信号线,RS-485 只需要一对。RS-485 适合多点通信,图 6-6 为多点通信连接示意图。同样,商用的 RS-485 总线的 PC 接口板对支持地面测试将是十分方便的。

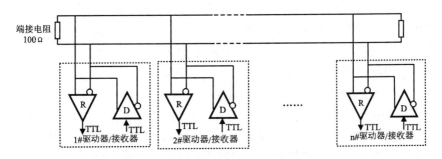

图 6-6 RS-485 的多点通信连接示意图

6. 4. 2. 2 控制信号

控制信号主要有两类,一类是对航天器的供电,一类是对航天器状态的控制。传统的方法仍然是用继电器实现,可以做到控制源与被控制对象的完全隔离。图 6 - 7 是常用的控制接口示意图。

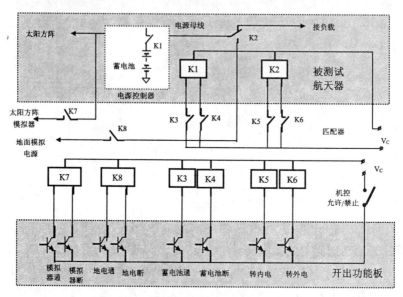

图 6 - 7 供电控制接口及控制的示意图

(1) 供电控制。航天器在地面测试时不可能完全靠自身的电源供电。理由很简单,对于太阳电池阵而言,地面环境下不可能正常发电,需要方阵模拟器支持。对于蓄电池而言,不可能靠它支持整个的地面测试,需要地面模拟电源支持。方阵模拟器和地面模拟电源对被测试航天器的供电控制接口及控制的示意如图 6 - 7 左侧电路所示。图中示意了地面设备一般应当包含的三个部分:被测试航天器、匹配器和远端控制设备,控制源位于匹配器内。图中的磁保持继电器 K1 的双线包分别受位于远端(大约几百米)的计算机开出卡驱动的电磁继电器 K3 和 K4 的控制,实现蓄电池的通断控制。用同样的方式,K2 控制内外电转换控制。用磁保持继电器的好处是地面设备的意外故障不会导致航天器供电状态的改变,另外除了控制的短时间(大约几十毫秒)以外,控制电源不会供到航天器上,这无疑又会减少不安全性。磁保持继电器 K7 和 K8 的双线包受计算机开出卡驱动,分别实现对方阵模拟器和地面模拟电源通和断的控制。

(2) 状态控制。在航天器测试期间,希望能改变某些设备的工作状态,如分系统的加断电控制、火工品母线通断控制等。控制电路同图 6-7 供电控制电路基本相同，不同之处在于有的末端执行继电器的激励电源不是来自地面，而是来自航天器的电源母线或蓄电池。像计算机复位这类控制只需要给出一个无源的短路控制。

值得一提的是，远端控制计算机同被控制对象的距离有可能会超过 300 米，在考虑控制驱动和后面讲到的状态和模拟量测量信息时，应当考虑这个环境。

6.4.2.3　状态信号

反映航天器设备状态的电信号大体有两类，一类是无源的开关(通断)信号，一类是电平信号，或者是脉冲信号。属于这类信号的例子是蓄电池通断指示、火工品母线通指示、遥控验证指令指示等。

图 6-8 为星地电接口示意图，图中画出了三个典型的状态信号接口。我们可以简述它们的工作原理。

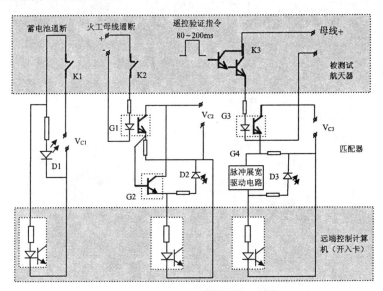

图 6-8　星地状态信号接口示意图

蓄电池的通断状态通过继电器 K1 触点给出。地面配电器的 V_{C1} 电源驱动发光二极管 D1 给出状态显示，并且输入到远控计算机的开入卡进行分析处理。

火工品的通断状态通过继电器 K2 触点给出。航天器火工母线电压驱动光电耦合管 G1，在通过驱动器 G2(如 1413)带动 D2 给出状态显示，并且输入到远控计算机的开入卡进行分析处理。遥控验证指令是一个宽为 $80\sim200ms$ 的脉冲信号，通过达林顿管的饱和导通和断开把信号传到地面。光电耦合管 G3 拾取该信号，再通过脉冲展宽和驱动电路 G4 把脉冲展到 $1\sim2$ 秒宽，带动 D3 给出状态显示,并且输入到远控计算机的开入卡进行分析处理。

在状态信号中,常常有脉冲串信号的测量,需要测量脉冲之间的间隔。可以使用图6-8的接口方式,利用脉冲的上升沿作为远控计算机中断信号,使用软时钟进行时间测量。这种方法硬件比较简单,可以利用商用的开入卡。可是由于中断带来的问题以及软时钟不够精确等缺点,不是一种理想的方法。理想的方法是设计专门的智能测时测频卡,这种卡设有高精度时钟,靠硬件控制和计时,把计时结果送给计算机处理,克服操作系统给出的时间不够精确的问题。

对于低输出阻抗的信号而言,直接用光耦采集状态会对被测试源造成影响。在这种情况下,应当使用高输入阻抗的器件同被测试对象连接。例如,某颗卫星引出的信号(如图6-9左侧)要求显示,直接驱动发光二极管或光耦将使被测信号下降很多,这显然是不合适的。图6-9的电路是一个非常理想的解决办法,图中INA114(仪表放大器)的上百兆欧的输入阻抗对被测信号几近开路。使用低价格的运算放大器(如LF 353)也可达到同样的效果。值得注意的是光耦前使用的电源不能同后面的电源共地。

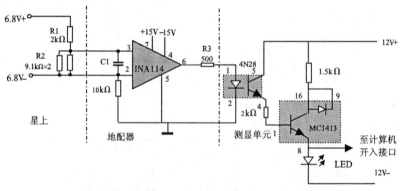

图6-9　低输出阻抗的信号状态采集电原理图

6.4.2.4　测量信号

航天器通过脐带电缆引出的测量信号主要是电源系统的参数,如母线电压、蓄电池电压、二次电源的电压等,有时还会引出某些传感器的输出信号。供电电流信号常常在地面供电回路中提取。测量接口的设计主要解决:一是信号的匹配性和安全性,二是测量的准确性。影响的主要因素是测试现场的各种干扰,采用一些抗干扰措施是非常必要的。我们举三个有代表性的卫星参数的测量接口电路示意图如图6-10。三个测量接口分别是:电流测量通过无接触性的霍尔电流传感器（图中左侧电路）、通过电阻分压的高电平直流电压测量电路（图中中间的电路）以及通过信号调理器的信号测量电路（图中右侧电路）。

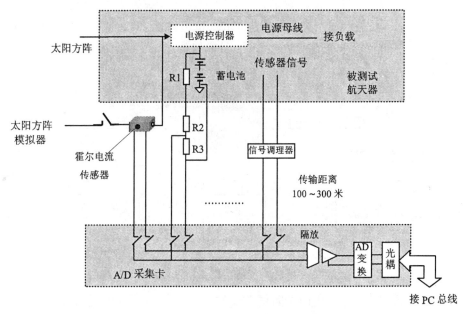

图 6 - 10　典型测量接口示意图

被测量的信号经过隔离或放大后，经长线（大约 100～300m）送给 A/D 测量仪器。一般的 A/D 测量仪器的采样开关后都有一个公用的隔离放大器，目的是使之与被测量现场隔离。在 A/D 之后加接了光电耦合器，目的是使之与计算机总线隔离。我们可以看到，从被测量参数的源端至计算机提取数据，往往经过了多重的隔离，目的无非是确保安全和抑制干扰。

对于通过电阻分压的高电平直流电压测量，使用精度为千分之一的电阻，A/D 测量的结果乘以 $(R1+R2+R3)/R3$ 系数即可，相对来说处理比较简单。由于电平高，抗扰能力强，所以测量电路也比较简单。下面分别介绍电流测量接口和信号调理器测量接口。

（1）电流测量接口

过去常用的方法是串联取样电阻，测量电阻两端电压，利用电压同流过的电流成正比的特性，可以测出电流。这种方法的缺点是取样电阻要求很小、精度要求很高，而且通常应串接在电流的回线上，否则会有高的共模干扰。

图 6 - 10 的例中使用了霍尔电流传感器。该器件拾取电流与外磁场作用产

生的霍尔电动势,经过差分放大后,送到计算机 A/D 测量。精心设计可以使输出电压信号同电流成正比。这种测量传感器完全同被测对象隔离,可以置于电流回路的任何位置。使用这种测量方法应提供单独的运放使用的电源(通常是 ±12V 或±15V),另外应当进行校准,给出测量运算的系数。图 6-11 是校准电路连接示意图。选取量程合适的器件,拾取输出电压的 R2 值可按照产品手册提供的参考值,有些器件已经把电阻做到器件里面了。

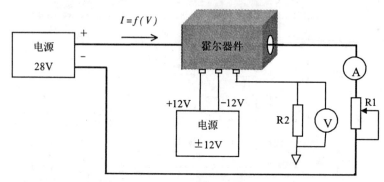

图 6-11　校准电路连接图

本试验通过调节滑线电阻的阻值改变输入电流值,记录电流值和输出电压值的对应关系。根据器件的量程和被测参数的范围,测得的电压和电流的对应值如表 6-6 所示。设电流为 Y,测得的电压为 X,有函数关系 $Y=f(X)$。通过测点可以看出 Y 和 X 基本上是线性关系,即有 $Y=\alpha+\beta X$ 的关系。通过解正则方程(2.9.2.2 节),得到 α、β 值的表达式为:

表 6-6　霍尔器件标定参数表

Y(单位:A)	X(单位:V)
0	0.055
0.517	0.573
1.023	1.080
1.483	1.540
1.926	1.983
2.585	2.642
3.188	3.246
3.528	3.586
4.046	4.103
5.08	5.136
6.02	6.075
7.03	7.084
8.15	8.217

$$\beta = \frac{m\sum\limits_{i=1}^{m}x_iy_i - \sum\limits_{i=1}^{m}x_i\sum\limits_{i=1}^{m}y_i}{\sum\limits_{i=1}^{m}x_i^2 - \left(-\sum\limits_{i=1}^{m}x_i\right)^2} = \frac{\sum\limits_{i=1}^{m}x_iy_i - m\overline{x}\times\overline{y}}{\sum\limits_{i=1}^{m}x_i^2 - m\overline{x}^2}$$

$$\alpha = \frac{\sum\limits_{i=1}^{m}y_i}{m} - \frac{\sum\limits_{i=1}^{m}x_i}{m}\beta = \overline{y} - \overline{x}\beta$$

可以根据测得的数据(表 6-6),判断没有粗大误差和系统误差,利用计算器的统计算法计算出 $\beta=0.985, \alpha=-0.009$,从而得到校正方程：

$$Y = -0.009 + 0.985X$$

将此算法代入计算机,根据测得的电压值(X)可以算出电流值。有时可以利用测量的两个点(一般取最大值和最小值),代入 $Y=\alpha+\beta X$ 中,通过解二元一次方程求得 α、β 值。这种方法虽然简单,但我们还是不推荐使用。由于测量的随机误差有可能使拟合的直线有较大的偏差。

(2) 信号调理器测量接口

这种接口适合于弱信号(mV 级)和共模干扰大的信号测量。我们利用 BB 公司的低成本仪表放大器 INA114 和 BB 公司电容隔离的 ISO122,设计了如图 6-12所示的信号调理电路,此电路可以适用于毫伏级到 ±10V 的信号调理,通道增益带宽可达到 40kHz。放大倍数的设置非常方便,只靠单电阻的选值即可实现,INA114 的增益 $G=(50k/R_G)+1$。ISO122 是增益为 1 的隔离器件。

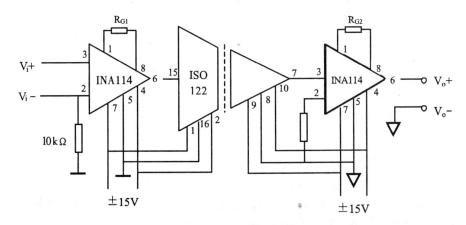

图 6-12　信号调理器测量接口

在测量弱信号时,可以设置输入级的 R_G 值,得到满意的增益。在测量强信号时,可以不装接 R_G,使调理器的增益为 1。由于存在零位误差和增益误差,这种电路在使用前也需要校准,方法同上述的一样。我们曾使用这种电路测量电流(在 0.01Ω 上取样)和测量电压(量程 $\pm10V$),效果都非常理想。

使用中应注意的是隔离放大器的前后级要用各自的电源,电源不能共地。使用 INA114 时要注意:①INA114 的输入阻抗高达 $10^{10}\,\Omega$。输入偏置电流低于 $\pm1nA$。需要把输入端通过电阻(图中为 $10k\Omega$)接地提供偏置电流通道才能正常工作。在高阻信号源时,两个输入端都通过电阻接地。②为了减少电源的影响,可以按照 BB 公司提供的手册在器件电源输入端接 π 型滤波器。使用 ISO122 时要注意:①ISO122 的每个电源腿的靠近放大器端要接 $1\mu F$ 的旁路电容。②由于片内有 500kHz 的振荡器,所以输出端有 20mV 的纹波电压,在有些应用中要用低通滤波器滤除。BB 公司提供的手册中有用 OPA602 运放搭的截止频率 100kHz 的有源滤波器的示例可供参考,串接在 ISO122 之后,效果很好。③由于放大器以 500kHz 的频率跨隔离壁垒传送信号,因此对于频率低于 250kHz 的信号来说,放大器同任何线性放大器的工作原理是一样的。

6.4.3　干扰及抗干扰措施

应当指出,抗干扰是测量领域永远讲不完的话题。它涉及的学科有电磁、长线传输、数据处理和误差分析、电子学、可靠性等等,有关的理论问题需要探讨,更重要的是工程上的问题需要解决,很多经验和实验的结果也是非常实用的。对于干扰,我们只能够抑制它、削弱它,严格地说不能消除它,我们的种种努力只是使其局限在允许的范围内。一般情况下测量的 A/D 变换器都是购置成熟的商用产品,购置的主要考虑是测量的需求,如测量的速度、测量的精度等,有关 A/D 变换的技术可以查阅有关的专著。对于状态信号的隔离问题要简单得多。我们涉及的重点是设计与航天器 UMB 或 SKC 接口的地面设备时,测量设备的前置级的抗干扰措施。本节将对干扰及抗干扰的有关技术加以论述。

6.4.3.1　正态干扰及抗扰措施

正态干扰是指干扰电压与有效信号串联叠加后作用到测量仪表上的干扰,因此也称作串联干扰,如图 6-13 所示。正态干扰来自与信号线临近的电源线或大电流线所产生的电磁场的感应。此外,测量的信号线有时长达几百米,各种干扰源通过电磁感应和静电耦合加在如此长的信号线上的干扰电压值是很可观的。

衡量测量仪器对正态干扰抑制能力的参数是正态抑制比 *NMRR*(Normal Mode Rejection Ratio),表达式为:

$$NMRR = 20\lg\frac{V_n}{V_{n1}}\qquad\text{(dB)}$$

式中 V_n 为正态干扰电压，V_{n1} 为正态干扰电压在测量入口端引起的等效差模电压。当没采取抗扰措施时，V_{n1} 等于 V_n，$NMRR$ 为零，说明没有抗正态干扰能力。一般要求 $NMRR \geqslant 40\sim80$ dB。

（1）抗正态干扰措施

加接无源低通滤波器，该方法简单，但它的 $NMRR$ 不高，对于干扰不严重的场合是很实用的一种方法。

有源滤波器可以获得理想的幅频特性，它所用的运算放大器的共模抑制比不高，有些场合也不很适用。

使用双积分型的 A/D 变换器可以削弱周期性的串模干扰，它是对被测信号的平均值进行变换而不是对瞬时值进行变换，因此抗扰能力强，其缺点是测量速度低。

应尽可能在靠近被测信号处进行前置放大和隔离，提高被测试信号的信噪比。

软件上的抗扰措施在以后的章节中有所论述。

（2）正态抑制比（$NMRR$）的测定

正态抑制比（$NMRR$）的测定可以按照标准规定，在最大量程上进行，测试框图如图 6-14 所示。测试时先在输入端加一标准直流电压，先将开关置于 1 点，测出初值。然后将串接串模电压源交流电压逐渐加大，使被测试设示值发生 ΔU 变化，记下此时 U_n 的峰值 U_m，设备的正态抑制比为：

$$NMRR = 20\lg\frac{U_m}{\Delta U}\qquad\text{(dB)}$$

要求串模电压源频率为 $50\text{Hz}\pm1\%$，与被测试设备为同一供电电源。为了使测量尽可能准确，每次测量 n 次取其算术平均值进行运算。使用精密测量仪表的目的是可以与被测试设备的结果比较。

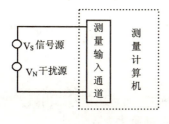

图 6-13　正态干扰示意图

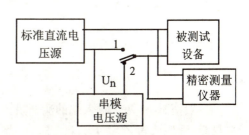

图 6-14　正态抑制比的测定

6.4.3.2 共态干扰及抗扰措施

（1）共态干扰来源

共态干扰是指输入通道两个输入端上共有的相对于参考地的干扰电压，也称对地干扰。出现这种干扰的主要原因是，测量点分散在较远的现场，信号 V_S 的参考接地点同测量通道的输入端参考接地点之间往往存在一定的电位差 V_{cm}，见图 6-15。对具有共模干扰的场合，不能采用单端对地输入方式，因为此时的共模干扰电压将全部成为串模干扰电压，同图 6-13 一样。必须采用双端浮地输入方式，如图 6-16 所示。图中 Z_{S1}、Z_{S2} 为信号源内阻（如果是长线测量，应包括传输线电阻），Z_{cm1}、Z_{cm2} 为双端对地内阻，共模电压 V_{cm} 对地形成的电流回路如图中虚线所示。实际上在 A 和 B 之间还有通道的输入阻抗 Z_{in}，一般认为它很大（几百兆欧），通过它的电流可以忽略。

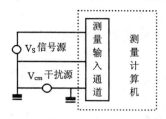

图 6-15 共态干扰示意图

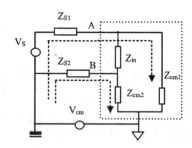

图 6-16 双端浮地连接示意图

为了简化计算，我们假定 V_S 为零。利用欧姆定律可以求出共模电压 V_{cm} 在图中 A 点和 B 点产生的电压，以及 A、B 两点间的电位差 V_{AB}，V_{AB} 就是共模电压反映在测量输入端的等效电压。共模干扰电压总是要转化成一定的串模干扰出现在两个输入端之间。V_{AB} 为下式：

$$V_{AB} = V_A - V_B = \frac{V_{cm}}{Z_{S1} + Z_{cm1}} Z_{cm1} - \frac{V_{cm}}{Z_{S2} + Z_{cm2}} Z_{cm2}$$

$$= V_{cm} \left(\frac{Z_{cm1}}{Z_{S1} + Z_{cm1}} - \frac{Z_{cm2}}{Z_{S1} + Z_{cm2}} \right)$$

$$= V_{cm} \frac{Z_{cm1} Z_{S2} - Z_{cm2} Z_{S1}}{(Z_{S1} + Z_{cm1})(Z_{S2} + Z_{cm2})}$$

一般情况下，两个输入端的泄漏阻抗几乎一样，而且比信号源内阻大出几个数量级，近似认为 $Z_{cm1} \cong Z_{cm2} = Z_{cm}$，因此上式可以简化为：

$$V_{AB} \cong V_{cm} \frac{Z_{S2} - Z_{S1}}{Z_{cm}}$$

此式就是经常用到的测量的导线电阻和泄漏电阻产生共模误差的经验公式。

如果 $Z_{S1} = Z_{S2}$ 和 $Z_{cm1} = Z_{cm2}$，则 $V_{AB} = 0$，表示不会引入共模干扰。实际上只能够做到 Z_{S1} 和 Z_{S2}、Z_{cm1} 和 Z_{cm2} 尽可能接近，V_{AB} 不可能为零，也就是说总是存在一定的共模干扰电压。由表达式看出，Z_{S1}、Z_{S2} 越小，Z_{cm1}、Z_{cm2} 越大，并且 Z_{cm1} 与 Z_{cm2} 越接近时，共模干扰的影响越小。

衡量测量仪器对共态干扰抑制能力的参数是共态抑制比，常称共模抑制比 $CMRR$（Common Mode Rejection Ratio），表达式为：

$$CMRR = 20 \lg \frac{V_{cm}}{V_{AB}} \qquad (dB)$$

式中，V_{cm} 为共模电压，按照标准规定通常取 V_{cm} 的峰值，V_{AB} 为折合到测量输入端的共模电压。如果 V_{AB} 等于 V_{cm} 的话，$CMRR = 0$，表明完全没有抗共模干扰能力。

（2）共态抑制比（$CMRR$）测试

共态抑制比的测试方法如图 6-17 所示，假定信号电压为零，回路的负端接 $1k\Omega$ 电阻是不平衡电阻，目的是人为的造成 Z_{S1} 和 Z_{S2} 不相等。测试过程：首先测定测量端和 U_{cn} 的初始值，然后逐渐加大共模干扰电压 U_{cn} 值，使被测试设备的示值发生变化 ΔU_c，并记下此时的 U_{cm} 值，$CMRR$ 值为：

$$CMRR = 20 \lg \frac{U_{cm}}{\Delta U_c} \qquad (dB)$$

要求共模电压源频率为 $50Hz \pm 1\%$，与被测试设备为同一供电电源。注意所加的共模电压 U_{cm} 不能超过测试仪器量程的允许值。

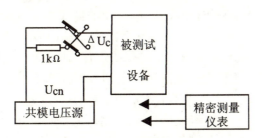

图 6-17　共态抑制比的确定

（3）抗共态干扰措施

采用双端输入的差分放大器是抑制共模干扰的有效方法，图 6-16 示出了双端输入的原理。运算放大器是一种理想的差分放大器，设计完善的差分放大器,共模抑制比一般不超过 100dB。运算放大器的输入和输出之间电气隔离不好,要求对称性强和电阻比率难以实现等问题,有些场合使用运算放大器还存在缺点。很多场合使用了测量放大器,也称仪表放大器,实现信号的放大。从原理上说仪表放大器由三个运算放大器组成,如图 6-18 所示。

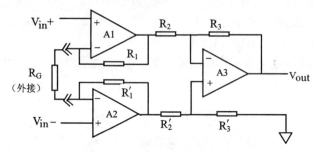

图 6-18　仪表放大器原理图

仪表放大器的特点是高输入阻抗、低偏置电流、高共模抑制力、平衡差动输入、选择电阻(图中 R_G)决定增益、单端输出等。差动输入端分别是两个运放同相输入端,放大器只对输入端的差值放大,在共模干扰时,$V_{in+} = V_{in-} = V_{cm}$,输入的差为零,放大器的输出也将为零。因此仪表放大器的共模抑制比是很高的。这种放大器的输入输出转换特性是:

$$V_{out} = (V_{in+} - V_{in-})(\frac{2R_1}{R_G} + 1)(\frac{R_3}{R_2})$$

式中假定 $R_3 = R'_3$,$R_2 = R'_2$,$R_1 = R'_1$。可以看出,增益误差和共模抑制取决于 R_3、R'_3,R_2、R'_2 的比率,而与 R_1 和 R'_1 无关。通过选择 R_G 达到调节增益的目的。

商用的仪表放大器种类很多,以 BB 公司的低成本仪表放大器 INA114(与 AD 公司的 AMP-02 兼容)为例,这个放大器是 8 腿的 DIP 封装,工作温度范围 $-40℃ \sim +85℃$,输入端具有 $\pm40V$ 的保护电压,通过单一电阻可以调节增益范围是 $1 \sim 10000$ 倍,工作电源电压可以低到 $\pm2.25V$,共模抑制比可达 115dB($G=10000$ 时)。可见这种器件不但体积小功耗低,使用方便,而且性能优良,价格也很便宜。如果共模电压峰值是 50V,利用计算 $CMRR$ 的公式可以算出折合到 INA114 两个输入端的共模干扰电压只有 0.9mV。这当然是器件本身的性能,当器件接入复杂的系统时,系统的 $CMRR$ 值会下降。

6.4.3.3　隔离问题

无论是开关量还是模拟量输入输出通道,都可能通过被测控对象与通道之间的公共地线有干扰串入。解决的办法是实现二者之间的电气隔离。前面讲的运算放大器或仪表放大器实际上也可以看作是信号的隔离,但是它并不是真正意义上的"电气隔离"。通常除了在数字电路中最常用的光电耦合器件之外,还常使用隔离放大器实现测量通道的真正意义上的隔离。另一种利用霍尔效应的非接触式测量电流的传感器也得到了广泛应用,这种器件隔离性能、线性都比较好。对于各类参数来讲,最常用的和最便宜的隔离器件是光电耦合器。

(1) 光耦隔离

图 6 - 8 中各个参数都使用了光电耦合器,属于状态量隔离。光电耦合器的价格便宜,使用方便,而且隔离性能好,抗干扰能力强,从而得到了广泛的应用,特别是在数字量通道中。应当对光耦的性能和应用的注意事项有所了解。

光耦是一种输入阻抗很低的器件,它的发光管的正向压降在 1 伏左右,驱动电流有几个毫安,输入阻抗大约在几百欧姆的样子。干扰源往往是高内阻的微电流电压源,根据分压原理可知,馈送到光耦输入端的噪声电压自然会很小。另外,光耦输入端的发光二极管只有通过一定强度的电流才能发光,即使幅值较高的干扰,若没有足够的能量,也不能使发光管工作,光耦也没有输出。这就是为什么光耦会有较大的共模抑制比的原因。

光耦除了通过有效的隔离把干扰挡在输入回路的一边以外,它还有很好的安全保障作用,一般的光耦的输入回路与输出回路之间可以耐几百伏的高压,有的甚至可以上千伏。需要指出的是,光耦的输入和输出部分必须采用独立的电源,共用一个电源将失去隔离作用。

光耦与普通二极管相比,它的正向压降为 $0.9 \sim 1.1\text{V}$,输入特性的正向死区较大,只有外加电压大于此值时,发光管才能发光。另外,光耦的发光管的反向击穿电压只能有 6V 左右,使用时要注意。当工作频率升高时,输出会下降,因此选用光耦时要注意工作频率。

光耦在数字信号隔离中应用非常方便,数字信号只有两个状态,普通光耦的输出管只有导通/截止两种状态。光耦的良好的隔离特性,使它在线性电路中也得到了广泛的应用。要特别注意选择高速光耦,选择好线性工作点,避免传输特性的非线性而导致的信号失真。因一般光耦的动态范围窄,用于线性电路不太合适。

对于模拟量而言,可以使用线性光耦实现隔离。在精度要求不是太高,要求体积较小和价格便宜的场合,可以考虑使用线性光耦器件。以 SLC800 为例,其工作原理及封装如图 6 - 19 所示。

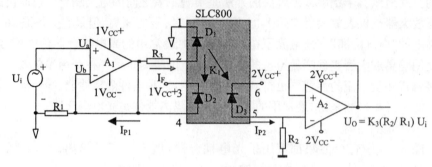

图 6-19   SLC800 线性光电耦合器应用

SLC800 由一个红外发光二极管(D_1)和两个光敏二极管组成。这两个光敏二极管分别称为反馈伺服光敏二极管(D_2)和输出光敏二极管(D_3)。由红外发光二极管照射分叉配置的两个光敏二极管。反馈伺服光敏二极管 D_2 吸收 D_1 的一部分光通量而产生控制信号,该信号用以调节 D_1 的驱动电流,用以补偿发光管(D1)时间和温度的非线性,使输出光敏二极管 D_3 产生的输出信号与发光二极管(D1)光通量成线性关系,实现模拟量光耦隔离传送。

上面的电路接有运放,根据理想运放的"虚短"(两输入端之间电压差为零)和"虚断"(输入电阻无限大,信号电流为零)的特点,可以得出:

$$V_{in} = T_{P1} \times R_1$$

$$V_{out} = T_{P2} \times R_2$$

$$V_{out}/V_{in} = (T_{P2} \times R_2)/(T_{P1} \times R_1) = K_3(R_2/R_1)$$

K_3 是传送增益,它是正向增益 $K_2(K_2 = I_{P2}/I_f)$ 与伺服增益 $K_1(K_2 = I_{P1}/I_f)$ 之比。K_3 的重要特点是它随着 I_f 的变化几乎是不变的。SLC800 工作频率可达 200kHz。

(2) 隔离放大器

隔离放大器是另一类专用放大器,它的输入端和输出端在电气上是隔离的,信号传输的方式有磁电或光电,它内部的两组放大器之间可以承受数千伏的电压。隔离放大器主要应用的场合是高共模时测量的小信号、要消除源端地网上扰动引起的测量误差、要避免接地回路引起的附加干扰、要保护电路不因共模电压而损坏。隔离放大器的缺点是成本较高,两组放大器要用隔离的两组电源。

商用的隔离放大器种类也很多,而且使用都很方便,几乎不必外接任何器件,不必调节,接对了就能用。价格从人民币千元到百元,可以任君选择。例如使用BB公司的光电隔离的 ISO100 和电容隔离的 ISO122 作为模拟量测量的前置隔离,效果明显。目前,把隔离电源与隔离放大器集成在同一个芯片的产品 (T62 系列)已经推向市场,单一的 5V 电源供电、双列直插外型设计,使得使用起来非常方便。

6.4.3.4　接地问题

接地的目的有两条:安全性和抑制干扰。地线指的是电路中作为被测试电位参考点的某一点。实际上一个系统中可能同时存在几个接地点,我们希望这些接地点能处于相同电位,事实上它们常常处于不同电位。各接地点的电位不同会引起测试的误差,因而地线问题对于数据采集系统特别重要,在设计和配置中要予以重视。对于大多数测试系统有三种不同的地线。

第一种是安全接地,它的作用是系统中电源出现故障时,用来保护人身和设备的安全。设备的机壳、机架都必须安全接地。

第二种是电源接地,它的作用是系统中直流电源的回路。它可能是或不是系统中数字信号和模拟信号的参考点。

第三种是信号接地,它是作为信号的参考点。一般情况下,信号地线和电源地线是分开的。这一点对于低电平模拟信号来说尤为重要。

设备的接地通常可以分成三种类型:浮地、单点接地和多点接地。

(1) 浮地

把电路或设备的交流地线与直流地线分开使之没有电气上的联系,对于测量电路使信号地与结构地或其他导电物体相隔离的接法,如图 6 - 20 所示。浮地方式可以避免系统中的干扰噪声通过传导耦合进入信号电路。浮地系统的有效性在于它是否真正做到与其他地线或附近导体隔离。大的系统中很难做到完全浮地。应该指出,"浮地"总是相对的,理论上说浮地是不存在地电流的,而实际上分布电容的漏电流和绝缘层阻性漏电流会形成极微弱的地线电流。提高浮地系统对地的绝缘性是实施浮地的关键。

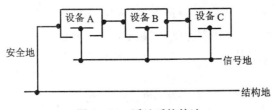

图 6 - 20　浮地系统接法

(2) 单点接地

对于低频电路最为忌讳的是多点接地,即使在同一电路中多点接地也是有危害的,这一点从图 6-21 的例子可以看出来。如果把电路源端和负载端信号的回线分别接地,势必造成了地线环(Ground loop),使两端信号地线产生干扰电流引起的电位差,使负载端接收的信号受到干扰。在传输距离长和信号弱的情况下影响更为严重。如果把负载端地线割断,环路切断了,负载端接收的信号就不会受到干扰。这个简单的例子说明了为什么要采用单点接地。

图 6-21 多点接地危害示意

单点接地方式又有串联接地和并联接地之分。因为任何导线都具有一定的阻抗,当有电流流过时都要产生压降,在两种接地方式中会有不同的结果,如图 6-22 所示。

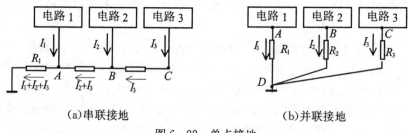

(a)串联接地　　　　　　(b)并联接地

图 6-22 单点接地

电路分析得知,图 6-22(a)A、B、C 三点的电位均不为零,分别为:

$$V_A = R_1 \times (I_1 + I_2 + I_3)$$
$$V_B = R_2 \times (I_2 + I_3) + V_A$$
$$V_C = R_3 \times I_3 + V_A + V_B$$

图 6-22(b)并联电路中,A、B、C 三点的电位分别为:

$$V_A = R_1 \times I_1$$
$$V_B = R_2 \times I_2$$
$$V_C = R_3 \times I_3$$

很明显,并联接地中各个点的电位更接近地电位,而且各点的电位只与本电路的地电流和地电阻有关。由此可以得出结论,在低频电路中采用单点并联接地方式是最好的。

　　在实际中很难按上述原则去接线的。例如,图 6－22(b)并联电路 3 中可能由多个元件组成,其中有大部分元件距离接地点很远,只有少部分元件距离接地点很近。如果按照单点并联接地的原则,只有将少部分元件的接地线引向大部分元件的 C 点连接,把该点作为电路 3 的接地点,再有一根导线引向公共接地点 D。可以想象,这样的接法将使布线过于凌乱,还会因为过长的地线而引起新的干扰。因此,实际电路中的地线连接不能遵循固定的模式,而应当灵活应用,布线中对接地点要做必要的考虑,随意地布线会带来意想不到的干扰噪声。根据不同情况可以灵活实施单点接地。

　　首先推荐一种如图 6－23 所示的分组单点接地法,也称为树式单点接地。这种方法实施起来方便,是一种在满足对噪声要求的条件下综合使用串并联的方法。基本做法是按电路电平的高低、功率的大小、噪声电平的不同而划分成若干个接地电路组,每一组都选定合适的接地点。假如设备 1 有 PCB1、PCB2、PCB3、PCB4 四块印制板,每块板都有各自的接地点如图中的 A、B、C、D 点,再用较粗的导线接分别至设备 1 总的接地点 E1 上,再把 E1 和其余设备的接地点分别接到系统总的接地点 G_0 上,就完成了整个系统的接地。这是一种实用的效果较好的低频电路接地方法。实施的关键是各接地电路组的划分,既要考虑接地点的位置,又要考虑分组的其他因素。

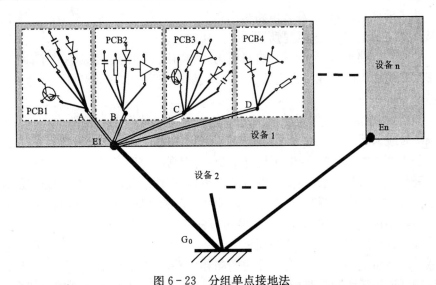

图 6－23　分组单点接地法

原则上来讲,一个电子系统至少应有三个分开的地线:即低电平的信号地线、噪声电平较高的继电器等功率器件的地线以及机壳和底盘等结构地线。如果按照图 6-24 那样,将三种地线分开设置并通过单点接地,那么对大多数系统而言,基本上就解决了大部分的接地问题。在所有的低频电路中,不论是模拟电路还是数字电路,不论是放大电路还是测量电路,单点接地的原则都是有效的。在实施接地时,如果将系统内各电路的接地点都串联起来,由于低电阻而形成的电位差将引起接地干扰。如果我们把一个系统内的各类接地线,包括信号地、模拟地、电源地、数字地、计算机地、外设地、负荷地、机壳地等都隔离开,并且使它们在整个系统接地网呈放射状排列,最后再并联汇总到系统基准地上,如图 6-25 所示,就能够有效地防止接地干扰。

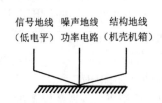

图 6-24　三种主要地线的单点接地

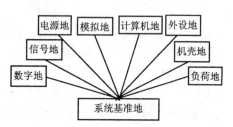

图 6-25　低频电路并联单点接地

（3）多点接地

为了降低地线阻抗,高频电路采用就近接地的方法,即各个电路的地线应就近接至低阻抗地线上,这就是所谓的多点接地。

在高频电路中,各类元件的自身引出线和布线的电感都不应忽略了,因此应尽量采用短而粗的导线作为连接线。特别是作为旁路电容的引线要尽量短,同样应实现"就近接地"。

一般说,电路的工作频率在 1MHz 以下时可以使用单点接地;当频率高于1MHz 时应采用多点接地方式,在 1～10MHz 之间时要使地线长度不超过信号波长的 1/20(例如 10MHz 时不超过 1.5m),否则应使用多点接地。

高频电路(以及上升沿陡峭的数字电路)的接地的关键是减少引线电感和分布电容,而不像低频电路那样避免形成地线环路和过地线形成的干扰,在接地方法上与单点接地有很大的区别。通常可以使任何元件在需要接地时就可以就近接地,而无需像低频电路那样必须集中到一起才能够统一接地,这样就可以有效地减少接地引线的电感,符合前面说的高频电路的多点接地的原则。这种接地方法特别适用于印刷电路板(PCB)的设计,双面 PCB 难以做到低的地线电阻,在要求高的电路中常用多层 PCB,单独设置信号地导电层。

6.5　模拟器的应用

6.5.1　模拟器的必要性

在完成测试任务时,往往需要某些设备或程序来模拟所需要的辅助测试系统或条件以便为被测设备提供正确的输入和输出。我们把这些设备或程序称为模拟器,通常有硬件模拟和软件模拟两种。

测试设备研制过程中的调试、验收,乃至航天器测试过程中,都必须有一定的模拟手段支持。在下述两种情况中都需要模拟设备,一是在航天器还不可能提供测试前,需要用模拟设备同测试设备相接,以便事先检验测试设备的功能是否正确,二是在航天器提供测试期间,因航天器是在地面静态环境下,为了对其某些系统性能进行测试,必须提供其在轨运行时才会出现的一些信息,这时也需要用模拟设备。可以说航天器地面测试很大程度上依靠模拟。

模拟器的使用同航天器的可测性、测试设备自检等关系很大,因而在系统研制中应同时考虑良好的模拟手段。航天器测试应用软件交付之前,必须事先排除故障和严格检验,因航天器和测试应用程序几乎是同时在研制,并且测试应用软件不能也不应该用被测航天器去验证,否则会因为软件的故障而损坏航天器内部的设备,因而必须用软件模拟、硬件模拟等方法来验证测试软件,但是更有前途的方法是用计算机模拟接收测试设备的控制命令信号,并发出相应的模拟飞行器的响应信号送给测试设备,从而达到测试应用软件调试的目的。一般应多用软件模拟,以降低成本和增强其模拟功能。

在 ESA(欧空局)的工程项目中,很多模拟和测试设备用于支持不同的活动,如航天器任务的分析、设计与开发,航天器总装与测试(AIV)以及飞行操作准备和训练。通常,研制模拟器用以支持飞行器研制过程中不同阶段的特定任务要求。

在德国空间操作中心(German Space Operations Center)和欧洲空间操作中心(ESOC),航天器模拟器广泛地用于对地面系统以及与航天器相关操作的培训、测试与验证(TT&V)。模拟器以实际航天器的反应方式对地面系统发出的命令(遥控指令或其他激励信号)作出响应,并在此响应基础上生成实际的遥测,从而与地面系统形成闭合回路。所产生的遥测格式和真实航天器的一样,内容则取决于模拟的实际情况。

航天器模拟器主要完成的功能如下:①地面数据处理软件的闭环测试;②飞

行控制程序的验证;③紧急情况恢复程序的验证;④控制中心的人员培训;⑤可以用于验证 EGSE 的测试程序。

6.5.2 国内外技术状态和发展趋势

6.5.2.1 国内技术状态

以往国内采用由硬件实现的航天器等效器,作为对地面测试设备的连接状态检查,地面设备调试的辅助工具。实际上是模拟脐带电缆接口的设备。这类等效器只能反映脐带线路接口的正确性,不能真正全面模拟航天器的状态。也不能模拟遥测,遥控链路及其数据传输。

"东方红三号"卫星电测除采用了上述的等效器外,还采用卫星模拟器调试测试程序以及调试总控与各分系统测试设备之间的互连,如图 6-26 所示。卫星模拟器由 PC 机、PCCOM 卡及遥测调制卡组成。总控设备主测试处理机 VAX3400 通过 TCTEP 进程与 PCCOM 卡通讯,进行 TC 链路和 TCTE SCOE 链路模拟。遥测前端接收来自遥测数据模拟卡的 PSK 遥测信号,解调分路后将遥测数据送入 TMFEP 进程,使模拟遥测数据进入主测试处理机。从而构成测试回路,达到模拟卫星加电情况的目的,进行测试程序的调试。

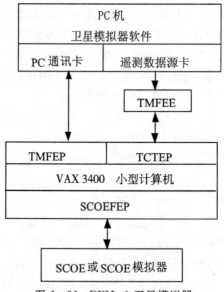

图 6-26　DFH-3 卫星模拟器

还有的型号的地面有线综合测试系统通过模拟等效器完成对地面设备的星地接口关系、性能指标、工作状态等多项检查。不同于以往全部由硬件驱动的等效模拟器，这种等效模拟器通过一个工业控制机，采用软件处理、硬件支持的方式来完成功能。可以接收地面指令，模拟星上状态，并根据指令内容自动执行相应动作并传回状态更新后的信息；或主动模拟星上的状态变化情况，向地面发出相应的变化信息，从而实现对地面测试设备的全面检查。

这些型号的模拟器，基本是以硬件模拟为基础，或以硬件与软件相结合进行模拟，虽然它们具有直观性和一定的准确性，但由于硬件模拟的研制和使用，都需要一定的研制经费和研制时间，而硬件一旦定型，就难于修改。基于硬件的模拟器通常都有较强的针对性，即一般只能用于特定的任务和阶段，随着型号任务的完成，针对该型号任务的硬件模拟器也就完成了使命。此外，基于硬件的模拟器本身也会引入一定的误差和硬件故障，在出现问题时，不便于查找问题的症结。

6.5.2.2　国外技术状态

ESOC 自 1972 年开始进行用于发射前测试软件包的可行性研究，1975 年为 COS - B 卫星研制了第一个明确的射前测试模拟器，该模拟器没有有效载荷模拟，也不支持遥控和没有显示。20 世纪 70 年代末期和 80 年代初，开发了 SSIMPA 软件包（Spacecraft Simulations Package 飞行器模拟软件包），它逐渐发展成为一个实时模拟环境，主要用 Fortran 编写，支持遥测和遥控。SSIMPA 在 80 年代又进行了升级，主要改进是：实时更新的显示，操作者界面的改进，断点（保存模拟器存贮映象到磁盘以备以后继续）以及供所有模拟器模块使用的全局数据区的设置，有效而简单地配置数据库的预处理器的建立。1983 年它更名为 GPSSP（General Purpose Satellite Simulations Package），从那时起，GPSSP 不断加强，为模拟开发提供了有较大改进的工具。

1991 年发射 Italsat 前 9 个月，ESOC 用 Italsat 模拟器对由操作部门编排的操作程序进行校验，并为控制人员提供培训工具。在此之前，ESOC 还成功研制和使用了一系列模拟器，包括：GIOTTO，EXOSAT，HIPPARCOS 和 METEOSAT 模拟器。

在 ESOC，用实时卫星模拟器支持任务准备阶段和任务执行阶段的操作已经非常普遍了。这些模拟器主要用于对操作控制中心（OCC）的设施和飞行控制程序进行验证测试，也用于对地面操作人员的培训。模拟器是闭环模拟器，能够接收和执行卫星的全部遥控命令，并实时产生实际的遥测作为结果。严格的地面控制程序在发送到卫星上之前可以进行演习，而且硬件故障可以作为特殊效果被模拟。在某些模拟器中，还能为星上软件提供有效的测试环境。ESOC 的基于软件系统的模拟器系统结构如图 6 - 27 所示。

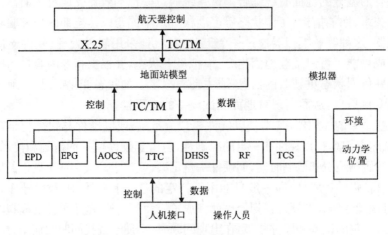

图 6-27   ESOC 模拟器系统组成示意图

典型的模拟器应当包括 4 个部分:①动力学与环境模块,提供卫星相对于地球或其他主要天体(如太阳,月亮)的位置;②模拟器监视和控制接口,使操作人员可以输入模拟器命令并显示任何模拟器参量的状态;③地面站和通讯模块,模拟标准地面站的遥测遥控设备;④卫星(分系统)模块,按照卫星的分系统设置模拟器模块,每个分系统都要进行模拟。

常见的分系统如下:

(1) 电源分系统(EPS)。电源分系统本身可以看作两个子系统,即电源产生(EPG)和电源分配(EPD)。EPG 子系统通常由太阳电池阵、蓄电池和电源管理系统组成。EPD 子系统由电源母线、继电器、转换器、限流器和配电器组成的网络构成。

(2) 姿态和轨道控制分系统(AOCS)。飞行器上有很多 AOCS 硬件,如陀螺仪、红外地球敏感器以及动量轮等。通过对设备说明的详细分析、性能分析以及推算预算对这些部件进行模拟,这些都被转换成软件模拟。

(3) 数据处理分系统(DHSS)。星上数据处理分系统包括硬件(可能是一个或多个处理器)和软件。星上辅助管理数据和有效载荷数据都需要处理。

(4) 热控分系统(TCS)。热控模块负责模拟外部环境对飞行器表面的热效应、星上设备及其内部加热器的热效应。这个模块产生整个飞行器上所有被监测点的温度数据。

(5) 跟踪、遥测和遥控(TTC)。TTC 分系统控制遥测格式和包的产生,遥控指令的解码,以及处理跟踪指令。它把射频分系统连接到数据处理分系统。

(6) 射频分系统(RF)。射频分系统模块模拟飞行器和地面站以及天线之间的电磁链路。它用来自动力学模块的输入和天线展开状态来评估链路状况。

(7) 有效载荷。一般不要求对有效载荷作详细模拟,因为科学和通信数据在操作上有边界效应。有效载荷模块因任务不同而异。

(8) 动力学。这不是飞行器的分系统,但在测试飞行器操作时,详尽的动力学模块是至关重要的。它模拟由于摄动和姿态调整而引起的卫星姿态相对于地球、太阳、月亮的变化。

6.5.2.3　卫星模拟器的发展趋势

近年来,随着飞行器的功能及其所采用的技术的不断更新与发展,对日益复杂的星上软件以及姿态轨道控制等分系统的模拟要求也越来越高。此外,实际应用还要求能给模拟器注入某种故障模式,模拟卫星可能出现的故障状态,为地面系统人员分析故障、验证故障对策、演习故障应急措施提供有效的工具。这些实际需求,都使得模拟器的设计变得越来越复杂,需要投入大量人力和时间进行研制。相应地,人们也在寻求能够重复使用模拟器共同部件并降低成本和缩短开发时间的办法。可以通过改进模拟器开发环境、对已有代码再使用、提高模拟器的可配置性和可维护性等方法达到上述目的。

如何实现具有通用性、可配置性和可重用的模拟器,是模拟器开发与研究的重要内容。

由 ESOC 进行的 SIMAID 项目,其研究的目的是确定一套能够支持用标准化的方法生成飞行器模块,并最大限度地使用通用模块部件和重复使用已有的程序代码的工具,从而全面降低模拟费用,对通用的模拟器部件进行开发以建立一个先进的运行环境以及一个针对飞行器分系统模块且基于图形的模拟环境。这些基础框架工具将有效而可靠地支持模拟器的开发活动,并使低成本的并有很强图形能力的桌面计算机(工作站)得到使用。

SIMSAT(Simulation Infrastructure for Modelling Satllites)是 ESOC 开发的卫星模拟器基础框架。它以一组 DEC 工作站和 ADA 编写的核心软件为基础。SIMSAT 是以后模拟器的运行环境。不同部件的可重复使用性是这个软件系统主要设计动机之一。这些部件是:一个实时内核,一个图形用户界面(GUI)和通用地面站模块。内核提供调度和数据库维护;地面站和通信链路(如 X.25 协议)都包括在地面站模块中;GUI 为模拟器操作人员提供监视功能和控制功能。在 ESA,用 SIMSAT 作为基本开发框架开发的有 Cluster、Huygens、Envisat、XMM 等卫星使用的模拟器。

EuroSim(European Real-Time Operations Simulator)是又一个可配置的模拟器(框架)工具,它通过人或硬件在环路中(HIL)的实时模拟来支持在一个项目的各个阶段中的模拟应用,并允许重复使用已有的模块软件。其设计思想是基于如下的原则:每个模拟器都能分解成为一个不变的工具部分和由被模拟的目标所决定的特定部分。通过仔细设计这个框架工具的组成部件,使它既可以适用于大型模拟器,也可用于小型模拟器。EuroSim 有助于降低和模拟相关的费用,并使得在一个项目中,模拟活动得到更广泛和更早期地应用。

可见,随着对模拟器功能要求的日益提高,开发成本和周期也随之增长,如何实现一个合理的模拟器软件系统框架,使之具有通用性,可重用性,可扩展性,从而达到充分利用已有的软件包或者模块,实现不同的模拟要求,并缩短开发周期、降低研制成本,是模拟器软件系统设计开发的重点。

目前 ESA 已经制定了模拟器模型和模拟器框架之间接口的规范"模拟器模型可移植性(SMP—Simulation Model Portability)标准"。SMP 标准的主要目的在于推动模拟器模型的重用,SMP 标准要满足:使模型(表示航天器)与模拟环境之间相互作用最少;使模型与模拟框架之间的接口标准化;使其他的开发者对模型能够理解。为此 SMP 标准定义了一系列的编码和文档规范。

6.5.3　EGSE 的模拟器举例

我们在本章开始时就已经断言:卫星地面测试很大程度上依靠模拟。这种说法实际上并不过分。许多模拟器作为 EGSE 的组成部分自始至终支持航天器的综合测试。卫星测试中所用模拟器是多种多样的,我们仅举几个例子加以说明。

6.5.3.1　卫星电源系统模拟器

卫星在轨道运行中是使用太阳能电池和蓄电池供电。而在地面测试期间,太阳能电池不能提供正常的电功率输出,且其蓄电池也不便经常使用,因而,常常要配备太阳能电池模拟器和蓄电池模拟器以便能支持地面测试。

太阳能电池模拟器是用来模拟太阳电池阵在轨道工作的特性给被测卫星供电。模拟器可以模拟卫星在同步轨道、转移轨道、阴影区及不同自旋率等情况下太阳电池阵的供电特性。

蓄电池模拟器用于模拟安装在星上的蓄电池,特别是在卫星阴影区工作时的供电。它应能模拟相应的输入输出阻抗、电池单体测试点及电池传感器等。

为了通过对电源负载(卫星各用户设备)的功率损耗特性进行模拟以便测试供配电系统,常常需要用负载模拟器,它应能模拟直流负载或交流负载。有时为了测量供配电系统的性能,还需要配置瞬变发生器,以便能够模拟加在供电母线上的不同脉宽和脉幅的瞬变波动电压。

6.5.3.2　姿态和轨道控制分系统的模拟器

　　为了测试姿态和轨道控制分系统的性能,需要各种敏感器的模拟器。一般有两种手段可模拟姿态轨道条件。一种是提供太阳和地球模拟器,这个模拟器可以固定在相关的姿态敏感器上,并使它按一定的程序通断和转动,从而模拟卫星的姿态变化。另一种是电信号的模拟,该信号同轨道运行中姿态敏感器输出的信号一样。后一种方法可以做到精度高、可靠性好,应优先选用。测试姿控系统的飞轮、陀螺仪及姿态发动机等单元,也往往需要模拟器对它们激励或模拟它们的输出。这些模拟器如果用计算机控制,可以做到高精度的模拟。如地球红外信号的宽度和位置可以优于 0.1°的精度去选择。

6.5.3.3　航天器遥测/遥控(TM/TC)的接口模拟器

　　对卫星各分系统进行测试时,可使用分系统专用测试设备(SCOE)对其性能进行较详细地测试。但是分系统在轨道运行期间都要通过 TM/TC 链路同地面站进行通信,为了较真实地对分系统进行测试,我们可提供一个 TM/TC 模拟器,该模拟器为分系统测试提供电源、提供同分系统的 TM/TC 接口。图 6-28 表示卫星分系统测试原理,从中可以看出该模拟器的作用。

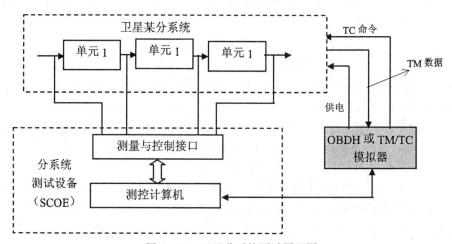

图 6-28　卫星分系统测试原理图

　　从图中可以看出,SCOE 可以通过若干连接导线测试到分系统的各个可更换单元。分系统同卫星 TM/TC 的接口将使用 TM/TC 模拟器,在微机控制下进行详细测试。在现代的航天器中,TM/TC 功能由 OBDH 管理,因此使用的是 OBDH 模拟器。

6.5.3.4　OBC 模拟器

大多数飞行器都有一个或几个星上计算机,它们所完成的功能愈来愈复杂。随着 CPU 的速度和存贮能力的提高,星上计算机的软件复杂性也增加了。这就要求控制和监视星上软件的地面软件的复杂性也随之增加。这使得为验证地面测试系统而对星上软件进行精确模拟的任务变得愈来愈重要。

有多种模拟方法可用来支持地面系统的测试、培训与验证(TT&V),采用哪种方法取决于 TT&V 过程的要求。这些方法是:

(1) 简单功能模拟。用高级语言对星上算法进行简单功能模拟,由典型的 OBC 输入产生典型 OBC 输出,使得星上软件表面看来像在运行中。该方法用于那些对性能要求不很严格,且星上计算机主要是用于辅助功能而不是用在作为主任务目标的一部分的场合。这种方法的真实性和适应性不足,但需要技术开发少,因而成本低。它曾用于 OBC 功能有限的早期卫星模拟器,现在已不常使用。

(2) 高级语言模拟。该方法从星上飞行软件清单产生一个高级语言程序,并将它在模拟计算机上实时运行。这个程序必须作为模拟器的一部分运行,并以和 OBC 一样的方式工作。它也必须按照 OBC 与飞行器接口的同样方式与模拟器的其他部分接口。

(3) 仿真。这是对 OBC 本身仿真。实际的星上飞行程序通过模拟主机上的仿真器运行。这种方法详细模拟 OBC(指令)的功能特性,不包括 OBC 硬件本身,但对所模拟的硬件状态的变化能作出准确反应。于是这个仿真作为模拟的一部分实时运行。仿真允许对 OBC 性能进行详细检查。

(4) 混合型或硬件置于回路中的模拟(HWIL,hardware in the loop)。这种方法需要一个飞行 OBC 的复制品,把它连入环路,并通过硬件接口连接到模拟主机上。然后星上飞行软件在 OBC 复制品上运行。

这些模拟方法中,仿真和 HWIL 在逼真度方面对地面系统的 TT&V 支持最好。两者之间的选择,取决于为了使模拟主机与 OBC 接口所需的硬件开发费用或者仿真器是否能够在主机上实时运行。基于国外应用的经验,HWIL 模拟对地面系统的验证测试支持良好,达到全部要求,并证明在实际操作中是非常有价值的工具。在将来星上软件复杂性很高的空间项目,HWIL 模拟器将是满足地面系统 TT&V 要求的成本最低的解决方案之一。

为了有效解决 HWIL 成本过高的问题,在飞行部件的设计阶段,就需要考虑如何才能使飞行硬件更易于与商业计算机接口,因为在这些计算机上进行环境、运动学和动力学模拟,将避免大量的接口费用,并使 HWIL 的使用更具吸引力。

　　由于卫星配置不同、工作状态不同,则所需模拟器也不同。除了上面列出的四种以外,卫星测试人员还可根据需要配置电爆管模拟器、星上部分接口电路模拟器、OBDH 分系统的中央处理单元(CTU)和远置单元(RTU)模拟器等等。

6.6　计算机及接口选择

　　卫星是由许多电子设备构成的系统。它的组成日趋复杂,因而对测试技术和测试设备提出了越来越高的要求,测试项目与范围也不断扩大,测试速度与测量精度不断提高,对测试人员技艺的要求也日益严格。落后的手动人工测试已无法适应,因而发展自动化测试技术是必然趋势。事实上,自动测试系统的概念早在 20 世纪 50 年代中期就已提出,并已在某些测试中开始使用,最初在设备中使用了程序控制器,纸带或卡片穿孔编码控制器。进入 60 年代后,虽然测试概念并没多大发展,但测试设备中的控制器部分几乎全被计算机所取代。最典型的代表就是美国 NASA 的阿波罗登月工程,它用了差不多 30 种类型的上百台计算机去支持这个工程的自动化测试。没有计算机的支持,很难设想能完成如此庞大的测试任务。当然那时的计算机不但体积大,而且性能也远不如现在的微型计算机。70 年代初期出现第一个微处理器以来,微计算机技术有了突飞猛进的发展。微型计算机的高可靠性、模块式结构、控制灵活性高、实时性强及价格便宜等优点,使它不仅在数据处理和科学计算中得到了广泛应用,而且已渗透到了工业过程控制及测试各个领域。

　　目前的卫星测试从单元级直到整星级所用的设备广泛使用了微型计算机。可以说微型计算机的应用使卫星测试技术有了长足的进步,没有微型计算机就没有新一代卫星测试设备。卫星测试设备应具备数据采集和处理、产生控制和激励信号、测试程序的控制及测试结果的整理和归档等功能,离开计算机这些功能是难以实现的。我们仅就数据采集和处理这一项功能加以说明。

　　卫星测试所需的数据大部分来自卫星遥测系统,数据从几百直至上千个,速率达几千比特。这些数据流通过接口送入计算机,在根据这些数据进行测试过程控制或给出显示之前必须经过预处理。在得到数据的一个帧或格式内预处理工作可能包括如下内容:

　　·测试参数的实时采集;

· 不同数据源的鉴别和遥测格式的参数鉴别；

· 占有若干个遥测字的参数的组合或半字参数的提取；

· 数字参数(代表事件的或状态的 N 个比特参数)的检查；

· 参数处理的条件判别；

· 参数从数字量变换成物理量和参数的界限值比对；

· 根据所采集的参数去计算某个新的参数值，即导出参数的处理；

· 参数的实时归档和发送。

对于比特率更高的数据，如遥感卫星的图像数据，不但要求计算机有快速处理能力，而且在数据接口、存储和处理等方面要做精心的考虑。

6.6.1　计算机的选择

前面我们已说过，在品种繁多的计算机中，选择合适的机型不是一件容易的事。图 6 - 1 所示的分布式测试系统中，航天器测试任务分散在不同层次的计算机中完成。每一级计算机完成的功能都不一样，选用的原则也不同，也就是说完成测试设备功能要求是选用计算机的基本出发点。前置级只完成单一的功能，选用单片机或单板计算机就可以了。由于 PC 机的性能价格比的迅速提高，前置级选用 PC 机也是比较普遍的了。分系统控制级管理若干前置级，负责分系统的测试可选用微型计算机系统。中央控制级是系统管理级，它负责整星测试过程的管理和数据的归档，可选用 32 位以上微型机或小型机。单片机、单板机这样的微机选择，除了其功能要求外，主要还应考虑其开发手段是否完善。而像分系统控制级和中央控制级用的计算机，则要考虑如下一些因素：

(1) 计算机的性能。决定计算机性能的主要因素是所选用的中央处理单元(CPU)是否满足任务要求，它的主要特征包括字长、指令系统、寻址方式、运算速度和中断系统等。字长和字结构直接影响计算的精度，丰富的指令系统使编程容易且功能增强。运算速度取决于寻址方式、时钟频率和所选芯片的工艺，一个较完善的中断系统会使计算机有较好的实时性。但单纯根据 CPU 的特性还不能完全对微机系统做出评价。因为我们知道微计算机的硬件有中央处理单元(CPU)、附属芯片、存贮器和外围设备。软件有语言处理程序、指令系统、操作系统等，因而在评定计算机性能时，也必须综合考虑这些因素。现在软件的支持能力显得越来越重要了。

(2) 先进性。注意跟踪国际主流机型同时兼顾国家优选系列机型。选型时要注意机器厂家的产品发展动向，了解各用户对产品的评价，对其先进性要有较确切的认识。如果盲目买进，则有可能是并未发展稳定而且很快会被淘汰的机型。有时买来的机器虽然先进,但国内尚无足够的硬/软件支持,从而影响使用,这种单纯追求先进性的选型倾向也应避免。

（3）可扩充性。市售计算机大多是通用的,需要用户根据自己的要求加以扩充,同时由于对测试设备的要求不断提高,也要求对计算机进行不断扩充。计算机的系统总线(机内总线)和外部总线同其扩充性直接相关。机内总线有些已有国际标准,但有些是某公司的标准,已使用相当广泛(如 PC 总线)并已推出了不少和总线兼容的外围功能板,使用户可组成自己的系统。外部总线是计算机与外界通信的通路,如 RS—232C 串行异步接口、IEEE 488 接口等。应当根据系统要求选用标准化的内部、外部接口系统,以使系统有较强的可扩充性和兼容性。

（4）可维修性。计算机在使用中必然会遇到维修问题。有些机器提供者能提供良好的售后服务和备件,产品的硬件和软件结构是开放的,使用户易于维修和扩充;有些则无售后服务,产品是封闭的,是用东拼西凑的便宜的部件搭出来的,甚至连一本像样的说明书都没有,这样的机器在测试系统中是绝不能采用的。

6.6.2　接口(总线)的选择

接口是个含义很广的术语。一个系统或功能模块与另一个系统或功能模块之间相互通信时所需要的分界面可称为接口。在通常的测控结构中,各级计算机之间、计算机与外部设备之间以及测试设备与被测控航天器之间都需要通过接口进行信息交换,以达到协调工作,完成测试的目的。接口可以分为专用接口和通用接口,设备内部部件之间、设备之间信号匹配、隔离,传送信号的界面,它常常是用户自己设计,没有可供选择的标准。通用接口是设备之间、计算机之间、设备内部 CPU 与外部芯片之间传送信号的界面,通常都有标准。通用接口也常常被称为总线,EGSE 接口的选择主要指的是总线的选择。为了加以区分,下面论述使用总线术语,实际上总线也是接口的一种。

在组建卫星测试设备时,选用合适的总线系统成了选择合适机型之外的另一个重要课题。我们知道,早期的计算机总线往往是专用的,随着技术的发展,一系列的标准化总线系统不断推出,完善的标准总线系统对总线的机械、电气和性能三要素都做出了明确的规定。特别是有些标准化的通用总线能与多种通用型号计算机相连,使改换计算机时许多外围设备仍能留用,这对于节约投资是很有利的。因此,选用标准总线是最明智的选择。

选择总线系统的基本原则,首先是使风险最小。风险最小意味着所选总线系统的技术规范已被清楚地定义,并在未来一段时间内不会改变,总线所需的硬软件资源有着广泛的市场和技术支持,使用户很容易组成自己的应用系统。其次是满足使用要求,总线系统的性能应满足卫星测试设备的要求。总线的成本同它的性能相关,为使成本减至最小,设计者应仔细分析测试设备性能要求,然后再选定适当的总线系统。同时还要着眼于未来系统的扩充,留有适当的余地。卫星测试设备使用环境、现存设备的利用、计划进度、设计者的经验等也是在选择总线系统时应考虑的因素。

根据测试设备的体系结构,可以选用一种或多种总线。基本原则是根据测试设备各个组成部分之间,以及测试设备之间的耦合程度(coupled degree)决定选用哪种类型的总线。在航天器 EGSE 中,一部分设备与被测试对象有直接的(有线或无线)电气连接,一部分设备只与其他组成部分有电气连接。前者耦合程度紧,后者耦合程度松。总线技术仍然在不断发展,无处不在的网络技术已经渗透到测量仪器领域,具有 USB、LAN 接口的仪器不断被推出,支持 LAN 仪器接口的 LXI (LAN extensions Instrumentation)标准已经提出,LXI 有取代 IEEE 488 的趋势。但是,笔者仍然认为,没有一种接口总线可以满足所有需求,多种总线的混合系统仍然是未来测试系统的最好选择。表 6 - 7 描述了各类总线特点及在航天器 EGSE 中的应用范围。

表 6 - 7 EGSE 常用的总线

序号	接口名称	类型	耦合程度	在 EGSE 中的应用
1	ISA/PCI	并行,机内	紧	UMB 和 SKC 接口测试 (如 PSSSCOE、AOCE SCOE 等)
2	CAMAC	并行,机外	紧	同 1,目前很少使用
3	VXI	并行,机外	紧/中	同 1,是新型仪器总线
4	IEEE488	并行,机外	紧/中	用于 TT&C 等射频特性测试,目前多数测量仪表都配有此接口,应用广泛
5	RS-232 RS-485 RS-422	串行,机外	松	用于各 SCOE 内部信息通信
6	LAN	串行,机外	松	EGSE 各个计算机之间的互联,未来仪器接口
7	USB	串行,机外	松	可以热插拔

6.7　可靠性设计

6.7.1　可靠性及其参数

通常把设备在指定工作环境条件下和指定的工作时间内能符合性能要求的工作概率，称为该设备的可靠性。如某一设备在 200 小时的工作时间内，在 25℃ 的环境条件下的可靠性是 80%。离开了一定的工作时间和一定的环境条件，其可靠性就无从谈起。因此，重要的是确定设备寿命期内的环境条件，也就是设备在运输、贮存和工作情况下可能会经历的环境条件。这些条件是：温度及其变化；气候条件，如盐雾、雨雪、灰尘及湿度；机械条件，如振动频率及幅度；电的环境，如电源电压变化、输入信号干扰及磁场干扰等。同可靠性相关的另一个因素就是设备的工作期限，设备在起初工作的一段时间如几百小时内可靠性会下降，而在此之后，可靠性会趋于平稳。因而设备在制造出来以后，应经过一段老化期，目前有人规定的设备验收前要经过至少 200 小时的通电老化（也称考机），然后再提供给用户使用。用户所关心的设备的可靠性常常是设备使用状态下的可靠性。

度量设备可靠性主要有如下几个参数：

（1）平均无故障工作时间（MTBF）。测试设备是可维修的，它重复处于"正常工作—故障维修"的状态。如果设备在一段时间 T 内出现了 N 次故障，每次故障被维修后继续使用。由于设备总的工作时间为 T，那么该设备的 MTBF 数由下式给出：

$$MTBF = T/N$$

在此，MTBF 经常用小时（h）表示。它的含义是：两次故障之间的平均工作时间。它的倒数就是每单位时间内的平均故障数，也就是表示设备可靠性的另一个参数—故障率 λ，λ 值为：

$$\lambda = 1/MTBF$$

（2）平均维修时间 R。设备在一段时间内出现 N 次故障，每次故障的修复时间为 t_i，那么其平均维修时间 R 为：

$$R = \frac{1}{N} \sum_{i=1}^{N} t_i$$

（3）可用度和不可用度。MTBF 给出了设备的平均无故障时间，一般说，人们都希望这个值尽量大些。但有时，人们还关心维修故障所花费的时间。在某些应用中,短的维修时间比长的 $MTBF$ 值还显得重要,这样就引进了设备可用度和不可用度的概念。

可用度反映了设备在一定时间内可正常工作的程度,也就是使用效率,它是设备正常工作时间同总工作时间之比。类似地,设备维修时间与总工作时间之比,叫做设备的不可用度。M 是正常工作时间,R 是维修时间,$M+R$ 是总工作时间,由此,我们可得出可用度 A 与不可用度 U 的表达式:

$$A=\frac{M}{M+R}$$

$$U=\frac{R}{M+R}$$

根据定义我们可知,A 愈大愈好,U 愈小愈好,并且 $A+U=1$。系统在可维修的情况下,系统的可用度实际上是比 $MTBF$ 更为重要的一项指标。

6.7.2 硬件可靠性设计

测试设备的硬件是由各种激励测量设备、开关系统、计算机及其外部设备、各种电路以及各部件内部及设备同被测对象之间的接口所组成。硬件的任何部分都可能隐含着某种人们无法知道的缺陷。这种缺陷有两种类型,一种是由于设备从设计直到最后检验过程中存在的某种错误引起的差错,另一种是由于硬件的某部分在运行中损坏引起的故障。

差错除可能由于操作失误、噪声干扰等引起外,还可能是设计不完善、生产过程中有错、接触不良等内部因素引起。故障可分为早期故障、随机故障和寿命末期故障三种。不同时期的故障可采用不同对策,设备刚生产出来,通过试验运行、反复调试和环境试验,可排除失效元件和设计欠佳等引起的早期故障,从而使故障次数基本稳定,设备可交付使用。

设备经长期使用后,故障次数又会增加,这是由于设备的某些元件寿命到期所致,这类故障称设备寿命末期故障,可以通过预防性维修及早更换那些预计要损坏的器件,既可防止发生这类故障,又能延长设备的使用年限。

设备在使用期所发生的故障不可能预先知道,完全带有偶然性,因而是随机故障。这类故障只能在故障发生后着手进行修复、更换元件。

减少设备差错和故障次数要从设计阶段开始就要予以考虑,通常可从以下几方面着手:

(1) 通用设备的选择。测试设备中很多部分,大到计算机系统,小到接口模件都是外购件。这部分外购设备的质量直接影响整个系统的可靠性,在选购时,除了注意其性能、成本等因素外,要特别注意选择可靠性高、维修性好且标准化程度高的设备。

(2) 元器件的选择。尽量选择已定型使用的元件。对所选元器件要经筛选老化,未经测试不能装机。有些元器件在满负荷使用时会加速其衰老,因而要降额使用。选用较稳定和货源充足的元器件。

(3) 合理的电路设计。合理的电路设计的核心是提高设备的抗电磁干扰能力。测试设备电磁干扰有两类:一是传导干扰,二是辐射干扰。通过精心的电磁相容性设计可以使这些干扰减至最少。此外电路板及机箱的散热设计和隔离屏蔽设计也是一个很重要的问题。

• 对来自电源干扰的抑制。交流供电最好要经交流稳压器,以抑制市电的波动。每个设备的电源入口端配接低通滤波器,对计算机供电如有可能应配接不间断电源,以抑制电源串扰及尖峰干扰。直流供电最理想的方法是每个负载都有单独的电源,这样做非常浪费。实际上可以把重负荷供电线及回线同信号电路供电线及回线分离开,达到削弱耦合的目的。对于很敏感的电路可采用隔离措施或单独供电办法,常用的方法是在电路中加入阻容去耦电路或电阻和齐纳二极管稳压器件。通常交流供电线及回线应绞合在一起,尽可能使其远离敏感器件。直流电源供电线及回线也应绞合起来。电源线的回线与其他电路的回线不应共用一根导线。

• 设计良好接地来抑制干扰。信号回线、电源回线及机壳都应有单独接地回线,这些回线再接到同一地参考点上。对有大的突变电流的电路(如继电器供电),要有单独的接地回线,以减少对其他电路的瞬态耦合。低电平电路的接地要同其他接地线隔离开来。低频设备采用单点接地,高频设备采用多点接地,对有特殊要求的系统可采用浮地,浮地后的电路与公共地回路隔离开来。在采用浮地设备与大地之间可接入一个阻值很大的泄放电阻,以消除静电积累的影响。所有接地线应尽可能短等等。

• 信号传输中干扰的抑制。对于短距离的信号传输,如线路板之间的信号传输,只要逻辑正确,可直接通过底板连线。对于长距离的信号传输,如几十米至几百米,会出现一些问题,一是长线传输时出现的反射现象会使信号畸变,产生一些有害干扰脉冲,二是长线传输对邻近线上会产生串扰。解决反射问题可采用终端接匹配电阻,使传输线两端匹配,从而减少反射。解决抗干扰问题,可以采用有较好屏蔽特性的同轴电缆。由于同轴电缆成本高,现多采用双绞线。我们还可以提高传输信号电平,如 RS－232C 标准中就不是采用 TTL 电平,而是±15V 电平,从而提高抗干扰能力。另外,常常采用光电耦合隔离、隔离放大器和把电压信号变成电流信号传输等方法。针对数字信号传输中出现的误码，可以通过检错码和纠错码来解决。检错码只能判断出现了误码。纠错码还能对误码进行修正，可以用硬件也可以用软件方法产生并解出检错码和纠错码。很显然，检错码和纠错码的加入会使传输效率降低。

　　·硬件冗余和备份。对设备中某些关键部位进行冗余设计，使故障出现后能自动替代，保证正常工作。为了缩短维修时间，主要硬件应有备份，并应有自检措施以便于故障定位，从而缩短维修时间和提高设备的可用度。地面电子系统冗余可以有不同的方法，根据可靠程度和重要性加以选择。图 6-29 是三种常用的冗余技术示意图及其说明。应该注意的是冗余需要附加重量和成本，成本要高于所附加部件的成本，冗余系统的分析和测试要花费时间。

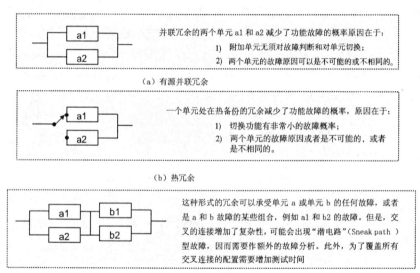

并联冗余的两个单元 a1 和 a2 减少了功能故障的概率原因在于：
1) 附加单元无须对故障判断和对单元切换；
2) 两个单元的故障原因可以是不可能的或不相同的。

（a）有源并联冗余

一个单元处在热备份的冗余减少了功能故障的概率，原因在于：
1) 切换功能有非常小的故障概率；
2) 两个单元的故障原因或者是不可能的，或者是不相同的。

（b）热冗余

这种形式的冗余可以承受单元 a 或单元 b 的任何故障，或者是 a 和 b 故障的某些组合，例如 a1 和 b2 的故障。但是，交叉的连接增加了复杂性，可能会出现"潜电路"（Sneak path）型故障，因而需要作额外的故障分析。此外，为了覆盖所有交叉连接的配置需要增加测试时间

（c）并联和交叉连接冗余

图 6-29　电子系统硬件冗余技术简图

6.7.3　软件可靠性设计

　　先进的卫星测试设备是以计算机为中心的，硬件和软件是结合在一起来完成设备功能的。因此要增加系统的可靠性，就必须同时研究如何提高软件可靠性。

　　软件在指定的时期内无故障运行的概率称作软件的可靠性。软件故障是由软件错误造成的。软件在运行中到达一个不正确的内部状态时，就称为发生了一个软件错误。软件错误大致有三类：用户操作使用错误、硬件故障引起的错误

及软件自身设计的错误和缺陷。

避免软件设计错误和缺陷的最有效方法是充分实施软件工程方法,特别是加强测试工作。结构化程序是软件避错的对策之一。把一个测试软件按其功能划分成若干模块,每个模块的任务要求清楚、明确,功能尽量单一,出/入口单纯,彼此之间耦合松,程序又比较短,使程序设计人员易于理解从而能少出错。每个模块软件编制中要求有含义清楚的注释、标号和变量名。注意程序的清晰性,尽可能少用跳转语句,语句排列便于阅读,要有明确的出口和入口,不一定过分追求程序的优化,而使程序难懂。这样,使评审人员易于理解程序,而且为查错提供方便。

出现在测试要求和软件设计文件中的差错,会导致程序的错误,这种错误如果在编程前还没发现,那么对软件可靠性影响很大,纠正错误付出的代价也将很大,因而对测试要求和设计文件要经严格评审。软件设计人员应对文件作详尽的了解,使错误及早被发现,可避免把错误带到测试程序中,因为一旦带到程序中,修正的过程可能又会引出其他的错误。

软件交付前应充分测试,这可以避免软件缺陷和减少错误。当程序设计人员确信他的编码已无问题后,可事先安排专门的人员对它进行检查。最常用的方法是把各种测试用例和数据分别送入程序,运行程序后,检查其结果是否正确。或另外根据任务要求专门编制测试程序。显然测试用例的选定是十分重要的和技术性很强的工作,根据测试要求,对每个条件的选择、每个输入/输出的边界条件及每一种非法条件都可选定为一个测试用例。

在前面章节中我们曾介绍了用硬件手段消除干扰以提高系统可靠性的方法,实际上,在数据采集和处理中光靠硬件措施是不够的,必须借助软件的巨大潜力,用软件方法克服某些干扰也是很有效的,有很多例子可以证明这一点,比如:

(1) 程序的自恢复能力。应用程序在运行中,由于受瞬时干扰等偶发事件的影响可能会骤停或"飞掉",从而影响整个系统的正常运行。为此我们可设置超时监督器。在程序运行到某一模块时,可对定时器预置本模块运行所需时间(应略大于此时间)。模块正常运行结束时,对定时器清零,否则,定时器将会超出预置时间,从而自动发出中断请求,当 CPU 接受这一中断请求时,可强令返回程序中止断点或重新启动此模块。这种办法对防止意外干扰是很有效的。

(2) 输入/输出信号的软件抗干扰。为提高对现场模拟量测量的精度,消除各种干扰,可以多次采样,加以筛选。对工频(50Hz)干扰,可以采用软件滤波办法消除。根据情况可以利用在 2.9.2 节的数字滤波算法和校正算法,提高测量的精度和可信度。对现场的开关量输入,可采用软件上三次读入,两次读入的内容一致才有效。可以滤除比两次读入时间短的某些干扰,适当选择两次或多次读入的时间,可以消除某些开关接触抖动的影响。对现场的开关量输出,应将输出量回读(有硬件配合),经比较无误后,方可发出,或发出后再回读,比较有误时再予以纠正。

复习参考题

1. EGSE 的技术要求应包括哪几项?

2. EGSE 研制的五阶段是什么?

3. EGSE 软件详细设计的两种主要工具是什么?

4. 试说明 EGSE 费用和效益分析的 10 项定性评估要素及其含义。

5. EGSE 与航天器的测量接口的设计主要解决:一是信息的＿＿性和＿＿性,二是测量的＿＿性。

6. 什么是正态干扰? 抑制正态干扰的主要措施有哪些? 衡量仪器对正态干扰抑制能力的参数是什么?

7. 什么是共态干扰? 抑制共态干扰的主要措施有哪些? 衡量仪器对共态干扰抑制能力的参数是什么?

8. 设备接地的主要目的是确保设备和人身的＿＿及抑制和减少＿＿。设备的接地通常可分成三种类型:＿＿、＿＿和＿＿。

9. 写出直线拟合标校时求 $Y = \alpha + \beta X$ 中 α 和 β 的公式,并说明公式中的 x_i、y_i 和 $\bar{x}$ 和 $\bar{y}$ 的含义。

10. 航天器 TM/TC 模拟器的主要功能是什么?

11. EGSE 研制中,通常计算机选择的原则是什么? 选择接口的两条基本原则是什么?

12. 设备的可靠性定义是什么? 度量设备可靠性主要有哪几种参数?

第7章 中巴地球资源卫星 EGSE 规范介绍

中国和巴西合作研制的地球资源卫星(CBERS)已经成功地发射了两颗,取得了圆满成功。CBERS 是一颗地球资源遥感卫星,它运行在太阳同步轨道,是一颗三轴稳定、全球覆盖的卫星。卫星轨道质量是 1950kg,轨道参数半长轴(平均)7148.8 km,倾角 98.5°。轨道周期 100.26 min,CBERS 飞行程序分为射前准备、发射、姿态捕获、轨道捕获、在轨测试和常规运行几个主要阶段。卫星分系统组成情况如下:

(1) 服务分系统
- 结构分系统(STRU – Structure)
- 热控分系统(TCS – Thermal Control Subsystem)
- 姿轨控分系统(AOCS – Attitude and Orbit Control Subsystem)
- 电源分系统(PSS – Power Supply Subsystem)
- 星上数据管理分系统(OBDH – On Board Data Handling)
- 测控分系统(TTCS – Telemetry,Tracking and Command Subsystem)
- 系统电路分系统(SCS – System Circuit Subsystem)

(2)有效载荷分系统
- 全色高分辨率相机分系统(PANMUX – Panchromatic Multi Spectral Camera)
- 多光谱相机分系统(MUXCAM – Multi Spectral Camera)
- 红外多光谱扫描仪分系统(IRMSS – Infrared Multispectral Scanner)
- 宽视场相机分系统(WFI – Wide Field Imager Camera)
- PANMUX 数传和红外数传分系统(PIDT – PAN and IRS Datra Transmission)
- MUXCAM 和 WFI 数传分系统(MWDT – MUX and WFI Data Transmission)
- 固态存储器分系统(SSR – Solid Store Recorder)
- 数据采集系统分系统(DCS – Data Collecting Subsystem)
- 空间环境监测器分系统(SEM – Space Environment Monitor)

　　CBERS 卫星是一颗复杂的卫星,测试过程也比较复杂。要求 EGSE 规范应尽可能详细描述它的功能、性能、设计和验收测试的需求,从事航天器测试的人员应当掌握如何编写 EGSE 规范,应该了解如何确定 EGSE 构建的方法。中国和巴西合作的 CBERS 卫星地面电气支持设备(EGSE)具有一定的代表性和先进性,本章将以 CBERS EGSE 规范为例,讲述航天器 EGSE 规范所涉及的各个方面,设计人员可以借鉴,结合用户需求和本教材前几章有关内容编制相应的 EGSE 规范。本章内容包括对 EGSE 的文件需求、详细需求和验证需求。重点是 EGSE 的详细需求,描述了 EGSE 的基本组成、内部和外部接口以及各个组成部分的功能和性能要求。

7.1　文件要求

　　EGSE 规范首先必须规定详细的文件要求,这些文件更详细地说明 EGSE 各个部分或各部分部件地功能和需求。EGSE 规范要求提供如表 7-1 所列的文件。

表 7-1　EGSE 文件表

序号	文件名称	英文缩略语含义
1	EGSE LAN 规范	Electrucal Ground Support Equipment Local Areal Network
2	OCOE 规范	Overall Check Out Equipment
3	TMTC S SCOE 规范	Telemetry /Telecommand Station SCOE
4	GWC SCOE 规范	Ground Wired Control SCOE
5	EPSS SCOE 规范	Electrical Power Supply Subsystem SCOE
6	TT&C SCOE 规范	Telemetry, Tracking, and Command Subsystem (S-Band)SCOE
7	DCS SCOE 规范	Data Collecting Subsystem SCOE
8	MWDT SCOE 规范	MUX and WFI Data Transmission SCOE
9	MUXCAM SCOE 规范	Multi Spectral Camera SCOE
10	WFICAM SCOE 规范	Wide Field Imager Camera SCOE
11	DDR SCOE 规范	Digital Data Recorder SCOE
12	SYCS SCOE 规范	System Circuit (总体电路)SCOE
13	AOCS SCOE 规范	Attitude and Orbit Control Subsystem SCOE
14	OBDH SCOE 规范	On Board Data Handling SCOE
15	PROP SCOE 规范	Propulsion Subsystem SCOE
16	THER SCOE 规范	Thermal Control Subsystem SCOE

续表

序号	文件名称	英文缩略语含义
17	SEM SCOE 规范	Space Environment Monitor SCOE
18	PIDT SCOE 规范	PAN and IRS Data Transmission SCOE
19	PANMUX SCOE 规范	Panchromatic Multi Spectral Camera SCOE
20	IRSCAM SCOE 规范	Infrared Multispectral Scanner SCOE
21	EGSE 通信协议规范	Electrucal Ground Support Equipment SCOE
22	AVDS 规范	Audio and Video Distribution System

7.2 详细需求

7.2.1 EGSE 的基本组成

EGSE 完成从电气总装直到发射的 AIT 期间全部电气功能测试,完成卫星运输后的发射场系统级测试,以及必要时完成某些设备安装到卫星上之前的测试。

EGSE 由 OCOE、TMTC 站 SCOE 和其他 SCOE、EGSE LAN 以及音频和视频发布系统构成。表示 EGSE 各个组成部分的通用框图如图 7-1 所示。

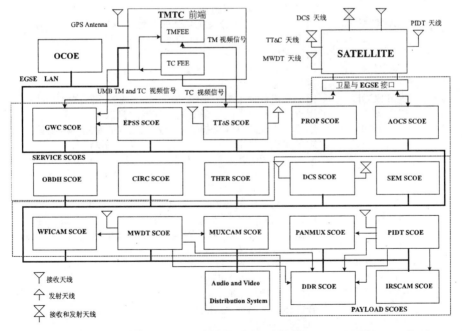

图 7-1 EGSE 组成框图

　　该图仅仅表示通常的系统级配置,配置中所有 RF 和卫星的通信都通过天线。有些专用测试(例如 AOCS 太阳传感器光检查设备)图中没有表示出,它们应是各 SCOE 的组成部分,EGSE 的组成部分在后面将有详细地描述。EGSE 主要由表 7-2 列出的总共 21 个部分组成,表中给出了简要说明。但是每个组成部分的规范细节应该在表 7-1 各自的规范中给出说明。

表 7-2　EGSE 组成

项目	组成名称	简要说明
1	EGSE LAN	EGSE 各个部分之间通信所需的局域网
2	OCOE	卫星监视和测试控制所需总控设备
3	TMTC Stations	由接收卫星遥测的遥测站和用于发送遥控给卫星的遥控站组成
4	AOCS SCOE	用于完成 AOCS 分系统测试的设备
5	SYCS SCOE	用于完成总体电路分系统(CIRC)测试的 SCOE,使 EGSE 同卫星通过分离和其他电连接器接口,以及在电气总装及专门测试期间与该分系统接口
6	EPSS SCOE	用于对卫星供电、调节蓄电池和对 EPSS 测试用的电源分系统 SCOE
7	GWC SCOE	用于 EGSE 与卫星之间接口、供电、有线命令和监视某些卫星信号的地面有线控制 SCOE
8	OBDH SCOE	用于完成 OBDH 分系统测试的上数管 SCOE
9	PROP SCOE	用于完成推进分系统测试的推进分系统 SCOE
10	THER SCOE	用于完成热控分系统测试的热控分系统 SCOE
11	TT&C SCOE	用于完成 TT&C 分系统测试和提供同卫星之间的遥测、遥控射频链路的遥测、跟踪和遥控分系统 SCOE
12	DCS SCOE	用于完成数据采集分系统(DCS)测试的专用测试设备
13	DDR SCOE	用于完成数字数据记录器测试的专用测试设备
14	IRS SCOE	用于完成红外多光谱扫描仪分系统测试的专用测试设备
15	MUX SCOE	用于完成多光谱相机分系统测试的专用测试设备
16	MWT SCOE	MUX 和 WFI 数据传输 SCOE 用于 MWDT 子系统的性能测试,通过提供 RF 和 MWT 子系统之间的连接,提供给 MUX SCOE 和 WFI SCOE 视频信号
17	PAN SCOE	全色多光谱相机 SCOE 用于 PAN 子系统的性能测试
18	PIT SCOE	PAN 和 IRS 数据传输子系统 SCOE 用于 PIT 子系统的性能测试,通过提供 RF 和 MWT 子系统之间的连接,提供给 PAN SCOE 和 IRS SCOE 视频信号
19	SEM SCOE	空间环境监视器 SCOE 用于 SEM 子系统的性能测试
20	WFI SCOE	广角成像相机 SCOE 用于 WFI 子系统的性能测试
21	AVDS	该系统通过 EGSE LAN 实现测试人员和影像发布之间的语音通讯。AVDS 对测试环境只起辅助功能,它不应影响 EGSE 的功能性

EGSE 在不同的测试场合的配置可以不完全相同。EGSE 在 AIT 期间和发射塔测试期间的配置框图如图 7 - 2 和图 7 - 3 所示。二者的主要区别在于：发射场测试时需要射频转发器和光纤网络支持。

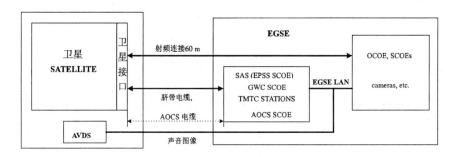

图 7 - 2 AIT 期间 EGSE 布局图

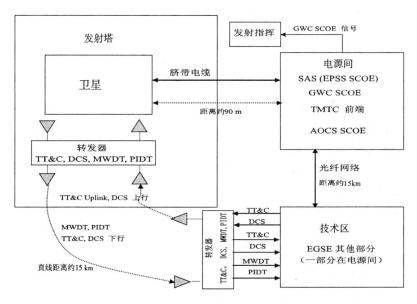

图 7 - 3 发射场测试期间 EGSE 布局图

7.2.2 接口与功能需求

EGSE 的接口可以分为内部接口和外部接口，如图 7 - 4 所示。内部接口是指 EGSE 内部各个部分的互连接口，外部接口涉及 EGSE 与外界的连接接口。

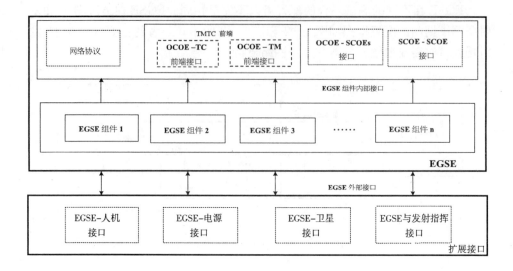

图 7 - 4　EGSE 内部接口和外部接口

7.2.2.1　外部接口

EGSE 通常有 4 种类型的外部接口：EGSE 与人的接口；EGSE 与供电线的接口；EGSE 与卫星接口；EGSE 与发射指挥接口。

（1）EGSE 与人的接口。这个接口涉及 EGSE 与测试操作人员之间的交互。EGSE 与人的接口的需求是：

- 以数字图形方式实时显示卫星脐带电缆参数；
- SCOE 参数的选择性实时显示；
- 用户提交卫星配置和控制命令；
- 用户提交 SCOE 配置和控制的命令；
- 发送给卫星的命令显示；
- 已执行和正在执行的测试序列的显示；
- 完成测试或操作人员之间的语音通信；
- 卫星或其他选择区域操作的视频显示。

（2）EGSE 与供电线的接口。EGSE 的所有组成部分必须能够在 7.2.3.5 节说明的供电情况下工作。

（3）EGSE 与卫星接口。接口的方式同卫星总装阶段和进行测试的阶段有关。EGSE 和卫星之间接口的细节需求在对应的 EGSE 组成部分的规范中有详细描述。EGSE 与卫星之间的接口有以下几种方式：

脐带电缆(UMB)。在 AIT 各阶段,从卫星电气设备集成直到发射,UMB 用于 EGSE 与卫星接口。

卫星电连接器。在 AIT 期间 SCOE 与卫星接口时使用卫星电缆连接器和单元设备连接器,用于模拟信号和验证单元设备和分系统功能。在进行某些专门测试时,也可以使用单元设备电连接器。

电缆和天线。在 AIT 的不同阶段,RF 电缆和天线被用于 EGSE 同卫星接口。

景物模拟器。景物模拟器用于在相机分系统的焦点平面上成像,这样可以分析 AIT 各阶段的照相的成像的品质和性能。景物模拟器用于 AIT 测试阶段中的系统级测试。

太阳模拟器。太阳模拟器用于向 IRSCAM 的焦点平面投放出标准光束,在 AIT 各阶段完成 IRSCAM 传感器的太阳校准。为 IRSCAM 设计的太阳模拟器,将用于 AIT 所有电气功能测试阶段的系统级测试中。

光源和光源模拟器。光源被用来为 SAG(太阳阵产生器)各段提供照明光源,在 AIT 不同阶段中用于验证 SAG 的性能。光源模拟器给 AOCS 传感器投射标准光束,在 AIT 不同阶段中用于测试和分析传感器的性能。光源和光源模拟器的设计适用于 AIT 所有阶段的系统级测试。

辐射源。辐射源被用来作为 SEM 辐射探测器的辐射源,在 AIT 各不同阶段分析探测器的性能。

冷却器。冷却器使 IRSCAM 探测器获得空间级温度,在 AIT 各阶段分析探测器性能。冷却器适用于 AIT 所有阶段的系统级测试。

热和冷空气吹风机。热和冷空气吹风机用于感应卫星电热调节器的温度变化,在 AIT 各阶段用来分析电热调节器的性能。

(4) EGSE 与发射指挥接口。在卫星预发射确认期间,EGSE 给发射指挥设备提供两个接口信号。一个是通告卫星 EGSE 电源的开/关状态,一个是报告运载火箭上卫星 EGSE 脱落电连接器的连接状态。

7.2.2.2　内部接口

EGSE 的内部接口涉及 EGSE 各部分之间的相互作用关系。这些接口包括:

(1) 网络协议。表 7-3 表示网络协议各层在 EGSE 组成部分的使用情况。使用的基本通讯协议是 TCP/IP 和 UDP/IP。LAN 的数据链路层和物理层在 EGSE LAN 规范中定义。SCOE 接口协议的细节应该在各相应的 SCOE 规范中定义。

表 7-3　网络协议

应用层	很多种协议
传输层	TCP and UDP
网络层	IP
数据链接和物理层	可能有多种协议

（2）OCOE 与 TMTC FEE 接口。TMTC 站包括 TMFEE 和 TCFEE 接口。另外，把 GPS 接收机作为 TM 和 TCFEE 的一部分，它给整个 EGSE 提供一个精确的参考时间。

OCOE 与 TCFEE 接口为实现 OCOE 和 TCFEE 之间的通信进行信息交换，必须满足如下功能和性能要求：

- OCOE 发送遥控指令帧给 TCFEE，直接或是通过 EGSE 其他部分传输给卫星；
- 向 OCOE 发送确认遥控指令发送成功，或发送失败的提示信息；
- OCOE 向 TCFEE 发送配置指令、配置和状态查询请求；
- TCFEE 向 OCOE 发送配置、状态和错误信息；
- TCFEE 只通过 EGSE LAN 与 OCOE 进行通讯。

OCOE 与 TMFEE 接口为实现 OCOE 和 TMFEE 之间通讯进行信息交换，必须满足如下功能和性能要求：

- 向 OCOE 发送所有从卫星接收到的原始遥测帧或模拟遥测帧；
- 向 OCOE 发送在 TMFEE 上回放的遥测帧；
- OCOE 向 TMFEE 发送配置指令、配置和状态查询请求；
- 向 OCOE 发送数据和时间，给 OCOE 提供参考时间；
- 通过 EGSE LAN，完成 OCOE 和 TMFEE 之间所有的通讯。

（3）OCOE 与各个 SCOE 接口。为 OCOE 和 SCOE 之间的通讯进行信息交换，必须具有如下功能：

- 向 SCOE 发送原始的卫星遥测数据和经过处理的卫星遥测数据，用于必要的监控和本地处理；
- 从 SCOE 向 OCOE 发送 SCOE 获得的数据；
- 广播 SCOE 数据和 SCOE 的状态信息；
- 从 OCOE 向某一 SCOE 发送配置指令、配置和状态查询请求；
- 从某一 SCOE 向 OCOE 发送状态和错误信息；
- 从 OCOE 向各个 SCOE 发送校时信息；
- 通过 EGSE LAN 完成 OCOE 和任一 SCOE 之间的所有数据交换。

OCOE 和各个 SCOE 之间的数据交换使用相同的应用层协议,在 OCOE 规范和协议规范文档中应有详细定义。对 SCOE 的通讯协议方面的细节在相对应的 SCOE 规范中应有定义。

(4) 与 AVDS 接口。AVDS 接口的目的是通过 EGSE LAN 实现和其他测试人员的语音通信,以及从卫星或相关区域接收工作状况图像。在 AVDS 规范中定义了用于语音通信和视频影像的协议和软件要求如下:

- 在测试中实时监控 SCOE 的设备;
- 连接总控接收卫星遥测值实现本地显示和处理;
- 利用 AVDS 允许在 EGSE LAN 内进行语音通信;
- 允许通过 EGSE LAN 接收 AVDS 摄像头的图像。

7.2.2.3 EGSE 局域网——LAN

EGSE LAN 为 EGSE 各组成部分提供数据交换的通路,并且在必要时提供和外部网络的接口。LAN 的物理媒介必须有足够的带宽用于所有数据通信。

(1) 功能要求

- 提供硬件接口,用于 EGSE 所有组成部分之间的通信;
- 提供 EGSE 各组成部分连接局域网的交换器;
- 提供网桥,必要时将局域网分成网段以实现传输信息的隔离;
- 提供具有网络地址解析功能的路由器,允许 EGSE LAN 到其他网络的安全连接;
- 提供 WAN 光网的接口以实现 EGSE 在发射区时各组成部分之间通信。

(2) 性能要求

- 物理层和协议支持高达 100 Mbits/s 的数据速率;
- 支持测试过程中所有 EGSE 组成部分进行信息交换;
- 支持测试过程中多达 20 个并行用户进行单声道语音信息传输;
- 支持测试过程中 4 个相互独立的摄像头广播的视频信号传输。

7.2.2.4 总控设备——OCOE

OCOE 用于监视和控制卫星、控制和监视 SCOEs、分发卫星遥测数据以及发布 SCOE 参数给 EGSE 其他组成部分。OCOE 的内部组成部分的计算机和外设通过局域网进行内部连接,OCOE 连接到 EGSE LAN 实现 OCOE 与 EGSE 其他组成部分之间的通信。

图 7-5 给出了 OCOE 的基本框图,包含如下功能组成部分:①主测试处理器－MTP,这是主要的处理系统,可以包括一台或多台计算机,实现卫星遥测数

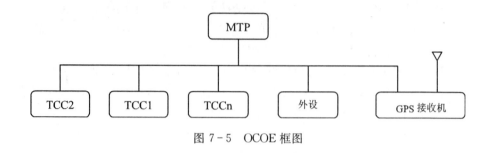

图 7-5　OCOE 框图

据处理、遥控指令发送、卫星控制和监视以及 SCOEs 控制和监视;②测试操作台－TCCs,分系统 SCOEs 与 MTP 通过被称为 TCC 的计算机相互作用;③外设,实现打印以及文档复制所必需的设备。

(1) OCOE 主要功能

- 连续接收来自 TM 前端的数据,处理卫星遥测数据;接收和处理 TM 前端的状态量和错误信息;
- 连续接收和处理 SCOEs 参数;接收和处理 SCOE 状态量和错误信息;
- 准备和发送遥控命令到 TC 前端,进而传送到卫星;
- 接收和处理 TC 前端的状态量和错误信息;
- 准备和发送配置和控制 SCOEs 的命令;接收和处理 SCOEs 状态量和错误信息;
- 发布处理过的遥测数据,发布原始遥测帧,用于在 EGSE 的其他组成部分进行监视;
- 发布 SCOE 数据,包括原始值、工程值和参数状态,用于在 EGSE 的其他组成部分进行监视;
- 随意设置 OCOE 相对于 GPS 或 TMTC Stations SCOE 时间的参考时钟;
- 提供发送到卫星的所有命令的信息;
- 提供所有已执行和正在执行的测试序列的信息;
- 根据操作人员请求,记录卫星原始遥测帧,或者记录卫星已经处理过的遥测数据;
- 根据操作人员请求,记录发给卫星的遥控指令、记录发送或接受到的其他 EGSE 组成部分的数据、记录允许测试全部过程回放的信息;
- 连续监视卫星状态,验证卫星参数值和期望状态的一致性;
- 按照操作人员给定的速度进行回放测试;

- 在应用到真正的测试之前,能够对测试序列和数据库作调试和验证;
- 准备和执行测试序列实现自动测试,简化卫星的重新配置;
- 准备和使用测试数据库;
- 在任何时间,只要操作人员请求就能打印测试信息和报告;
- 允许测试序列模块化划分,在模块内允许分步控制;
- 利用 AVDS,TCC 的操作人员能够与连接到 EGSE LAN 的 EGSE 其他组成部分的操作人员进行语音通信;
- 在 TCC 显示接收到的来自 AVDS 摄像头的视频信息。

(2) 为了实现其功能,OCOE 具有的性能
- MTP 有足够的处理能力和资源,允许执行测试的过程中进行测试数据的实时分析和测试准备;
- MTP 有足够的存储空间,允许记录至少 480 小时连续测试的数据;
- TCC 数量充足,用于显示卫星遥测、SCOE 参数以及访问 MTP 进行测试控制和测试准备。
- 备份存储设备用于备份系统软件,测试数据,测试数据库和测试记录;
- OCOE 的所有计算机能够连接 EGSE LAN;
- 外设具有测试数据、文档打印以及复制功能。

7.2.2.5　专用测试设备——SCOEs

分系统的 SCOE 必须能完成如下功能:①分系统级功能测试,验证分系统在总装过程中以及总装之后的工作是否符合技术规范;②运输和装配到卫星之后的分系统级测试;③运输之后的某些单元级测试以及在 AIT 过程中必要的单元测试。

除非另做说明,所有的 SCOEs 具有以下能力:①利用 AVDS 与连接在 EGSE LAN 的其他 EGSE 组成部分进行语音通信;②显示 EGSE LAN 上来自 AVDS 摄像头的视频信息。

EGSE 包含完整的测试系统,在系统级测试中,参与测试的 SCOEs 能够做到:①连接到 OCOE,来接收卫星参数;②接受 OCOE 的远端控制,这一功能对于自动化测试是必不可少的。

(1) SCOE 的工作模式

手动模式。SCOE 的配置操作以及卫星的测试控制在 SCOE 中进行手动设置。

本地模式。本地操作人员利用 SCOE 控制计算机执行 SCOE 操作。

远程模式。配置 SCOE 以及测试控制的操作通过远端客户端(OCOE 的

TCC)来完成。SCOE 工作在远程模式不能妨碍本地和手动模式。SCOEs 必须具备远程控制模式。

(2) SCOE 的功能模式

自检。本模式的目的是用于卫星测试之前验证 SCOE 设备的功能。在自检模式中,卫星设备一定不能用来验证 SCOE 的操作。

配置。在配置模式中,配置 SCOE 用于对卫星进行测试。

模拟。本模式的目的是不影响卫星的情况下模拟测试操作,验证 SCOE 的功能。

常规。SCOE 已准备好或已用于卫星测试和操作时采用常规模式。采用本模式操作 SCOE 不能妨碍 SCOE 的重新配置,这一点对测试必不可少。

(3) 遥测和遥控(TMTC)前端机

TMTC 前端机包含 3 个基本组成部分:接收和处理遥测帧的 TM 前端机、处理和发送遥控命令的 TC 前端机以及设置 EGSE 时间标准的 GPS 接收机。TMTC FEE 与 EGSE 其他组成部分的接口在 AIT 期间如图 7-6 所示,在发射塔测试中如图 7-7 所示。

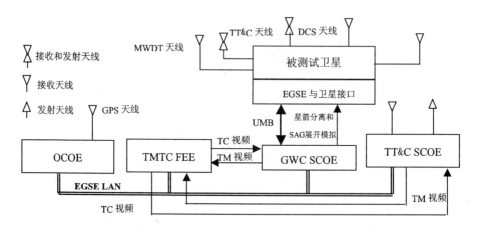

图 7-6 AIT 期间 TMTC 接口

TMTC 前端机的需求分为对 TC 前端机的需求,对 TM 前端机以及 GPS 接收机的需求。

TMTC 前端机与卫星之间的距离长达 100m 左右,OCOE 与卫星之间的直线距离最远 15km。

a)遥控前端机(TCFEE)完成如下主要功能:

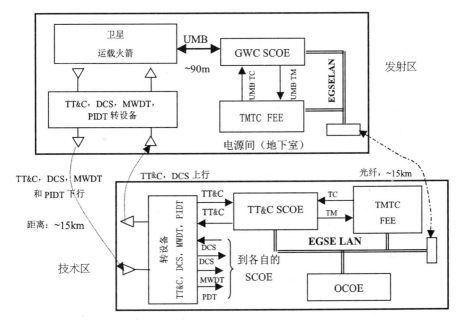

图 7-7 发射塔上 TMTC 的接口

- 通过 EGSE LAN 接收 OCOE 遥控帧,发送给卫星;
- 将接收到的 OCOE 的遥控帧转换为比特流的格式,与 OBDH 分系统的规范保持一致;
- 调制遥控副载波,通过 GWC SCOE 和脐带电缆发送给卫星;
- 调制遥控副载波,发送给 TT&C SCOE;
- 提供客户端-服务器接口,用于 OCOE 配置和控制 TC 前端以及 TC 前端发送配置状态和错误信息给 OCOE;
- 当遥控指令发送时,具有至少 50 条遥控指令排队等待的能力;
- 接收来自 OCOE 的 TC 帧以及发送遥控指令给卫星时,记录检测到的错误;
- 遥控指令传输到卫星期间,记录检测到的本地错误;
- 按操作人员的请求,记录从 OCOE 接收到的和发送给卫星的遥控命令;
- 本地操作人员可以请求发送遥控命令;

b)TC 前端机将满足如下性能要求:

- 遥控比特格式和副载波特性符合卫星和 OBDH 分系统规范;
- 副载波幅度从 0.2~5Vpp 连续可调;

- 遥控指令可以通过 TT&C SCOE 发送给卫星,TC 前端与 TT&C SCOE 相距最远 50m,利用 50Ω 同轴电缆相连;
- 卫星 AIT 期间,遥控命令可以由 TC 前端经 GWC SCOE 发送给卫星。通过 20m,50Ω 的同轴电缆,电磁距离最远 110m,信号特性符合 OBDH 规范;
- 在发射塔测试期间,可以利用 GWC SCOE 和脐带连接器来发送遥控命令,GWC SCOE 和卫星之间的距离长达 110m,OCOE 和卫星之间的直线距离最远 15km。

c)遥测前端机(TMFEE)将完成如下主要功能:

- 解调卫星经由分离电连接器送给 TM 前端的遥测副载波信号;解调卫星经由 TT&C SCOE 送给 TM 前端的遥测副载波信号;
- 解调副载波得到码同步信号和 PCM 信号,PCM 信号解调,将其放入适当的格式中,发送给 OCOE;
- TM 前端必须能够连续发送所有接收到的遥测帧给 OCOE;
- 提供客户端－服务器接口,用于实现 OCOE 配置和控制 TM 前端以及 TM 前端向 OCOE 发送配置状态和错误信息。
- 按操作人员请求,可以记录所有接收到的遥测帧;可以缓存遥测帧,避免与 OCOE 的通信被中断时丢失数据;
- 记录接收帧和发送遥测帧给 OCOE 时的错误;
- 提供 TM 模拟方式,可发送模拟帧给 OCOE;
- 通过 GPS 接收机,为 EGSE 提供时间参考。

d)TM 前端机满足如下性能要求:

- 遥测比特格式和副载波特性符合卫星的 OBDH 规范;
- 接收副载波的幅度范围为 0.2～5Vpp;
- 可以从 TT&C SCOE 接收遥测,TM 前端和 TT&C SCOE 相距最远 50m,通过 50 Ω 同轴电缆相连;
- 在卫星 AIT 期间,可以经脐带电缆和 GWC SCOE 接收遥测。利用 TM 前端的 20m,50Ω 的同轴电缆,电磁距离最远 110m,信号特性符合 OBDH 规范。
- 在发射塔测试期间,可以利用 GWC SCOE 和脐带连接器来接收遥测,GWC SCOE 和卫星之间的电磁距离最远 110m,OCOE 和卫星之间的直线距离最远 15km。

(4) 有线台(GWC SCOE)

GWC SCOE 的主要作用是通过脐带电缆和连接器建立 EGSE 与卫星分离电连接器之间的接口。GWC SCOE 到卫星分离电连接器之间的电缆和连接器是 SYCS SCOE 的一部分。GWC SCOE 接口不包括用于测试 AOCS 分系统的信号,也不包括用于与火箭进行接口的信号。图 7‐7 也给出了 GWC SCOE 与 EGSE 其他组成部分连接的简单框图。

a)有线台至少能完成如下功能:

- 通过脐带电缆接口监视分离电连接器上的卫星信号;
- 在综合测试中,发送有线命令接通或断开选定服务的分系统;
- 在 AIT 电源分系统测试阶段,监视来自 EPSS 单元的供配电遥测数据;
- 在 AIT 电源分系统测试阶段,发送有线命令给有效载荷分系统供电或断电;
- 提供 EPSS SCOE 的 SAS 通道与脐带电缆的接口;
- 通过脐带电缆,能对 OBDH 分系统自检命令计数;
- 将脐带电缆上的信号送到相应的 SCOE(比如脐带连接器上的 TM、TC 信号转送到 TMTC SCOE);
- 可以控制脐带连接器脱落并监视脐带连接器的连接状态;
- 提供与 SYCS SCOE 的接口,在测试中必要时,可以用手动、本地和远程模式激活 SAG 展开模拟开关;
- 在发射塔测试期间,提供卫星供电状态信号给火箭,提供脱落电连接器连接状态信号给火箭;
- 记录发送的有线命令,记录被监视的信号;
- 本地用户请求时,打印测试数据;
- 在卫星电源分系统测试和系统级测试中,为母线提供一个工作在常量电阻或恒定电流模式的可配置负载;
- 用闪烁的红灯指示卫星加电/断电的状态;
- 用闪烁的蓝灯指示卫星 RF 功率发射状态;
- 按一定的时间间隔或当信号越限时向 MTP 发送检测数据;
- 把本地或远程执行的每个操作发送给 MTP;

b)GWC SCOE 至少具有如下性能要求:

- 在手动、本地和远程控制操作模式中,提供完成上述功能所需的设备;
- 发送给卫星的所有有线命令有脉冲要求(幅度和持续时间),在设计和建造文档中详细说明;
- 在卫星测试期间 SCOE 的电源发生故障时,要有办法将其设置为 off 状

态,可以通过 GWC 的有线命令正常设置卫星设备的加电和断电;

· 在 5s 或更短的时间间隔内,能完成 GWC 检测信号的测量。

(5) 供配电分系统 SCOE (EPSS SCOE)

EPSS SCOE 能完成 EPSS 单元级、分系统级和系统级测试,包括运输后的交付检查测试。

a)EPSS SCOE 至少能完成如下功能:

· 在卫星 AIT 期间,通过分离电连接器对卫星供电,必要时可经过 BAPTA 对卫星供电;

· 给卫星供电时,监视所有连接通道的电压和电流;

· 卫星电池充放电周期中,监视总电压、内部温度、电池电压和所用时间;

· 在对卫星进行特殊测试和单元级测试期间,给 EPSS DC/DC 转换器供电;

· 单元级测试期间,为 EPSS DC/DC 转换器提供可配置的模拟负载;

· 在单元级测试中,能实现 EPSS 单元的测试;

· 在系统级测试和单元级检查中,为实现 EPSS SAG 的定性测试提供合适的光源设备;

· 本地记录 SAS 电源设置、通道连接和断开的操作;本地记录所有供电通道的电源电压和电流;本地用户要求时,打印测试数据;

· 按一定间隔或信号越限时,发送监视数据给 MTP;

· 将本地或远程执行的每条操作发送给 MTP;

b)EPSS SCOE 至少有如下的性能要求:

· 提供实现上述所有功能所需的设备。SAS 设备能采用手动、本地和远端操作模式完成其所有功能;

· SAS 设备与 OCOE 通过 EGSE LAN 进行接口,执行 OCOE 发送的命令并将状态信息和监视数据传送给 OCOE;

· SAS 经过 GWC SCOE 给卫星供电,SAS 与 GWC SCOE 之间通过 5m 电力电缆相连,如图 7-8 所示;

· 当 SAS 设备与星上 EPSS 单元通过 95m 长电缆相连时,SAS 功率通道能正常工作;

· 每隔 5s 或更短时间,SAS 控制计算机能记录和显示相连通道的状态,电压和电流。

(6) 总体电路分系统 SCOE(SYCS SCOE)

SYCS SCOE 包含通过脱落电连接器连接 EGSE 和卫星、模拟星箭分离和

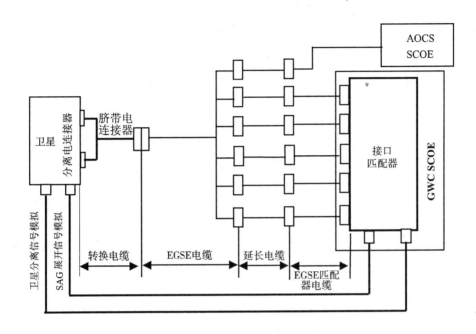

图 7 - 8 USB 与 GWC SCOE 和 AOCS SCOE 接口

SAG 展开信号以及实现 SYCS 分系统的系统级测试所需的设备和附件。另外 SYCS SCOE 能完成 SYCS 分系统运输后和装星前的交付检查测试。卫星与 SYCS SCOE,GWC SCOE 和 AOCS SCOE 之间的接口如图 7 - 8 所示。

a)SYCS SCOE 至少能完成如下功能:

• 提供 GWC SCOE 和卫星之间的连接电缆。这些电缆还包括脐带和分离电连接器连接电缆;

• 提供 AOCS SCOE 所需的脱落电连接器和分离电连接器的接口;

• 提供运载火箭所需的分离电连接器和火箭电连接器的接口;

• 脐带和分离电连接器连接电缆上要有脐带电连接器,经运载火箭的整流罩将 EGSE 连接到卫星;

• 提供 AIT 期间模拟 OBDH 星箭分离信号所需的电路,以及从 GWC SCOE 控制这些信号所需的电缆;

• 提供 AIT 期间模拟 SAG 展开信号所需的电路,以及从 GWC SCOE 控制这些信号所需的电缆;

• SYCS SCOE 能手动激活/禁止模拟星箭分离的信号;

• SYCS SCOE 能手动激活/禁止模拟 SAG 展开的信号;

- 提供测量控制 SAG 展开的火工品电阻和火工品起爆的时间间隔的方法；
- 在电性能测试期间为 GWC SCOE 有线控制命令提供电缆，为监视 EPSS DC/DC 转换器提供电缆；
- 提供 SAS 通过 BAPTA 环给卫星供电所需的连接电缆；
- GWC SCOE 连接到卫星之前，能测试 EGSE 与卫星接口中所有连接到 GWC SCOE 的被监视或控制的信号；
- 允许在命令传输电缆上直接观察脉冲来验证遥控命令的执行；
- 有效载荷舱未装到服务舱时，通过相应的接口电缆可以对卫星进行测试。

b)SYCS SCOE 至少有如下的性能要求：

- 手动模式下，提供能完成上述功能所需的设备；
- 提供能完成单元级和分系统级交付检查测试所需的设备；
- 从卫星分离电连接器、星箭分离信号模拟器和 SAG 展开信号模拟器到 GWC 和 AOCS SCOEs 总的电缆长度最大为 90m；
- 连接 SAS 电源通道与卫星的电缆和连接器必须满足各自 SAS 通道的最大电流；
- 在总装和特殊测试期间，提供低频电缆和转接盒(BOBs)，用于连接测试设备和星上设备实现任何星上设备的测试；
- AIT 期间，按要求的精度提供实现卫星单元接地测量所需的设备；
- 提供用于卫星接口模拟的设备，卫星接口模拟器(SIS)模拟分离电连接器处的卫星信号，与 GWC SCOE 接口；
- PM 未装到 SM 的测试阶段，提供 SM 舱与 PM 舱之间的连接电缆，电缆一定不短于 8m；
- 提供接地线，连接卫星舱和大地参考点；
- 提供模拟指令脉冲的设备和检查指令脉冲出现的设备；
- 提供测量火工品电阻的设备。

(7) 星上数管分系统 SCOE(OBDH SCOE)

OBDH SCOE 能实现 OBDH 分系统级测试，运输后单元级和分系统级交付检查测试以及装星之前单元级测试。

a)OBDH SCOE 至少完成如下功能：

- 装星前 OBDH 单元级测试、运输后 OBDH 分系统级和单元级交付检查测试；
- 系统级测试中，监视 OBDH 所有实时和存储遥测数据；
- 系统级测试中，监视并记录串行数据总线(SDB)上的通信。所有的信息使用 OCOE 时间进行时间标记和记录；
- 卫星测试时,本地记录所有接收到的遥测并对记录的信息进行分析,能回放记录数据；
- 处理 OBDH 存储和组合遥测数据；
- 本地用户要求时打印测试数据。

b)OBDH SCOE 至少具有如下的性能要求：
- 手动和本地模式下,提供能完成上述所有的功能所需的设备；
- 提供完成运输后单元级和分系统级交付检查测试所需的设备；
- 提供实现装星前单元级测试所需的设备；
- 与 OCOE 接口,接收卫星参数,用于 SCOE 本地监视；
- 接收原始遥测帧,实现本地处理和监视；
- 接收原始遥测帧,实现本地处理并发送给 SEM SCOE。

(8) 遥测、跟踪和遥控分系统 SCOE (TT&C SCOE)

TT&C SCOE 能实现 TT&C 系统级测试,运输后单元级和分系统级交付检查测试以及装星之前的单元级测试。该 SCOE 还提供了遥测和遥控的 RF 连接,用于在系统级中通过 TT&C 接收遥测,发送遥控。

a)TT&C SCOE 至少能实现如下功能：
- 装星前 TT&C 单元级测试、运输后 TT&C 分系统级)和单元级交付检查测试；
- 从工厂测试到发射期间,TT&C 系统级测试；
- 系统级测试中,监测卫星遥测和 RF 参数；
- 通过天线和直接连接到卫星的同轴电缆实现遥测 RF 下行链路和遥控 RF 上行链路；
- 解调 RF 载波,将副载波发送到 TMTC FEE；
- 调制从 TMTC FEE 接收到的遥控副载波,并通过 RF 上行链路发送给卫星；
- 本地记录测试数据,并可按用户要求,打印测试数据。

b)TT&C SCOE 至少具有如下性能要求：
- 在手动和本地模式下,提供实现上述所有功能所需的设备；
- 允许 OCOE 作为远端客户端控制 RF 上行参数:RF 开/关、功率电平和频率选择；
- 与 OCOE 接口,实时接收卫星参数用于 SCOE 本地监视；
- RF 上下行链路的电缆至少 60m 长；
- 当 RF 上行链路使用天线时,要有足够的发射功率,保证能从至少 300m

处发送遥控；
- 当 RF 下行链路使用天线时，接收机要有足够的灵敏度，能从至少 300m 距离处接收遥测；
- 发射塔测试期间，通过使用外部提供给 SCOE 的转发器，TT&C SCOE 能与直线距离长达 15km 的卫星进行通信。

（9）热控分系统 SCOE（THER SCOE）

THER SCOE 能实现 THER 分系统的系统级测试、运输后单元级和分系统级交付检查测试以及装星之前的单元级测试。

a）THER SCOE 至少能完成如下功能：
- 装星前 THER 分系统单元级测试，运输后 THER 分系统设备的交付检查测试；
- 在 AIT 期间，实现 THER 分系统的测试；
- 系统级测试中，实现 THER 分系统的测试。这些测试包括验证电热调节器的工作情况，检查与 OBDH 分系统的连接以及验证 THER 分系统控制的加热器的工作情况；
- 验证热管是否正确工作；
- 系统级测试中，监视和记录 THER 遥测数据，并按照用户要求打印测试数据。

b）THER SCOE 至少具有如下性能要求：
- 提供实现上述所有功能所需的设备，能在手动和本地操作模式工作；
- 与 OCOE 接口，接收卫星遥测参数，实现 SCOE 的本地监视。

（10）姿态和轨道控制分系统 SCOE（AOCS SCOE）

AOCS SCOE 能实现 AOCS 分系统的系统级测试，运输后单元级和分系统级交付检查测试以及装星之前的单元级测试。

a）AOCS SCOE 至少能完成如下功能：
- 装星前 AOCS 单元级测试，运输后 AOCS 单元级和分系统级交付检查测试；
- AOCS 总装到卫星时，完成 AOCS 单元级的测试，这是系统级测试的一部分；
- 卫星 AIT 系统级测试期间，通过电模拟光学传感器的输出进行轨道模拟；
- 卫星 AIT 系统级测试期间，用光激励卫星光学传感器进行轨道模拟；
- 模拟星箭分离后的初始时刻（初始姿态背离模式，对地定向模式，动力轮

控制模式,星传感器控制模式);

- 模拟全姿态捕获模式,完成轨道校准;
- 验证 AOCS 应急模式的正确工作;
- 验证 AOCS 故障模式的正确工作;
- AOCS 总装到卫星时,验证其正确工作和性能;
- AOCS 总装到卫星时,验证其与卫星其他分系统的兼容性;
- 卫星 AIT 环境测试期间,验证 AOCS 的正确工作和性能;
- 卫星模拟飞行期间,验证 AOCS 的功能;
- 卫星与运载火箭总装时,验证 AOCS 的功能;
- 允许 OCOE 进行远程控制;
- 改变 AOCS 工作模式的本地操作发送信息给 OCOE,通报测试指挥和用于 OCOE 记录;
- 本地记录所有接收到的参数和遥测、记录所有测试数据并按要求打印测试数据。

b)AOCS SCOE 具有如下性能要求:

- 本地模式下,实现上述系统级测试所要求的所有功能。对于那些需要有手动装置实现的功能要有手动模式;
- 提供连接 AOCS SCOE 和星上单元所需的电缆和设备,在卫星打开状态下,完成 AIT 各阶段的系统级测试;
- 提供连接 AOCS SCOE 和星上传感器所需的电缆和设备,实现单元级、分系统级和系统级测试,完成单元设置和数据上载;
- 提供连接 AOCS SCOE 和卫星分离电连接器所需的电缆和设备,经过脱落电连接器的接口设计必须考虑长达 90m 的电缆;
- 在发射塔上的测试时,可以在 AOCS SCOE 的主要部分相距发射塔直线距离 15km 处实现测试;
- 与 OCOE 接口并接收卫星遥测参数,在 AOCS SCOE 进行本地处理和监视;
- 提供完成 AOCS 单元级、分系统级交付检查测试以及装星前单元级测试所需的设备;
- 能在 OCOE 监视脐带电缆上所有的 AOCS 状态参数。

(11) 推进分系统 SCOE (PROP SCOE)

PROP SCOE 可以完成 PROP 系统级的测试,单元级和子系统级的运输后交付检查测试,装星前的单元级测试。

a)PROP SCOE 完成以下功能：

- PROP 分系统装星前的单元级测试,运输后的 PROP 分系统级测试、单元级测试和分系统级的交付检查测试;
- 可以完成 PROP 分系统的系统级测试和 PROP 分系统的环境试验,测试需要打开和关闭阀门装置和使用气体或模拟燃料增加压力或减小压力;
- PROP 分系统的系统级测试包括以下内容:使用气体或模拟燃料增加压力或减小压力;测量通过推进器的气体流量;验证推进器的选择功能;验证压力传感器的遥测参数;阀门装置的操作;验证阀门锁装置的遥测参数;操作推进器的加热器;验证推进器的加热器的遥测参数;验证温度指标。
- 在发射场时,安装整流罩之前为卫星加注燃料;
- 保存测试数据,需要的时候打印测试数据;
- 必要的时候能够抽出燃料箱中的燃料。

b)对 PROP SCOE 有以下的性能要求：

- 提供必要的设备完成上面要求的功能,可以采用手动控制和本地控制模式;
- 提供必要的设备完成运输后的单元级和子系统级交付检查测试,完成装星前的单元级测试;
- 在加注气体、模拟燃料和飞行燃料时测量压力,要求精度优于 1%;
- 接受 OCOE 的卫星参数,并监视本分系统相关参数;
- 接受 OCOE 的 SOCE 相关参数。

(12) 数据收集分系统 SCOE (DCS SCOE)

DCS SCOE 可以完成 DCS 系统级的子系统测试,单元级和子系统级的运输后交付检查测试,装星前的单元级测试。

a)DCS SCOE 完成以下功能：

- DCS 分系统装星前的测试,DCS 分系统级测试、单元级测试和分系统级的运输后交付检查测试;
- DCS 分系统的工厂和发射场的系统级测试,系统级测试时监视卫星的遥测和射频参数;
- 通过天线和同轴电缆接收卫星的 S 波段下行信号;
- 通过天线和同轴电缆接收卫星的 UHF 波段下行信号;
- 产生并且通过天线和同轴电缆向卫星发送 UHF 波段上行信号;

• 保存测试数据,需要的时候打印测试数据。

b) 对 DCS SCOE 有以下的性能要求:

• 提供必要的设备完成上面要求的功能,可以具有手动控制和本地控制模式;

• 接收来自 OCOE 的卫星参数,并监视本分系统相关参数;

• 连接到卫星的电缆至少有 60 米长;

• 当使用天线进行上行数据传输时,提供的功率至少可以达到在 300 米的直线距离处发送的信号能够被卫星正确识别;

• S 波段的接收设备可以在 300 米的直线距离处正确接收卫星的下行信号;

• UHF 波段的接收设备可以在 300 米的直线距离处正确接收卫星的下行信号;

• 在发射塔测试时,可以通过转发器在 15 千米外与卫星进行信息交换。

(13) 数据记录 SCOE (DDR SCOE)

DDR SCOE 可以完成 DDR 系统级的子系统测试,单元级和子系统级的运输后交付检查测试,装星前的单元级测试。

图 7-9 显示了在系统级测试时 DDR SCOE 与其他相关 SCOE 的关系。连接关系是可选的,在整星系统级测试时 DDR SCOE 可以记录图像信息。

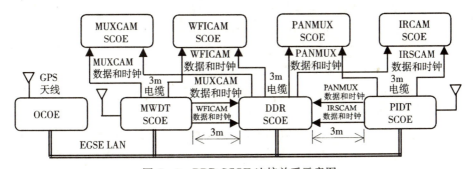

图 7-9　DDR SCOE 连接关系示意图

a) DDR SCOE 完成以下功能:

• DDR 分系统单元级和子系统级的运输后交付检查测试;

• DDR 分系统的工厂和发射场的系统级测试;

• 模拟来源于 MUXCAM、PANMUX、IRSCAM 和 WFICAM 子系统的数据流,来检验 DDR 分系统的各项功能;

• 接收 DDR 通道的数据,验证分系统的功能;

- 模拟与 OBDH 的接口;
- 在分系统级测试时,能够提供有效的发送命令、验证分系统遥测参数和相关参数正确性的手段;
- 具有与 PIDT SCOE 的接口,可以接收 IRSCAM 和 PANMUX 的图像数据;
- 具有与 MWDT SCOE 的接口,可以接收 MUXCAM 和 WFIMUX 的图像数据;
- 具有与 PANMUX、IRSCAM、MUXCAM 和 WFICAM SCOEs 的接口,可以接收回放数据或实时传输的数据;
- 保存测试数据,数据回放,必要时打印测试数据。

b)对 DDR SCOE 至少有以下的性能要求:

- 提供必要的设备完成上面要求的功能,可以具有手动控制和本地控制模式;
- 对输入信号的模拟必须与星上下来的信号特性一致;
- 保证输出信号与输入信号的特性一致;
- 接收 OCOE 的卫星参数,并监视本分系统相关参数;

(14) 红外多光谱扫描仪 SCOE (IRSCAM SCOE)

IRSCAM SCOE 可以完成 IRSCAM 系统级的子系统测试、单元级和子系统级的运输后交付检查测试以及装星前的单元级测试。

a)IRSCAM SCOE 应完成以下功能:

- IRSCAM 分系统装星前的单元级测试,IRSCAM 分系统测试、单元级测试和分系统级的运输后交付检查测试;
- IRSCAM 系统级分系统测试包括以下内容:在所有模式下的本系统遥测参数的正确性;图像数据帧格式检查,包括辅助数据检查;辅助数据检查,辅助数据与相关遥测参数的比对检查;所有波段的实时图像数据和回放图像数据的接收、处理、显示和分析;计算单个波段、单帧数据以及多帧连续数据的暗图像的噪声统计信息(噪声的最大值、最小值、平均值和标准偏差);可以通过选择波段和像素带宽的方法,来验证图像的正确性;检查摆镜运转的正确性和稳定性;定标系统检查;图像质量和指向精度检查;检查和处理图像数据,包括几何学,分辨率和星时;
- 能够根据已有图像分析出影响图像质量的干扰源,是来源于本系统设备的干扰还是来源于其他分系统的干扰,是电的干扰还是机械的干扰;
- 本地记录图像信息,以便离线分析;

- 记录本分系统的测试参数，必要时打印测试参数信息。

b)对 IRSCAM SCOE 有以下的性能要求：

- 提供必要的设备完成上面要求的功能，可以具有手动控制和本地控制模式；
- 为交付检查测试及各阶段综合测试提供可产生适当目标的景物模拟器；
- 景物模拟器可以产生暗噪声图像；
- 提供模拟阳光亮度桁条用于定标检查；
- 地面设备应尽可能的减小对星上设备温度的影响；
- 为了定标检查，SCOE 中应该包括一个太阳模拟器；
- IRSCAM SCOE 可以通过串行接口从 PIDT SCOE 得到图像数据。信号的特性应与星上 IRSCAM 传送给 PIDT 的信号相同；
- 可以通过一根 3 米长的铜轴电缆从卫星上的 IRSCAM 分系统直接得到图像数据；
- 可以从 DDR SCOE 得到连续的数据流，数据特性与从 PIDT SCOE 得到的数据特性相同；
- 接收 OCOE 的卫星参数，并监视本分系统相关参数。

(15) 20 米多光谱相机 SCOE（MUXCAM SCOE）

MUXCAM SCOE 可以完成 MUXCAM 系统级的子系统测试、单元级和子系统级的运输后交付检查测试以及装星前的单元级测试。

a)IRSCAM SCOE 应完成以下功能：

- MUXCAM 分系统装星前的单元级测试，运输后 MUXCAM 分系统测试、单元级测试和分系统级的交付检查测试；
- MUXCAM 系统级分系统测试包括以下内容：在各种模式下遥测参数的正确性检查；图像数据格式检查，包括辅助数据；辅助数据检查，辅助数据与相关遥测参数的比对检查；所有波段的实时图像数据和回放图像数据的接收、处理、显示和分析；内部标定数据源实时和回放图像数据接收，处理，显示和分析；计算单个波段、单帧以及多帧连续的暗图像的电噪声统计信息（噪声的最大值、最小值、平均值和标准偏差）；可以通过选择波段和像素带宽的方法，来验证图像的正确性；检查对摆镜的控制，检查对摆镜控制的正确性和稳定性；检查焦面的控制，检查焦面动作的正确性和稳定性；检查对定标系统的控制；图像质量和指向精度检查；检查和处理图像数据，包括几何学，分辨率和星时；
- 能够根据已有图像分析出影响图像质量的干扰源，是来源于本系统设备

的干扰还是来源于其他分系统的干扰,是电的干扰还是机械的干扰;

- 记录接收到的图像数据,以便事后离线分析;
- 记录本系统的各种测试参数,并可根据用户的需要,打印测试数据。

b)对 MUXCAM SCOE 有以下的性能要求:

- 提供必要的设备完成上面要求的功能,可以具有手动控制和本地控制模式;
- 为交付检查测试及各阶段综合测试提供可产生适当目标的景物模拟器;
- 景物模拟器可以产生暗噪声图像;
- MUXCAM SCOE 可以通过串行接口从 MWDT SCOE 得到图像数据。信号的特性应与星上 MUXCAM 传送给 MWDT 的信号相同;
- 可以通过一根 3 米长的铜轴电缆从卫星上的 MUXCAM 分系统直接得到图像数据;
- 可以从 DDR SCOE 得到连续的数据流,数据特性与从 MWDT SCOE 得到的数据特性相同;
- 接收 OCOE 的卫星参数,并监视本分系统相关参数。

（16）多光谱相机和宽视场相机数传 SCOE（MWDT SCOE）

MWDT SCOE 可以完成 MWDT 系统级的子系统测试、单元级和子系统级的运输后交付检查测试以及装星前的单元级测试。MWDT SCOE 由完成以上测试所需的设备组成。

MWDT SCOE 提供与星上 MWDT 分系统的射频接口,接收并且转换信号,解调接收到的信号,解调后的数据和时钟型号以串行比特流的方式送给 MUXCAM SCOE 和 WFICAM SCOE,以便 MUXCAM SCOE 和 WFICAM SCOE 进行图像的接收和处理。

a)MWDT SCOE 应完成以下功能:

- MWDT 分系统装星前的单元级测试,运输后分系统测试、单元级测试和分系统级的交付检查测试;
- 在系统级测试时,完成 MWDT 分系统射频通道的测试,包括:射频输出功率,频率和调制度测量;频谱分析和杂波发射;信号噪声和误码率测量;
- 接收载有 MUXCAM 和 WFICAM 的图像数据的下行信号,对载波解调,以脉冲数据流的方式传送图像数据给 MUXCAM SCOE 和 WFI-CAM SCOE;
- 接收 DDR 分系统存储的图像数据的下行信号,对载波解调,以脉冲数据流的方式传送图像数据给 MUXCAM SCOE and WFICAM SCOE;

- 保存分系统的测试数据,并可根据用户需要打印测试数据。

b)对 MWDT SCOE 有以下的性能要求:

- 提供必要的设备完成上面要求的功能,可以具有手动控制和本地控制模式;
- MWDT SCOE 提供与星上 MWDT 分系统通讯的射频通道,可以通过天线和电缆进行通讯,根据测试需要选择通讯方式;
- 提供与连接 SCOE 和卫星的通讯电缆,电缆至少 60 米长;
- 提供与 DDR SCOE 的接口,可以接收 DDR SCOE 的数据,数据的特性与传送给 MUXCAM SCOE 和 WFICAM SCOE 数据特性相同;
- MWDT SCOE 需要与 MUXCAM SCOE 和 WFICAM SCOE 连接,以串行数据流的方式向 MUXCAM SCOE 和 WFICAM SCOE 发送相应的图像数据。信号的特性与星上 MUXCAM 和 WFICAM 分系统传送给相应数传分系统的信号特性相同;
- 提供 3 米的电缆连接到 MUXCAM SCOE 和 WFICAM SCOE;
- 接收 OCOE 的卫星参数,并监视本分系统相关参数。

(17) 5/10 米 全色多光谱相机 SCOE (PANMUX SCOE)

PANMUX SCOE 可以完成 PANMUX 系统级的子系统测试、单元级和子系统级的运输后交付检查测试以及装星前的单元级测试。PANMUX SCOE 由完成以上测试所需的设备组成。

a)PANMUX SCOE 应完成以下功能:

- PANMUX 分系统装星前的单元级测试,运输后 PANMUX 分系统测试、单元级测试和分系统级的交付检查测试;
- 能够根据已有图像分析出影响图像质量的干扰源,是来源于本系统设备的干扰还是来源于其他分系统的干扰,是电的干扰还是机械的干扰;
- 记录接收到的图像数据,以便事后离线分析;
- 记录本系统的各种测试参数,并可根据用户的需要,打印测试数据。

b)PANMUX 的系统级分系统测试包括:

- 各种模式下分系统遥测参数正确性检查;
- 图像数据格式检查,包括辅助数据;
- 辅助数据检查,辅助数据与相关遥测参数的比对检查;
- 所有波段的实时图像数据和回放图像数据的接收、处理、显示和分析;
- 内部数据源的实时和回放图像数据接收、处理、显示和分析;
- 计算单个波段、单帧以及多帧连续的暗图像的电噪声统计信息(噪声的最大值、最小值、平均值和标准偏差）；

- 可以选择波段和像素带宽验证图像的正确性；
- 检查摆镜的控制，检查对摆镜控制的正确性和稳定性；
- 检查对焦面的控制，检查焦面动作的正确性和稳定性；
- 检查对定标系统的控制；
- 图像质量和指向精度检查；
- 检查和处理图像数据，包括几何学，分辨率和星时。

c)对 PANMUX SCOE 有以下的性能要求：

- 提供必要的设备完成上面要求的功能，可以手动控制和本地控制模式；
- 为交付检查测试及各阶段综合测试提供可产生适当目标的景物模拟器；
- 景物模拟器可以产生暗噪声图像；
- PANMUX SCOE 可以通过串行接口从 PIDT SCOE 得到图像数据。信号的特性应与 PANMUX 传送给 PIDT 的信号相同；
- 可以从 DDR SCOE 得到连续的数据流，数据特性与从 MWDT SCOE 得到的数据特性相同；
- 接收 OCOE 的卫星参数，并监视本分系统相关参数。

(18) 5/10 米相机和红外多光谱扫描仪数传 SCOE – PIDT SCOE

PIDT SCOE 可以完成 PIDT 系统级的子系统测试、单元级和子系统级的运输后交付检查测试以及装星前的单元级测试。PIDT SCOE 由完成以上测试所需的设备组成。

PIDT SCOE 提供与星上 PIDT 分系统的射频接口，接收并且转换信号，解调接收到的信号，解调后的数据和时钟型号以串行比特流的方式送给 MUXCAM SCOE 和 WFICAM SCOE，以便 MUXCAM SCOE 和 WFICAM SCOE 进行图像的接收和处理。

a)PIDT SCOE 应完成以下功能：

- PIDT 分系统装星前的单元级测试，以及 PIDT 分系统运输后的单元级测试和分系统级的交付检查测试；
- PIDT 的系统级子系统射频测试包括：①射频输出功率、频率和调制度测量；②频谱分析和杂波发射测试；③信号噪声率和误码率测量；
- 接收载有 PANMUX 和 IRSCAM 的图像数据的下行信号，对载波解调，以脉冲数据流的方式传送图像数据给 PANMUX SCOE and IRSCAM SCOE；
- 接收 DDR 分系统存储的图像数据的下行信号，载波解调，以脉冲数据流的方式传送图像数据给 PANMUX SCOE 和 IRSCAM SCOE；
- 保存分系统的测试数据，并可根据用户需要打印测试数据。

b)对 PIDT SCOE 有以下的性能要求：
- 提供必要的设备完成上面要求的功能，可以具有手动控制和本地控制模式；
- PIDT SCOE 提供与星上 PIDT 分系统通讯的射频通道，可以通过天线和电缆进行通讯，根据测试需要选择通讯方式；
- 提供与连接 SCOE 和卫星的通讯电缆，电缆至少要 60 米长；
- 提供与 DDR SCOE 的接口，可以接收 DDR SCOE 的数据，数据的特性与传送给 PANCAM SCOE 和 IRSCAM SCOE 的数据特性相同；
- PIDT SCOE 需要与 PANMUX SCOE 和 IRSCAM SCOE 连接，以串行数据流的方式向 PANMUX SCOE 和 IRSCAM SCOE 发送相应的图像数据。信号的特性与星上 PANMUX 和 IRSCAM 分系统传送给相应数传分系统的信号特性相同；
- 提供长 3 米的电缆连接到 PANMUX SCOE 和 IRSCAM SCOE；
- 接收 OCOE 的卫星参数，并监视本分系统相关参数。

(19) 空间环境监视 SCOE —— SEM SCOE

SEM SCOE 能实现系统级 SEM 测试，运输后单元级和分系统级测试以及装星之前的单元级测试。

a)SEM SCOE 至少能完成如下功能：
- 装星前 SEM 分系统的单元级测试，以及 SEM 分系统运输后分系统级、单元级测试交付检查测试；
- 在系统级测试中完成 SEM 分系统的所有测试，分析接收到的 SEM 数据，这些数据在 OBDH 的存储遥测中；
- 检查 SEM 数据格式；
- 在电子设备上模拟来自辐射探测器的信号；
- 提供粒子辐射源，验证分系统探测器的工作；
- 能检查 CMOS 探测器的功能；
- 能验证 SEM 与 OBDH 的接口；
- 测试期间本地记录测试数据和分系统参数，并可在用户请求时，打印测试数据。

b)SEM SCOE 至少具有如下性能：
- 提供能在 SEM SCOE 本地完成上述所有功能所需的设备；

- 提供测试辐射探测器所需的辐射源；
- 提供与探测器的电子接口，模拟辐射源的效果；
- 与 OCOE 接口，接收卫星遥测帧，分析 SEM 数据；
- 与 OCOE 接口，接收卫星参数，实现在 SEM SCOE 的本地监视。

（20）宽视场相机 SCOE（WFICAM SCOE）

WFICAM SCOE 可以完成 WFICAM 系统级的子系统测试、单元级和子系统级的运输后交付检查测试以及装星前的单元级测试。WFICAM SCOE 由完成以上测试所需的设备组成。

a）WFICAM SCOE 应完成以下功能：

- WFICAM 分系统装星前的单元级测试，以及运输后 WFICAM 分系统测试、单元级测试和分系统级的交付检查测试；
- 能够根据已有图像分析出影响图像质量的干扰源，是来源于本系统设备的干扰还是来源于其他分系统的干扰，是电的干扰还是机械的干扰；
- 记录接收到的图像数据，以便事后离线分析；
- 记录本系统的各种测试参数，并可根据用户的需要，打印测试数据。

b）WFICAM 的系统级分系统测试包括：

- 各种模式下分系统遥测参数正确性检查，
- 图像数据格式检查，包括辅助数据，
- 辅助数据检查，辅助数据与相关遥测参数的比对检查；
- 所有波段的实时图像数据和回放图像数据的接收、处理、显示和分析；
- 内部标定数据源实时和回放图像数据接收，处理，显示和分析；
- 计算单个波段、单帧以及多帧连续的暗图像的电噪声统计信息（噪声的最大值，最小值，平均值和标准偏差）；
- 可以通过选择波段和像素带宽来验证图像的正确性；
- 检查对焦面的控制，检查对摆镜控制的正确性和稳定性；
- 检查对定标系统的控制；
- 图像质量和指向精度检查；
- 检查和处理图像数据，包括几何学，分辨率和星时。

c）对 WFICAM SCOE 有以下的性能要求：

- 提供必要的设备完成上面要求的功能，可以具有手动控制和本地控制模式；
- 为交付检查测试交付检查测试及各阶段综合测试提供可产生适当目标的景物模拟器；

- 景物模拟器可以产生暗噪声图像；
- WFICAM SCOE 可以通过串行接口从 MWDT SCOE 得到图像数据。信号的特性应与 WFICAM 传送给 MWDT 的信号相同；
- 通过一根 3 米长的同轴电缆直接连接到卫星上的 WFICAM 分系统，通过这根电缆接收数据，生成图像；
- 可以从 DDR SCOE 得到连续的数据流，数据特性与从 PIDT SCOE 得到的数据特性相同；
- 接收 OCOE 的卫星参数，并监视本分系统相关参数。

7.2.2.6　语音视频发布系统(AVDS)

语音视频发布系统由两部分组成。一是语音发布系统 ADS，计算机操作人员利用此系统可通过 EGSE 局域网进行网内语音通信；另一个是视频捕获和发布系统，视频图像通过 EGSE 局域网将视频信息分发并显示在各网内计算机终端。为满足性能要求，AVDS 可由若干台计算机组成。ADS 和 VADS 的功能相互独立，且由不同的计算机完成。

(1) 语音发布系统 ADS

语音发布系统是由一台计算机和软件构成 ADS 服务器端，操作人员运行 ADS 客户端软件即可进行 EGSE 局域网内的话音通信。ADS 服务器端收到来自客户端请求后，建立一条信道实时地与这一信道上的其他用户进行语音通信。

a)ADS 服务器端软件具有以下主要功能：

- 提供最多 16 路语音信道；
- 允许最多 32 个用户在一条信道上同时进行语音通信，实用户与虚拟用户数可任意组合；
- 通过 EGSE 网络实用户能本地或远程地同远端用户进行通信；
- 虚拟用户能够本地或远程地重放记录；
- 允许在任意时刻的任意通道开始或停止记录；
- 允许本地虚拟用户重放任意时刻任意通道的保密记录信息。某一通道记录的回放可以从记录的任何一点开始；
- 根据 ADS 系统配置，话音信道可只提供给授权用户；
- ADS 管理人员可随时更改 ADS 的配置，配置的更改可本地或远程进行；
- ADS 管理人员可随时禁止或中断信道上用户通信；
- ADS 管理人员可随时改变话音通信质量，影响话音的发布和用户服务质量；
- 用户的授权可由密码、IP 地址单独编程决定，或由两者共同决定；

- ADS 服务器软件必须与操作系统兼容（Windows 或 Linux）。

b) ADS 客户端软件具有以下主要功能：

- 授权用户可随时连接或断开被授权信道；
- 用户可更改密码；
- 如经用户许可，ADS 管理人员可本地或远程地改变信道话音质量；
- 允许本地随时开启或关闭信道上的记录；
- 允许虚拟用户本地重放任意记录；
- 允许本地回放某个按记录时间选择的虚拟用户信道或仅用于本地播放信道的保密记录；
- 允许本地设置本地的话音质量；
- 允许 ADS 管理人员远程设置话音质量，若该功能激活，当服务器端设置变化而客户端不变化导致客户端的语音质量好于服务器端时，客户端的话音质量会自动降低；
- ADS 客户端软件的各个版本兼容 Windows 和 Linux。

c) ADS 具有以下的主要功能：

- 所有的语音通信都通过 EGSE 局域网；
- ADS 话音质量可设置从电话音质（3 kHz 带宽，8 bit，单声道）到 CD 音质（24 kHz 带宽，16 bit，立体声）；
- 信道的最大数目和对通信质量可忍受的用户数是网络速度的函数。在 10Mbits/s 网络传输率条件下至少可提供 2 路信道以支持最大 20 个用户能进行有效的通信。

(2) 视频捕获和发布系统

由装有 4 台视频相机的计算机和软件组成，通过 EGSE 局域网对授权用户进行视频的捕获和发布。视频捕获和发布系统具有如下主要性能需求：

- 以每秒 15 帧 16 位 VGA 色 640×468 像素分辨率从 4 路视频相机获得视频数据；
- 允许最多 32 个授权用户通过视频信道发布（接收）图像；
- 由 VADS 选择以 320 × 240 或 640× 480 像素分辨率进行视频发布；
- 由 VADS 选择以 1，5，10，15 帧速率进行视频发布；
- 信道中的视频信息来源于视频相机或者 CD、DVD 和存有数据的硬盘；
- 允许以每秒 15 帧的速率和相机最大分辨率记录图像信息；
- 允许在给定的时间点和以给定的回放速率（0～10 倍真实速率，10% 步进调节）快进和后退回放相机视频信息；

· 在回放过程中允许静止画面和随时改变回放速率；
· 可随时停止信道中的任意用户的视频信息发布；
· 视频分配软件必须兼容 Windows 和 Linux 操作系统；
· 客户端的视频软件有 Windows 和 Linux 环境下的版本；
· 所有的视频发布通过 EGSE 局域网。

7.2.3　设计与建造要求

7.2.3.1　通用要求

EGSE 组成部分的通用需求如下：

（1）与星上设备直接相连的测试设备的制造材料和制造过程在质量上应该和星上设备一致。

（2）EGSE 设备的设计应遵循拆换简单、安全的原则，不能降低星上接口和相关装配设备的等级要求。

（3）在不需飞行硬件的支持情况下，EGSE 设备应能实现功能验收测试。

（4）应特别注意的是应避免锋利的设备边沿和边缘毛刺对操作人员和星上、地面设备的损害。

7.2.3.2　可靠性与寿命要求

对 EGSE 的可靠性要求没有一个量化的数值要求。但是，EGSE 设备的验收可以根据 EGSE 各个组成部分的设计验证和性能测试结果来确定。以下是 EGSE 各部分详细的可靠性需求说明：

（1）EGSE 设备的设计和制造应该确保在月均 200 小时的工作条件下，至少 10 年的可靠使用。在定期的预防性维修周期之间，设备应在性能不下降的情况下连续工作 24 小时。OCOE、TM&TC SCOE、EGSE 局域网、PSS SCOE 的 SAS 和 GWC SCOE 应能连续工作 300 小时。

（2）在卫星测试过程中设备应至少有 90％的时间工作（使用备份件情况下），剩下的 10％用于预防性维修和调整测试项目。

（3）应备有充足的备份件，当 EGSE 某一部件失效引起测试功能丧失时可及时更换。

（4）通常连接器可插拔次数至少为 50 次，与控制台或外部装置连接时可插拔 200 次。如不能满足设备要求，供货商须注明最大可允许插拔次数。在确有必要的情况下，可提供过渡电连接器来满足需求。

（5）与卫星连接的 EGSE 设备应具有故障安全模式，即在设备发生故障时不会损伤卫星和对卫星部件产生有害的过应力。

7.2.3.3 维修性要求

在设计和建造 EGSE 部件时,有必要考虑设备的维修性问题如下:

(1) 设备的设计应遵循降低复杂性、减少维修频率和减少停工期的原则。

(2) 易于检验设备的工作状况。

(3) 维修时易于拆卸和组装,容易更换备份件。

(4) 选用通用的螺钉、螺栓和紧固件。

(5) 部件具有一定的强度满足反复插拔。

(6) 对于敏感关键设备或需要特别处理的部件标识应清楚明了。

(7) 导线用颜色标识。

(8) 一套完整的备份应包括照明灯、电子装置、连接器和机械部件等。

(9) 每套 SCOE 设备都应备有十分详细的设备维修说明。作为最低要求,维修说明书应提供硬件和软件的工作原理、图表框图和部件清单列表,原理图应包括关键的电压和波形。

7.2.3.4 标识

所有的 EGSE 设备(机架或单独的 SCOEs,OCOE、EGSE 局域网、AVDS)都应该有恰当铭牌标识,包括以下的信息:

· EGSE 部件名(如 SEM SCOE)

· 制造商（如 CAST ）

· 序列号（如 000 - 001）

· 配置项目号

· 专业名称（如 Computer）

· 标识号（如 CMP - 01）

· 型号与应用时间（如 HP Pavilion zd7000）

附加的标识使用如下:①所有的电连接器和插座应清楚地标明其连接方式;②所有的机箱、机柜、暴露在外面的终端设备或相似的组件应清楚地标明,使操作人员能够很容易的看见并知道这些设备是什么;③ 所有的调节器和指示器都应该清楚地标明并注明其功能。

所有的标志或铭牌要有英文注释。另外,所有标志和铭牌都应该:①贴在外表面且不被邻近的装置和部件掩盖;②贴在设备的外平面;③标志的位置应能防止标志意外的缺失、堵塞或产生操作的损害。

计算机系统应有配置标签,至少包括如下信息:内存容量、硬盘数目和各个硬盘大小、网络接口类型和速度、使用的操作系统和版本以及专用测试软件名称和版本。

7.2.3.5　电性能要求

（1）通用要求

必须确保设备之间电性能兼容，独立工作或系统工作时所有的设备在性能上都不能降低。对于直接和卫星连接的设备应满足以下的要求：①测试设备与卫星的连接只能在规定的接触点连接，连接器必须满足星上设备的规定要求；②为减少与星上设备电接口的插拔次数，有关过渡电连接器、转接盒和其他设备的使用应作出规定；③接口的设计应避免测试设备发生故障时损坏星上设备。

（2）供电要求

- EGSE 的各个部分在 AC 输入时的电压范围和频率如下：

单相：220V±10%，60Hz ±2%

单相：220V±10%，50Hz ±2%

双相：220V±10%，60Hz ±2%

双相：220V±10%，50Hz ±2%

- 在设备的一次和二次供电回路应该有保护装置，其他的电路应采取措施避免过载和过流对星上设备的损坏；
- 不同设备的供配电的配电盘应有断路器和熔丝保护，配电盘的最大额定值应标注在配电盘的可视位置；
- 所有的熔丝都易拆换，直接固定在前后面板、后面板的铰链门后或配电盒内，它们的额定值都必须清楚地标注，在每个有熔丝的设备里面都有备份熔丝的插座。

（3）接地与搭接要求

- 地网（设施地和设备地）的组建应使所有的 EGSE 设备（机柜、设备）都连接到一个单点接地点或中央接地点；
- 负载电流不能流入接地网络，但是接地网络能承载故障电流；
- 中性供电网络不能接入接地网络；
- 为了避免形成接地环路，二次供电回路不能直接连入星上设备，这就要求所有的实验室设备（例如，频谱分析仪）都应以中心接地点接地，如有二次电源应以变压器隔离；
- 避免由于内部设备的故障和感应电场在设备表面上形成高电势对设备产生危害；
- 应避免静电积累；
- 减小由于电场和其他形式的相互耦合产生的电磁干扰。

（4）电缆与电连接器要求

· 面板接口安置在 SCOE 机架或设备的后部；

· 所有的 EGSE 组成设备都应利用自身的接地底盘与接地网接地；

· 减少连接器的失效，所有的电缆和连接器都必须清楚的标识，无论何种情况下连接器的类型和装配都不应发生错误；

· 连接器和布线安排应使连接器发生脱离时可目视发现；

· 为设备供电的电缆应能承受重负荷工作；

· 暴露在外的主要的电源电连接器应该有锁紧装置防止意外脱落；

· 电连接器的安装是与设备电气连接的；接口的连接器类型应该与相关电缆导体一致；电连接器上的电缆夹应充分紧固，不损坏电缆，防止电缆扭曲和从连接处脱落。电连接器应安装在易于操作的位置，在控制台接口标出。可以使用机械刻字标识电连接器以防止误插拔，插拔工作由专业人员完成。颜色标识可以作为区分电连接器的辅助手段。

7.2.3.6　机械要求

（1）防止设备锋利的边沿和边缘的毛刺对操作人员和对星上和地面设备的损害。

（2）设备喷漆后必须清除设备表面的脏东西、多余的喷涂物。

（3）在设备寿命期标识应该明显清晰、完好。

（4）使用防霉材料。

（5）把手应该安全合适。

（6）每个机架/主要单元在运输处理和维修的规定应该一致。

（7）SCOE 应该安装在 19 英寸的机箱或机柜里，除非该尺寸大小在实际应用中有困难。机架应遵循以下的主要特性：

· 模块化；

· 易于安装和拆除；

· 易于购买、维修、故障查找和部件替换；

· 结构坚固，可整机运输；

· 滚轮可靠，可整机搬运；

· 滚轮可安全、稳定地移动；

· 有吊钩供起吊使用；

· 有携带把手；

· 容易取得内部部件；

· 高度不超过 1.8m；

·内部电缆束布放整齐；

·无泄漏电信号，避免由于异物进入电路引起短路；

·有紧锁机构使机架固定在使用位置，高度易调节；

·设备底部有合适的高度方便叉车或类似工具搬运。

（8）所有的机架和主要单元应该采取必要措施，以使在测试环境下不用拆解就能够重新放置。

（9）出于人员和设备安全的考虑，所有的 EGSE 设备和部件的设计都应把运输需要考虑进去，特别是应满足以下的要求：

·由操作人员搬动的设备应具有手提装置（如把手）；

·人员无法搬动的设备应该具有机械操作装置（如起吊点），以满足运输、搬动和使用需要；

·EGSE 设备的机架（如 SCOEs）在运输时都应该不用拆卸，如果需求不能满足，设计应着重考虑设备拆解、组装和在特殊包装箱的情况；

·在空运、陆运或海运时，应正确的重新使用包装箱。

7.2.4　环境要求

EGSE 设备设计应考虑如下环境：①在没有环境控制的建筑物内；②在有空调和空气净化器的室内控制环境应满足标准；③运输环境：陆运、空运和海运；④在 EGSE 寿命期内有如下状态：存储、运输和操作。

（1）存储要求

在存储期间，EGSE 应工作在如下状态：

温度：$0\,^{\circ}\mathrm{C} \sim +55\,^{\circ}\mathrm{C}$

相对湿度：$< 85\%$

压力：800 mbar～1050 mbar

应采取如下措施：①防霉：当温度超过 $+20\,^{\circ}\mathrm{C}$、相对湿度超过 75% 时，霉菌极易繁殖，应该选用中性的防霉菌材料；②磁带和磁盘应该存储在远离大电流电缆和强磁场材料；③设备外壳和存储的材料应避免阳光直射。

（2）运输要求

在运输过程中，EGSE 设备应满足如下要求：

温度范围：$-30\,^{\circ}\mathrm{C} \sim +70\,^{\circ}\mathrm{C}$

相对湿度范围：$< 90\%$

压力范围：350 mbar～1200 mbar

震动环境：如表 7-4 所示

垂直震动：10ms 内最大到 15 g

线性加速度：最大到 3 g（垂直）

表 7-4　运输时的振动环境（在每一个轴向上）

频率（Hz）	峰值加速度
0.1～2.2	50 mm
2.2～12	1.0 g
12～50	2.0 g
50～300	2.5 g

（3）操作要求

在操作期间，EGSE 设备应满足以下要求：

温度范围：+5 ℃～+35 ℃

相对湿度：< 80%

压力范围：800 mbar～1050 mbar

7.2.5　EMC 要求

为了使电磁接口的能量泄漏和耦合降到最低程度，EGSE 应满足如下要求：

- 在系统工作时的整个频率范围和电磁环境下要采取恰当的接地技术；
- EGSE 的 EMC 应同时满足电性能要求中的接地和搭接的技术要求；
- AC 供电单元都应具有滤波装置；
- 除非是特殊的 EGSE 设备，所有的直接与星上设备连接的 EGSE 部件和电路都应通过后面板内部连接到 EGSE 设备的接地参考点。整个接地网都连接到由总装厂房提供的中心接地点（CGP）；
- 增加由射频引起的干扰说明。

7.2.6　文件需求

每个 EGSE 设备都备有正确的文件说明。作为一个 EGSE 整体，应提供以下文件：①组装和拆卸手册；②安装手册；③接收测试计划；④整个 EGSE 的接收测试处理手续；⑤EGSE 确认手续（组装后卫星测试之前进行）。

对于每个 EGSE 设备，应提供以下文件：①硬件的文档：组装和拆卸手册，安装手册，硬件维修说明书，用户使用手册，由计算机控制的设备的程序手册，敏感设备的包装和运输说明书（如光学设备）；②软件的文档：安装手册，用户使用手册,在相关计算机的软件包装;③标识信息:运输时的机械特性(重量,尺寸),所有与外部设备或其他 EGSE 设备连接的连接器的说明和每个连接器的插针的设置、功率需求说明(供电电压,频率,功耗)。

7.3　验证需求

7.3.1　设计验证矩阵

符合本规范各条款的 EGSE 设备应分析、检查和相似性论证,并根据提供的接收测试计划中设计和验证矩阵要求进行测试。

7.3.2　验收测试

7.3.2.1　功能验收

- 满足设备设计的功能和性能要求;
- 特殊硬件满足功能和性能要求;
- 接口要求;
- 验证设计和构建要求,特别是以下几项:材料和工艺缺陷;装配时的冲突;测试设备之间和测试设备与星上设备之间的接口兼容;测试设备的正确校准;提供正确的组装、拆卸、安装、用户手册和维修手册等文档;EGSE 设备和特殊设备的可运输性;
- 环境要求;
- EMC 要求;
- 文档要求;
- 接收测试报告应该包括接收测试时的测量参数和测量信号的特征。

7.3.2.2　软件验收

- 是否满足功能要求;
- 软件/软件和软件/硬件之间接口是否正确;
- 性能测试(硬件和软件的失效,操作错误和非标准系统配置);
- 鲁棒性和耐久能力测试(在模拟实时环境下软件操作发生的非干扰错误);
- 软件的使用手册和参考文档是否齐全;
- 验收测试报告应该包括接收测试时的测量参数和测量信号的特征。

第8章 常用通信总线在 EGSE 中的应用

8.1 通信总线概述

航天器 EGSE 是一个智能仪器和多微机组成的系统,我们在此之前说到的接口和各种连接总线,都是为了解决信息可靠的传送和接收,也就是系统的通信接口问题。

通信总线在实时数据采集控制系统中处于非常重要的地位,充当计算机和测控仪器之间、计算机之间的接口。随着微处理器技术的发展和多处理器系统发展的需要,总线技术得到了很大发展,一系列的总线标准不断地被推出。由于历史发展中没有任何一种总线能够完美地适合各种场合使用,又由于很多厂商为生产的特殊产品推出的总线,使得总线标准呈现"种类繁多,色彩缤纷"的局面,这对于广大用户来说当然是一件好事,他们可以根据自己的需求来选用。

我们在展开介绍几种常用的通信总线之前先介绍通信总线有关的一些概念。

8.1.1 通信总线分类

在第 2 章我们给总线(BUS)的定义是:用于把计算机部分的数据传送到另一部分所用的导线集合。你也可以理解为总线是计算机内或计算机之间传送数据的高速公路(highway)。总线的定义虽然明确,但是却有各种分类方法。总线粗略地可以分为串行总线和并行总线,根据使用的环境还可以分为本地(local)总线(机内总线)和远地(机外)总线。完善的标准总线系统对总线的机械、电气和性能三要素都作出了明确的规定。通信总线有各种分类方法,按照分级方法构造多微机系统时,各级采用不同的总线互连,总线可以分成片内总线、片间总线、模板总线、并行外总线与串行外总线。

(1)片内总线。芯片内部互连的总线,对用户是透明的。片内总线由于厂家和种类繁多,推行标准化是完全行不通的。

（2）片间总线。构造计算机模板时,芯片之间互连的总线,片间总线也是非标准的,常由设计人员自行设计。I²C(inter IC bus)总线规范和器件的应用,使 IC 芯片间有了标准总线。I²C 总线的出现,对减少连线、缩小电路板尺寸、实现硬件设计的模块化具有重大意义。

（3）模板总线。在用计算机模板构造计算机时,模板之间互连的总线称为模板总线。由于随着芯片功能的增强,模板上芯片数目越来越少,连线也越来越简单,这就意味着在模板一级推行标准化是切实可行的方案。像 PC 的 ISA 总线和 PCI 总线、VME 总线、VXI 总线以及 STD 总线等都是模板一级的总线。由于有些总线是用于计算机内部的模板互连,因此又称为标准并行内总线或本地总线,有些则属于远端总线。凡是按照标准内总线制作的功能模板称为 OEM(Original Equipment Manufacturer)产品,在标准总线母板上插接 OEM 功能模板组成的计算机系统称为开放型 OEM 系统。

（4）并行外总线和串行外总线。计算机和外围设备之间(广义地说外围设备可以包括控制设备、可程控仪器和另外的计算机)的相互关系,从物理上说,属于不同的物理实体。把计算机自身看作内部,其他的物理实体属于该计算机实体之外,它们之间的关系是内部与外部的关系。我们把计算机和外围设备之间连接的总线称为"机外总线"或"远端总线"。计算机与其外部设备的联系有紧有松,交换的数据有多有少,通信速率有高有低,传送的距离有远有近,据此可以将外总线分成两类:一类称为并行外总线,它用来连接那些关系比较紧密、距离近、数据交换量大、通信速率高的设备。另一类称为串行外总线,它用来连接那些关系比较松散、距离比较远的设备。两者的主要差别在于所传送数据形式上,前者是位并行,字节串行;后者是位串行,字节也是串行。

8.1.2　总线技术基础

8.1.2.1　为什么采用总线结构

采用总线结构比采用全连通结构的连线大大减少。设一台计算机有 q 个模板,每个模板之间的连线数为 p 根。若采用全连通结构,所用的连线数用 N_c 表示,则:

$$N_c = p \times C_q^2 = \frac{p \cdot q(q-1)}{2}$$

若采用总线结构,所用的连线数用 N_z 表示,则

$$N_z = p \times q + p$$

$$\frac{N_c}{N_z} = \frac{q(q-1)}{2(q+1)}$$

当 q≫1 时，

$$\frac{N_c}{N_z} \approx \frac{q}{2}$$

比如有 6 个模板要通过 6 根线互连，从上式可以算出，全连通结构的连线数 N_c ＝90，总线结构所用的连线数 N_z＝42。可以看出采用总线结构可以使连线数下降很多，连接结构变得简单、规范。

8.1.2.2　OC 门和三态门总线

在总线结构中，各个模板必须通过开关连到总线上，这些开关不是一般的开关，必须是可控的无触点开关，所有的并行总线的地址线和控制线都是采用这种方式，通过逻辑控制电路选择不同的开关接通，选择所需要的模板。常用的是集电极开路门（OC 门）和三态门。图 8-1 表示了 OC 门作为开关实现与总线连接的原理。

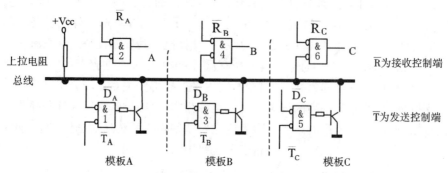

图 8-1　用 OC 门实现与总线的连接原理图

若要把 A 设备（或模板）的数据 $\overline{D}_A$ 传送到 C，只需要使 $\overline{T}_A=0$，$\overline{T}_B=\overline{T}_C=1$，同时使 $\overline{R}_C=0$，$\overline{R}_A=\overline{R}_B=1$，于是总线电平及 C 端收到的电平与 $\overline{D}_A$ 的电平同步变化，从而实现了从 A 向 C 的通信。我们列出 C 端的布尔方程：$C=\overline{\overline{D}_A\overline{T}_A\overline{R}_C}=D_A$。

三态门是实现总线互连的另一种方法，图 8-2 为采用三态门实现总线开关的示意图。假如要求把 A 发送的数据 $\overline{D}_A$ 传送到 C，只要令 $\overline{T}_A=0$，$\overline{D}_A$ 送到总线上，且令 $\overline{R}_C=0$，即把总线上的数据送到了 C，这时要使其他的发送和接收控制端无效（为"1"）。

8.1.2.3　总线负载和驱动能力

总线上并接器件时，必须考虑总线的负载能力，要对总线的负载能力进行估

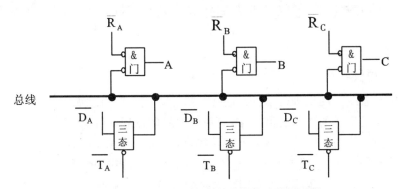

图 8-2　用三态门实现与总线的连接原理图

算。一般估算方法是：1 片 MOS 芯片可以驱动 1 片 TTL 芯片，或 10 片 MOS 芯片，或 4 片肖特基 TTL 芯片；1 片 TTL 芯片可以驱动 10 片 TTL 芯片，或 40 片MOS 芯片，或 20 片肖特基 TTL 芯片；1 片肖特基 TTL 芯片可以驱动 5 片 TTL芯片，或 20 片 MOS 芯片，或 10 片肖特基 TTL 芯片。

　　提高总线负载能力的办法是在总线上加接驱动器和缓冲器，加在输出端的称为驱动器，加在接收端的称为缓冲器，加在双向口的称为驱动/缓冲器。总线的驱动能力决定了总线上所接设备的数量和传输的距离，比如 IEEE488 总线，系统的仪器不超过 15 台，传输距离不超过 20 米。

8.1.2.4　总线使用权分配

　　总线是所有挂在同一组线上的公用线，因而存在着几个设备同时要求使用总线进行通信而造成冲突的可能性。要解决冲突就必须对总线的使用权进行分配。

　　总线使用权的分配实际上是对共享资源的分配，这种分配一般来说采用两种基本方式：一种是集中式分配，也称主从式分配，即把共享资源的分配权交由一台设备去集中负责，其他设备是否可以使用共享资源，什么时候可以使用共享资源都由它来裁决；另一种为分散式分配，即总线上挂的每台设备都有权参与共享资源的分配。耦合程度高的系统多采用主从式分配，耦和程度低的系统多采用分散式分配。

　　模板总线是机内并行总线，由它构成的系统通常经过总线仲裁器来分配总线使用权。GPIB 总线系统由控者来分配使用权，CAMAC 系统由机箱控制器（或分支驱动器或串行驱动器）与计算机共同分配，VXI 总线由 0 槽控制器分配使用权。它们都是主从式分配方式。

　　计算机网络是由串行外总线构成的。对串行外总线使用权的分配在网络技术中称为"存储控制技术"或"访问控制技术"。点名式轮询法、链式轮询法、请求选择法等都属于集中式分配法。CSMA/CD法是以态网在数据链路层中使用的方法,属于分散式分配法。

8.1.2.5　总线寻址

仅仅对总线使用权进行了分配还无法进行通信。取得总线使用权的设备还必须找到自己发送的数据的目的站,寻找目的站的过程就称为总线寻址。

并行内总线中包含着完整的地址总线,依靠这些总线即可以实现总线寻址。不同的并行外总线,总线寻址方法也不同。CAMAC总线中包含地址线,总线寻址通过对地址线的译码实现。GPIB总线中没有专门地址线,有8根与数据线共用的地址线。它设置了寻址命令,在执行寻址令期间,数据线上传送地址信息,经过对数据线上地址信息译码完成总线寻址,这可以看作数据线与地址线复用实现总线寻址。

串行外总线中没有设置地址线,它的数据线也仅有发送和接收线。因此,对串行总线既不能用地址线实现总线寻址,也不能用数据线和地址线复用方法实现总线寻址。

串行总线的寻址一般是用软件来实现的。在通信协议中专门在帧格式中设置了地址段,地址段中指明了目的地址。当发送站发送数据时首先把地址段目的地址串行发出,各个接收站收到目的地址后都要与本站地址比较。若两个地址相同,则把接收到的数据复制下来,否则不予接收,从而实现了总线寻址。串行总线的寻址也可以靠硬件和软件配合实现,以太网的寻址就是这样,网卡上的MAC(Media Access Control)地址就是硬地址,IP地址和端口地址就是软地址,两者缺一不可。

8.1.3　通信协议的基本概念

8.1.3.1　层次化结构

计算机网络通信同信件来往过程有些类似,但复杂得多。为了实现大范围的资源的共享和网络的互联,国际标准化组织(ISO)从1977年就开始研究网络标准化问题,并于1978年提出了OSI(Open Systems Interconnection)七层参考模型,其基本原理是采用对传输过程"分层"的概念,层之间呈现单向依赖的关系,上层依赖下层并掩盖下层的细节。层次化结构(layered structure)主要指协议(protocol)的层次化,在计算机网络的发展和普及上起到了巨大的作用,为什么这样说呢?

网络通信非常复杂,网络上的各个计算机实现相互的通信,涉及不同数据的分组交换、异种计算机和操作系统、异种网络,为了使这样复杂的问题简化,按照"分而治之、逐层处理、逐级负责、对等交谈"的原则,对网络实行模块化即分层化,每一个模块或每一层只处理自己所负责的事,不能越层。这样做就使复杂的问题得到了简化。分层的原理是:接收端计算机的第 N 层软件只能接收由发送端计算机的第 N 层软件所发送的数据。换句话说,在发送一个帧之前协议所进行的任何转换,都必须在该帧被接收的时候进行完全的逆转换。如果在发送端某个层在帧中附加了一个头部,那么在接收端的对应层就必须除去该头部。如果在某个层在发送帧前进行了加密,那么在接收端的对应层就必须对该帧进行解密。

层次化的上层可以统一下层的差异和弥补下层的缺陷,这又是分层的益处。比如因特网使用的 TCP/IP 的网络层 IP 协议,它的下层可能是不同的操作系统、不同的物理连接,IP 层协议负责把它们处理成上层可以识别的数据包(packet)。在网上的任意一台计算机,不管是什么操作系统、网卡,只要你遵循 IP 协议,你都可以自如地上因特网了,这一切都归功于 IP 协议。

分层化的弊端是使通信的效率降低,发送端用户的数据要经过逐层处理打包,完成数据分组、路径识别、差错处理,接收端再逐层解包,特别是网际间的传输,效率降低。但是,相比之下分层结构的利远大于弊。更何况现在硬件支持的速度大大提高,人们在协议上也采取了措施,使得弊端显得不那么突出了。

8.1.3.2　通信协议

为了使设备之间有效通信,所定义的一组协调一致的传送数据格式的规则,称为通信协议。实现这些规则的软件称为协议软件(Protocol Software)。分层化结构的概念使通信协议更加规范和合理。

从总体上说,可以把 OSI 参考模型分成两部分。一部分是协议的低四层,它是面向"通信的",用来确保"信息包"正确地传送,并不过问信息的内容,统称为"传输协议"。另一部分是通信协议的高三层,这部分是"面向用户的",它提供的表达方法可以保证信息被正确理解和应用,由于是面向用户的,所以被称为"应用协议"。

我们所说的协议是指分层结构中的不同端对等层之间通信的约定,同一端的层与层之间的通信约定不能称为协议,而是称为"接口"。按照这个思想,接收端某一层收到的数据包应该同发送端同一层发出的数据包完全一致。这一切都是靠通信协议实现的,用户的应用程序只需要选定正确的"接口",这充分体现了通信协议的威力和作用。

目前还没有能够完全支持七层协议的局域网,在因特网上的用户使用的大多数都是以太网,可以说以太网几乎是一统天下了。以太网只是涵盖了 ISO 七层参考模型的低两层,物理层和链路层。以太网的成功得益于它是在 ISO 七层参考模型之前就已经被应用,得益于它同 TCP/IP 协议的完美结合,得益于它不断的提出适应发展的规范(IEEE802.3 系列规范)。通常的这些规范是低级形态的计算机网络,它只负责信息包的正确传输,它解决的基本问题是:物理连接、共享资源使用权的仲裁、逻辑信道的差错控制、信息流量控制、为高层(用户规程)提供服务等。我们有时称它们为规范或标准,不称之为协议。

8.1.3.3　虚电路(Virtual Circuit)与数据报(Datagram)

计算机端点之间的通信有线路交换(circuit switching)、报文交换(message switching)和分组交换(grouping switching)几种方式。前两种方式在通信业务中常有使用,但是由于其线路的独占性、效率低等原因,在网络通信中采用分组交换的方式。在 OSI 模型中,网络层(如 TCP/IP 的 IP 层)是网络节点中的最高层,它将体现对端系统所提供的网络服务,在网络层实现对报文分组。大多数网络协议,包括 TCP/IP 都是基于分组交换技术。特别是因特网是一种分组交换网络,它在其他多种网络技术的支持下运行网际协议(IP)。分组交换可以分为虚电路交换方式和数据报交换方式。

(1) 虚电路

为了进行数据的传输,网络的源节点和目的节点之间先要建立一条逻辑通路,因为这条逻辑电路不是专用的,所以称之为"虚"电路。每个节点到其他任一节点之间可能有若干条虚电路支持特定的两个端系统之间的数据传输,两个端系统之间也可以有多条虚电路为不同的进程服务。这些虚电路的实际路径可能相同,也可能不同。采用虚电路过程是:虚电路的建立、数据传输和虚电路释放。当在虚电路上传送数据时,在每个报文分组内都附有路径标记,将引导报文分组沿该虚电路传送,在节点上不必再进行路径选择。虚电路不是一条实际的物理连接,建立虚电路也并不是建立起专用信道,只是为报文分组传送预先选定了路径而已。

(2) 数据报

在数据报方法中报文分组又称数据报。一个完整的报文分割成若干个报文分组,发送端在发送时,把编排好的序号放在报文分组内,数据报的"数据"二字正是由于带"数字序号"而得名的。可以说,带有数字序号的报文分组称为数据报。数据报方法与虚电路方法不同,在发送之前不需要建立逻辑连接,而是直接就发送。每个数据报自身携带有足够的信息,它的传送是被单独处理的。一个节点接收到一个数据报后,根据数据报中的地址信息和节点所存储的路由信息,找出一个合适的出路,把数据报原样地发送到下一个节点。LAN 中网络层同网络节点中的网络之间,一致地按照数据报操作方式交换数据。当系统要发送数据时,网络层给该数据附加上地址、序号等信息,作为数据报发送给网络节点;目的端系统收到的数据报可能是不按序到达的,也可能有数据报的丢失。

(3) 虚电路与数据报的比较

数据报:无需建立连接和释放;每个数据报中要带有较多的地址和分组信息,每个节点都要经过路径选择;用户数据块可能无序到达目的点,目的点处理复杂;适合点之间少量数据传送。

虚电路:需要有连接的建立和释放过程;数据块中只含少量的逻辑信道(LC)信息,数据报沿同一路径按序到达目的地,目的点处理方便;适合大批量数据传送。

8.1.4　数据通信的常用术语

8.1.4.1　并行传送方式

在数据传送时,如果一个数据编码字符的所有各位都是同时发送,并排传输,又同时被接收,将这种传送方式称为并行传送方式。例如,采用 8 单位代码的字符,可以用 8 个信道并行传输。一次传送一个字符,因此收、发双方不存在字符的同步问题。显然并行传送方式要求物理信道为并行内总线或并行外总线。特点是:传输速度快;每位需要单独信道,成本高;不支持长距离传输。

8.1.4.2　串行传送方式

串行传送方式指的是数据流以串行方式在一条信道上传输。例如,一个字符的 8 个二进制代码,由高位到低位顺序排列,再接下一个字符的 8 位二进制码,这样串接起来形成串行数据流传输。串行传输只需要一条传输信道,易于实现,是目前主要采用的一种传输方式。但是串行传输存在一个收、发双方如何保持码组或字符同步的问题,这个问题不解决,接收方就不能从接收到的数据流中正确地区分出一个个字符来,因而传输将失去意义。如何解决码组或字符的同步问题,目前有两种不同的解决办法,即异步传输方式和同步传输方式。串行传送方式要求物理信道为串行总线,特点是:传输速度低,一次一位;只需要一个信道,成本低;支持长距离传输。

8.1.4.3　异步通信

异步通信一般以字符为单位,不论所采用的字符代码长度为多少位,在发送每一字符代码时,前面均加上一个"起始"信号,其长度规定为 1 个码元,极性为"0",即空号的极性;字符代码后面均加上一个"终止"信号,其长度为 1 或 2 个码元,极性皆为"1",即与信号极性相同,加上起、止信号的作用就是为了能区分串行传输的"字符",也就是实现串行传输收、发双方码组或字符的同步。这种传输方式的特点是同步实现简单,收发双方的时钟信号不需要严格同步。缺点是对每一字符都需加入"起、止"码元,使传输效率降低,故适用于 20kb/s 以下的低速数据传输。

8.1.4.4 同步通信

在同步通信中,信息不是以字符为单位传输而是以数据块为单位传输。一个数据块内包含有若干个连续的字符,字符之间没有空闲。它不是独立地发送每个字符,每个字符应都有自己的开始位和停止位,把它们组合起来一起发送。我们称这些组合为数据帧,或简称为帧。一组数据包含多个字符收发之间的码组或帧同步,是通过传输特定的传输控制字符或同步序列来完成的,传输效率较高。同步格式可以分为两类,一类是面向字符的同步格式,它是用一些特定的字符来执行通信控制功能,它支持面向字符的协议。ISO-1745 是面向字符的协议,协议中指定了 10 个字符专门用来进行通信控制,这种专用字符称为传输控制字符。另一类是面向比特的同步格式,它支持面向比特的协议。面向比特的协议是在面向字符的协议之后发展产生的,它弥补了面向字符协议的缺点。同步通信速度快,通信效率高,同步技术比较复杂,支持同步通信标准的协议有HDLC、SDLC 等,可以参考有关的文献。

8.1.4.5 基带传输

直接使用数字信号传输数据时,要把数字信号转换成脉冲电信号,这个原始的电信号所固有的频带,称为基本频带,简称基带。在信道中直接传送基带信号时,称为基带传输。如从计算机到监视器、打印机等外设的信号就是基带传输的。大多数的局域网使用基带传输,如以太网、令牌环网等,10BASE-T 双绞线介质传输速率10Mbps 基带传输,100BASE-T 双绞线介质传输速率 100Mbps 基带传输。

在实际基带传输系统中,并非所有的原始数字基带信号都能在信道中传输,含有丰富直流和低频成分的基带信号就不适宜在信道中传输,基带传输编码还要考虑接收端便于提取和恢复码位同步,这样对基带传输系统的码型和传输码的结构有一定的要求,传输码的结构还涉及码的差错控制问题。图 2-26 只列出了几种常用的 PCM 码型图,实际上码型根据不同要求可以有多种:

(1) 单极性非归零(NRZ)码。在表示一个码元时,二进制符号"1"和"0"分别对应基带信号的正电平和零电平,在整个码元持续时间,电平保持不变。

(2) 双极性非归零(NRZ)码。在此编码中,"1"和"0"分别对应正、负电平。

(3) 单极性归零(RZ)码。归零码是指它的电脉冲宽度比码元宽度窄,每个脉冲都回到零电平,即还没有到一个码元终止时刻就回到零值的码型,脉冲宽度 τ 与码元宽度 T_b 之比 τ/T_b 称为占空比。

(4) 双极性归零(RZ)码。双极性归零码构成原理与单极性归零码相同,"1"和"0"在传输线路上分别用正和负脉冲表示,且相邻脉冲间必有零电平区域存在。

(5) 差分码。在差分码中,"1"、"0"分别用电平跳变或不变来表示。若用电平跳变来表示"1",称为传号(或称 1)差分码,若用电平跳变来表示"0",称为空号(或称 0)差分码。航天器遥测的 PCM 编码常采用差分码。

(6) Manchester 码。Manchester 码又称为数字双相码或分相码。它的特点是每个码元用两个连续极性相反的脉冲来表示。如"1"码用正、负脉冲表示,"0"码用负、正脉冲表示,该码的优点是定时信息丰富,编译码电路简单。分相码适用于数据终端设备在中速短距离上传输,如以太网采用分相码作为线路传输码。

8.1.4.6　差错控制

由于信道中存在白噪声且受到外界干扰,将会引起随机差错。衡量信道传输性能的指标之一是误码率(BER‐bit error ratio),BER 等于错误接收的码元数除以接收的总码元数。尽管信道的物理连接是正确可靠的,但也照样可能出现通信差错。要把物理上不可靠的信道,变成逻辑上可靠的信道,就必须依靠通信协议中的差错控制。常用的差错控制方法有:反馈纠错法、前向纠错法以及混合纠错法等。

反馈纠错法是在发送端采用某种能发现传输差错的简单编码方法对所传信息进行编码,加入少量监督码元,在接收端则根据编码规则收到的编码信号进行检查,一旦发现有错码时,即向发信端发出询问的信号,要求重发。发信端收到询问信号时,立即重发已发生传输差错的那部分信息,直到正确收到为止。所谓发现差错是指在若干接收码元中知道有一个或一些是错的,但不一定知道错误的准确位置,更不能纠错。

前向纠错法是在发信端采用某种在解码时能纠正一定程度传输差错的较复杂的编码方法,使接收端在收到信码中不仅能发现错码,还能够纠正错码。采用前向纠错方式时,不需要反馈,也无需反复重发而延误传输时间,对实时传输有利,但是纠错设备比较复杂。

混合纠错法的方式是少量纠错在接收端自动纠正,差错较严重,超出自行纠正能力时,就向发信端发出询问信号,要求重发。因此,"混合纠错"是"前向纠错"及"反馈纠错"两种方式的混合。

8.1.4.7　载带传输

所谓载带传输,就是把基带信号(数字信号)进行调制交换,成为能传输的模拟信号,将模拟信号在传输介质中传送到接收端后,再由调制解调器将该信号解调变换成原来的基带信号。这种把数据信号经过调制后再传送,到接收端后又经过解调还原成原来信号的传输,称为载带传输。这种频带传输不仅克服了许多线路不能直接传输基带信号的缺点,而且能够实现多路复用,从而提高了通信线路的利用率。但是频带传输在发送端和接收端都要设置调制解调器,将基带信号变换为通带信号再传输。

为了能实现多路传送,常常把基带信号先调制到频率不甚高的频率上,如航天器的遥测基带信号(PCM 信号)首先调制在副载频上,形成 PSK 信号,然后再对 RF 进行相位调制(PM)。有时我们把副载频信号流(如 PSK 流)也称作基带信号或视频信号,把地面完成视频信号解调的设备称作基带解调设备。

8.1.4.8　宽带传输

宽带是指比音频带宽更宽的频带,通常称为射频(RF)。使用这种宽频带传输的系统,称为宽带传输系统。它可以容纳全部广播,并可进行高速数据传输。宽带传输系统多是模拟信号传输系统。宽带传输与基带传输相比的优点是:能在一个信道中传输声音、图像和数据信息,使系统具有多种用途;能划分为多条逻辑基带信道,实现多路复用,因此信道的容量大大增加;宽带传输的距离比基带远。

8.1.4.9　半双工方式(half duplex transmission)

若使用同一根传输线既作接收又作发送,虽然数据可以在两个方向上传送,但通信双方不能同时收发数据,这样的传送方式就是半双工制。采用半双工方式时,通信系统每一端的发送器和接收器,通过收/发开关转接到通信线上,进行方向的切换,因此,会产生时间延迟。收/发开关实际上是由软件控制的电子开关。目前多数终端和串行接口都为半双工方式提供了换向能力,也为全双工方式提供了两条独立的引脚。目前使用的网卡和集线器(HUB)都支持半双工操作。

8.1.4.10　全双工方式(full duplex transmission)

当数据的发送和接收,分别由两根不同的传输线传送时,通信双方都能在同一时刻进行发送和接收操作,这样的传送方式就是全双工制。在全双工方式下,通信系统的每一端都设置了发送器和接收器,因此,能控制数据同时在两个方向上传送。全双工方式无需进行方向的切换,因此,没有切换操作所产生的时间延迟,这对那些不能有时间延误的交互式应用(例如远程监测和控制系统)十分有利。这种方式要求通讯双方均有发送器和接收器,同时,需要两根数据线传送数据信号,(可能还需要控制线和状态线)。目前的多数网卡和交换器(Switch)也都支持双工操作,交换机与网卡有自动协商和自适应能力,用户无需修改网卡的配置。交换机与集线器的区别在于传播的传输效率,当若干端口同时通讯时,交换机才比集线器有优势。

8.2 CAMAC

8.2.1 什么是 CAMAC 总线

CAMAC(Computer Automated Measurement And Control)系统与 GPIB 系统一样,是一种标准并行外总线。CAMAC 系统更适合组建大型快速自动测试系统,GPIB 可以作为子系统纳入 CAMAC。

CAMAC 标准接口系统最早是由欧洲核电子标准化委员会(ESONE)在 1969 年提出来的。1975 年相继被国际电工委员会(IEC)和美国电气与电子工程师协会(IEEE)接受为国际标准。

CAMAC 标准接口系统以机箱结构为基础,包括三个层次上的标准接口系统:一个是以"数据路"为核心的标准机箱接口系统,一个是以"并行公路"为核心的多机箱接口系统,一个是以"串行公路"为核心的多机箱系统,如图 8-3 所示。

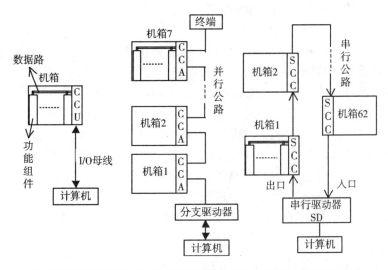

(a)单机箱数据路系统　(b)并行公路多机箱系统　(c)串行公路多机箱系统

图 8-3　CAMAC 系统的结构形式

图 8-3(a)为以"数据路"为核心的标准机箱系统。数据路(DATA WAY)就是常说的 CAMAC 总线(IEEE583)。标准机箱的后底板是制有 CAMAC 总

线的 PCB 板,PCB 底板上设有 25 个多芯插座将总线引入插座上。我们再把功能组件制作成符合 CAMAC 总线标准的插卡,并插在底板插座上,就方便的实现了功能组件通过 CAMAC 总线的互连。图 8 - 3(a)中的 CCU 称为 U 机箱控制器,它有两个作用,一个是控制与管理数据路上各个功能组件的通信,另一个是实现 CAMAC 总线与计算机总线之间的接口。

图 8 - 3(b)为并行公路多机箱系统。这个系统最多接 7 个机箱,由 CAMAC 并行公路(IEEE596)标准把它们连接起来。这种系统使用的机箱控制器是 A 型机箱控制器,它同 U 机箱控制器不同之处在于:A 机箱控制器不具备通信控制和管理的功能,只具有接口的功能。A 机箱控制器只提供 CAMAC 标准与并行公路之间的转换。同计算机的接口使用分支驱动器。针对不同的计算机可以选用不同的分支驱动器。

图 8 - 3(c)为串行公路多机箱系统。这种系统通过串行公路(IEEE595 标准)把最多 62 个机箱连接成测控系统。每个机箱配置有串行机箱控制器(SCC),系统配置有串行驱动器(SD)控制各个机箱的 SCC 工作,SD 上设有同计算机的接口。两个机箱之间的最大距离不超过 10km,否则要加 MODEM。

CAMAC 产生以来的 20 多年间一直有生命力的主要原因是:标准化程度高于 GPIB,组建系统方便;生产的商用组件非常多,能真正采用积木方法组建系统;特别适用于大型和复杂的控制系统。

CAMAC 诞生之时微机尚未问世。随着微机技术的飞速发展,CAMAC 总线的不足之处,如总线不具备支持模块化仪器的能力、软件支持能力差等日渐突出。除了已经在用的大型测试系统仍然在使用之外,新建的系统已经转向 VXI 了。CAMAC 在测控接口历史上发挥了并且在一段时期内还会发挥着作用。

CAMAC 标准接口的三个标准接口系统中,以"数据路"为核心的标准机箱接口系统是基本的系统,在中小规模的测试中已经够用了,我国航天器测试中使用的不超过 2 个机箱。"并行公路"需要分支驱动器和支持 66 对总线的 A 型机箱控制器,"串行公路"为核心的多机箱系统需要串行驱动器和支持 9 对总线的串行驱动器(SD)。有关后两个系统读者可以参看 CAMAC 标准,本讲义不再论述。

8.2.2　CAMAC 数据路工作原理

CAMAC 系统是以机箱为基础而构成的系统,任何所用的机箱都以数据路为核心建立起来。本节将介绍数据路(DATA WAY)的工作原理。

8.2.2.1 数据路结构

数据路又称机箱总线,我们所说的 CAMAC 总线指的就是数据路。图 8-4 表示了 CAMAC 标准机箱中的数据路结构简图。

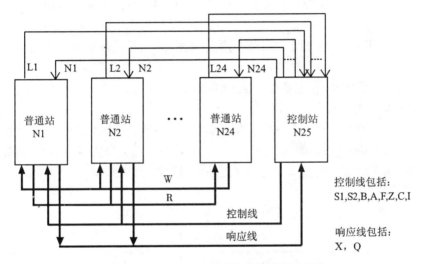

图 8-4 CAMAC 标准机箱数据路的结构

一个机箱设有 25 个插座,一个插座称为一个站,其中 N25 站为控制站,其他各站为普通站,总线(数据路)在机箱的背板上。功能插件可以占一个或多个插槽。机箱控制器是双插宽,占用 N24 和 N25 站。数据路由 86 条传输线构成,控制站和普通站各有 86 条线,但是包含的内容不相同。从图 8-4 可以看出,控制站有 24 条选站线(N 线)直通各个普通站,还有 24 条请求线(L 线)也直通各个普通站。机箱控制器使用 24♯ 站的读/写总线,各 24 根。数据路各线用途如表 8-1 所示,具体说明如下:

(1) L1～L24 线。每个普通站都单独有一条线向控制站提出服务请求。

(2) A1～A4 线。选中站时,作为站内选址用,可以提供 16 个子地址。

(3) F1～F5 功能线。用于全译码后产生 32 种操作命令,表示控制站要求功能组件要执行的操作命令。

(4) W1～W24 写总线。共 24 根,用来把数据从机箱控制器写到各个普通站。

(5) R1～R24 读总线。共 24 根,用来把数据从普通站读到机箱控制器。

(6) S1,S2 选通脉冲。作为定时和选通信号。每个 CAMAC 命令的操作期间,机箱控制器按一定顺序发出 S1 和 S2 选通脉冲。

（7）B忙线。由控制站对其控制，表示控制器正处于忙状态。

（8）X命令已接收线。功能组件在接收了CAMAC命令后，发回控制站的信号。

（9）Q响应线。功能组件在接收了CAMAC命令后，发回控制站的另一个响应信号。

（10）Z初始化线。这是一个公用控制信号，由机箱控制器发给机箱内各个功能组件。

（11）C清除线。这也是一个公用控制信号，功能组件可以用这个信号在S2时刻对相应的寄存器进行清除。

（12）I禁止线。这也是一个公用控制信号，功能组件利用该信号使有关信号持续期内的特征失效，起到禁止作用。它不受数据路时序限制，任何时刻都可以由控制器发给功能组件，同时，功能组件也可以发I信号。

（13）备用线7根。

（14）电源线14根。通常提供±6V和±24V直流电源。

表 8-1　数据路结构

分　类	线　　名	符号	控制站线数	普通站线数	用　　途
命令线	站线	N	24	1	选站
	子地址线	A	4	4	站内寻址
	功能线	F	5	5	操作命令
数据线	写总线	W		24	控制站写出
	读总线	R		24	控制站读入
状态线	LAM请求	L	24	1	组件请求服务
	忙线	B	1	1	数据路正忙
	接收命令	X	1	1	命令的响应
	响应	Q	1	1	命令的响应
公用控制线	初始化	Z	1	1	启动并初始化
	清除线	C	I	1	清除规定寄存器
	禁止线	I	1	1	禁止某些规定动作
定时线	选通1	S1	1	1	主选通
	选通2	S2	1	1	辅选通
备用线	补充总线	P	7	5	
电源线	电源线		14	14	
合　计			86	86	

8.2.2.2　数据路的命令

命令的形成可以从图 8-5 给出的例子看出。数据路命令是由机箱控制器向有关功能组件发送的命令。一类是公控命令，由所有功能组件接收。另一类是寻址命令，就是常说的 CAMAC 命令。CAMAC 命令的格式是：

$$命令＝N(i)A(j)F(k)　　（相"与"的关系）$$

命令的含义是：第 N(i)站功能组件的第 A(j)子地址的电路将执行由规定的功能码 F(k)所规定的操作。

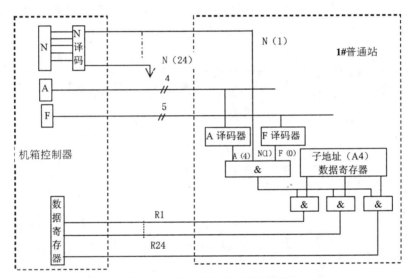

图 8-5　CAMAC 命令形成举例

8.2.2.3　功能码

从表 8-1 看出，CAMAC 总线有 5 条功能线。CAMAC 标准规范中规定了 32 种功能码，其中 18 种规定了明确的含义，其余有的留给 CAMAC 规范用，有的则给用户用。图 8-5 中的功能码为 F(0)，功能为读第一组寄存器。

8.2.2.4　LAM 请求

LAM 是英文"Look At Me"的缩写，意思是引起控制器的注意。普通站都可以提出 LAM 请求。每个站通过一条专用线 L(i)把服务请求送给机箱控制器，在机箱控制器内设有一个 24 位的 LAM 寄存器。

计算机通过接口读 LAM 寄存器，一经识别了 LAM 源，则调用相应的处理程序即可实现服务请求。

数据路送来的命令，经过 NAF 译码与 S1、S2 一起形成控制信号，控制组件中对子地址寻址的工作,如开放上述各寄存器,接收 W 线来的数据并应答。

8.2.2.5　机箱控制器和功能组件接口

机箱控制器和功能组件框图如图 8-6 所示。机箱控制器的一边与 CAM-AC 数据路相连,以控制各个功能组件的工作,另一边与计算机相连,接受计算机系统的控制。可以说机箱控制器是 CAMAC 数据路与计算机 I/O 总线之间的桥或翻译器。在发送 CAMAC 写命令时,计算机将地址及数据分别写入 N、A、F 寄存器及 W 寄存器,并发送与 CAMAC 控制命令相应的 I/O 指令,经过 I/O 译码器译码后去启动节拍脉冲发生器(CAMAC 周期时序产生器),并开放上述各寄存器的输出,使 B、S1、S2 一起送到数据路上去。

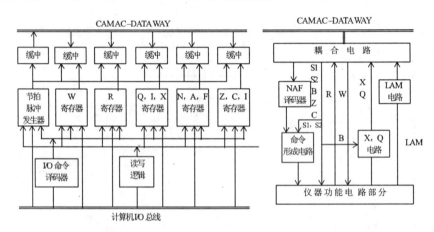

(a)机箱控制器原理　　　　　(b)功能组件的 CAMAC 接口

图 8-6　机箱控制器和功能组件接口框图

8.2.2.6　数据路通信过程

我们用如图 8-7 的实例说明数据路的通信过程。设本系统模入通道由 A、B 两个组件构成,A 是多路采样开关,没有 LAM 请求。B 是 A/D 转换器,当 A/D 完成时,有 LAM 请求,用来请求数据读入。系统采用中断方式工作。通信过程简述如下。

(1) 系统向功能组件传数过程

主机要经过机箱控制器使 A 组件相应路采样开关接通。主机向机箱控制器发两条命令,第一条是把表征采样开关的数据写入 W 寄存器,第二条是表示数据传送的 CAMAC 命令 N(1)A(0)F(16)。查表知 F(16)功能是写第一组寄存器。

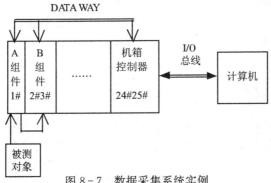

图 8-7   数据采集系统实例

机箱控制器接收到这一命令,把 N(1)A(0)F(16)放入 NAF 寄存器中,随后启动数据路周期,选通 W 和 NAF 寄存器,把 W 线上的内容写入 A 组件,并发 X、Q 响应。

A 组件执行 N(1)A(0)F(16)命令,接通采样开关,把采得的模拟量信号送 B 组件。

主机要经过机箱控制器启动 B 组件的 A/D 变换器。主机经过机箱控制器向 B 组件发一条 N(3)A(1)F(25)命令。控制器接到这条命令,启动数据路周期,将 N(3)A(1)F(25)存入 NAF 寄存器。NAF 被选通,放在 N、A、F 线上,命令被送到了 B 组件,B 组件启动 A/D,送出应答信号 Q=1。查表知 F(25)功能是执行命令。

(2)组件向主机请求服务过程

当 B 组件把采样信号变换成数字量后,将向主机提出服务请求,要求把变换好的数字量取走。

B 组件中设有 LAM 请求电路,当 A/D 变换完后,立即将 B 组件中 LAM 源标志置为"1"。若 LAM 未被屏蔽,则经过 L 线送到机箱控制器,使 LAM 寄存器的第 3 位为"1"。若多条 L 线同时请求服务,则进行优先级排队,针对优先级高的 LAM 请求,向主机请求中断,通过中断向量地址形成电路,可以方便的提供 LAM 服务的处理子程序的入口。

(3)主机从组件读取数据的过程

B 组件 LAM 请求被主机响应。则主机进入处理程序,其主要处理的事情就是从 B 读取转换好的数据。

主机向机箱控制器先发一条"CAMAC 读命令"N(3)A(1)F(0)的传数命令,控制器接到后即放到 N、A、F 总线上,并且启动数据路周期。B 组件在收到命令后,立即打开数据输出寄存器,把变换好的数据放到 R 线上,同时发回应答信号,用选通信号把数据读到控制器的 R 寄存器中。B 组件再清除 LAM 源(为下次做准备)。主机向机箱控制器发一条读 R 寄存器中数据的数据传送命令,A/D 变换结果取入主机,一次通信过程结束。查表知 F(0)功能是读第一组寄存器。

8.2.3　应用举例

通过以上的介绍已经初步了解了 CAMAC 总线的一些基本原理。下面我们介绍一个在通信卫星测试中使用的"CAMAC 测试系统",如图 8-8 所示。

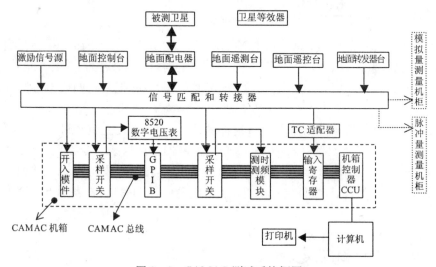

图 8-8　CAMAC 测试系统框图

(1) 系统的主要功能。该系统能对卫星各个分系统的主要参数进行采集、测量、处理和记录。主要功能包括:

- 模拟量测量采用多路开关、A/D 模件或 CAMAC-GPIB 接口转换模件、8520 数字电压表等完成 55 路模拟量测量,测量速度每秒 7 次,测量精度 ±0.5%;
- 脉冲量多路测量采用多路开关和测时测频仪模件完成 60 个单脉冲、相关脉冲信号的测量;
- 对卫星供电的 15 种模式进行自动测量;
- 遥控指令发送后,自动跟踪显示指令序号和相关参数,显示卫星对该指令的执行结果;
- 对卫星姿态系统的状态字进行测量。

(2) 系统的组成。该系统以 IBM - PC 机为主机,采用了 CAMAC 标准机箱、U 型机箱控制器和 15 种 CAMAC 模件。用继电器采样开关、GPIB 模件和 8520 数字电压表进行模拟量测量;用继电器采样开关、测时测频仪模件、脉幅测量模件进行脉冲量测量;用开关量输入模件测量姿态系统的状态字和供配电状态参数;用输入寄存器模件实现对遥控指令的自动跟踪。

(3) 软件。为了系统的实时性好,采用 8086 汇编语言编程,程序由 1 个主模块和多个子模块组成。通过人机对话选择 8 种不同的测试程序进行操作,测试操作结束返回主菜单,以便提供下一步操作。

(4) 应用情况。该系统于 1985 年使用,参加了通信卫星各个阶段的测试,实际应用系统运转良好,各项功能正常。在此之后,类似的 CAMAC 系统还应用在返回式卫星的综合测试中。

8.3　IEEE 488 总线

8.3.1　什么是 IEEE 488 总线

最早由美国 HP 公司公布的通用接口系统命名为 HP - IB。1975 年美国电气与电子工程师协会在 HP - IB 的基础上制定了 IEEE - 488 - 75“可程控仪表的数字接口”标准。国际电工委员会以此为基础制定了 IEC - 625“可程控仪表的接口系统(字节串行,位并行)”标准。这套标准规定了被称为接口三要素的机械、电气和功能的技术规范,规定了代码和格式规范。1978 年 IEEE 把 IEEE - 488 - 75 标准修改为 IEEE - 488 - 78 标准。IEEE - 488 - 78 和 IEC - 625 这两个标准在本质上是一样的,差别在于总线插座上,一个是 25 芯,一个是 24 芯,引线排列上有所不同。这两个标准都是国际上公认的总线标准。按照这两个标准配置的接口统称为 GPIB(General Purpose Interface Bus)接口,也称 IEEE 488 总线。

IEEE 488 总线采用公用总线结构,而且采用了并行外总线结构。只要设计师们遵照标准规定设计,其设备接口在机械、电气和功能方面肯定是互相兼容的,而用这样的总线组建系统,也是极其容易的。

使用 GPIB 总线构成的测试系统是第二代自动测试系统。它的最大特点是系统中的每台仪器和主机都配有通用标准接口,即 IEEE 488 接口。IEEE 488 自动测试系统的通信采用主从方式,系统中的仪器可能以控者、讲者或听者的身份出现。通过 IEC - 625 规范中严格规定的十种接口功能,凡是按照这十种功能设计接口的仪器就具有通用性,就可以实现通信。

8.3.2 IEEE 488 总线结构

IEEE 488 总线共有 24 根线,即逻辑地线 7 根、屏蔽地线 1 根和起主要作用的 16 根信号线。16 根信号线包括 8 根数据线 $DIO_1 \sim DIO_8$,3 根挂钩线(DAV,NRFD,NDAC),5 根管理线(ATN,IFC,REN,SRQ,EOI),如图 8-9 所示。

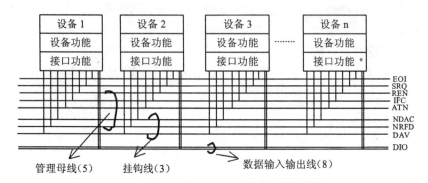

图 8-9 IEEE 488 总线结构

数据总线 DIO 由 8 条信号线组成,以位并行、字节串行的方式传递接口间的数据,如设备地址、程控数据、测量数据、通用命令、指令和状态字节等。对出现在 DIO 信号线上的这些数据,靠注意线 ATN(Attention)上信号的状态来识别。当 ATN 信号为真(ATN=1,低电平)时,DIO 线上的数据是与接口有关的通令、指令、地址等命令,DIO 线上的消息是接口消息。当 ATN 信号为假(ATN=1,高电平)时,DIO 线上的数据是与设备有关的程控数据、测量数据或状态字节等数据,DIO 线上的消息是仪器消息。

数据总线上每个字节的传递,是通过 3 条挂钩线完成的。这 3 条信号线是:数据有效 DAV(Data Valid)线、数据未准备好 NRFD(Not Ready For Data)线和数据未收到 NDAC(No Data Accepted)线。三个信号以互锁挂钩方式工作。NRFD 和 NDAC 以逻辑与(线或)方式连至接口。DAV 线上信号由讲者发送,潜在听者接收。而 NRFD 和 NDAC 线上的信号由潜在听者发送,讲者接收。

接口管理线有 5 条,分别介绍如下:

(1) ATN(attention)注意线。此线是控者使用的专用线,用以表明 DIO 上信息的类型。

(2) IFC(interface clear)接口清除线。此线由系统控者使用。当系统控者发出 IFC=1 消息时,各个设备皆回到已知的初始态。而 IFC=0 时,各个设备接口功能不受影响,仍按各自状态运行。

(3) REN(remote enable)远地使能线。可程控仪器有本地与远地两种工作方式。REN 被用以设定它们的工作方式。REN＝1 时,设备接受系统控者的控制,使手动方式失效。当 REN＝0 时,则设备脱离 GPIB 控制,进入本地方式,即面板手动控制方式。

(4) SRQ(service request)服务请求线。系统中一切具有 SR 功能的设备共用的线。类似于计算机中的中断请求线,各个设备的服务请求经过"线或"后,经过 SRQ 线向控者提出服务请求。SRQ＝1 表示至少有一台设备提出服务请求,请求控制中断当前事务,查询提出服务的设备,转去服务。SRQ＝0,表示系统中无设备提出服务请求。

(5) EOI(end or identify)结束或识别线。此线要与 ATN 线一起使用,才能发布"IDY"识别消息(EOI＝1 和 ATN＝1 时,控制执行并行查询)与"END"结束消息(EOI＝1 和 ATN＝0 时,讲者发完数据)。

IEEE 488 总线上最多可以接 15 台设备,这是因为 TTL 收发器最大驱动电流只有 48mA,设备驱动超过 15 台会驱动不了。如果测试系统需要更多的设备,可以在主控计算机上再加一块 IEEE 488 驱动卡。

系统控者通过寻址命令来任命讲者与听者。只要我们将系统内的仪器分派了不同的"讲"地址与"听"地址后,就可以在控制器的控制下,进行信息的可靠传递。在地址编码中,实际使用的地址编码只有五位,其中一个地址另做它用。故实际上可供选用的只有 31 个讲地址和 31 个听地址。值得注意的是,因为 DIO 线是数据和地址复用的,寻址是属于接口消息,为了与仪器消息区分,是借助于管理母线中的 ATN 来实现的,即 ATN＝1 表示接口消息,ATN＝0 表示仪器消息。在实际的地址检测电路中应加上 ATN＝1 的条件。

8.3.3　IEEE 488 接口功能

8.3.3.1　接口消息

IEEE 488 总线上各仪器通过总线传输的各种信息称为消息。一个 IEEE 488 系统中需要传递的消息种类繁多,用途各异。因此,在接口功能和设备功能设计中,必须使各类消息的传递途径分明,不能混杂。

我们可以把 IEEE 488 的消息加以分类,如图 8-10 所示,分为远地消息和本地消息两大类。

远地消息。凡是通过总线传递的消息称为远地消息。设备消息和接口消息都属于远地消息。远地消息在 GPIB 的规范中用三个大写英文字母表

图 8-10　IEEE 488 接口中的几种消息

示。通过总线在两台设备的功能之间传递的消息称为设备消息,例如程控命令、测量数据等。设备消息经过接口功能,但是接口功能不使用这些消息。通过总线在两台设备的接口功能之间传递的消息称为接口消息。接口消息不传递给设备功能,与设备功能无关。接口消息用来管理接口本身的操作,使接口功能状态发生变化。

本地消息。在一台设备内部的设备功能和接口功能之间传递的消息称为本地消息。本地消息分为两类:一类是由设备功能发往接口功能的本地消息,IEC-625对这类消息做了规定;另一类是由接口功能发往设备功能的本地消息,IEC-625 对这类消息没有做规定,可由设计者自行决定。通用接口系统内必须用到的本地消息共有 18 条,对它们的名称和用途做了统一规定。本地消息在 GPIB 规范中用三个小写英文字母表示。

8.3.3.2　接口功能库

从图 8-10 看出,IEEE 488 接口本身包括设备功能与接口功能两部分。设备功能与设备特性和用途密切相关,接口功能与通信互连密切相关,只有接口功能才是接口中可以通用的部分。我们把各个设备与接口系统之间的每一种交互作用称为一种接口功能。经过仔细研究各种各样的测试要求,不难发现最基本的功能是发送数据(T 讲者功能)和接收数据(L 听者功能),这是必备的两种功能。系统中必须有扮演控者的仪器,因此设置了控者功能(C 功能)。

有了这三种功能还是不能完成测试任务和确保信息的正常传递。为了确保仪器之间准确的通信,"讲者"必须在"听者"能够接收信息时才能发送信息,而且要确保"听者"已经收到数据之后才能撤销原来发送的数据。作为听者,只有确知数据线上所载的数据是自己应收的数据后才接收,对无效的数据一概拒绝接收,要做到这一点,最好的办法是"讲者"仪器和"听者"仪器直接对话。我们称这种对话的过程叫"挂钩",分别设置了源者挂钩功能(SH 功能)和受者挂钩功能(AH 功能)。从其名字可以看出 SH 功能为讲者功能和控者功能服务,AH 功能为听者功能服务。AH 功能和 SH 功能利用三条线进行挂钩,这就是著名的

"三线挂钩"。

有了上述五种功能，在一般情况下能够进行数据传递，完成自动测试任务了。但是实际的测试系统中往往会出现一些特殊情况，如仪器故障等需要主动向控者报告，请求处理，为此增加了第六种功能，"服务请求"功能（SR 功能）。为了解决仪器服务请求的快速查询，又增设了"并行点名功能"（PP 功能）。

考虑到大多数可程控仪器都具有两种工作方式，故设置了"远控/本控"功能（RL）功能。一台仪器不能同时处于两种工作模式。

第九种功能为仪器触发功能（DT 功能），用于需要触发工作的仪器，或几个一起需要同步工作。

第十种功能为仪器清除功能（DC 功能），用于对仪器进行清除，使之回到初始态。

上述十种功能配合使用，各司其职，完全能够胜任自动测试。十种功能组成了接口功能库，如表 8-2 所示。

表 8-2　接口功能库

接口功能名称	符号
源挂钩（Source Handshake）	SH
受者挂钩（Acceptor Handshake）	AH
讲者或扩大讲者（Talker or Extended Talker ）	T or TE
听者或扩大听者（Listener or Extended Listener）	L or LE
服务请求（Service Request）	SR
远地/本地（Remote / Local）	RL
并行点名（Parallel Poll）	PP
仪器清除（Device Clear）	DC
仪器触发（Device Trigger）	DT
控者（Controller）	C

8.3.3.3　功能状态图

IEEE 488 接口是时序逻辑电路。时序逻辑电路是指电路在任意时刻产生的输出信号，不仅取决于该时刻的所有输入信号，而且还与电路过去的状态有关。利用状态图来表征、分析和处理时序逻辑问题是一种广泛采用的有效方法，这种方法简单、准确、直观、清晰。

每种 IEEE 488 接口功能都可以用状态图来描述，它不仅为了解功能的状态变化提供了直观的方法，而且是设计功能接口电路的有效工具。

状态图用圆表示状态，圆内用大写的四个英文字母标明该状态的缩写名称。

两个圆之间带箭头的线表示状态的转移变迁。线的起点为"原态",线的终点为"次态"。线上线下的文字及符号表明变迁的条件,称为表语。其含义是,当表语为真时,就发生状态变迁,从原态变到次态。条件表语包括本地和远地的消息、状态以及时限,用"与"、"或"、"非"符号连起来。本地消息用小写的英文字母表示,远地消息用大写的英文字母表示。方框表示状态交连。时限是状态变迁时的时间要求,其中最大时限 t_n 是表示状态变迁时不能超过的时限,它保证接口功能工作速度。最小时限 t_n 是指在某状态至少停留的时间,它限制了系统的最高工作速度。

在 IEEE 488 标准中对十种功能状态图都有明确的规定,是不能随意改动的。标准中规定了十种接口功能的状态图,其中最复杂的一个是控功能状态图,它有 19 个状态,SC 功能有 8 个状态,C 功能有 11 个状态,L 功能有 3 个状态,AH 功能有 5 个状态,SH 功能有 6 个状态。详细的说明可以参看有关文献。

我们仅举 L 功能状态图为例加以说明,如图 8-11 所示,L 功能具有三个状态:

- 听者空闲状态 LIDS,在这一态 L 功能不参与仪器消息的接收;
- 听者被寻址状态 LADS,也称听者受命态;
- 听者作用状态 LACS。

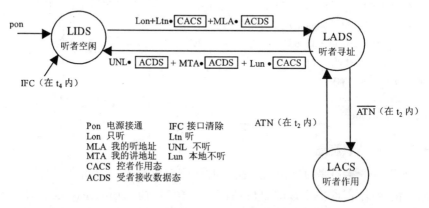

图 8-11　L 功能接口状态图

当设备电源接通(pon)或控者发出 IFC 命令(在 t_4 内)后,听者都要跳到听者空闲态(LIDS)。听功能从 LIDS 听者空闲态进入 LADS 听者寻址态的条件:

- 设备由本地消息"lon"(只听)控制,会进入 LADS 状态;
- 对于控者仪器而言,当本地消息"ltn"(听)出现,而且控功能处于 CACS

（控者作用态）时，L 功能从 LIDS 态进入 LADS 态；

- 接口 AH 功能处于 ACDS 状态，控者又发出 MLA"我的听地址"时，听者被寻址，进入 LADS 态。

听功能从 LADS 听者寻址态返回 LIDS 听者空闲态的条件：

- 在 LADS 态的仪器已经受命为听者，但尚未正式参与接收数据时，收到"不听"（UNL）消息；
- 在 LADS 态的仪器已经受命为听者，但尚未正式参与接收数据时，收到"我的讲地址"（MTA）消息；
- 对于控者仪器而言，当本地消息"lun"（本地不听）出现，而且控功能处于"CACS"（控者作用态）时，L 功能也从 LADS 态返回 LIDS 态。

仪器听功能的第三态是 LACS 听者作用态。当处在 LADS 听者寻址态时，说明该仪器被受命为听者，做好了接受数据的准备。控者在完成了上述寻址后，发出 ATN（ATN＝0），表示控者把总线使用权让给了讲者。听者在收到了 ATN＝0 信号后，在时限 t_2 内 LADS 态进入听者作用态 LACS，接收有讲者发送来的仪器消息。当听者收到控者发来的 ATN＝1 信号后，听功能在时限 t_2 内脱离听者作用态 LACS 返回听者 LADS 态。

图 8－11 是根据 L 功能而为它设立的三态，在逻辑设计中应该将状态图简化，利用简化后的状态图进行接口电路的设计。现在我们为一台仪器设计听者功能。

由于仪器永远不会为控者，因此状态图中的两项表语 ltn·$\boxed{\text{CACS}}$ 和 lun·$\boxed{\text{CACS}}$ 可以删去。又由于 LADS 和 LACS 之间的变迁条件互斥，我们可以假想一个公共状态 LA 代表它们，即有：LADS＝LA·ATN 和 LACS＝LA·ATN。这时，图 8－11 可以简化为图 8－12。

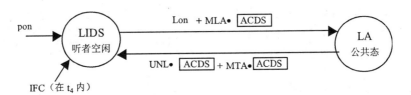

图 8－12　L 功能接口简化状态图

我们可用一个 JK 触发器的两个输出端分别代表图 8－12 中的 LIDS 及 LA，两个状态通过门电路再把 LA 状态变换成 LADS 和 LACS 状态。图 8－13 是设计的听功能逻辑电路图。JK 触发器的逻辑表达式是：

$$J = Lon + MLA \cdot \boxed{ACDS}$$

$$K = UNL \cdot \boxed{ACDS} + MTA \cdot \boxed{ACDS}$$

$$\bar{R} = IFC + pon$$

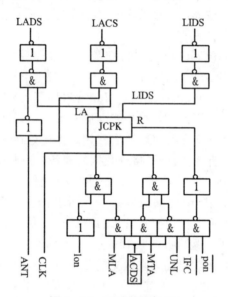

图 8-13 听功能逻辑图

图 8-13 中 ATN、IFC 为来自总线的管理线,MLA、MTA 为本机地址与总线送入地址比较器的输出,UNL 为多线接口命令,来自命令译码器的输出。ACDS 为 AH(受者挂钩功能)的状态交链。在听者接口中仅有听功能不行,还必须有受功能。CLK 为同步时钟信号。

接口功能的实现方法在规范中没有规定,因此,用户可以根据仪器的用途和性能设计接口电路,只要能满足功能状态图即可。本例子介绍的是用组合及时序逻辑电路实现的接口,还有使用大规模专用 GPIB 接口芯片、可编程逻辑器件、单片机等方式实现的接口。

8.3.4 三线挂钩技术

系统中数据传输采用互锁三线挂钩技术,保证了所传送的每一字节,各听者都能准确地、分别地听清楚。否则,不允许讲者撤销总线上的消息,以确保数据传输的可靠性。这里详细介绍三条挂钩线的功能。

(1) DAV(data valid)数据有效线。该线由控者或讲者的源功能(SH)用来告诉听者 DIO 上的数据是否有效。若 DAV=1(低电平)表示数据有效,听者可以从数据线上接收数据。若 DAV=0(电平)表示数据无效,听者不应从数据线上接收数据。

(2) NRFD(not ready for data)未准备好接收数据线。该线由接收数据的仪器的受功能(AH)启动,向控者或讲者表明各个听者是否已经准备就绪。若 NRFD=1,表明系统中至少还有一台仪器没准备就绪,若 NRFD=0,表明系统中所有仪器已经准备就绪。

(3) NDAC(not ready accepted)未接收到数据信号线。该线由接收数据的仪器的受功能(AH)启动。向控者或讲者表明各个听者是否已把数据接收下来。若 NADC=1,表明系统中至少还有一个听者尚未把数据接收下来,若 NADC=0,表明系统中所有听者均已完成数据接收。

在 IEEE 488 接口总线系统中,每传送一个字节,不管它是设备消息还是接口消息,都要在源方和受方之间进行一次 DAV、NRFD、NDAC 三线挂钩的过程,以确保数据字节传输的可靠性。我们通过图 8-14 对挂钩的过程加以描述。

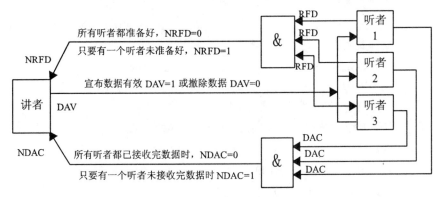

图 8-14 三线挂钩原理图

图 8-14 中,NRFD 是由听者送向讲者,它是由各听者的 RFD"线与"后形成,因此只要有一个听者还未准备就绪(RFD=1),则 NRFD=1,表示还未准备就绪,而只有当所有听者皆准备就绪,NRFD 才会为零。

DAV 是由讲者送给听者的数据有效线。当数据线上数据有效,则讲者使DAV=1。从数据线上撤除数据后,讲者使 DAV=0。

NDAC 也是由听者送向讲者的一条线,它由各听者 DAC"线与"后形成。当所有听者皆接收完毕,则 NDAC=0,只要还有一个听者没有接收完毕,则NDAC=1。

图 8-15 给出了一位讲者和众多位听者进行挂钩操作的定时图。图中表示出挂钩序列的两个周期。挂钩操作过程说明如下：

P_1　源方预置 DAV 为高（假——数据无效）；
　　　受方预置 NRFD 为低（真——没有一个准备好接收数据），NDAC 为低（真——没有一个接收完数据）；

T_1　源方检验错误状态（NRFD 和 NDAC 同时为高的情况是不允许的），接着放数据于 DIO 总线；

P_2　源方延时，以便使数据在 DIO 线上稳定；

T_2　当受者全都表示了准备好接收第 1 字节数据时，NRFD 变高；

T_3　当数据已稳定，并有效，同时源方已识别出 NRFD 为高时，则源方置 DAV 为低，正式宣布数据有效；

T_4　第一个受者将 NRFD 置成低，表示它不再是准备好，而是在复制数据。其他受者将要按照自己的速率复制数据；

T_5　第一个受者将 NDAC 置成高，用来表示它已复制完了这个数据（由于其他受者驱动 NDAC 为低，所以 NDAC 总线仍然为低）；

T_6　最后一个受者将 NDAC 置为高，表示他已复制完了这个数据；到此，全部受者都收到了这个数据，这时 NDAC 线才为高；

T_7　源方识别出 NDAC 为高时，便将 DAV 置成高，向受者宣布：现在 DIO 线上的数据是无效的。到此，一个数据字节传送完；

P_3　源方改变 DIO 线上的数据（$T_7 \sim T_{10}$）；

T_8^*　当受者察觉出 DAV 为高时，便置 NDAC 为低。为下一周期作准备，NDAC 线变低是在第一个受者置它为低时；

T_9　第一个受者用置 NRFD 为高来表示它已准备好接收下一个数据字节。（由于别的受者驱动 NRFD 为低，因此 NRFD 线仍然为低）；

T_{10}　源方检验错误状态（NRFD、NDAC 不允许同时为高），接着，放数据于 DIO 线（同 T_1）；

P_4　源方延时，以便使 DIO 线上数据稳定（$T_{10} \sim T_{12}$）；

T_{11}　当最后一个受者用置 NRFD 为高来表示它已准备好接收下一个字节数据时，NRFD 信号线才变高；

T_{12}　当源方识别出 NRFD 为高时，置 DAV 为低，宣布 DIO 线上的数据已稳定且是有效的；

T_{13}　第一个受者置 NRFD 为低，表示它不再是准备好，而是正在复制数据；

T_{14}　第一个受者置 NDAC 为高,用以表示它已复制完此数据;

T_{15}　最后一个受者置 NDAC 为高,表示它已复制完这个数据;

T_{16}　当源方识别到 NDAC 为高时,置 DAV 为高(同 T_7)。撤销数据有效;

T_{17}　在 DAV 为高之后,源方撤销 DIO 线上数据;

T_{18}^*　当 DAV 为高时,受者们置 NDAC 为低,此时,三条挂钩线都回到了它们的初始状态(同 T_1、T_2 的状态),并为下一周期做准备。

三线挂钩用来传递数据的联络,它们之间存在互锁的关系,图 8-16 表示了源者操作和受者操作的工作流程。图中的说明和前面的描述将会使读者对三线挂钩有更加形象的了解。

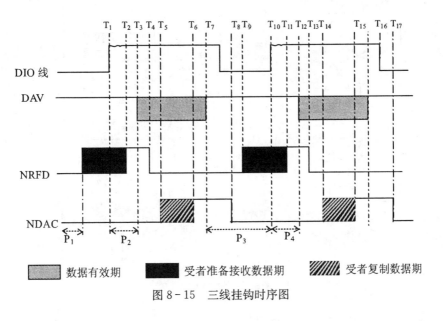

图 8-15　三线挂钩时序图

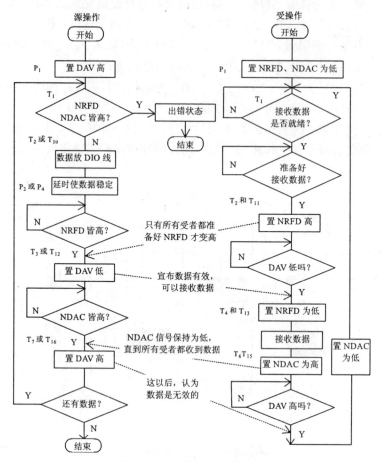

图 8-16　三线挂钩工作流程

8.3.5　IEEE 488 的消息编码格式

IEEE 488 接口之所以能达到真正的通用，还在于它对接口传输的消息进行了规范化。所谓规范化是指对消息的名称、作用、功能、电平及编码给予统一的规定。其核心是编码的统一。在介绍 IEEE 488 消息编码格式之前，我们通过图 8-17对消息分类加以归纳。

IEEE 488 规范在两方面做了规定，一是对接口消息及输入接口的本地消息做了统一规定，二是把设备消息的编码格式作为惯例推出，期望用户遵循。

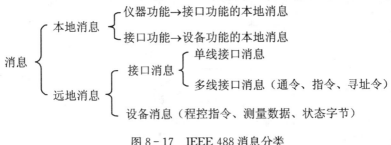

图 8-17　IEEE 488 消息分类

8.3.5.1　远地接口消息编码说明

远地接口消息分为单线消息和多线消息两种。我们对它们的编码格式做详细介绍。

（1）单线消息

由一条线传递的消息称为单线消息，比如 ANT、IFC、REN、DAC、DAV 等。在同一时刻可以同时传递其他的有用的单线消息，实现其他的功能，如 DAV、DAC 和 RFD 用于实现三线挂钩功能。

（2）多线消息

这是指使用数据线 DIO 传递的接口消息，它用于管理接口系统。多线消息用 $DIO_1 \sim DIO_7$ 进行编码，DIO_8 不用。多线消息分为通令、主令、寻址令和副令四种。

a）通令（UC - universal command）。通令由责任控者发出，系统中其他仪器都必须听，并立即执行。通令编码格式如图 8-18 所示。

D_8	D_7	D_6	D_5	D_4	D_3	D_2	D_1	助记符和通令内容
×	0	0	1	0	0	0	1	L L O 本地封锁
不用	表　示　通　令			0	1	0	0	D CL 设备清除
				1	0	0	0	SPE 串行点名可能
				1	0	0	1	SP 串行点名不可能
				0	1	0	1	PPU 并行点名解除

图 8-18　IEEE 488 多线通令表

b）主令（AC - addressed command ）。也是由责任控者发出，发出之前必须先寻址，使准备接收该指令的设备被任命为听者，指定的设备才会接收并执行此指令。编码格式如图 8-19 所示。

c）副令（SE - secondary address）。副令是前面说的通令和主令的补充，两条副令都是主令 PPC（并行点名组态）的补充。

D8	D7	D6	D5	D4	D3	D2	D1	助记符和主令内容
×	0	0	0	0	1	0	0	GET执行群触发
不用	表示主令			0	0	0	1	GTL进入本地
				0	1	0	1	PPC并行点名组状
				0	1	0	0	SDC选择设备清除
				1	0	0	1	TCT控制权转移

图 8-19　IEEE 488 多线主令表

PPE(并行点名可能):编码为 X 1 1 0 S P_3 P_2 P_1,P_3 P_2 P_1 的编码000~111 分别代表对 DIO_1~DIO_8 点名,S 为响应检测位。

PPD(并行点名不可能):编码为 X 1 1 1 D_4 D_3 D_2 D_1,表明并行点名被取消,回到原始态。D_4 D_3 D_2 D_1 不起作用,可以全部取零。

d) 寻址令(AD-listen/talk address)。IEEE 488 系统采用共用总线结构,因此必须要事先给总线上每台仪器一个地址。才可以通过寻址建立起两台仪器的通信。因为,系统中的仪器工作中身份可能会变化,有时为听者,有时为讲者,因此,必须预先给它两个地址,一个为听地址,一个为讲地址,地址可以在仪器面板上设定。编码格式如图 8-20 所示。讲地址与听地址都为 5 位,寻址范围位 $2^5=32$,其中不寻址听 UNL 和不寻址讲 UNT 占去一个编码,因此可对 31 个听者寻址,31 个讲者寻址。如果地址不够用,在主地址字节后面再加一个副地址,寻址范围可以是 961 个地址。

D8	D7	D6	D5	D4	D3	D2	D1	助记符和寻址令内容
×	1	0	T_5	T_4	T_3	T_2	T_1	MTA我的讲地址
无用位	0	1	L_5	L_4	L_3	L_2	L_1	MLA我的听地址
	1	1	S_5	S_4	S_3	S_2	S_1	MSA我的副地址

图 8-20　IEEE 488 寻址令指令表

8.3.5.2　本地消息规范说明

前面已经说过本地消息分两种,输入到接口功能的消息必须规范化,而从接口功能输出的本地消息不要求规范化。本地消息有 18 个,用三个小写英文字符表示,如 pon(电源接通)、ton(只讲)、lon(只听)等,在此不一一列出。

8.3.5.3　仪器消息编码格式说明

如果仪器消息不规范化,各个仪器的程控指令、测量数据的格式不一样,尽管接口通用,仪器间可以通信和交换数据,但是可能会互不理解,整个系统仍然无法工作。为此国际组织作了大量的工作,特别是 IEC-625-2-80 文件中提出了仪器消息的编码格式和惯例。

仪器消息的最小单位是"消息单元",消息单元具有明确的意义和完整的概念。由一个或若干个消息单元组成的序列称为"消息块"。由一个或若干个消息块组成的序列称为"记录"。一般一个记录表达一个完整的仪器消息。图 8 - 21 表示了仪器消息的基本结构,各段的含义如下:

T 段(题头)。用来描述 V 段数据的类型、性质和单位,由英文字母组成,其长度可变,应尽可能短。

U 段(本体之一)。用 ASCII 码表示 V 段数据的正负极性及无符号数。U 段长为一个字节。U 段只在 V 段测量数据时使用,若 V 段为程控命令时则不用 U 段。

V 段(本体之二)。用来放测量数据和程控命令,是不可缺少的部分。通常用 BCD 码或 ASCII 码表示 V 段。用 ASCII 码表示时,用整数、浮点数和幂数表示。

W 段(本体之三)。当 V 段用幂表示法时,W 段中放幂值。

X 段。消息单元定界标,取 ASCII 码的",";"或"/"。

Y 段。为消息块的定界标,可选用 CR、LF 等。

Z 段。为记录的定界标,可选用 ETX 等。

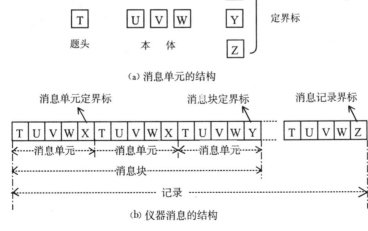

(a) 消息单元的结构

(b) 仪器消息的结构

图 8 - 21　仪器消息结构示意图

8.3.6 IEEE 488 自动测试系统举例

8.3.6.1 卫星测距接收机自动测试系统

卫星测距接收机自动测试系统组成如图 8-22 所示。以接收机动态范围测量为例,其工作过程如下:

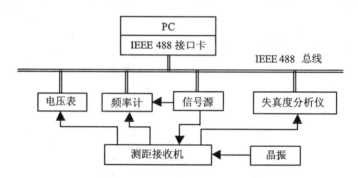

图 8-22　测距接收机自动测试系统

(1) 计算机作为系统控者,发远地可能 REN＝1 消息。系统中的所有设备:电压表、频率计、信号源、失真度分析仪当收到 REN 消息后便置于控者的控制下,即置于计算机的控制下。

(2) 系统控者(计算机)发接口清除 IFC＝1 消息,系统中各设备收到 IFC 消息后,在 t_4 时间内各接口功能被清除,回到初始状态,准备接收各种操作命令。

(3) 计算机转而变成责任控者,负责控制总线上各设备,进行数据传输活动。责任控者首先发"本地封锁"通令,命令总线上所有设备面板上的那个"返回本地"开关失效,以防操作人员不慎拨动了此开关而引起工作过程的错误。

(4) 计算机通过人机对话的方式选定待测试项目,如选择"测量接收机动态范围"。

(5) 计算机作为系统的责任控者,发信号源的听地址,这时控者的 SH 功能和系统中各设备的 AH 功能(包括控者本身的 AH 功能)之间进行"三线挂钩",但只有信号源能收到听地址,被任命为听者,其他设备的 AH 功能只进行了一次空循环。

(6) 计算机自命本身为讲者,处于讲地位。它通过自身的讲功能向信号源发程控命令,命令信号源的截止频率、调制频率、调相弧度及输出电平等按要求设置并开始输出。

　　(7) 计算机发通令 UNL "不听",信号源收到 UNL 消息后,其听功能立即返回 LIDS 态,取消听受命。

　　(8) 计算机发电压表的听地址,电压表收到自己的听地址后,便处于听者受命态,准备接收程控命令。

　　(9) 计算机通过自己的讲功能向电压表发程控命令,命令电压表置成自动测量交流电压的模式,并启动电压表开始测量。

　　(10) 计算机发通令 UNL,电压表收到 UNL 消息后,其听功能返回 LIDS 态,取消听受命。

　　(11) 计算机任命电压表为讲者,自命为听者。电压表收到自己的讲地址后立即处于讲者受命态,准备将测量的结果通过接口总线发送给它的"听者"计算机。至此控者完成了发号施令的任务:寻址和发送有关程控命令。这一切都安排好后,控者便暂时"退出"控制,转而进入靠边状态(CSBS,也称控者预备态)。

　　(12) 控者进入 CSBS 态,发 ATN 消息,让出总线。电压表的讲功能收到 $\overline{ATN}=1$ 消息后,立即进入讲者作用态,计算机的听功能收到 $\overline{ATN}=1$ 消息进入听者作用态。电压表开始向它的听者(计算机)发数据。一旦数据传送完毕,控者就及时介入恢复控制。

　　(13) 计算机将接收的测量数据进行处理,判断是否满足指标要求。如不满足要求,计算机通过自己的终端提示重测。如若满足要求,计算机再命令信号源改变输出数据,开始下一次测量。这样,周而复始,直到规定的接收机动态范围内的全部信号测量完毕。"接收机动态范围的测量"这一测试项目才真正结束。

8.3.6.2　卫星通信转发器测试系统

　　在 3.5.1 节中,已经对通信卫星转发器分系统的测试及其测试系统作了较为详细地介绍。本节列举了早期的一个系统,并以一个参数测试为例说明 IEEE 488 仪器测试的过程。

　　(1) 通信转发器的主要参数

　　通常对通信转发器检测的高频参数主要有:单频饱和增益,增益频率特性及增益斜率,带外抑制特性,接收机噪声系数,单频饱和输出功率,交调特性,调幅/调相变换系数,调幅/调幅变换系数,输入输出特性,增益调节范围,本振频率精度和稳定度,带内及带外杂波输出特性,群时延特性及通信转发器总相移特性等多项。在测试中,测试人员还需了解各种状态下转发器的功耗,并定期地记录各转发器的输出频谱图,以供比较。

（2）通信转发器自动测试系统组成

通信转发器自动测试系统组成如图 8-23 所示。HEWLETT-PACKARD
公司的 VECTRA-PC 微型计算机作为系统的控者,管理 IEEE 488 总线上的微
波信号源、微波扫频源、频谱分析仪、计数器、功率计、开关驱动器、噪声系数测试
仪、线路分析仪、归一化存储校准器以及数字多用表等近 15 台可程控设备,完成
各参数的测试。并由打印机或绘图仪给出测试结果。

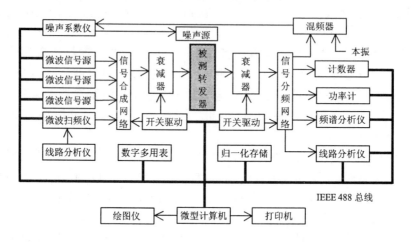

图 8-23　通信转发器自动测试系统的框图

各个参数测试的方法和使用的仪器也不完全一样,这里仅以通信转发
器的单频饱和增益的测试为例,它的测试过程如下:①首先计算机寻址微波
信号源,并向信号源发程控命令,命令它的频率为某一转发器的中心频率,
命令它的输出电平由小到大变化。最后启动信号源开始工作,去激励该转
发器;②接着计算机寻址功率计或频谱分析仪,并向它们发程控命令,最后
启动它们开始测量;③然后计算机读取功率计或频谱分析仪所测得的结果,
并进行处理,求出相对于转发器输入曲线斜率为零的那一点转发器的输出
电平值,该点输出电平与输入电平之差即为该转发器的单频饱和增益。

8.3.6.3　卫星电源自动测试系统

卫星电源系统是实现对整个卫星供电的系统,是卫星能否正常运行的基础。
因此,在实施对卫星供电之前,必须对它进行严格的检查测试。

电源测试系统比较复杂,它不仅包含闭环控制、指令控制和众多的参数测
量,而且还包含有对卫星用电的仿真。其硬件组成框图如图 8-24 所示。

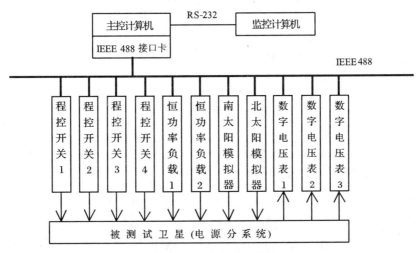

图 8 - 24　电源测试系统

主控计算机,作为系统的控者,管理数字电压表、太阳模拟器、恒功负载仪、程控开关等 11 台带 488 接口的智能仪器,执行测试过程的控制。

监控计算机负责监督测试过程发送,检验控制指令的正确性,并以屏幕显示和语音的形式报告测试的结果,同时负责对测试历史过程数据进行查询。

测试系统中的 4 台程控开关充当接通测试过程的各种控制开关和测量数据的多路采样开关。3 台 8840 数字电压表实现对直流电压、交流电压和电阻的测量。2 台恒功率等效负载器仿真卫星电源负载,其内部含有由 Z - 80 芯片构成的 IEEE 488 接口单元,由 8031 单片机构成的恒功率闭环调节系统。2 台太阳电池方阵模拟器模拟卫星太阳能电池发电方阵,其内部含有由一块 Z - 80 芯片构成的 IEEE 488 接口单元,由另一个 Z - 80 芯片构成的可程控功率函数发生器,此发生器模拟不同太空环境下太阳电池发电的伏安特性曲线。

测试系统的软件分成三个层次:

(1) 用户层。要按一定格式用约定的测试术语书写测试细则文本文件。在这一软件层,用户仅考虑测试过程本身,不考虑测试设备动作。这样的软件是用自然语言书写的,易懂,易编,易查错,易修改。对测试中出现的故障进行分析时很容易把测试设备的故障与被测系统的故障隔离开来。用户层软件只涉及测试过程、测试方法和被测对象,不涉及所用的测试设备的使用和设备性能。

(2) 核心层。用 Turbo Basic 或 Turbo C 编写的执行程序。它首先将用户层的测试文本文件,进行解释/编译,生成测试过程运行程序,实现测试过程的自动控制。运行程序除了要求有测试过程文本文件外,还要求有测试中采用的各种 IEEE 488 智能仪器的指令库文件,测试中显示的图表和图形格式文件。

(3) 底层。用汇编语言编写的子程序和驱动程序包括:488 子程序库,语音驱动程序,监控双机通讯程序等。

8.4　VXI 总线

8.4.1　什么是 VXI 总线

VXI 总线是 VME 总线在仪器领域的扩展,即 VMEbus Extension for Instrumentation 的缩写。VME 是在 MOTOROLA 公司的 VERSA 总线和 EUROCARD(欧洲卡)的基础上而形成的,VME 是 VERSA Bus Modula European 的缩写。VME 于 1986 年和 1987 年先后被列为 IEEE1014 和 IEC821 微机总线标准。VME 的开放式系统结构,使得供应商能提供成千上万种功能插件,应用也非常广泛。由于起初在军方对减少自动化测试尺寸和模块化仪器的需求与日俱增,再加上 VME 又缺乏配套标准,HP、Tektronix 等公司组成了特设委员会,研究制定开放系统结构仪器所必需的附加标准。1987 年 7 月,他们一致宣布支持 VME 总线模块化仪器的一种通用系统结构,命名为 VXI 总线。

VXI 总线系统是一种用于模块化仪器的总线系统,被公认为是 21 世纪仪器总线系统和自动测试系统的优选平台,它几乎可以覆盖大多数传统的电子仪器。其优点是:优良的交互性、数据传输率高、可靠性高、易修性高、体积小、重量轻和可移动性好。目前世界上生产厂家已经有百余家,产品种类超过 1000 种。VXI 总线和 IEEE488 是目前应用最广泛的仪器总线,它们各有千秋,受到不同用户的欢迎,还不能说哪一个能占上风。

VXI 总线系统的最大优势在于解决了系统的硬件和软件的标准化。硬件方面形成了真正的开放式系统,软件方面支持标准化的系统软件。目前国际上有两个 VXI 总线组织,一个是 VXI 总线联合体,它负责制定 VXI 总线标准规范(VXI-1 至 VXI-10),另一个是 VXI 总线即插即用(VXI Plug & Play,简称 VPP)系统联盟,其宗旨是提供一个真正开放的系统结构,以便进一步缩短系统集成时间,为此它已经制定了同总线标准兼容的 VPP 技术规范文件(VPP-1 至 VPP-10),我们把它们列出如下:

(1) VXI 总线标准规范

　　VXI-1：VXI 总线系统规范

　　VXI-2：VXI 总线扩展的寄存器基器件和扩展的存储器器件

　　VXI-3：VXI 总线器件识别的字串行命令

　　VXI-4：VXI 总线通用助记符

　　VXI-5：VXI 总线通用 ASCII 系统命令

　　VXI-6：VXI 总线机箱扩展系统

　　VXI-7：VXI 总线共享存储器数据格式规范

　　VXI-8：VXI 总线冷却测量方法

　　VXI-9：VXI 总线标准测试程序规范

　　VXI-10：VXI 总线高速数据通道

(2) VPP 规范文件

　　VPP-1：VPP 系统联盟章程

　　VPP-2：VPP 系统框架技术规范

　　VPP-3：VPP 仪器驱动器技术规范,它包含如下四个文件：

　　　　VPP-3.1：VPP 仪器驱动器结构和设计技术规范

　　　　VPP-3.2：VPP 仪器驱动器开发工具技术规范

　　　　VPP-3.3：VPP 仪器驱动器功能面板技术规范

　　　　VPP-3.4：VPP 仪器驱动器编程接口技术规范

　　VPP-4：VPP 标准的软件输入输出接口技术规范包含三个文件：

　　　　VPP-4.1：VPP VISA-1 虚拟仪器软件结构主要技术
　　　　　　规范

　　　　VPP-4.2：VPP VISA-2 VISA 转换库(VTL)技术
　　　　　　规范

　　　　VPP-4.2.2：VISA-2.2 视窗框架的 VTL 实施技术
　　　　　　规范

　　VPP-5：VXI 组件知识库技术规范

　　VPP-6：安装和包装技术规范

　　VPP-7：软面板技术规范

　　VPP-8：VXI 模块/主机机械技术规范

　　VPP-9：仪器制造商缩写规则

　　VPP-10：VXI 即插即用 LOGO 技术规范和组件注册(初稿)

8.4.2 VME 总线介绍

VXI 总线是在 VME 总线基础上扩充而来。因而,有必要对 VME 总线的特点和结构做简要的介绍。VME 总线包含数据传输总线(DTB)、DTB 仲裁总线、优先级中断总线和公用总线。这些总线都安排在 P1 连接器上和 P2 连接器中间一行的引脚上。

8.4.2.1 数据传输总线(DTB)

数据传输总线与常规的微机数据传输总线一样,是供数据传输用的。在 VME 总线中,它主要供主(Master)模块和从(Slave)模块间传递信息,也可供中断模块与中断管理模块间传递状态和识别信息。DTB 按其功能可以分成寻址线、数据线和控制线。

(1) 寻址线

• 地址线 A01～A31,其中 A01～A23 安排在 P1 引脚上,A24～A31 安排在 P2 引脚上;

• 地址修改线 AM0*～AM5*,这六条线安排在 P1 引脚上;

• 数据选通线 DS0*、DS1*,这两条线安排在 P2 引脚上;

• 字长线 LWORD*,安排在 P1 引脚上。

(2) 数据线

数据线 D00～D31,其中 D00～D15 安排在 P1 引脚上,D16～D31 安排在 P2 引脚上。

(3) 控制线

• 地址选通线 AS*,安排在 P1 引脚上;

• 数据选通线 DS0*、DS1* 与地址选通线中的数据选通线相同,即数据选通线在寻址线;

• 总线错误线 BERR*,安排在 P1 引脚上;

• 总线传输应答线 DTACK*,安排在 P1 引脚上;

• 读/写信号线 WRITE*,安排在 P1 引脚上。

在主、从模块交换信息时,地址线由主模块驱动以便进行寻址。根据利用的地址线数目不同,地址可以是短地址(A16 寻址 64K 字节)、标准地址(A24 寻址 64M 字节)和扩展地址(A32 寻址 4G 字节),所用的地址线的数目由地址修改线 AM0*～AM5* 规定。

数据线 D00～D31 用来传输 1～4 字节的数据。主模块用数据选通线 DS0*、

DS1*、字长线 LWORD* 和地址线 A01 配合指定不同的数据传输周期类型,例如
是单字节奇地址还是偶地址的数据传输,是双字节还是四字节数据传输。

　　数据传输总线 DTB 是异步进行的,主模块用地址选通线 AS* 和数据选通
线 DS0*、DS1* 向从模块发出控制,而从模块用数据传输应答信号 DTACK* 来
响应。

　　当主模块发生寻址错误时,从模块驱动总线错误信号 BERR* 提示,若从模
块产生故障使 DTB 周期超时,系统控制板上的定时模块也能驱动 BERR* 线。

　　读写信号线 WRITE* 确定数据传输的方向。

8.4.2.2　DTB 仲裁总线

　　VME 的仲裁系统可防止两个以上主模块同时使用 DTB。当多个主模块通
过 DTB 仲裁总线申请 DTB 的使用权时,由 VME 的仲裁系统对这些申请做出
安排协调,完成 DTB 控制权的转移,从而优化 DTB 的使用。

　　仲裁总线都安排在 P1 引脚上,包括下列信号线:

- 总线请求线 BR0* ～BR3*;
- 总线允许输入线 BG0IN* ～BG3IN*;
- 总线允许输出线 BG0OUT* ～BG3OUT*;
- 总线忙线 BBSY*;
- 总线清除线 BCLR*。

　　四根总线请求线 BR0* ～BR3* 具有不同的优先级,BR3 最高,BR0 最低。
当主模块要求使用 DTB 时,这个请求模块就要驱动 BRx* 中的一根线(使之为
"1")向控制器的仲裁模块发出 DTB 请求信号。仲裁器通过总线允许输入和允
许输出信号线连成的菊花链进行仲裁,连接方法如图 8-25 所示。

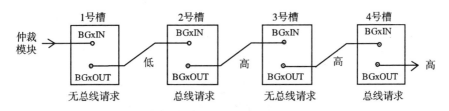

图 8-25　总线请求仲裁原理

　　结合图 8-25,简要叙述总线请求和仲裁过程如下:发总线使用请求
(BRx* 线置"1")→置总线允许输出线 BGxOUT* 线为高(置"1"),屏蔽了低
优先级模块,使之不能使用 DTB→监视总线允许输入线 BGxIN*,BGxIN*

线为低(为"0")时表示总线请求得到允许→驱动总线忙信号 BBSY*(置"0"),表明总线已被占用→使用完 DTB 后,立即释放 BBSY*(置"1"),置总线允许输出线 BGxOUT*线为低(置"0"),取消对 DTB 使用权的封锁。可以看出,图 8-25 中的 2 号槽的模块总线请求已被允许,4 号槽的请求未获允许。

8.4.2.3　优先中断总线

VME 总线系统最多可以有 7 级中断,优先中断总线包括:

· 中断请求线 IRQ1*～IRQ7*;
· 中断应答线 ICAK*;
· 中断应答输入线 IACKIN*;
· 中断应答输出线 IACKOUT*。

请求中断的模块驱动中断请求信号(IRQx*),中断管理模块监听到中断请求信号后驱动中断应答信号,它与控制器中的 IACK 菊花链驱动模块配合,组成中断链路。图 8-26 是中断认可菊花链结构图。

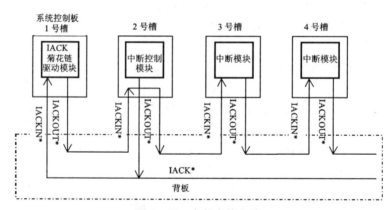

图 8-26　中断应答电路

产生中断时,会产生如图 8-27 的时序。时序说明如下:

阶段 1:中断请求阶段。当中断驱动器驱动一条中断请求线为低时,中断请求就开始了。当中断处理器控制数据传输总线时,该阶段就结束了。

阶段 2:中断认可阶段。在该阶段中断处理器使用数据传输总线来读中断器的状态或标志。

阶段 3:中断服务阶段。在该阶段中执行所规定的中断服务程序。

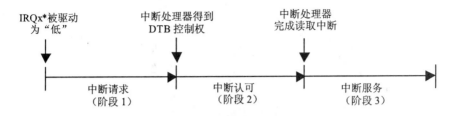

图 8-27　中断请求时序图

8.4.2.4　公用总线

VME 总线系统的公用总线为系统提供了时钟、系统初始化及故障监测等功能,它们都被安排在 P1 引脚上。这些信号线是:

- 系统时钟线 SYSCLK
- 序列时钟线 SERCLK
- 序列数据线 SERDAT*
- 交流故障线 ACFAIL*
- 系统复位线 SYSRESET*
- 系统故障线 SYSFAIL

此外,还有电源线、地线和保留线,保留线用户不得随便使用。

8.4.3　VXI 总线结构

VXI 是在 VME 上扩充的,是 VME 总线上增加了为适应仪器系统所需要的总线而构成的,从功能上可以分成三类,即全局总线、本地总线和单总线,如图 8-28所示。从图中可以看出,全局总线包括 VME 总线、触发总线和相加总线,单总线包括时钟与同步线、模件识别线和星形线。下面对 VXI 增加的几类总线做简要说明。

(1) 触发总线是用于模件间通讯的、集电极开路的 TTL 线和射集耦合的 ECL 输出线,分别在 P2 和 P3 电连接器上。任何系统中的模件都可以驱动这些线,并从这些线上接收信息。使用这些线应该严格遵循相应的协议。

(2) 相加总线是 VXI 总线系统背板上的一个模拟相加点,用于各个模块的输出相加,任何模件都可以用电流源驱动器驱动这个线,并可用高阻接收器接收这个线上的信息。

(3) 时钟与同步线是源于 P2 连接器的 0 槽的 10MHz 和源于 P3 连接器的 0 槽的 100MHz 的系统时钟,分配到 1～12 槽,在每个插槽背板上都必须有缓冲

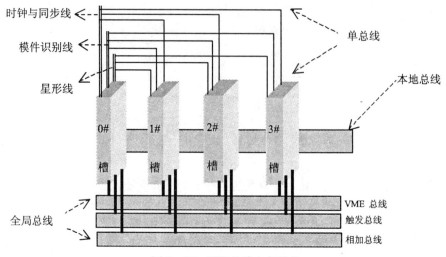

图 8 - 28　VXI 总线电气结构

输出驱动器。

（4）模件识别线源于 P2 连接器的 0 槽,分配到 1~12 槽,每个槽都有一根识别线连到 P2 连接器的 a30 引脚上。

（5）星形线提供了模件间的异步通信,在 P3 连接器上,因此,只在 D 型 VXI 系统中才会应用。

（6）本地总线是一种菊花链连接的总线,多用于多模块 VXI 系统内部的通讯。

8.4.4　VXI 机械结构

VXI 作为一种标准总线,在机械结构上有严格的规定,可以看 ANSI/IEEE 1011 及 IEC 292 - 2、603 - 2 标准,标准包括主机箱、模件结构。

8.4.4.1　主机箱

VXI 主机箱必须符合如下四种尺寸类型之一:

（1）只准插入 A 尺寸模件的主机箱称为"A 尺寸"主机箱,它与 VME 总线机箱规定相符。

（2）最大允许插入 B 尺寸模件的主机箱称为"B 尺寸"主机箱,它与 VME 总线机箱规定相符。

（3）最大允许插入 C 尺寸模件的主机箱称为"C 尺寸"主机箱。

（4）最大允许插入 D 尺寸模件的主机箱称为"D 尺寸"主机箱。

　　为了增加应用的灵活性和兼容性,生产厂家必须采取机械和电气的方法使之生产的较小尺寸的模件可以适应较大尺寸的主机箱。典型的 VXI 总线系统主机箱如图 8-29 所示。

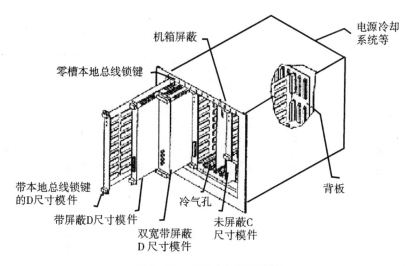

图 8-29　C 尺寸主机箱结构

　　标准规定了主机箱尺寸、插槽间距、插槽导轨的材料,规定了背板的尺寸和方位以及电连接器在背板上安装的尺寸,规定了接地和屏蔽要求,规定了主机箱的冷却和冷却测试方法、主机箱电源和工作环境要求。

　　近几年,各个公司都推出了高性能的智能主机箱,意在提高可靠性和取悦于用户。智能主机箱本身具有智能测试仪器功能,它在每个插槽安装了测温传感器,随时监测系统温升情况,自适应调节冷却风扇转速,保持箱内温升不超过 10℃,出现异常会给出报警。同时,可监测各路电源电压变化情况。通常这种机箱通过后面板提供 RS-232 信息接口和软面板。

　　背板是所有模件的公用信号和电源的分配网络。VXI 系统的 EMC 性能之所以优良,在于它的精细的背板设计。背板 10 层印制版,背板层次如表 8-3 所示。

表 8 - 3　背板 10 层印制版

层　次	内　容
顶层	连接器和元件面
1	接地层
2	信号层(TTL)
3	+5V 层
4	接地层
5	-5.2V 层
6	-2V 层
7	信号层(ECL)
8	接地层
底层	焊接面

8.4.4.2　模件

VXI 模件有四种标准尺寸,其尺寸结构外形如图 8 - 30 所示。其中 C 尺寸是常用的 VXI 系统,估计占在用 VXI 系统的 85%。VXI 模件的主要结构:

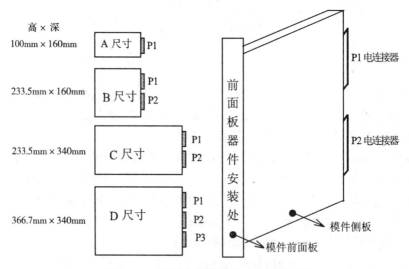

图 8 - 30　VXI 总线模件尺寸和结构外形

(1) 插板电连接器为 96 芯,A 尺寸只有 P1,B 和 C 尺寸有 P1 和 P2,D 尺寸有 P1、P2 和 P3。在所有的模件中 P1 连接器是必须的,P2 和 P3 是可选的。

(2) VXI 模件一般由 PCB、连接器和电子元件组装而成。要求焊盘、印制线、屏蔽罩和元件距 PCB 的上下边缘不能小于 2.5mm,以确保模件与机箱导槽的间隙。

(3) 模件间距以及元件高度、引线长度、屏蔽位置等都应遵循严格的规定。

（4）前面板尺寸必须与所选机箱尺寸相匹配,小尺寸模块插入大尺寸机箱时,通常要使用厂家提供的适配器加以转换。

8.4.5　VXI 总线器件

8.4.5.1　器件分类

器件是组成 VXI 总线系统的最基本的和底层的逻辑单元。通常一个器件占据一块 VXI 总线模块,允许一个模块上实现多个器件和一个器件占据多个模块。VXI 总线对器件规定了基本的能力,系统可以通过总线上 P1 定义的线访问器件,识别器件的类型、生产厂家、地址空间等。

每个 VXI 器件有唯一的逻辑地址,有与地址对应的配置寄存器和操作寄存器,这样,器件才能作为独立的单元被组织在系统中,并与系统的其他器件建立通信关系。

根据器件支持 VXI 通信协议的能力器件可分成四类,如图 8-31 所示。对于每类器件我们分述如下。

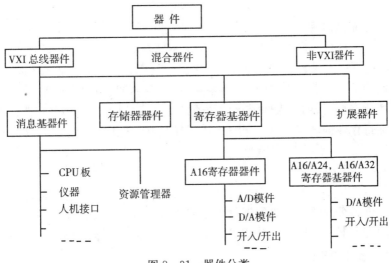

图 8-31　器件分类

（1）消息基器件

支持 VXI 总线配置和通信协议的器件,包括具有命令者和具有命令者功能的从者功能的器件,是任何带有通信能力的本地智能器件,如多功能数字表、频谱分析仪、488-VXI 接口器件等。

消息基器件不但具有配置寄存器,同时还具有通信寄存器来支持复杂的通信规程,当然也包括由器件决定的寄存器。消息基器件可以担任命令者/受令者(从者)分层结构中的命令者,也可以担任受令者,或者同时担任二者。

（2）寄存器基器件

寄存器基器件一般作为从者器件使用,它支持 VXI 总线寄存器分配图,与这类器件通信通常是读写其寄存器,它不支持 VXI 总线通讯协议的器件。这是一种简单的、便宜的器件,如开入、开出模件。

寄存器基器件具有 VXI 标准的组态寄存器和与器件相关的操作寄存器,这些寄存器的数量和所在地址空间的位置由器件的逻辑地址和它的组态寄存器中的其他信息决定的,其中 ID 寄存器的地址空间段定义了它的操作寄存器所在的地址空间的位置。

寄存器基器件寻址数目不同,可以分为 A16、A16/A24 和 A16/A32 三种：①A16 类型使用 16 条地址线寻址,操作寄存器占用的相对位置是 $06_{16} \sim 3F_{16}$;②A16/A24 类型允许使用 16 条或 24 条地址线寻址,操作寄存器占用的相对位置是 $08_{16} \sim 3F_{16}$,还可以占有 A24 地址空间;③A16/A32 类型允许使用 16 条或 32 地址线寻址,操作寄存器占用的相对位置是 $08_{16} \sim 3F_{16}$,还可占用 A32 的寻址空间。

（3）存储器器件

这是一种具有配置寄存器,并包含一定存储器器件特征,但不具备 VXI 总线定义的其他寄存器或通讯协议的器件。它占据 VME 总线 A24 和 A32 地址空间。

存储器器件包括 A16 配置寄存器和 A24 或 A32 操作寄存器。此外,它还有一个特征寄存器,用来表明该存储器器件的一些特性,这是一个只读寄存器。

特征寄存器的内容分别表明该存储器的访问方式、是否具有块传输能力、ROM 还是 RAM、访问时间等等。

（4）扩展器件

扩展器件是一种专用的 VXI 总线器件,具备配置寄存器识别功能,允许定义新的和更高级的器件。扩展器件除了具有配置寄存器之外,还有子类寄存器和相关的寄存器。扩展器件分成扩展寄存器基器件和扩展存储器器件。

8.4.5.2 器件通用的从属特性

所有的 VXI 器件都具有通用的 VME 总线从属特性,包括标准的存储器分配图、通用寻址方式和标准寄存器定义。

（1）器件寻址

所有 VXI 器件在 A16 地址空间内,都有一组 64 字节的寄存器,也就是配置寄存器。每个寄存器基地址都由器件本身唯一的逻辑地址确定。这个逻辑地址是一个 8 位选择器,共有 256 种选择。逻辑地址是选择器设定的值,这个值与器件寄存器基地址的 6→13 位对应,基地址的 A14 和 A15 位均为 1,参看图 8-32。可以用下式计算寄存器的基地址:

$$V \times 64 + 49152$$

式中,V 表示器件的逻辑地址。对于具有 A24 和 A32 地址寄存器的器件,寄存器的基地址必须通过 A16 配置区域内的偏移寄存器编程确定。

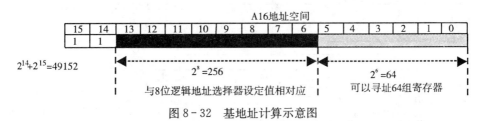

图 8-32　基地址计算示意图

(2) 配置寄存器

VXI 总线器件配置寄存器的分配如图 8-33 所示,这些寄存器由前述的逻辑地址选择器设置在 A16 空间中。图中六种寄存器功能定义如下:

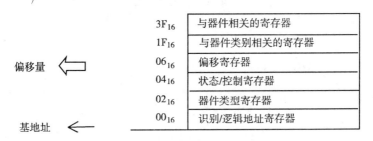

图 8-33　配置寄存器的分配图

识别(ID)寄存器:提供与器件配制有关的信息,格式见表 8-4。

逻辑地址寄存器:这个寄存器由可选的动态配置协议定义,为多器件占同一插槽使用。可参阅规范文本的规则 383 至 396,在此不做介绍。

器件类型寄存器:这个寄存器提供与器件相关的类型识别编码,格式内容见表 8-5。

状态寄存器:提供与器件状态有关的信息,格式内容见表 8-6。

控制寄存器:对该寄存器写入数据可以使器件执行表 8-7 所示的特定操作。

表 8-4　识别(ID)寄存器

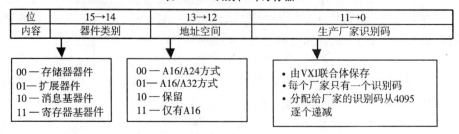

位	15→14	13→12	11→0
内容	器件类别	地址空间	生产厂家识别码

- 00—存储器器件
- 01—扩展器件
- 10—消息基器件
- 11—寄存器基器件

- 00—A16/A24方式
- 01—A16/A32方式
- 10—保留
- 11—仅有A16

- 由VXI联合体保存
- 每个厂家只有一个识别码
- 分配给厂家的识别码从4095逐个递减

表 8-5　器件类型寄存器

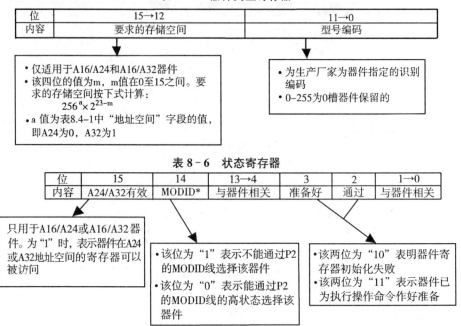

位	15→12	11→0
内容	要求的存储空间	型号编码

- 仅适用于A16/A24和A16/A32器件
- 该四位的值为m，m值在0至15之间。要求的存储空间按下式计算：
$$256^{a} \times 2^{23-m}$$
- a 值为表8.4-1中"地址空间"字段的值，即A24为0，A32为1

- 为生产厂家为器件指定的识别编码
- 0-255为0槽器件保留的

表 8-6　状态寄存器

位	15	14	13→4	3	2	1→0
内容	A24/A32有效	MODID*	与器件相关	准备好	通过	与器件相关

只用于A16/A24或A16/A32器件。为"1"时，表示器件在A24或A32地址空间的寄存器可以被访问

- 该位为"1"表示不能通过P2的MODID线选择该器件
- 该位为"0"表示能通过P2的MODID线的高状态选择该器件

- 该两位为"10"表明器件寄存器初始化失败
- 该两位为"11"表示器件已为执行操作命令作好准备

表 8-7　控制寄存器

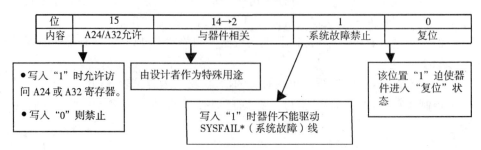

位	15	14→2	1	0
内容	A24/A32允许	与器件相关	系统故障禁止	复位

- 写入"1"时允许访问 A24 或 A32 寄存器。
- 写入"0"则禁止

由设计者作为特殊用途

写入"1"时器件不能驱动SYSFAIL*（系统故障）线

该位置"1"迫使器件进入"复位"状态

偏移寄存器:这是一个读寄存器,它仅用于 A16/A24 和 A16/A32 器件。当分配给器件的配置寄存器和操作寄存器不够用时,可以给出一定的操作寄存器附加地址空间。这时可以由偏移寄存器给出附加地址空间的基地址。VME 规范规定偏移寄存器的写入值与器件所要求的存储空间相关,或者说与器件类型寄存器(见表 8-5)的第 12～15 位定义的 m 值有关。偏移寄存器第 $15\rightarrow(15-m)$ 位同 A24 中地址线 $A23\rightarrow A(23-m)$ 位的值相对应,或者同 A32 中地址线 $A31\rightarrow A(31-m)$ 位的值相对应。这种关系可以通过一个例子说明:一个采用 A16/A24 的器件需要附加 1K 字节的操作寄存器寻址空间,根据器件类型寄存器部分(见表 8-5)给出的计算公式:

$$256\times 10^{23-m}=1024=2^{10}$$

可以解出 $m=13$。这样在配置地址图时,资源管理器应该给偏移寄存器的 15～2 位填数,并且把它作为 24 位地址线中 A23～A10 的值。可以看出,由于 $1024=2^{10}$,所以地址线中的 A10 恰好能分辨器件需要 1K 字节的附加存储空间。

(3) 地址修改器

在 VXI 总线上 P1 上有六位是地址修改线。为了防止地址空间的相互重叠,VXI 规范明确规定了不同寻址方式时 AM5～AM0 的值,如表 8-8 所示。

表 8-8　地址修改器

地址修改器	AM5	AM4	AM3	AM2	AM1	AM0	
A16 寻址	1	0	1	0	0	1	29_{16}
	1	0	1	1	0	1	$2D_{16}$
A16/A24 寻址	1	1	1	1	0	1	$3D_{16}$
	1	1	1	1	1	0	$3E_{16}$
A16/A32 寻址	0	0	1	1	0	1	$0D_{16}$
	0	0	1	1	1	0	$0E_{16}$

8.4.5.3　器件初始化

初始化过程是由内部机器状态、状态寄存器的"通过"位和"准备好"位、控制寄存器的"复位"位和"系统故障禁止"位、VME 总线 SYSFAIL* 驱动器和"故障指示"LED 灯实现的。

初始化过程可以用图 8-34 所示的 8 个状态来描述。图中 SRST 是总线的 SYSRESET* 信号,RST 是控制寄存器的第 0 位"复位"位(见表 8-7)。其余都是由器件内部产生。

(1) 硬复位。当 SYSRESET* 有效时(低电平),器件进入该状态。

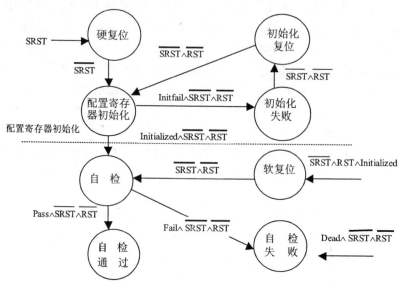

图 8 - 34　初始化状态图

（2）配置寄存器初始化。在这个可选状态期间，器件对它的配置寄存器进行配置。配置过程包括设置逻辑地址、识别和器件型号寄存器的值，以及对它的状态、控制和偏移寄存器进行初始化。

（3）自检。在自检状态，器件对它与 VXI 通讯所必需的功能进行测试和初始化。

（4）初始化失败。如果器件在能够访问它的配置寄存器之后发生配置寄存器初始化失败，器件则进入这个状态。

（5）自检失败。如果自检失败，器件进入这个状态。

（6）自检通过。器件通过自检后进入此状态。这时，器件释放 SYSFAIL*线，置状态寄存器的"通过"位为"1"。在此状态，器件已经具备了 VXI 总线的各种通讯能力。

（7）软复位。当控制寄存器的"复位"位置"1"时，器件进入此状态。

（8）初始化复位。除了器件的配置寄存器没有被初始化外，此状态与"软复位"状态相似。

8.4.6　VXI 总线器件通信规程及资源管理器

8.4.6.1　器件通信规程

VXI 总线的分层通信规程示意图如图 8 - 35 所示。不同类型的器件支持的通信规程也不同。图中最上层的部分（双框勾出部分）均为器件特定规程，或者说是器件消息规程。这些规程完全由设计者决定。为了方便使用，VXI 联合体制定了可程控仪器的标准命令（SCPI），对器件的语法、格式、命令标识符和数据交换格式作了规定。可以说，器件特定规程是由设计者和 SCPI 共同决定的。规程的最下层是配置寄存器，这是任何器件都必须具备的。

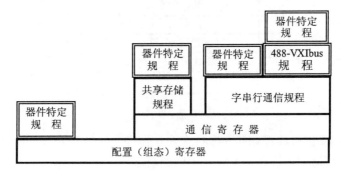

图 8-35　VXI 总线分层通信规程

图 8-35 中最左侧为寄存器基通信规程，寄存器基器件是由配置寄存器和器件决定的操作寄存器。因此，它只能在配置寄存器支持下靠器件特定规程通信，通信的过程主要是读/写寄存器，也可以利用中断来报告器件的状态和识别信息。直接对寄存器操作比较复杂，有些厂家为寄存器基器件提供了智能驱动器，这样可以向器件发送 ASCII 命令，驱动器在把 ASCII 命令翻译成对寄存器的操作。

消息基器件除了配置寄存器之外，还必须具有通信寄存器和器件决定的寄存器，通信寄存器是消息基器件通信的基础。基于通信寄存器的通信规程最主要的是字串行规程。字串行规程与器件特定规程之间有两种方式联系，一种是直接联系，即直接以字串行方式向器件发送它要求的命令或数据；另一种是通过如向 488-VXI 规程和 488.2 语法与特定的器件规程通信。使用这种方式可以像控制 488 仪器一样地控制 VXI 仪器。

除了字串行通信规程之外，消息基器件还支持共享存储器规程，允许支持共享存储器规程的器件利用它们的共享存储器进行存/取操作。

通信寄存器在 A16 地址空间的相对位置如图 8-36 所示。其中规程寄存器、响应寄存器、数据低寄存器是必备的，其余是任选的。

最简单的通信是使用数据寄存器和响应寄存器来传递字串数据，这种方式被定义为字串行协议。这种协议是消息基器件最基本的和必须实现的通信能

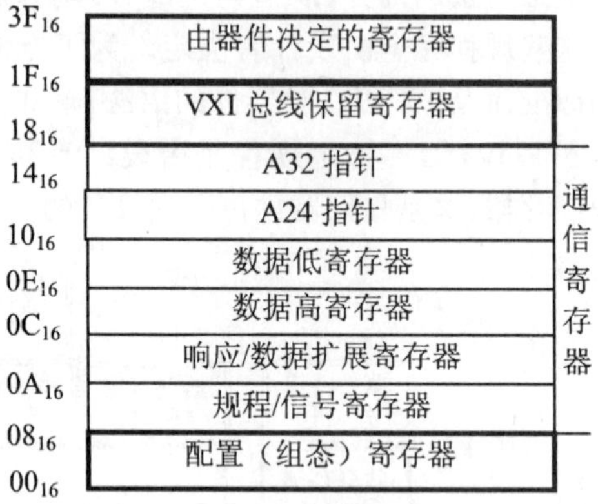

$3F_{16}$	由器件决定的寄存器
$1F_{16}$	VXI 总线保留寄存器
18_{16}	A32 指针
14_{16}	A24 指针
10_{16}	数据低寄存器
$0E_{16}$	数据高寄存器
$0C_{16}$	响应/数据扩展寄存器
$0A_{16}$	规程/信号寄存器
08_{16}	配置（组态）寄存器
00_{16}	

图 8 - 36　通信寄存器结构

力。通过读 16 位可读寄存器的内容来确认器件所支持的协议和附加的通信能力。协议寄存器的内容在文本中有明确的规定。

字串行数据传送过程由响应寄存器中的状态位来协调的。响应寄存器中包含数据输出准备好、输入数据准备好、读准备好、写准备好状态位等,通过对这些位的读写操作协调和同步数据的传送过程。

上面这种传送方式为正常传送方式。如果在数据传送中,使用从者的DKACK* 和 BERR* 线来强制同步,不在使用从者响应寄存器中的某些位来同步传输数据,这种方式称为快速挂钩传输方式。

8.4.6.2　资源管理器的功能

VXI 总线资源管理器位于逻辑地址为 0 处,是具有命令者能力的基于消息基的器件。系统上电时,应完成如下功能:

(1) 器件识别。识别程序是释放 SYSRESET* 线后,等待 SYSFAIL* 被释放。然后,访问任何其他的 VXI 总线器件的 A16 配置寄存器。读出每个地址的状态寄存器。如果成功,相应的器件存在;如果发生总线错误,则该器件不存在。

(2) 系统自检管理。完成所有的自检操作后,当检测到某器件有故障时,强制有故障的器件进入"软复位"状态。

(3) 地址图配置。资源管理者按如下顺序实现 A24 和 A32 地址图配置,读ID 寄存器的地址空间字段,确定器件是 A24 还是 A32 寄存器→读器件类型寄存器的存储器段,确定寄存器数目→计算 A24 和 A32 器件的偏移量→将偏移量写入偏移寄存器来分配 A24A32 的基地址→将控制寄存器的 A24A32 使能位置"1",使之被使能。

（4）命令者/从者层次。资源管理器按如下顺序建立系统层次,读协议寄存器的 CMDR(Commander)位,确定所有的命令者→使用"读从者区域"命令,读出每个命令者管理的从者区域大小→命令者/从者层次→使用"选中"器件命令,给命令者安排从者。

（5）分配 IRQ 线。资源管理器可以响应不同的中断处理器和中断器所分配的 IRQ 线。每根 IRQ 线分配给一个中断处理器,但可以分配给多个中断器。资源管理器要分别给中断处理器和中断器分配 IRQ 线。中断配置信息的形式与具体器件有关,该信息通常放在系统控制台的主计算机中。

（6）启动正常操作。分配 IRQ 线后,资源管理器可提供某些与系统有关的启动服务,然后它按递增的逻辑地址给所有顶层命令者发送"开始正常操作"命令。至此资源管理器的开机过程完成,即可进入实时运行操作方式。

8.4.7　VXI 总线系统控制器

VXI 总线系统与所有的自动测试系统一样,必须由系统控制器来控制整个 VXI 系统的工作。VXI 总线系统控制器可以置于 VXI 主机箱之内,也可以置于 VXI 主机箱之外。置于 VXI 主机箱内的成为嵌入式控制器,这种结构使 VXI 总线测试系统具有良好的整体性和便携性,工作速率高。置于 VXI 主机箱外的控制器称为外接控制器,这种外接控制器不受 VXI 主机箱物理结构的限制,因此,选择比较灵活,它可以是常用的微型计算机,也可以是计算机工作站。

外接计算机可以以多种方式与 VXI 总线连接,如 GPIB - VXI 翻译器、VXI - MXI 接口和 IEEE1394 - VXI 接口等。这些接口必须沟通两种总线,使外接计算机能与 VXI 总线可靠地交换信息,保证整个 VXI 系统的可靠工作。

无论是嵌入式控制器还是用于连接外部计算机的接口或翻译器都放在 VXI 主机箱的零号槽位置。因此,也常称零槽模块或零槽控制器。VXI 系统对零槽控制器的控制功能可以有不同的要求,可以根据系统需要来设计和选用不同的控制器。VXI 系统有三种基本的常用的构成方式:GPIB 控制方式、MXI 控制方式和嵌入式控制器方式。

8.4.7.1　嵌入式控制器方式

嵌入式 VXI 总线控制器是用来控制 VXI 总线系统的高性能计算机平台,具有台式 PC 的全部功能。它占用 1~4 个 C 尺寸的插槽。这种控制计算机以 486 或 586 微处理器和 PC 结构为基础,具有坚实的硬盘和软驱控制器,并且在一块芯片上用高性能的常规门阵列实现 VXI 总线系统的多种功能。在前面板上设有多种端口,用于连接到外部的硬驱、软驱、VGA 显示器、GPIB 接口、串口、并口、总线触发和时钟等。在控制计算机中系统软件和 VXI 总线应用软件的控制下，就可以控制总线的寄存器、存储器和触发器，从而实现 VXI 功能的管理。

嵌入式控制器除了具有 PC 的全部功能外，同时，还包括处理 VXI 总线操作的接口门阵列和定时接口控制器，以及用于控制 IEEE 488 的专用电路，从而构成了一个高性能的计算机系统。它应该具有如下的性能：

(1) 完整的 PC 功能，性能取决于所有的 CPU 芯片。

(2) 具有完整的 VXI 总线零槽资源管理器的功能。

(3) 提供多机箱系统管理功能，这种系统基于 MXI 总线的 VXI‐MXI 和 VME‐MXI 的机箱扩展器。

(4) 完整的系统控制软件 DOS 或 Windows 操作系统。

(5) 采用工业标准 IEEE488.2 的 GPIB 软件控制外部的 GPIB 仪器。

(6) 提供应用操作开发平台 LabVIEW for Windows、LabWindows/CVI for Windows 的多种版本。

8.4.7.2 GPIB 控制方式

这种方式使用一台具有 GPIB(IEEE 488)接口板的 PC 机，通过 GPIB 电缆与插在 VXI 主机箱零槽位置的 GPIB 零槽控制器相连，实现 VXI 系统控制。这个 GPIB 零槽控制器也称为 GPIB‐VXI 翻译器。GPIB‐VXI 翻译器应当具有如下功能：

(1) 将 GPIB 仪器程控代码转换成 VXI 命令，并在 VXI 主机箱内运行。

(2) 通过 GPIB 控制的 VXI 总线系统零槽资源管理器。

(3) GPIB 协议和 VXI 总线协议之间的交互翻译，即用 IEEE488 控制器和软件控制的消息基器件。

(4) 扩展的内置局部命令集，用来访问 GPIB 或 RS‐232 端口。

GPIB 零槽控制器的操作是基于 psos 实时多任务操作系统，其操作软件固化在 ROM 中，连同零槽控制器一起装入 VXI 总线主机箱内。这样控制器就能直接对来往于 VXI 消息基器件的 GPIB 协议进行解释翻译。

GPIB 零槽控制器是一个占用 VXI 单插槽 C 尺寸的模件，它是完全屏蔽的模块。它的前面板设有：一个 IEEE488 连接器、TTL 触发器输入和输出 BNC 连接器、外部 XVI 总线时钟输入和输出连接器、9 芯 D 型 RS‐232 串口连接器以及复位按钮。此外，还有 SYSFAIL、FAILED、ONLINE、AC‐CESS 等指示灯。

GPIB 电缆连到 GPIB 零槽控制器前面板上，如图 8‐37 所示。GPIB 零槽控制器本身就是一台有唯一地址的 GPIB 仪器,从而可以方便地把 VXI 总线仪器连到 GPIB 系统中,或者方便地把 GPIB 仪器连到 VXI 系统中。GPIB 总线的性能、协议在专门的章节中说明。

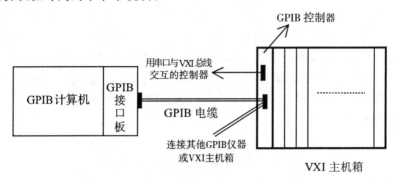

图 8 - 37　GPIB 控制器与计算机的连接

8.4.7.3　MXI 控制方式

　　MXI(Multisystem Extension Interface)总线是一种通用的多控者系统的单电缆总线。MXI 的操作类似于后备板计算机总线,但是它在物理上将分离的两个部件之间用电缆实现非常高速的通讯。由于 VXI 总线的特殊需要才产生和推出了一种新的仪器系统的结构 MXI,并作为一种开放的工业标准。

　　MXI 连接器是一个 62 芯高密度高强度的 D 型超小型连接器。MXI 总线信号包括:带奇偶位的 32 条地址/数据复用线、地址修改线、地址和数据选通线、读/写线、仲裁线、中断线等。电缆最长可为 20m。理论上,MXI 的最大数据块传输速率为 20Mbyte/s,这是在 1m 传输电缆下得到的。考虑到电缆传输时间(和电缆长度有关)、器件的总线存储时间和 MXI 固有的操作周期,实际应用的传输速率要小 2~3 倍。

　　MXI 对 VXI 的控制方式是:使用一台具有 MXI 接口板的 PC 机,通过 MXI 电缆与插在 VXI 主机箱零槽位置的 VXI - MXI 零槽控制器相连,实现 VXI 系统控制。这个 VXI - MXI 零槽控制器也称为 VXI - MXI 扩展接口。

　　VXI - MXI 零槽控制器是 VXI 总线模块,具有 VXI 控制器的所有功能,仅占用一个总线插槽,它具有如下的功能:

　　(1) 将 VXI 总线连到高速 MXI 总线上,以便于连接其他 VXI 器件。

　　(2) VXI 系统扩展为多机箱系统:与嵌入式 VXI 总线控制器或外连 MXI 控制器一起工作;多个 VXI 主机箱作为一个 VXI 系统工作;不受命令者/从者

分层或 VXI 总线器件的物理位置限制。

(3) 作为外部 MXI 总线计算机的接口直接控制 VXI 系统。

(4) 遵循 VXI 扩展机箱规范(请看标准 VXI-6)。

目前已有大量的 MXI 接口板供各类计算机使用,使 VXI-MXI 能够与这些接口的任何一种结合,使外部计算机和 VXI 总线之间直接为总线与总线的连接。实际上,通过 MXI 计算机接口、标准的 VXI-MXI 控制器、一根 MXI 总线电缆及相应的软件,就可以构建一个理想的系统。通过附加 VXI-MXI 模块可增加多个主机箱,还可以通过 VME-MXI 模块把 VME 机箱扩充到系统中。

图 8-38 和图 8-39 表示 MXI 总线常用的组态方式。

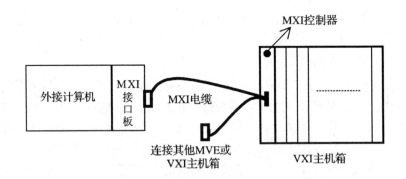

图 8-38   外部计算机通过控制器控制 VXI 或 VME 系统

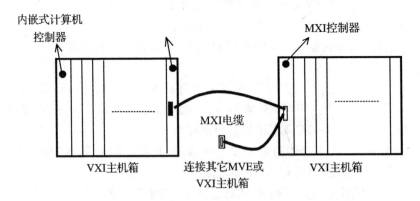

图 8-39   用于 VXI 或 MVE 多机箱系统 MXI 系统

8.4.8　应用举例

在某个卫星测试中使用了 VXI 接口,它是由 3 个 VXI 主机箱构成,分别是供配电 VXI 机箱、姿态控制分系统 VXI 机箱和遥测遥控 VXI 机箱。下面我们以遥测前端设备 VXI 机箱为例作介绍。遥测 VXI 系统的主要功能如下:

(1) 接收 TT&C RF SCOE 输出的 TM 视频遥测信号或接收模拟源输出的视频遥测信号。

(2) 完成 PSK 信号功率、阻抗的匹配与隔离。

(3) 完成 PSK 副载波的解调,并实现最佳帧同步检出、锁定。

(4) 完成 PCM 数据解调,并由计算机通过 VXI 总线实时采集、归档、显示遥测数据,同时通过局域网把采集的遥测数据送至 OCOE 主测试计算机供 OCOE 监视、处理使用。

(5) 产生 PCM 遥测数据流及位同步信号,用于 PCM 级上的设备调试;产生一定要求的 PSK 视频遥测信号及卫星的全格式的遥测数据流,用于综合测试系统的软、硬件调试。

8.4.8.1　硬件组成

遥测前端设备(TMFEE)是卫星综合测试系统总控(OCOE)测试的设备重要组成部分,它的硬件设备配置如图 8-40 所示。

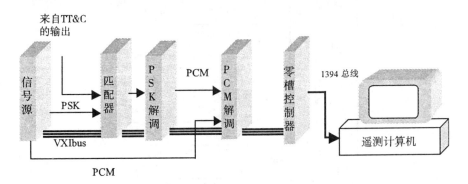

图 8-40　TMFEE 的设备配置示意图

TMFEE 包括 PSK 解调器、遥测信号匹配器、PCM 数据解调仪、遥测模拟信号源、遥测前端计算机以及相应的遥测数据处理软件。其中 PSK 解调器、遥测信号匹配器、PCM 数据解调仪、模拟信号源分别是单插宽 VXI 模件,共存于同一个 VXI 机箱内,VXI 机箱零槽控制器通过 IEEE 1394 总线与遥测计算机相连。遥测前端计算机为带有 IEEE 1394 总线 PCI 接口卡的 PC 机。

PSK 解调器接收经匹配与隔离输出的遥测信号,并实现同步解调。PCM 解调仪实现最佳帧同步检出、锁定、数据分路、分帧打包,然后通过 VXI 总线与 VXI 机箱零槽控制器通讯,把解调好的遥测数据送到遥测前端计算机。遥测模拟信号源产生模拟遥测视频信号及遥测数据,为遥测前端设备提供自检信号。

遥测前端计算机实时地采集、记录、处理各种遥测数据,同时通过网络送至 OCOE 的主测试计算机并送至显示和打印设备,供监视使用。

(1) PSK 解调器模块

PSK 解调为单插宽 VXI 模件形式,采用 C 尺寸。前面板设有副载波锁定、位同步锁定、帧同步锁定、工作正常等状态显示,输入信号插座、输出信号插座,其布局示意图如图 8-41 所示。

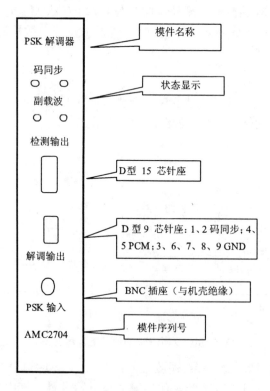

图 8-41　PSK 解调模件面板布局

PSK 解调模件输入 PSK 信号描述如表 8 - 9 所示,卫星遥测帧格式如表 8 - 10 所示。

遥测数据帧长 128 个遥测字(字长 8bit),实时格式由 128 个遥测帧组成每帧的 W0、W1 为帧同步字 SYNC(EB90H),W2 为卫星识别字 SI,W_{125} 为帧计数 FC,帧计数的顺序为 0,1,2,…,7F。

表 8 - 9　PSK 信号特性

输入副载波信号中心频率	64kHz
输入副载波信号调制方式	PSK
调 制 体 制	PCM - PSK - PM
码 速 率	4kbps
码型	NRZ - S
输入副载波信号幅度	0.200~1.414 V(rms)
输入副载波波形	sine
Eb / No	不低于 12.5dB

表 8 - 10　遥测帧格式

	W_0	W_1	W_2	W_3	…	W_{125}	W_{127}
F_0	E B	9 0			…	0	
F_1	E B	9 0			…	1	
⋮	⋮						
F_{127}	E B	9 0			…	7F	

PSK 解调器的性能是:误码率 $Pe \leqslant 10^{-5}$(在接收机输出的信噪比优于 12.5dB 时);副载波锁定和码位同步建立的最长时间不大于 3 秒,副载波锁相环的 VCO,当输入信号断开时,其输出为中心频率,以便于闭环后的捕获,快速准确地检出帧同步时间基准,并检出字同步及格式同步时间基准,具有抗连"1"能力,PSK 信号中相邻两个相位翻转点间的时间间隔不大于 64 个码位时,系统仍应保持位同步锁定且正常工作;输出 NRZ - L PCM 串行数据流、正(反)位同步信号;输出电平为标准 TTL;接收 NRZ - L PCM 串行数据流、正(反)位同步信号,进行 PCM 数据解调;输入电平为标准 CMOS。

(2)PCM 数据解调模件

PCM 数据解调模件的主要功能是:接收 PCM 数据流和正(反)位同步信

号；快速、准确地完成帧同步检出，可靠、稳定地完成同步保持；完成 PCM 数据解调；完成与 VXI 总线接口交换数据；具有自测试、自诊断功能；采用 C 尺寸单插宽模件。PCM 解调模件前面板设有同步、失步、工作等状态指示及输入输出插座，具有工作状态的指示功能。

PCM 数据解调模件主要技术指标如下：

- 接收 NRZ－L PCM 数据流和正(反)位同步信号，其字型为 8bit(无校验位)高位在前，低为在后，码速率为 4kbps，信号幅度为标准 TTL 电平。
- 由软件以数学运算方式快速准确地检出帧同步时间基准，并检出字同步及格式同步时间基准。
- 帧同步码为 16bit，值为 EB90H。
- 帧同步工作参数：搜索容错在 0～3bits 之间随意改变，初值为 0；校核容错在 0～3 帧之间随意改变，初值为 0；锁定容错在 0～4 帧之间随意改变，初值为 0；校核循环次数在 1～3 帧之间随意改变，初值为 3；锁定丢失次数为 1～3 帧之间随意改变，初值为 3。
- 以双口 RAM 形式，用中断方式，通过 VXI 接口与主机交换数据，接收主机命令程控帧同步工作过程参数。并将自诊断结果连同表明帧同步工作过程的"搜索"、"校核"、"锁定"等状态组成一组状态字送主机，供主机识别和显示。
- 输出状态信号："同步灯"按遥测字/帧的速率闪烁，失步则灯灭；"同步灯"不闪烁，"失步灯"亮；自诊断、自测试正常，软件工作正常，"系统正常灯"闪烁，否则不闪。

（3）遥测信号源模件

信号源采用 VXI 标准，采用 C 尺寸单插宽模件。信号源模件前面板设有：工作灯、帧灯；程控指令、输入、复位等控制键；PSK、PCM 输出插座。信号源模件前面板设有：工作灯、帧灯；程控指令、输入、复位等控制键；PSK、PCM 输出插座。

信号源模件的主要功能：产生 PCM 遥测数据流及位同步信号。用于 PCM 级上的设备调试；产生 PSK 视频遥测信号，用于遥测前端及综合测试系统的软、硬件调试；遥测格式中的数据可动态改变，并按一定的算法产生卫星的全格式的遥侧数据流。

信号源模件的主要技术指标如下：

- 产生并输出 NRZ－L PCM 遥测数据流及正(反)位同步信号，信号为标准 TTL，码速率为 4kbps。
- 产生 PSK 视频遥测信号，其输出信号性能指标也应满足表 8－9 的要求。

- 遥测格式中的数据可按一定的算法生成,包括固定码、台阶码、伪随机码等,以便模拟各种要求的遥测数据流。模拟源遥测格式中的特征字要满足遥测格式的要求,W0、W1 为同步字 EB90,W2 为卫星识别字(SI)。W125 为帧计数 0~7F。遥测格式必须符合表 8-10。
- 动态改变遥测字的值,来模拟星上各分系统的变化,以检查测试系统的响应能力。

8.4.8.2　软件结构

(1) 操作系统和开发工具:使用 Windows95 作为系统运行支撑环境和 NI 公司的 LabWindows/CVI 作为开发环境。

(2) 应用软件:TM 前端测试软件的结构如图 8-42 所示,图 8-43 表示了前端机应用程序模块组成及相互关系。此外,还有驻留在 VXI 模件的单片机应用程序等。

图 8-42　软件结构简图

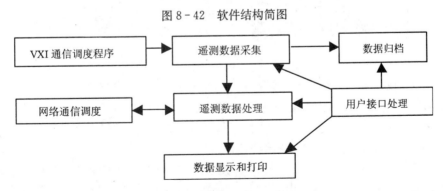

图 8-43　TM 前端机应用程序模块组成

8.4.8.3 系统使用说明

按照图 8-40 的配置把设备连接好。先用模拟信号源对系统进行自检,各模件面板指示正确后,按下述步骤检查后再接入被测信号待用:

(1) 打开 HP 8401A VXI 机箱电源开关,确认各 VXI 模件工作正常,并且 IEEE1394 总线电缆已正确接到计算机 HP 8491A 适配卡上。

(2) 打开计算机电源开关,进入 Windows95 操作系统。

(3) 用鼠标双击 HP 8491 Resource Manager 图标,启动 HP 8491A 资源管理器。

(4) 用鼠标双击计算机桌面上的遥测图标,遥测前端软件启动。

(5) 在主菜单中选择"开始"中的"启动采集"项,软件开始运行。遥测数据显示窗口显示采集的遥测数据,系统工作状态窗口显示工作状态,参数设置窗口可对系统工作参数进行设置。遥测数据采集正常时,状态窗口中的"采集"指示灯为绿色。操作显示窗口如图 8-44 所示。

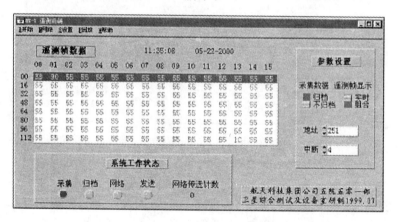

图 8-44 操作显示窗口示意图

(6) 在主菜单中选择"连接"中的"连接总控"项,完成与总控 MTP 计算机的网络连接,经 MTP 计算机确认后,当接到发送允许命令后,开始发送遥测数据,此时系统工作状态窗口中的"网络"和"发送"指示灯为绿色,表示网络连接和发送正常。"网络传送计数"开始按帧计数。

(7) 界面参数设置可以选择遥测数据的"归档"或"不归档","组合"或"实时",选择模块的"地址"和"中断"。

(8) 在主菜单中选择"开始"中的"退出"项,将退出遥测前端软件运行。

8.5　RS 系列串行总线标准

电子工业协会 EIA 推荐的 RS 系列标准应用很广泛,它们与 ISO 的某些标准相对应。这些都是属于 OSI 七层结构中的物理层的协议和标准。RS－232C 是由电子工业协会 EIA 推荐的一种普及型异步通信总线标准,该标准原本是作为电话网络中数据终端设备(DTE)与数据通信设备(DCE)之间一种物理接口。从图 8－45 可以看出 RS－232C 支持的通信过程是:数据发送终端(DTE)把要发送的数据先送到发送侧的 DCE,经过调制(MODEM)送上电话网上,经过电话网络送到接收侧的 MODEM,经过解调把有效数据提取出来,送到数据接收终端。由图 8－45 可见,RS－232C 总线标准定义了 DTE(发送或接收)与 MODEM 之间的物理接口关系,因此 RS－232C 的功能特性与 MODEM 密切相关。

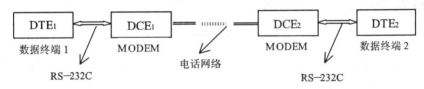

图 8－45　RS－232C 用于电话网络的连接关系

20 世纪 60 年代中期,RS－232C 总线标准被引入到计算机系统,当时的目的只是用 MODEM 把通过电话线路把远程终端设备连到计算机上。后来这种总线标准在计算机系统中得到了进一步的应用,用在了计算机与计算机或外围设备之间的互连中。为了连接方便,又生产了多种支持 RS－232C 的串行接口(SIO)芯片,使得连接不必使用 MODEM,也不必使用电话线路,可以经过 SIO 芯片直接相连。

在应用中,针对 RS－232C 存在的传输距离短、速率低、抗干扰能力差等问题,电子工业协会又推出了 RS－422 等标准。

8.5.1　RS－232C 标准的基本内容

8.5.1.1　RS－232C 的特性

凡是完整的标准必须具备机械特性、电气特性和功能特性三要素。

(1) 机械特性。RS－232C 的机械特性规定了该总线的信号线数目、引脚排列、电连接器的几何尺寸,采用 25 芯 D 型电连接器。

(2) 电气特性。RS－232C 的电气特性规定了该总线各信号线的电气连接

方式及电气参数。其电气连接方式规定每条电路使用一条信号线,因而所有信号线共用一条信号地构成回路。它的主要电气参数如下:

数据电平:逻辑 1＝－3～－25V

逻辑 0＝＋3～＋25V

控制电平:接通 ON(逻辑 0)＝＋3～＋25V

断开 OFF(逻辑 1)＝－3～－25V

噪声容限:－3～－5V,＋3～＋5V,各 2V 噪声余量以防串音。

电容负荷:小于 2500pF,限制传输距离≤30m(由于电缆的电容没有这么大,当传输速度慢时,传送距离允许超过 30m)

最大波特率:≤20kbps

(3) 功能特性。功能特性规定了 RS－232C 总线中每条信号线是干什么用的。表 8－11 列出了每条信号线的功能,表中 T 代表数据终端,M 代表 MO-DEM。

表 8－11　RS－232C 功能特性表

引脚	线路代号(CCITT)	其他表示代号	功　能	传送方向
1	AA(101)	FG	安全保护地	
2	BA(103)	TXD	发送数据	T→M
3	BB(104)	RXD	接收数据	T←M
4	CA(105)	RTS	T 请求发送	T→M
5	CB(106)	CTS	M 清除后,允许 T 发送	T←M
6	CC(107)	DSR	M 已准备好	T←M
7	AB(102)	SG	共用的信号地	
8	CF(109)		载波检测	T←M
9			测试预留	
10			测试预留	
11			未定义	
12	SCF(122)		辅助信道载波检测	T←M
13	SCB(121)		辅助信道 M 清除后允许 T 发送	T←M
14	SBA(118)		辅助信道发送数据	T→M
15	DB(114)	TXC	发送器时钟	T←M
16	SBB(119)		辅助信道接收数据	T←M
17	DD	RXC	接收器时钟	T←M
18			未定义	
19	SCA(120)		辅助信道请求发送	T→M
20	CD(108.2)	DTR	T 已准备好	T→M

续表

引脚	线路代号(CCITT)	其他表示代号	功　能	传送方向
21	CG(110)		信道质量检测	T←M
22	CE(125)		振铃检测	T←M
23	CH/CI(111/112)		数字信号速率选择	T←M
24	DA		发送器时钟(向外提供)	T→M
25			未定义	

RS－232C 总线标准对各个信号如何按一定的时序配合动作使物理接口状态发生转移、控制数据位流也作了规定。原来规定的诸如振铃、载波以及 MODEM 等信号相关的时序，在计算机互连时就不在使用了，因为在计算机的 SIO 中没有这些信号和状态。

8.5.1.2　RS－232C 总线标准用于计算机系统时要注意的问题

（1）如表 8－11 所示，RS－232C 总线共有 25 条信号线，其中未定义和预留的 5 条，用于辅助信道的信号线 5 条（引脚 12、13、14、16 和 19），用于主信道的信号线 15 条。在计算机系统互连时，与 MODEM 连接时有关的信号线也不再使用，可以去掉一些控制线和状态线。按异步方式通信所要使用的信号线不超过 8 条，主要是数据信号线和握手联络线。

（2）RS－232C 总线原先用做 DTE 和 DCE 的接口标准，规定在 DTE 和 DCE 上分设公、母插座（25 芯 D 型），双方互连时只须把同名端互连即可。这是因为在 DTE 与 DCE 上相同名称的接线端子其含义却不相同。例如 TXD 端，对 DTE 来说为发送数据端，对 DCE 来说，为接收待发送数据端。在计算机互连中，双方都使用同样 SIO 接口，如果按同名端互连则是错误的。如果使用标准的 RS－232C 电缆，可以采用双向转接插座（其内部已经交叉互连）转接。用户也可以自己生产交叉互连的电缆。

（3）要进行电平转换。支持计算机 RS－232C 的串行接口（SIO）芯片在电气特性上并不符合 RS－232C 的规定，芯片的电平为 TTL 电平，而 RS－232C 要求的电平要高得多。RS－232C 电平范围较高防止噪声把信号淹没，减少地电位差造成的影响，扩大传输的距离。因此，对计算机系统串行接口芯片的信号电平应当进行转换，使其符合 RS－232C 的电气规范要求。

图 8－46 是以集成芯片 MC 1488 和 1489 实现电平转换的电路图。MC 1488 和 1489 要配对使用，1488 将 TTL 电平转换为 RS－232C 电平，1489 将 RS－232C 电平转换为 TTL 电平。使用 MC 1488 和 1489 需要提供±12V 的电

源,目前只需要+5V供电的接口转换芯片已经推出,使用起来更为方便了。

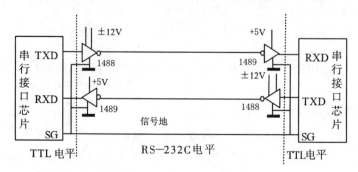

图8-46 集成芯片的TTL/RS-232C电平转换电路

(4) 传送信息的规定。RS-232C采用按位串行方式。对所传送的信息规定:开始为起始位,中间为数据位,结尾为停止位。RS-232C支持异步通信,异步协定规定停止位按需要可以选用1位、1位半和2位。如果互连双方串口芯片的停止位选用不同,将引起通信错误。因此对互连双方串行接口芯片应当约定:初始化编程时应使其停止位设成一样,至少应使发送器的停止位比接受器停止位多。

(5) 传送速率。RS-232C规定的传送波特率为19200、9600、4800、1200、600、300、150、110、75、50。计算机互连中通常使用19200、9600或4800,使用中同样要注意使互连双方设成同样的波特率。

RS-232C总线标准用于计算机系统时潜在的问题如下:

(1) 传送距离过近。受负载电容限制。传送距离一般不超过15m。实际应用中数据终端与MODEM通常安装在一起,这个距离不算问题。但是要把RS-232C用于计算机之间互连或计算机与外设之间时,15m的距离常常无法满足应用的需要。

(2) 电平偏移。RS-232C总线标准要求信号线共用并把双方的信号地接在了一起。当把RS-232C通信距离扩大时,由于双方的地电位差别较大,在信号地线上将有比较大的地电流形成,造成额外压降。有可能使逻辑电平发生偏移,若偏移严重,将发生逻辑错误。

(3) 抗干扰能力较差。RS-232C总线标准电平转换时采用的是单端输出和单端输入。在传输过程中的干扰和噪声不会相互抵消。为了提高"信噪比",只得使用较大的电压幅度,在远距离传输时,引入的干扰可能会更大,问题更为严重,只用提高传输电压幅度不是一条好的办法。

(4) 传送速率偏低。RS-232C总线标准最高传送速率为20kbps,这个速率对同步传输而言显得太低了。因而,RS—232C 总线标准只支持异步通信,不适宜扩展到同步通信。

（5）潜在的接地问题。RS—232C 总线标准有两个地,一个是信号地,一个是屏蔽保护地(或叫安全地)。双方信号地要连在一起,而屏蔽地却不一定连在一起。有的 DTE 的信号地与屏蔽地之间不一定绝缘,有的可能接在一起,存在潜在的接地问题。

8.5.2 其他常用的 RS 系列标准

鉴于 RS—232C 总线标准的上述潜在问题,电子工业协会 EIA 先后又推荐了另外一些 RS 电气接口标准,如 RS—422A、RS—423A、RS—449 和 RS—485 等。

8.5.2.1 RS—422A

RS—422A 适用于数字系统中,作为远程通信串行接口。它的输入端为 TTL 兼容电平,输出端为 CMOS 电平兼容,改善了接口的电气驱动性能。加入了一对与 LSI 相兼容的适配电路-线路驱动器和接收器,使得在 1km 距离之内传输速率可达 100kbps。当距离更近时,速率还可以提高,如 10m 距离时最高可达 10Mbps,适用于网络通信中。

由于在数字系统中,信息传送通过代码串表达,使得 RS—422A 的信号线大为减少。只取 RS—232C 的信号线和地线,变成了简单的信号线输入、输出。驱动器为单端输入,差分(双端)输出,输出的灌电流可达 40~50mA,有些驱动器集成片还带有模式选择端和使能端。与驱动器相匹配使用的在线路另一端的接收器件是共模接收器,它为差分输入和单端输出。例如 RS—422A 的共模驱动器 AM26LS30 工作于差分方式时,驱动器工作时功耗为 35mW。通过模式控制选择端可以在 RS—422A 和 RS—423A 工作方式之间进行转换。选择极为方便。与 AM26LS30 配对使用的接收器是 AM26LS31。接口电路参看图 8 - 47。

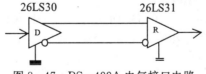

图 8 - 47 RS—422A 电气接口电路

8.5.2.2 RS—423A

RS—423A 是 RS—422A 同系列标准,适用于数字系统中作为低速率远程通信串行接口。不同点是 RS—423A 的驱动器和接收器都是单端入、单端出,是电压工作方式。驱动器输入端与 TTL 兼容,当负载电流很低时,也与 CMOS 兼

容。例如,μA9636A(驱动器)和 μA9637A(接收器)是匹配器件,符合RS－423A
接口标准。同样,有些器件具备模式选择控制端,可以在 RS－422A 和
RS－423A工作方式之间进行转换。

对于 RS－422A 和 RS－423A 的接收器来说,新型的平衡型和非平衡型,它
们的电气特性都是相同的,都具有高输入阻抗。RS－423A 输出端的单端驱动
同 RS－232C 是一样的,只不过共用信号线在接收输入端没有接到信号地上,而
是接成了双端差分输入。接口电路参看图 8-48。

图 8-48   RS－423A 电气接口电路

RS－423A 总线的数据传送的速率 3kbps 时,电缆的距离可达 1000m,当速
率增至 300kbps 时,电缆的距离随着速率的增加而减少到 10m。

8.5.2.3   RS－449

一个完整的总线标准应当包括机械规范、电气规范、功能规范和协议规范。
RS－422A 和 RS－423A 仅是新标准或过渡标准的电气规范,与其配套的机械
规范是 RS－499 标准。由于 RS－422A 和 RS－423A 都采用双端输入,每条信
号回路都由两条导线组成,不再是共用一条信号地线构成回路,使得引线数从
25 条增加到 37 条。RS－499 标准定义了 37 条总线连接器的引线数、引脚排列
次序和连接器的几何尺寸,标准定义了 RS－232C 中没有的 10 种电路功能,如
发送公共线、接收公共线、本地环返回、远端环返回等。关键的一些信号线与
RS－232C一样,只是单线改为双线。

8.5.2.4   RS－485

在许多应用中,要求用最少的信号线完成通信任务,目前广泛应用的 RS－485
串行接口总线正是在这种需求下应运而生的。实际上 RS－485 是 RS－422 的变
形,它与 RS－422 的不同处在于:RS－422 为全双工,RS－485 为半双工;RS－422
采用两对平衡差分信号线,RS－485 只需要一对。比较常用的 RS－485 驱动器有
MAX485、DS3695、MAX1488/1489 以及 SN75176A/D 等,其中有的 RS－485 驱动
器负载能力可以达到 20Ω。在不考虑其他诸多因素的情况下,按照驱动能力和负
载的关系计算,一个驱动器可带节点的最大数量将远远大于 32 个。RS－485 适合
多点通信,图 8-49 为多点通信连接示意图。

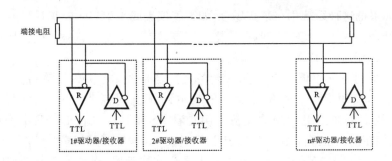

图 8-49　RS-485 的多点通信连接示意图

8.5.2.5　RS 系列接口特性比较

我们在前面分别对各类 RS 系列接口做了介绍,表 8-12 对其主要性能参数做了综合比较。

表 8-12　RS 系列接口特性比较

性　能	RS-232C	RS-423A	RS-422A	RS-485
操作方式	单端	单端	双端	双端
最大电缆距离	15m	600m	1200m	1200m
最大传输速率	20kbps	300kbps	10Mbps	10Mbps
开路驱动器输出电压	$\pm25V$	$\pm6V$	$\pm5V$	$\pm5V$
加负载驱动器输出电压	$\pm5\sim\pm15V$	$\pm3.6V$	$\pm2V$	$\pm1.5V$
驱动器断电输出阻抗	$R_o=300\Omega$	在 $-6\sim+6V$ 间为 $100\mu A$	在 $+6\sim-0.5V$ 间为 $100\mu A$	在 $-7\sim+12V$ 间为 $100\mu A$
驱动器输出电路电流	$\pm500mA$	$\pm150mA$	$\pm500mA$	$\pm500mA$
接收器输入阻抗 R_{in}	$3\sim7k\Omega$	$>4k\Omega$	$>4k\Omega$	$>4k\Omega$
接收器输入阈值	$+3\sim-3V$	$+0.2\sim-0.2V$	$+0.2\sim-0.2V$	$+0.2\sim-0.2V$
接收器输入电压	$-15\sim+25V$	$-12\sim+12V$	$-12\sim+12V$	$-12\sim+12V$
连接接收器数	1 台	10 台	10 台	各 32 台

8.5.3　应用举例

当前串行通信系统的大量应用的形式是各类计算机网络系统,如局域网、城域网和远程网。从通信角度看,这种正规的串行系统是完善的,性能是优良的。

但是,如果把这种系统用在某些场合,如智能仪表或小型实时控制系统不一定合适,特别是在网络发展的初期,在价格上和技术支持上都不宜被接受。所以,RS系列标准推出后一直得到广泛应用。

RS系列标准不但在地面测试设备上广泛应用,在星载计算机通信网中也在使用,使用RS—485A实现了星载主计算机同各个下位机之间的数据通信。我们以通信卫星测试设备为例看看RS系列标准在EGSE中的应用。

我们在前面已经介绍了1991年为"东方红3号"卫星从国外引进的ETOL系统,系统是以VAX3400小型计算机为主测试处理器,通过若干RS—232C同各个SCOE连接,如图8-50所示。

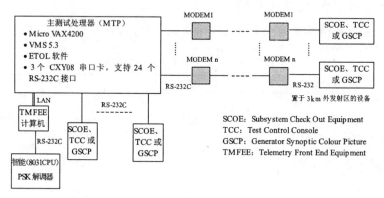

图8-50 用于通信卫星的测试设备连接示意图

8.6 计算机网络总线

8.6.1 计算机网络概述

计算机网络是计算机技术与通信技术结合的产物。它的基本含义是将处于不同地理位置,具有独立功能的计算机、终端及附属设备用通信线路连接起来,以功能完善的网络软件实现网络中资源共享和信息传递的系统。在计算机网络系统中,每台计算机都是独立的,任何一台计算机都不能干预其他计算机的工作,任何两台计算机之间没有主从关系。计算机网络涉及通信与计算机两个领域。计算机与通信日益紧密的结合,通信网络为计算机之间的数据传递和交换提供了必要的手段;数字计算技术的发展又提高了通信网络的各种性能。网络技术的发展对人类社会的进步作出了极大的贡献。

8.6.1.1 计算机网络发展简史

计算机网络的发展过程经历了四个阶段:远程联机系统、计算机通信网络、标准化网络体系、网络互联与高速网络。

(1) 远程联机系统。使远地的多个设备通过通信线路和计算机相连,计算机将输入信息统一处理后,再送回到远地站点,这种系统也称为计算机远程联机系统。第一个联机数据通信系统是 20 世纪 50 年代初美国建立的半自动地面防空系统(SAGE)。随着连接终端数目的增多,上述联机系统主机系统负荷过重,通信效率过低的缺点日益突出,尽管后来在计算机前加接了专门处理通信的前端处理机 FEP(Front End Processor),仍然使这样的系统发展受到了限制。

(2) 计算机通信网络系统。分组(Packer)概念的提出促进了第一个分组交换网 ARPA 网络的运行,使数据通信方式由终端与计算机之间的通信,发展到计算机与计算机之间的直接通信,呈现出的是多个计算机参与处理的特点,各计算机通过通信线路连接,相互交换数据、传送软件,实现了网络中连接的计算机之间的资源共享,使计算机网络的发展就进入了一个崭新的时代。

(3) 计算机网络体系结构的形成。1974 年,美国 IBM 公司研制的系统网络体系结构 SNA(System Network Architecture)是这一阶段的标志。同一体系结构的网络产品互连是非常容易实现的,而不同系统体系结构的产品却很难实现互连。但社会的发展迫切要求不同体系结构的产品都能够很容易地得到互连,人们迫切希望建立一系列的国际标准,渴望得到一个"开放"系统。为此,国际标准化组织 ISO(International Standards Organization)于 1984 年正式颁布了 OSI (Open System Interconnection Basic Reference Model)的国际标准,这就产生了第三代计算机网络。正如我们已经提到的,OSI 提出在后,既成事实的网络体系几乎没有一个同 OSI 一致的,但是,OSI 仍然是具有很大价值的参考模型。

(4) 网络互联与高速网的发展。这一阶段的主要标志是因特网的迅猛发展。进入 1990 年代,继美国宣布建立国家信息基础设施 NII(National Information Infrastructure)后,全世界许多国家纷纷制定和建设本国的 NII,从而极大地推动了计算机网络技术的发展。使计算机网络进入了一个崭新的阶段,这就是计算机网络互联与高速网络阶段。目前,全球以因特网为核心的高速计算机互联网络已经形成,因特网的信息内容是如此庞大,我们不仅把它当作一个计算机网络,而要把它视为一个庞大的、实用的、可共享的信息源。Internet 已经成为人类最重要、最大的知识宝库。

8.6.1.2 计算机网络的类型

计算机网络的类型可以按不同的标准进行划分。从不同的角度观察网络系统和划分网络,有利于全面地了解网络系统的特性。

(1) 按距离划分:①局域网(LAN),是指在十几公里范围内的一个单位、学校的小范围内使用的网络;②广域网(又称远程网)WAN(Wide Area Network),它的作用范围通常为几十公里、几百公里,甚至更远范围的网络,它是连接广域中 LAN 的网络;③城域网 MAN(Metropolitan Area Network),它的作用范围在 LAN 与 WAN 之间,其运行方式与 LAN 相似,基本上是一种大型 LAN。

(2) 按通信介质划分:①有线网,使用同轴电线、双绞线、光纤等物理媒体来传输数据的网络;②无线网,是采用微波中继、卫星链路等形式传输数据的网络。

(3) 按网络的拓扑结构划分:有总线型网、环型网、星型网、树型网和混合型网。同轴电缆以太系统是典型的总线型网络,双绞线以太网系统是星型网络。

(4) 按网络协议划分:有使用 IEEE 802.3 标准协议的以太网(Ethernet),有用 IEEE 802.5 标准协议的令牌环网(Token Ring),有 FDDI(Fiber Distributed Data Interface)网、ATM(Asynchronous Transfer Mode)网、TCP/IP 网等。

(5) 按网络使用对象划分:有对所有的人提供服务的网络,它对所有具备条件的人服务;有专门为一个或几个部门所拥有,它只为拥有者提供服务,这种网络不向拥有者以外的人提供服务。

(6) 按数据交换方式划分:有电路直接交换方式、报文交换存储方式、分组交换存储方式和混合交换方式。分组(Packer)交换方式的提出使计算机网络的发展进入了新时期。

8.6.1.3 计算机网络功能

(1) 数据传送。实现计算机与终端或计算机与计算机之间传送各种信息,使分散的生产单位、部门可通过计算机网络连接起来,进行集中的控制和管理。使电话、传真、复印机等办公设备纳入计算机网络,可进行数字、语音、图形、图像等多种信息的传输以及开展电子邮件、电子报纸和电子邮购为公众应用服务。

(2) 资源共享。网络中的用户可以共享分散在不同地点的各种软、硬件资源及数据库,例如在局域网中,每个用户工作站不必都配备功能齐全的外部设备,通常服务器提供了大容量的硬盘和打印设备,可以供各用户工作站共享,从而降低系统的数据处理平均费用。

(3) 提高计算机的可靠性和可用性。网络中的各台计算机可以通过网络彼此互为后备机,一旦某台出现故障,故障机的任务就可由其他计算机代为处理,大大提高了系统可靠性。当网络中某台计算机负担过重时,网络可将新的任务转交给网中较空闲的计算机完成,这样就能均衡各计算机的负载,提高每台计算机的可用性。

(4) 实现分布式处理。计算机网络中,各用户可根据情况合理选择网内资源,以实现就近、快速地处理。利用网络技术,能将多台计算机连成具有高性能的计算机系统,对解决大型复杂问题,比用高性能的大费用计算机要低得多,软件开发也非常方便。

8.6.2　计算机网络体系结构

在网络发展的初期,许多研究机构、计算机厂商和公司都大力发展计算机网络。从 ARPAnet 出现后,已经推出了许多商品化的网络系统。这种自行发展的网络,在体系结构上差异很大以至于它们之间互不相容,难于相互连接以构成更大的网络系统。开放系统互联 OSI/ RM(Open Systems Interconnection - Reference Mode)七层参考模型正是为了解决这个问题而提出的标准。分层的概念是 OSI 的核心,互联的两个终端用户在远程通讯网络中的通讯可以分成层,每层都完成特定的功能。

OSI 模型的七个分层从上到下是:应用层、表示层、会话层、传输层、网络层、数据链路层和物理层。在介绍各个层的功能之前,先通过一个例子看看网络上的两个终端是如何完成通信过程的,参看图 8 - 51。

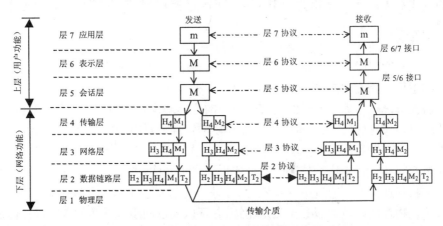

图 8 - 51　七层结构中实际信息流程图

假设在发送端的层 7 处理中产生了一个信息 m,m 按照 6/7 层之间的接口从层 7 流向层 6。在层 6 中按照一定的方法变成了新的信息 M,M 再经过层5/6 界面 M 传到层 5,此例中层 5 对信息不做修改,仅仅是控制流向。在层 4 中把 M 分解成多个小的单元(也就是分组),并在每个单元的前面附加报头信息 H_4,H_4 中包含多项控制信息,以便在接收端的层 4 按照控制信息接收和处理。层 3 在分组信息前面再加上本层的报头信息 H_3,并通过 2/3 层接口传到层 2。层 2 不仅要对新来的信息附加自己的报头 H_2,而且要加上报尾 T_2,经过 1/2 层接口传到最底层。在最底层进行真正的物理传输,将信息送到接收目的机。由上述可知,第 7、6 和 5 层参与信息的处理,并能在层之间提供传递报文所必须的控制信息,规定要执行的任务和按照所要求的方式对信息交换进行控制。最高层参与用户希望作的实际工作,而用户并不介入甚至不必了解其他下面各层的工作。

在接收端,信息依次向上传递,报头信息也随之在不同层次逐个剥下,以此实现了两端的通信。可以看出,同等层之间的通信是借助于报头实现的,通过层之间的接口实现的。重要的是要清楚图 8-51 中关于层之间的通信和实际通信之间的关系,以及协议和接口之间的区别和各自的功能。例如,在第 7 层进行同等层的进程通信时,使用的是第 7 层的协议,对于接收端来说信息 m 好像是从发送端的第 7 层直接送到了接收端的第 7 层,这一通信就是"虚拟"通信,在概念上被认为是"横向"的,好像每一层都存在着信息"送到另一边"和"来自另一边"的过程。实际通信过程是每一层都把数据和控制信息送到相邻的下一层,最后在最底层进行物理级通信。层之间的通信(最底层除外)称为虚拟通信,如图中的虚线箭头所示。结论是:相临层之间通过接口通信,对等层之间通过协议通信。

现在我们从下到上介绍 OSI/RM 每一层的功能:

(1) 物理层(The physical layer)。物理层是 OSI 参考模型的最底层,直接与物理传输介质相连接。物理层协议是各种网络设备进行互连时必须遵守的低层协议。设立物理层的目的是实现两个网络物理设备之间的二进制比特流的透明传输,对数据链路层屏蔽物理传输介质的特性,以便对高层协议有最大的透明性。OSI 参考模型中的物理层的定义如下:物理层为建立、维护和释放数据链路实体之间的二进制比特传输的物理连接提供机械的、电气的、功能的和规程的特性。物理连接可以通过中继系统,允许进行全双工或半双工的二进制比特流的传输。物理层的数据服务单元是比特,它可以通过同步或异步的方式进行传输。物理层的协议又称接口标准,可以理解为串行总线标准。

(2) 数据链路层(The Data Link Layer)。数据链路层主要功能是如何在不可靠的物理线路上进行数据的可靠传输。具体工作是：接收来自上层的数据，不分组，给它加上某种差错校验码位（因物理信道有噪声）、数据链协议控制信息和头、尾分界标志，变成帧（数据链路协议数据单位），从物理信道上发送出去，同时处理接收端的回答，重传出错和丢失的帧，保证按发送次序把帧正确地交给对方。此外，还有流量控制、启动链路、同步链路的开始、结束等功能以及对多站线、总线、广播通道上各站的寻址功能。从而使不可靠的物理信道变成了可靠信道。数据链路层协议分为两类：面向字符的通信协议和面向比特的协议。

（3）网络层（The Network layer）。网络层又称通信子网层，是控制通信子网工作的。本层的功能是实现报文与报文分组的转换，支持网络连接的实现，向传输层提供透明的数据传输。所以，该层的软件要做的主要事情是从源主机接收信息，将之变为报文组，然后保证将报文组按固定方向送往目的地，设计中的关键考虑点是确定路由的问题。总之，网络层是解决网络结点间的报文交换、路由选择和流量控制的问题。在单个局域网中，因为报文是直接从一台计算机传送到另一台计算机的，无需跨越两个网，因此网络层所要做的工作很少。

（4）传输层（The Transport layer）。传输层又称主机-主机层。传输层要决定对最终网络用户提供什么样的服务。最好的传输连接是一条无差错的、按顺序传送数据的管道，即传输层连接是真正端到端的。换言之，发送端上的某进程，利用报文头和控制报文与接收端上的对等进程进行对话。传输层只能存在于端系统（即主机）之中，传输层以上的各层就不管信息传输的问题。传输层在七层网络体系结构中正好居中，处在承上启下的关键位置。有时把它划归高层，有时把它划归低层。传输层就成为计算机网络体系结构中最为关键的一层。

（5）会话层（The Session layer）。当两个不同用户利用低 4 层建立起端-端连接之后，还必须利用会话层使两个进程间的信息交换协调地进行。会话层的功能是建立会话连接，它不参与具体的数据传输，只提供会话服务，对会话过程提供控制结构。例如，确定是双工工作，还是半双工工作。当发生意外时（如已建立的连接突然断了），要确定在重新恢复会话时应从何处开始。

（6）表示层（The Presentation layer）。表示层又称描述层，能够完成对一种功能的描述。表示层以下各层只关心从发送端到接收端可靠地传送，而表示层关心的是所传送的信息的语法和语义。它的功能是对各个处理机所交换的信息格式予以编排和转换，如字符集转换、数据压缩或数据加密等。表示层不改变语义，只改变语法。

（7）应用层（The Application layer）。应用层包含大量用户普遍需要的协议。对于需要通信的不同应用来说，应用层的协议都是必须的。因为计算机联网的目的在于支持运行于不同计算机的进程进行通信,而这些进程则是为用户完成不同任务而设计的。可能的应用是多方面的,不受网络结构的限制。由于每个应用有不同的要求,应用层的协议集在 ISO / OSI 模型中并没有定义,但是,有些确定的应用层协议,如文件传输和电子邮件等都可作为标准应用。

OSI 模型本身并未确切地描述用于各层的协议和实现方法,而仅仅告诉我们每一层应该完成的功能。不过,ISO 已经为 OSI 各层制定了相应的标准,但这些标准并不是模型的一部分,它们是作为独立的国际标准而被发布的。在 OSI 参考模型中,有三个基本概念:服务、接口和协议。OSI 模型的最重要的贡献是将这三个概念区分清楚了。

OSI 参考模型是在其协议开发之前设计出来的。这意味着 OSI 模型不是基于某个特定的协议集而设计的,因而它更具有通用性。但实际上,OSI 协议过于复杂,意味着 OSI 模型在协议实现方面存在某些不足,这也是 OSI 从未真正流行开来的原因所在。虽然 OSI 模型和协议并未获得巨大的成功,但是 OSI 参考模型在计算机网络的发展过程中仍然起到了非常重要的指导作用,作为一种参考模型和完整体系,它仍对今后计算机网络技术朝标准化、规范化方向发展具有指导意义。

8.6.3　局域网

关于局域网(LAN,Local Area Network),美国电气电子工程师协会 IEEE 局部地区网络标准委员会曾提出如下定义:局部地区网络在下列方面与其他类型的数据网络不同:通信一般被局限在中等规模的地理区域内,例如一座办公楼,一个仓库或一所学校;能够依靠具有从中等到较高数据率的物理通信信道,而且这种信道具有始终一致的低误码率;局部地区网是专用的,由单一组织机构所使用。IEEE 的上述定义虽然还没有成为普遍公认的定义,但它确实反应了局域网的一些根本特点。典型的局域网是以太网。

8.6.3.1　局域网(LAN)的参考模型及协议

(1) LAN 参考模型

微型计算机的大量应用和局域网络应用的日趋普及,促进了网络厂商开发局域网络产品的积极性,使局域网络的产品越来越多。在这种情况下,为了使不同厂商生产的网络设备之间具有兼容性、互换性和互操作性,以便让用户更灵活地进行设备选型,用很少的投资就能构建一个具有开放性和先进性的局域网络,国际标准化组织开展了局域网络的标准化工作。1980 年 2 月成立了局域网络标准化委员会,即 IEEE 802 委员会。该委员会制定了一系列局域网络标准,统称为 IEEE 802 标准。IEEE 802 标准化工作进展很快,先后为以太网、令牌环

网、FDDI 等传统局域网络技术制定了标准,近几年还开发出一些新的高速局域
网络标准。局域网络的标准化极大地促进了局域网络技术的飞速发展,并对局
域网络的推广应用起到了巨大的推动作用。

　　LAN 与基于七层协议的 OSI 开放系统互连参考模型有较大区别。局域网
协议只定义了物理层和数据链路层两层。在网络层,由于局域网多共用一条信
道,不存在路径选择和线路切换问题,因此网络层的一些功能,如寻址、流量控
制、差错控制等可以合并到数据链路层去完成。为了使数据链路层不至于太复
杂,IEEE 802 标准将数据链路层分成了两个子层:逻辑链路控制(LLC - Logic
Link Control)子层和介质访问控制(MAC - Media Access Control)子层。网络
层以上的各层,局部网络还没有定义标准,一般来说,局部网的高层协议仍以
OSI 作依据,一般会参考使用 OSI 和其他的相应标准(如 TCP/IP)。OSI 参考
模型与 LAN 参考模型的关系如图 8 - 52 所示。

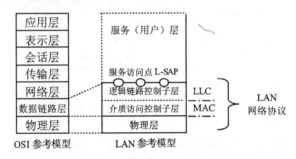

图 8 - 52　LAN 参考模型与 OSI 参考模型关系

　　通过图 8 - 52 对两种模型的比较,可以看出:①LAN - RM 的物理层与七层
模型的物理层的逻辑功能是相似的;②LAN - RM 数据链路层的逻辑功能明显
增强。主要表现在:增设了 MAC 介质访问控制子层,用来进行介质存取控制;
加强了 LLC 逻辑链路控制子层的功能,把七层模型中网络层的虚电路服务和数
据报服务功能移到 LLC 子层去完成。七层中数据链路层的功能只相当于 LAN
- RM 中的 LLC 的部分功能;③LAN - RM 中的网络层消失,蜕化成服务访问点
(SAP - Service Access Point)。七层模型中多路功能是网络层的主要功能之
一,因此,在 LAN - RM 中设置了 SAP,其目的是实现多路复用功能。虚电路和
链路的多路复用功能是受 SAP 支持的。

　　(2) LAN 协议(标准)

　　在 LAN 的产生和发展过程中,很早就注意了 LAN 的标准化问题,最著名
的是 IEEE 802 委员会公布的 LAN 的 IEEE 802 标准的一系列文件。IEEE 802

标准主要包括以下六个文件：
- IEEE802.1(A)概述与体系结构

  IEEE802.1(B)寻址、网络互联、网络管理
- IEEE802.2 逻辑链路控制 LLC
- IEEE802.3 CSMA/CD 访问方法,物理层技术规范
- IEEE802.4 令牌总线访问方法,物理层技术规范
- IEEE802.5 令牌环访问方法,物理层技术规范
- IEEE802.6 大城市网访问方法,物理层技术规范

图 8-53 表示了六个文件定义的网络标准系列间的关系。标准共定义了四个 LAN 标准系列,它们的物理层和介质存取方法是不同的,分别以 802.3～802.6 文件作为其物理层标准和 MAC 的标准,以太网使用的是 802.3 标准。由图 8-53 可以看出这四种 LAN 的逻辑链路层的 LLC 层公用同一标准 802.2。

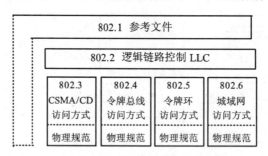

图 8-53　IEEE 802 标准系列间的关系

8.6.3.2　典型的局域网——以太网

以太网是美国 Xerox 公司和 Stanford 大学联合开发并于 1975 年推出的一种局域网络。1980 年 9 月 DEC、Intel 和 Xerox 公司联合公布了 Ethernet 物理层和数据链路层的规范,成为世界上第一个局域网络的工业标准。IEEE802.3 CSMA/CD 访问控制方式和物理层规范即来源于此。以太网是所有局域网中发展最成功和最普及的技术。数以万计的计算机根据此技术连成 LAN,再通过专线连进 Internet。在以太网规范里,定义了传输介质、传输带宽和 MAC 方法,涵盖了 OSI 的物理层和数据链路层。

(1) 以太网的物理层

以太网物理层标准包括:标准以太网(10 Base 5)、便宜以太网(10 Base 2)、宽带以太网(10 Broad 36)、10 Base-T、100 Base-TX 和 10 Base-FL。其中,n Base m 一般表示数据传输率为 nMbps,Base 表示为基带传输,Broad 表示为宽带传输,

而缆线最大长度可达 m 百米。表 8-13 列举了几种以太网的拓扑结构、传输媒体及主要性能指标。现在 1000Mbps 的已经推出了 802.3z 标准。

表 8-13　主要的 Ethernet 标准

标准	传输介质	传输速率	拓扑结构	网段长度	最大主干长度	每网段节点数	接口标准
10 Base 5	粗同轴电缆	10Mbps	总线	500m	2500m	100 个	AUI
10 Base 2	细同轴电缆	10Mbps	总线	185m	925m	30 个	BNC
10 Base-T	无屏蔽双绞线	10Mbps	星型	100m	500m		RJ45
100 Base-TX	无屏蔽双绞线	100Mbps	星型	100m	500m		RJ45
10 Base FL	多模光纤	10Mbps	星型	2000m	4000m		ST、SC

　　由于使用同轴电缆的费用高和布线困难,现在多采用无屏蔽双绞线 UTP (Unshielded Twisted Pair)的 10 Base-T 和 100 Base-TX 标准。10 BASE-T 网络在拓扑结构上采用星型或树型结构,双绞线使用 RJ45 标准接口。因此,网络中计算机必须使用具有 RJ-45 插座的网卡,这种网卡也被称作 RJ-45 网卡。10 BASE-T 网络所有的站点都连接到称为 HUB 的集中连线器上(HUB 一词来自英文 Hub,原意是中枢和多路交汇点)。集线器是多路双绞线的汇集点,它处于网络布线中心。在连接两个以上网络站点时,必须通过双绞线把站点连接到集线器上,所以集线器是 10 Base-T 的核心设备。集线器的主要作用是接收信号,放大再生信号,并广播信号,广播是指将信号转发给其他所有端口,集线器又称为 10 Base-T 中继器(Repeater)。集线器还有自动检测碰撞和报告碰撞以及自动隔离发生故障的网络站点等功能。

　　(2) 以太网的数据链路层

　　由于以太网上所有的计算机都共享同一个传输介质(网络线),当然就面临"谁先用,谁后用"的问题。要解决这个问题就必须制定一套"传输介质管理使用办法",就是 MAC(Media Access Control Method)方法。以太网采用的 MAC Method 是 802.3 的"CSMA/CD"(Carrier Sense Multiple Access with Collision Detection)方法。CSMA/CD 方法并不指定优先顺序,而是自由竞争。假设 A 机要传送封包(Packet)给 B 机,A 机首先要检测(侦听)是否空闲,如果不空闲,则要等待并持续检测。如果空闲,空闲时间能持续 $9.6\mu s$(对于 10Mbps 网是 $9.6\mu s$,对于 100Mbps 网是 $0.96\mu s$),就认定可以传送数据。如果数据的封包是多个,可能被别的计算机抢去传送,只好再次检测,直到发送完毕。如果发生碰撞,要等待一段时间,继续发送数据。CSMA/CD 方法规定发生碰撞次数最多为 16 次。

　　图 8-54 表示了 Ethernet 的帧格式。它同标准的 802.3 的帧格式相比有两

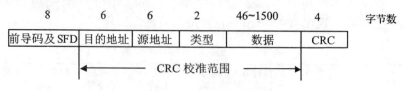

图 8 - 54　Ethernet 帧格式说明

点明显的差别。Ethernet 格式中没有长度段和填充段,要求在高层做好填充工作,满足最短帧要求。另一点差别是 Ethernet 的帧格式中有类型段,802.3 中没有。由图看出,规范要求最长帧为 1526 个字节,最短帧为 72 个字节。如果数据字段不足 46 个字节,则要求用户软件把它填充满 46 个字节。

对 Ethernet 帧格式中的各个字段说明如下:

a)前导码及 SFD 段。此段也称为帧头,其中七个字节为前导,每个字节均为"10101010"。SFD 为开始定界符,占一个字节,为"10101011"。Ethernet 的帧头主要是为同步和锁相解码用。

b)目的地址段。Ethernet 技术规范只规定了 48bit 地址。它的地址表示方法与 802.3 协议中的 48bit 表示方法相同,也是用首位为"0"表示单地址,首位为"1"表示组地址,全"1"表示广播地址。

c)源地址段。也是 48bit 地址,只表示单地址,首位为"0",无其他类型的地址。Ethernet 数据链路层不使用源地址,拆装后原封不动的送给用户层。

d)类型字段。由两个字节组成,该字节供高层使用,链路层不做解释。该段主要目的是用以识别与该帧有关的高层协议。

e)数据字段。数据字段可在 46~1500 个字节范围内,其位数必须是 8 的整数倍,否则判为出错。

f)CRC 校验码。长为 32bit。

(3) 以太网网卡

以太网网卡除了要完成物理连接外,根据对 CSMA/CD 访问方法的描述,网卡要执行多种任务,因此,每个网卡都有自己的控制器,用以确定何时发送,何时从网络上接收数据,并负责执行 802.3 所规定的规程,如构成帧、计算帧检验序列、执行编码译码转换等。网卡(或网络适配器)如图 8-55 所示,由以下几部分组成:

a)LAN 管理部分和微处理器。LAN 的管理部分是网卡的核心,负责执行所有规程和数据处理。微处理器部分包括微处理器芯片、RAM 芯片和 ROM 芯片。这一部分在 PC 机总线和 LAN 管理部分之间提供链接。当 PC 机有数据要发送时,便中断微处理器部分,并将数据存储在微处理器部分的 RAM 芯片

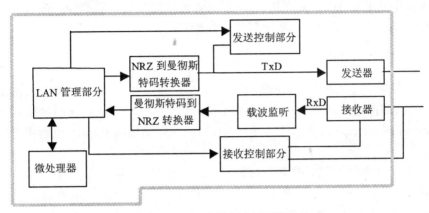

图 8-55　以太网网卡原理框图

中,命令它发送数据。微处理器还将来自 PC 机的信号转换为 LAN 管理部分可接受的格式,随后命令 LAN 管理部分将数据发送到网络上。

微处理监视发送过程,经常访问 LAN 管理部分,以检查发送是否成功。一旦 PC 机准备好从网络上接收帧,它便中断微处理器,并通知它能进行帧的接收。微处理器通过命令 LAN 管理部分开始接收帧来响应。微处理器对帧的接收过程进行监视。一旦接收的帧由 LAN 管理部分处理结束,微处理器便中断 PC,将接收的数据传给 PC 机。有些网卡不含有微处理器部分,由 PC 机直接控制和监视 LAN 管理部分的工作。

b)曼彻斯特编译码器。Ethernet 规定数据的传输必须用曼彻斯特编码进行。当 PC 机希望将数据发送到网络上时,总是以并行方式逐字节地传给 LAN 管理部分,LAN 管理部分串行传给"不归零(NRZ)曼彻斯特编码器",在这里进行曼彻斯特编码。NRZ 曼彻斯特编码器收到 NRZ 信号后,将其进行编码进而传给发送器发送。当从网络上接收到曼彻斯特编码时,接收器将其传给曼彻斯特 NRZ 转换器,反转换为 NRZ 信号这种过程也称为时钟恢复。LAN 的质量高低就取决于时钟恢复的精确度。

c)发送和发送控制部分。发送和发送控制部分负责帧的发送。由图 8-55 可以看出,发送部分接收来自"NRZ 曼彻斯特转换器"的曼彻斯特码的数据,并在发送控制部分允许的条件下将数据发送到介质,发送的数据称为 TxD。发送控制部分判定是否进行发送,这种判定基于 LAN 管理部分和 TxD 来进行。

d)接收和接收控制部分。接收和接收控制部分负责帧的接收。这一部分产生网络是否有载波存在的信号,产生的依据是从 RxD 中获得。因此,网络上来的信号一方面馈送给接收器,另一方面要馈送给接收控制部分。接收控制部分根据 LAN 管理部分和介质上接收的信号判定是否使接收器工作。

8.6.4 TCP/IP 协议

要实现不同网络的互联必须遵守一个共同的协议,最为著名的通信协议是 TCP/IP,即传输控制协议(TCP,Transport Control Protocol)和网际协议(IP, Internet Protocol)得到广泛的应用和推广,既能在局域网中应用,也能用于广域网通信。

TCP/IP 协议包含底层协议规范,如 TCP 和 IP;也包含应用层协议规范,如电子邮件、终端仿真、文件传输等。TCP/IP 并非国际标准,但它在计算机网络体系结构中占有非常重要的地位。由于因特网所采用的网络协议中,最关键的是传输层的 TCP 协议和网络层的 IP 协议,因此,人们也常用 TCP/IP 表示因特网所使用的体系结构。随着因特网的流行与普及,越来越多的网络产品都支持TCP/IP。因此,TCP/IP 已经成为实际的工业标准。

8.6.4.1 TCP/IP 模型

TCP/IP 体系也是一个分层的网络体系结构,TCP/IP 模型由四个层次组成,即网络接口层、网际互联层、传输层和应用层。虽然 OSI 模型非常有用,但 TCP/IP 协议并不完全与它的结构相匹配,图 8-56 所示为 TCP/IP 与 OSI 的网络体系结构的大致对比关系。

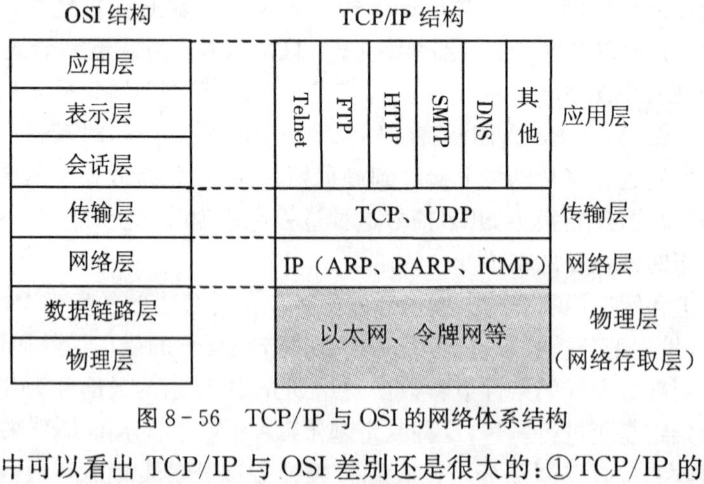

图 8-56 TCP/IP 与 OSI 的网络体系结构

从图中可以看出 TCP/IP 与 OSI 差别还是很大的:①TCP/IP 的应用层包含了 OSI 的上三层的功能,OSI 的会话的管理和应用程序间会话功能在 TCP/

IP 中由传输层实现,是通过软插口(socket)和端口(port)来描述应用程序间的通信路径;②在 TCP/IP 中,OSI 参考模型传输层的功能是由传输控制协议(TCP)完成的,TCP/IP 还提供了另一种传输层服务,即用户的数据报协议(UDP),它并不执行端对端的可靠性检查;③TCP/IP 的网络层(也称 IP 层)将上层与基本网络隔离开,并处理寻址和数据传输功能;④TCP/IP 不创建和定义数据链路层协议和物理接口标准,只是应用它们。

TCP/IP 各层的功能如下:

(1) 应用层

应用层(Application Layer)是 TCP/IP 协议族的最高层。互联网络上的应用层协议非常多,常用的有下面几种:

- 简单电子邮件协议(SMTP,Simple Mail Transfer Protocol),负责邮件的传递;
- 超文本传输协议(HTTP,Hypertext Transfer Protocol),提供 WWW 服务;
- 远程登录协议(Telnet),实现远程登录,电子公告牌系统 BBS 使用这个协议;
- 文件传输协议(FTP,File Transfer Protocol),用于交互式文件传输和下载软件;
- 域名(服务)系统(DNS,Domain Name System),负责机器名字到 IP 地址的转换。

(2) 传输层

传输层(Transport Layer)的主要功能是负责端到端的对等实体之间进行通信。它与 OSI 参考模型的传输层功能类似,也对高层屏蔽了底层网络的实现细节,同时它真正实现了源主机到目的主机的端到端的通信。TCP/IP 参考模型的传输层完全建立在包交换通信子网基础之上。TCP/IP 传输层中包含两个独立并行的协议:传输控制协议(Transport Control Protocol,简称 TCP)和用户数据报协议(User Datagram Protocol,简称 UDP),它们都向上提供多端口服务。

TCP 协议是可靠的、面向连接的协议。它用于包交换的计算机通信网络、互联系统以及类似的网络上,保证通信主机之间有可靠的字节流传输。

UDP 是一种不可靠的、无连接协议。它最大的优点是协议简单,额外开销小,效率较高;缺点是不保证正确传输,也不排除重复信息的发生。UDP 不是面向连接的。

需要可靠数据传输保证的应用应选用 TCP 协议；相反，对数据精确度要求不是太高，而对速度、效率要求很高的环境，如声音、视频的传输，应该选用 UDP 协议。

（3）网络互联层

网络层（Internet Layer）也称网络互联层或网际层，它的主要功能是负责在互联网上传输数据分组。网络互联层与 OSI 参考模型的网络层相对应。

网络互联层是 TCP/IP 参考模型中最重要的一层，它是通信的枢纽，从底层来的数据包由它选择，继续传给其他网络节点或是直接交给传输层，对从传输层来的数据包，要负责按照数据分组的格式填充报头，选择发送路径，并交由相应的线路发送出去。

在网络互联层，主要定义了互联协议（IP）以及数据分组的格式。它的主要功能是路由选择和拥塞控制。另外，本层还定义了地址解析协议 ARP（Address Resolution Protocol）和反向地址解析协议 RARP（Reverse Address Resolution Protocol）以及网际控制报文协议 ICMP（Internet Control Message Protocol）等。

8.6.4.2　TCP/IP 的工作原理

TCP/IP 是通过一系列协议软件来提供各自的功能服务，最终实现网间数据传送的。通信实体间同层协议通过下层提供的服务实现数据交换，同层实体也称为对等进程，它们之间的对话是首先在源主机自上而下传递，然后穿越物理网络达到目的主机，再自下而上到达目的主机的对应层次。这里我们以一个文件传送（如一个文件传输协议 FTP 的应用程序）的过程为例，来说明 TCP/IP 的基本工作原理，假设使用 TCP 协议，如图 8-57 所示。

首先 FTP 应用程序在发送源端上把要发送的文件以一串字节流（byte flow）的形式传递给传输层；传输层将这串字节流分成 TCP 分组（Packets），加上 TCP 报头向下递交给网络层；网络层生成一个数据域，并加上源和目的主机的 IP 地址，最后将该数据报发送到网络接口层；网络接口层中的数据链路层收到的 IP 数据报后，把它封装在其帧的数据域中，并以一定的格式形成数据帧，发往目的主机或 IP 路由处；通过网络接口层中物理层的传送，目的主机接收该数据帧，由数据链路层进行拆封和帧检验，然后取出 IP 数据报向上递交给目的主机的网络层；网络层检查 IP 报头，并进行检测和校验，若有误则丢弃该包，若无误则去除 IP 报头，取出 TCP 分组向上层递交；传输层通过检查顺序号来判断是否为正确的 TCP 分组，并检验其报头和数据的正确性，若有误则丢弃，否则向源主机发出确认；最后，传输层去除 TCP 报头，取出其中的分组数据仍以字节流的形式传递给应用程序。至此，

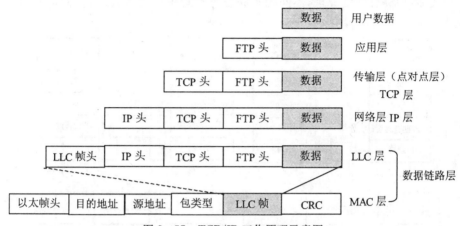

图 8-57 TCP/IP 工作原理示意图

目的主机的应用层收到了由源主机发送来的原始字节流,组合成相应的文件,完成了文件传送的整个过程。

由此可见,在 TCP/IP 的整个工作过程中,每向下传递一层,便加上一个该层协议的报头,报头并没有改变上层的数据,即对上层来说是透明的,上层根本不知道有此报头存在。图中的网络使用的是以太网。在目的主机一方,则按逆向顺序逐层去除各自的协议报头,最终将目的数据透明地递交给各对等层。

8.6.4.3 网络互联

将多个物理网络连成一个大型的、统一的和功能如同单一网络的技术称为网络互联技术。网络互联的出发点是要解决全局服务(universal service)的需求。由于各个网络的硬件和物理编址等都不相同,也就是说各个网络技术互不兼容,网络互联技术解决了异构网络的全局服务问题。网络互联技术的方案既要使用硬件,也要使用软件。硬件系统将各个网络的物理上连接起来,实现网络硬件相互连接的硬件有多种多样,概括起来主要有中继器、网桥、路由器和网关。根据 OSI 分层的原理,不同的互联设备实现不同层的互联。只有硬件的相互连接还是无法实现网络的互联,还必须有软件的支持,靠软件解释互联的协议。互联网的具有代表性和广泛性的协议是 TCP/IP 协议。所有相连的计算机上运行附加的软件其实就是用来解释这个协议的。通过硬件和软件被连接的物理网络所形成的网络才可以被称为真正意义的互联网(internet)。遍布全世界的互联网被称为因特网(Internet),与互联网的区别是 Internet 的首字母用大写的 I。

　　根据 OSI 分层的原理,不同的互联设备实现不同层的互联,他们与 OSI 参考模型的关系可以参看图 8-58。

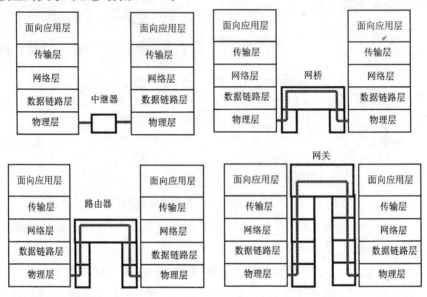

图 8-58　网络互联设备与 OSI 参考模型

　　中继器又称转发器,在物理层实现互连,它通过对基带信号的放大扩展了网络传输的距离,平常使用的集线器(Hub)属于这类设备。网桥又称桥接器,在数据链路层实现互连,它用于同一类型的局域网络的互连。路由器(router)是在网络层实现互连,提供子网间的路由选择,路由器是依靠协议工作的,它必须经过某种协议完成信息的转发,通常它只能连接相同协议的网络。网关又称网间连接器或协议转换器,是运行在传输层及以上的高层上,执行协议的转换,实现不同协议间的通信。局域网之间通过网间连接设备互连起来实现透明通信,互连在哪一级上实现,取决于实际需要和网络之间的兼容程度。

　　在 Internet 上广泛使用的是路由器,路由器和用户主机都需要运行支持 TCP/IP 协议的软件,不同点是路由器只需要运行网络层以下的协议软件。由于网络上硬件和软件的支持,互联的细节被掩盖掉了,使网络上的用户(host)会误认为自己是工作在单一的网络上。因此,从互联网的概念上来说,对于用户主机他好像是一个抽象的虚拟网络,他又是一个不同网络技术物理上互联的一个网络。图 8-59 是互联网概念示意图。

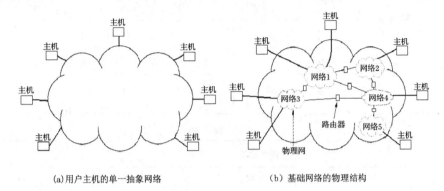

(a)用户主机的单一抽象网络　　　　　(b) 基础网络的物理结构

图 8-59　互联网概念示意图

8.6.4.4　TCP/IP 协议族

TCP/IP 是因特网在世界上采用最广泛的工业标准。实际上 TCP/IP 是一个协议系列,包含了 100 多个协议,用来将各种计算机和数据通信设备组成计算机网络。由于 TCP 和 IP 是其中的两个最基本和最重要的协议,因此,通常用 TCP/IP 协议族来代表整个的协议系列。在 TCP/IP 众多的协议中,我们只简要地介绍 TCP 和 IP。

（1）IP 协议

IP 协议(Internet Protocol)是网络层主要的协议,IP 协议的基本任务是通过互联网传输数据报,IP 协议负责将数据报从一个节点传到另一个节点。各个 IP 数据报之间是互相独立的;主机上的 IP 层基于数据链路层服务向传输层提供服务,IP 从源传输层实体获取数据,通过网络接口传送给目的主机的 IP 层。IP 不保证传送的可靠性,在主机资源不足的情况下,它可能丢弃某些数据报,同时 IP 也不检查被数据链路层丢弃的报文。在 TCP/IP 协议簇中,IP 与 TCP 一起,组成了 TCP/IP 协议族的核心。

IP 提供了三个基本功能:①是基于数据报的传送,规定了通过 TCP/IP 网的数据的格式,完成数据(发送端)分组和(接收端)重组,给出分组标识和服务类型等;②是 IP 软件执行路由功能,给出源和目的的 IP 地址,给出路由标识,选择传递数据的路径;③是确定主机和路由器如何处理分组的规则,以及产生差错报文后的处理方法。所有这些都反映在 IP 的报头中,IP 报头占有 20 个字节。IP 报头的格式如图 8-60 所示,图中只给出了每个域简要的含义,详细内容可以参看有关文章。

（2）IP 地址

IP 地址是用来识别网络上设备使用的 32Bits 的二进数值。为了方便起见,

版本 (4bits)	报头长度 (4bits)	服务类型 (8bits)	总长度　(16 bits)	
IP分组顺序标识(16bits)			分组标志(3 bits)	分组偏移(13 bits)
存活时间(8bits)		协议类型 (8bits)	报头检查和(16 bits)	
发送源IP地址(32 bits)				
接收端IP地址(32bits)				
数据域				填充域
数据域				

图 8-60　IP 报头格式

以 8Bits 为单位,将 IP 地址分成四段,各段二进制值换算成十进制值,再以圆点隔开来表示。比如二进制 IP 地址:11001011 01001010 11001101 01101111,可以表示为十进制值:203.74.205.111。这是我们比较熟悉的表示方法。用数字表示的 IP 地址既难记又不易理解,为了直观表示主机标识,TCP/IP 设计了域名系统 DNS(Domain Name System)。域名用易于理解的符号和层次化方法表示,例如雅虎网站的一台主机的域名为:www.yahoo.com.cn,其中,www 表示这台主机的名称,它通常可以提供 Web 服务,yahoo 表示雅虎网站,com 表示商业机构,cn 表示中国。当然,域名的命名有一定的规则和限制条件,要向主管部门 CNNIC(中国网络信息中心)提出申请。顺便提一下,E-mail 地址中有@号隔开,@号前为用户名称或账号,@号后面部分是域名网址,即用户服务器的网址。IP 地址分成两个部分,一部分是前缀,用来识别所属的网络的,叫网络地址(Network ID),另一部分是后缀,用来识别该网络上的装置地址,也叫主机地址(Host ID)。根据网络规模的大小,IP 地址分成五类,如图 8-61 所示。主要使用的是前三类,对于 A 类来说,除了一位前导位外,Network ID 位是 7 位,可以识别的网络数是 $2^7 = 128$ 个。每个网络里的 Host ID 是 24 位,可以识别的 Host(主机)数是 2^{24} 个,合 16777216 个。显然只有国家一级才会分到 A 类地址。B 类的网络数是 2^{14} 个,每个网络里可以容纳的 Host 数是 $2^{16} = 65536$ 个。C 类的网络数是 2^{21} 个,每个网络里可以容纳的 Host 数是 $2^8 = 256$ 个。

　　使用这种分类有很多好处,但是缺点是不够灵活。例如某个单位分得了一个 B 类的 IP 地址,在它的网上连接 6 万多台计算机,显然效率低下且不可行。由此提出了子网(Subnet)的概念。子网分割的原理简单,它实际上在保留分配

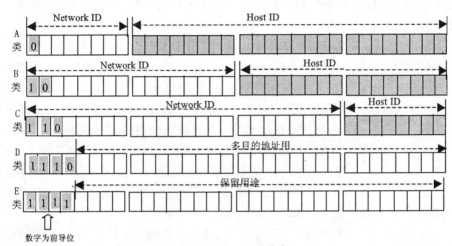

图 8-61 IP 地址分类

的 Network ID 基础上,借用了 Host ID 的前几位作为子网标记(Subnet ID)。如图 8-62 所示,假如一个单位分得的 B 类 Network ID 是 168.95,借用了 Host ID 的 3Bits 作为 Subnet ID,那么产生了 $2^3=8$ 个 Subnet。剩下的 Host ID 是 13Bits,每个 Subnet 可用的 Host 数为 $2^{13}=8192$ 个。

Subnet 的关键是要使分割后的 Subnet 能够正常地与其他网络互联,路由器必须能识别这些 Subnet。由此引入了子网掩码或屏蔽码(Subnet Mask)的概念。Subnet Mask 的长度与 IP 地址一样,也是 32Bits,它是一连串的 1 和 0 组成。1 的个数为 Network ID 和 Subnet ID 位数之和,图 8-62 的 Subnet Mask 的前 19 位都为 1,后 13 位都为 0,用十进制数表示的 Subnet Mask 为:255.255.224.0。

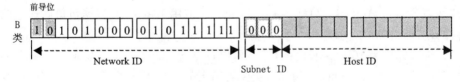

图 8-62 子网分割原理示意图

(3) 地址解析协议(ARP - Address Resolution Protocol)

ARP 协议属于数据链路层的协议,只能在局域网内使用,其作用是解析网络装置的 MAC 地址用。知道网上某个计算机的 IP 地址,可以使用 ARP 取得它的 MAC 地址,同时把自己 MAC 地址也送给了对方。以太网上的每个计算机 IP 地址和 MAC 地址的对应关系并没有在某个服务器上，而是在每个计算机自身的记录表上。

ARP 的运作方式很简单，整个过程由 ARP 请求（request）和 ARP 回答（reply）两个封包组成。假如以太网 A 计算机要向 B 计算机发送数据。A 计算机把 ARP request 以广播方式送到网上，封包必须包含三项内容：A 计算机的 IP 地址和 MAC 地址，需要解析对象 B 计算机的 IP 地址。B 计算机的 ARP reply 封包中一定包含 B 计算机的 MAC 地址。A 计算机收到 B 计算机的 ARP reply 封包后，完成了对 B 计算机 MAC 地址解析工作。为了避免经常使用广播的 ARP request，ARP 还加入了高速缓存（Cache）设计，Cache 将网上的计算机的 IP 地址和相应的 MAC 地址都记录在本地计算机上。ARP 先查看记录表，如果被记录在案的，就不必发 ARP request，直接发送数据。

存在 ARP Cache 中的 MAC 地址不是永远不变的，当 MAC 地址和 IP 地址的对应关系发生变化时，就要随时更新和修正。另外可以通过手工方式把 IP 地址和 MAC 地址插入到 ARP 缓存表中，将对应关系变为固定的静止状态，这样可以减少网络中 ARP 的通信量，同时也可以利用这一技术把工作站的 IP 地址和 MAC 地址绑定在一起，避免其他用户对 IP 地址的盗用。

（4）连接端口（Port）概念

传输层位于网络层（IP 层）与应用层之间，网络层向上面对应用进程可能是多个，怎么加以区分呢？TCP/UDP 提出了协议端口（protocol port）的概念，用以标识通信的进程。端口是一个抽象的软件结构。应用进程通过系统调用与端口捆绑建立连接后，由传输层传给该端口的数据才能够被相应的进程接收。同样的，端口也是应用进程访问传输服务的入口点。一个计算机有若干个进程，需要同时访问传输服务怎么办？端口机制提供了解决的途径。每一个 TCP/IP 的计算机都可以有多个连接端口，使用端口号加以区分。端口号与 IP 地址合起来被称为 Socket Address（简称 Socket），Socket 被用来定义 IP 数据包最后送达的目的地，即目的地应用进程。

端口编号为 16 Bits 长度的数字，可以从 0 至 65535。按照规定 0-1023 的端口编号是"Well-Known"端口，主要供给 Server 应用程序使用。有些已经登记在案，便会分到固定的端口号，如 DNS 为 53，HTTP 为 80。1024-65535 的端口号由客户端（Client）自行使用。

（5）用户数据报协议（UDP-User Datagram Protocol）

UDP 是建立在 IP 协议之上的无连接的端到端的通信协议。UDP 协议不提供确认、重发等任何可靠性保证机制，数据的完整性检查由应用程序自行解决。UDP 增加和扩充了 IP 协议接口能力,具有高效传输,协议和协议格式简单,降低了对计算机资源的需求,比如 DNS Server 可能要面对大量的 Cleint 询问,使用 UDP 比较合算。

UDP 数据包有两个部分:①UDP 报头的格式有源端口号、目的端口号、长度、校验和(每项都各占 16Bits)。它采用无连接的方式向高层提供服务,与远方的 UDP 实体不建立端对端的连接,而将数据报送上网络或者从网络上接收数据,它不保证数据的可靠投递。UDP 可以根据端口号对应用程序进行多路复用,并能利用校验和检查数据的完整性。如 Ping、TFTP、SNMP 等高层应用就采用 UDP 协议传输。②UDP 数据是载运的来自应用层的信息,称为 UDP Data。UDP 介于网络层和应用层之间,对上它接收应用层来的信息,形成 UDP Data;对下则将 UDP 包(包括 UDP 头和 UDP Data)交给 IP 层,成为 IP 包的数据域。

(6) 传输控制协议(TCP – Transport Control Protocol)

由于 IP 协议是无连接的不可靠协议,IP 协议不能提供任何可靠性保证机制,所以,TCP 协议的可靠性完全由自身实现。TCP 协议采取了确认、超时重发、流量控制等各种保证可靠性的技术和措施。TCP 提供了一种"可靠的"传输服务。我们说的"可靠的"有三层含义,一是面向连接的传送服务,二是具有数据确认和重发的机制,三是具有流量控制的功能。

TCP 的服务连接(Connection – Oriented)的目的是使通信的双方都彼此知道对方的各项 TCP 参数。对于 C/S(Client/Server)结构来说联网的主动方是 Client 端,对于 B/S(Browser/Server)结构来说联网的主动方是 Browser 端,为了与 C/S 区分有时称 Browser 端为 Web – Client,Server 端为 Web – Server。连接是通过三次握手的机制实现的。

三次握手的简单过程:①Client 主机通过一个同步标志位的数据段发出会话请求;②Server 主机通过发回具有以下项目的数据段表示回复:同步标志位、即将发送的数据段的起始字节的顺序号、应答并带有将收到的下一个数据段的字节顺序号;③Client 主机再回送一个数据段,并带有确认顺序号和确认号。

连接成功相当于建立了虚电路,这时就可以传送数据了。终止连接的过程分为四步,可以由 Client 或 Server 任意一方发起。每一步发送的 TCP 封包里都应含有相应的顺序号、确认号等信息。

确认和重发机制。发送方发送数据包(Packer1)给接收方;接收方收到 Packer1 后则向发送方送去确认封包(ACK1),表明它已经收到了 Packer1;发送方在预定时间内收到 ACK1 后，可以发送下一个数据包 Packer2。如果得到的某次 ACK 超时或错误，则该次数据包要重发，依此方法维持数据的正确与完整。

流量控制。上述确认和重发机制的问题在于，传送过程中等待 ACK 的时间太长，影响传输的效率。为此 TCP 采用了一种叫做滑动窗口（Sliding Window）的方法。每个主机有两个滑动窗口：一个用于接收数据，另一个用于发送数据。TCP 滑动窗口用来暂存两台主机间要传送的数据，有点类似 cache（快速缓存）。

为了使上述机制有效运作，TCP 的数据包的报头设计的很复杂，报头包括源端端口号（16Bits）、接收端口号（16Bits）、数据包顺序号（32Bits）、确认号（32Bits）、数据长度（4Bits）、特殊标志位（6Bits）、检查和（16Bits）以及紧急数据指针（16Bits）。TCP 的传送的机制十分复杂，读者可以从 TCP 协议的有关文章中进一步了解。

（7）应用程序与 TCP/IP 的连接

我们知道 TCP/IP 与相应的数据链路协议和物理介质一起，都只是为网络上各个计算机的进程提供了相互通信手段的设施。其中 TCP/IP 协议是该设施的核心，它虽然抽象，但是功能更强大。但是，TCP/IP 并没有对应用程序的使用提供标准。面对网络上的不同操作系统（UNIX 或 Windows）的计算机，如何实现应用程序的相互通信是必须要解决的问题。

同一个计算机的不同进程可以用进程号加以区分，但是在网络上的不同进程用进程号没有办法区分。端口概念的引进解决了这个问题，端口成了 TCP/IP 与用户应用进程打交道的访问点，是传输层的 TCP 与 UDP 协议软件的一部分。如上所说，TCP/IP 协议规定了一些供标准应用的保留端口以外，其余的端口可以由应用程序选用。

TCP/IP 网络操作最主要的进程之间的相互作用的模型是客户-服务器模型（C/S 或 B/S 模型）。这种模型的特点是非对等的相互作用，即客户与服务器处于不平等的地位，服务器端拥有客户端不具备的资源。一个应用进程被动地等待另一个应用进程来启动通信过程的这种模式叫作客户/服务器交互模式，主动启动的一方称为客户（Client 或 Browser），而被动等待通信的一方称为服务器（Server）。一定要科学地理解服务器这个术语，服务器这个术语特指那些被动地等待通信的程序，而不是指运行它的计算机。因而一台高档的计算机系统能够同时运行多个客户和服务器程序。

用户程序接入 TCP/IP 的方式选用 C/S 结构还是 B/S 结构，完全由用户使用的环境和两种结构的特点决定。C/S 模型的服务器通常采用高性能的

PC 或工作站,并采用大型数据库系统,如 Oracle 或 SQL Server。客户端需要安装专用的客户端软件。C/S 的优点是能充分发挥客户端 PC 的处理能力,很多工作可以在客户端处理后再提交给服务器。对应的优点就是客户端响应速度快。C/S 结构只适用于局域网。对于网际通信特别是 Intenet,实现远程访问需要专门的技术,同时要对系统进行专门的设计来处理分布式的数据。客户端需要安装专用的客户端软件。对于像航天器 EGSE 系统,无疑 C/S 结构是最理想的结构。

对于 B/S 结构,客户机上只要安装一个浏览器(Browser),如微软公司的 Internet Explorer,服务器安装 Oracle、SQL Server 等数据库。浏览器通过 Web Server 同数据库进行数据交互。B/S 最大的优点就是可以在任何地方进行操作而不用安装任何专门的软件。只要有一台能上网的电脑就能使用,客户端几乎是"零"维护。

8.6.5 应用举例

第 5 章的图 5-10 和第 7 章的图 7-1 的 EGSE 就是一个典型的 C/S 结构的局域网系统。系统中的 MTP 是服务器,网上的其他设备都是客户端。MTP 完成航天器测试过程的数据采集和处理、管理网上的其他设备。MTP 软件是一个多进程的系统,它通过不同的进程实现同其他客户端的通信,每个请求服务的设备(客户端)通过 Socket 地址(相同的 IP 地址和不同的端口)实现同 MTP 相应进程的交互。遥测前端机(TMFEE)不间断地向 MTP 的遥测处理进程发送遥测数据;遥控前端机(TCFEE)接收 MTP 的遥控处理进程送来的遥控指令数据;各个 SCOE 除了接收来自 MTP 的控制命令之外,还要向 MTP 发送测试的数据。EGSE 的各个 Client 都有相应的处理程序,如 TMFEE 要完成遥测数据流的打包和按帧发送;TCFEE 要对收到的遥控指令进行编码和格式化送往前端设备处理后再送往航天器;各个 SCOE 则要通过与航天器的接口,完成对各个分系统的测试。

当我们对现场的测试在远端进行监视时,比如在发射场测试时,需要在北京监控中心提供多个用户监视时,最好的方式是采用 C/S 和 B/S 的混合结构。在测试现场使用 C/S 结构,在监控中心采用 B/S 结构。监控中心设置 Web 服务器,由各个用户端根据需要浏览。C/S 和 B/S 可以设为两个网段,中间可以通过内部网、路由器和防火墙实现数据的安全和可靠的传送。

附表　IEEE－488 与 VXI 总线比较

比较项目		IEEE488	VXI
硬件特性	总线连接形式	单总线形式 仪器数 14 台	VXI 内总线 模块(器件)数 256
	数据线宽度传输形式	字节串行	32 位并行
	数据交换方式	三线挂钩技术	多种交互方式:字串行、字节串行、快速握手
	数据传输速率	1MB	40MB
	数据通道特点	8 位双向总线	32 位双向数据总线,34 位机箱内本地总线
	模块间交换数据方式	仪器↔计算机↔仪器 ↖ (仪器间可以直接通信) 488.1 协议	器件↔控制器↔计算机↔控制器↔器件 器件之间有本地总线 488.1 多控者
	多控制器能力	多控者	多控者
	资源共享	不具备	共享机箱、电源、冷却系统 共享存储器空间、时钟 共享资源管理器,属 0 槽功能
	专用器件产品支持	多种标准接口 IC 产品和驱动器 IC 产品如 9210、TMS9914、8291 等	仪器厂家的 ASIC 产品和多种标准 IC
	产品工作频段和测量精度	直流～微波、光波精度满足测量和计量要求	直流～微波精度满足测量和一般计量要求
	数据采集的实时性	弱	最强
	数据传输对精度影响	有利 • ASCII 码串行传输 • IEEE－488.2 标准规定的数据格式	有利 • ASCII 码串行传输 • IEEE－488.2 标准规定的数据格式

续表

比较项目		IEEE488	VXI
软件特性	驱动软件	• 实现 IEEE - 488.1 接口功能，488.2 数据格式的命令库 • 488.2 标准通用命令 • 厂家标准，如 HP - SICL	同 GPIB
	软件操作对象	• 仪器选择码 • 消息操作 • 选择码与位置无关	• VXI 机箱和 VXI 器件 • 消息＋寄存器 • VXI 器件与插槽位置无关
	模拟仪器的编程命令	• ASCII 码程控命令 • 工业标准 SCPI	• 同 GPIB·二进制命令码
	测试语言	• 可视性语言产品，如 HP - VEE，NI - Labview • 语言性强，用户界面好，数据分析能力强	• 同 GPIB • 快速性，实时性 　如 HP - SCPI，SICI，C 编译器
	软件开发平台	DOS，Windows，交互式	同 GPIB
应用特性比较	计算机适应性	• PC 个人电脑 • 工作站	• PC 个人电脑 • 工作站
	计算机变更带来的经济影响	• 面向标准接口 • 系统设备不变 • 接口和低层软件配套	同 GPIB
	长距离传输的运用	• GPIB 扩展器（如 HP 产品） • 以太网及通信技术	同 GPIB
	产品研制生产难度	相对难:接口功能 　　　　仪器功能 　　　　软件兼容	难:接口功能 　　仪器功能 　　软件兼容 　　电磁兼容 　　散热要求

复习参考题

1. 按照分级方法构造多微机系统时,互连总线可以分成哪几类?

2. 对于联系紧密、交换的数据量大、传送的距离近的互连设备,一般采用什么类型的总线合适?

3. 并行总线与串行总线的寻址方式的主要区别是什么?

4. CAMAC(Computer Automated Measurement And Control)系统与 GPIB 系统一样,是一种标准_____总线。CAMAC 标准接口系统以机箱结构为基础,包括三个层次上的标准接口系统:一个是以"_____"为核心的标准机箱接口系统,一个是以"_____"为核心的多机箱接口系统,一个是以"_____"为核心的多机箱系统。

5. IEEE488 自动测试系统的通信采用主从方式,系统中的仪器可能以_____、_____或_____的身份出现。IEEE488 测试系统总线上最多可以接多少台设备?

6. IEEE488 总线上各仪器通过总线传输的各种信息称为消息。这些消息可以分成几类?

7. 一个 GPIB 自动测试系统能够进行准确可靠数据传递,必备的 5 种接口功能是什么?

8. 在 IEEE－488 接口总线系统中,"三线挂钩"技术的主要目的是什么?

9. VXI 总线系统是一种用于模块化仪器的总线系统,被公认为是 21 世纪仪器总线系统和自动测试系统的优选平台。它以标准主机箱和模块为基础。必须由系统控制器来控制整个 VXI 系统的工作。请问 VXI 系统有哪几种控制方式?

10. 在 RS 系列总线(RS－232C、RS－422A、RS－423A 和 RS－485)属于串行还是并行总线?试说出哪些是半双工工作或全双工工作?

11. ISO 的开放系统互联(OSI)分为哪几层? 以太网定义了哪几层以及每一层的功能是什么?

12. TCP/IP 与 OSI 的关系是什么? TCP 如何通过哪几种机制提供"可靠性"服务的?

13. 试说明 C/S 和 B/S 结构各有什么特点?

第9章 航天器电测技术发展趋势

世界经济发展对航天技术的需求日益广泛,各种类型的航天器应运而生,航天器的功能越来越强,系统越来越复杂。从而促使相应的测试技术和测试设备要有更大的发展。型号的需求是测试技术和测试设备发展和构建的出发点,电子技术和计算机技术的快速发展是测试技术和测试设备发展和构建的基础。这样就给从事测试和设备研制的人员提出了苛刻的要求,既要满足多型号应用的要求,又要融入新的技术。那种完全跟在型号后面,亦步亦趋的做法,带来的问题将是:急切的需求,使新技术难以融入;重复性的研制,使周期长,经费开销增大。主管部门和开发人员早已深切地感到,开发航天器通用的测试系统是大势所趋。先前各国行业部门的努力,已经取得了一个又一个的成果,如我们在前面介绍的 ATLAS 语言、ETOL 语言。人们从来没有停止过这种努力,最终的结果是建立一种功能齐全和开放性的测试系统,其目的并不是要一劳永逸,而是要使系统尽量具有通用性、可移植性和可扩展性。功能齐全的系统能满足各类航天器测试的基本需求,具有一定的通用性;可移置性能适应各不同用户的设施和配置;可扩展性能把最新的商用技术纳入系统。应当说建立功能齐全和开放性测试系统是必然的发展的趋势之一,如美国 Integral Systems 公司的 EPOCH2000系统、ESA 的 SCOS2000 系统可以说是代表性的产品。

航天是高投入的行业,在航天器发射升空前的各种测试仅仅是检查航天器性能是否符合规范的要求,轨道飞行期间的测试操作任务更为复杂。传统上,这应当属于两个不同的领域,目的不同,测试的内容不同,负责的部门也不同。经过分析对照可以发现,测试系统和飞行控制任务二者之间仍然有许多共性,设备的重用要求、投入的减少趋势、开发时间的缩短以及开发商欲使自己产品更加具有吸引力的企图,使用既可以用于航天器 AIT,又可以用于飞行控制的系统将是航天业理想的选择。

随着电子技术、计算机技术、软件技术和网络技术的高度发展及其在测量技术和测量仪器上的应用,使得测试方法、测试手段、测试仪器的结构等发生了质的变化,冲破传统思维模式,构造新的测试理念已是测试技术革命的大势所趋。

新的技术在不断地涌现,简要列举几个例子:①I²C(inter IC bus)总线规范和器件的应用,使 IC 芯片间有了标准总线。I²C 总线的出现,对减少连线、缩小电路板尺寸、实现硬件设计的模块化具有重大意义;②ISP(In - System Programming,在系统可编程)技术的迅猛发展,使"硬件"这个术语几乎过时了,生产厂家提供的硬件不再是"凝固不变"的了,用户可以根据需要,通过系统可编程逻辑和组件的互连,获得新的"个性",可以说真正的可编程系统的时代将会到来;③其他的测量技术,如 DSP(Digital Signal Processor)技术、软测量技术、模型化测量技术、模糊传感器技术、无接触测试技术、IEEE1394 和 USB 串行总线技术等都已取得了进展和应用;④最值得一提的是虚拟仪器和虚拟系统技术的发展,为组建各类测试系统提供了强大的支持,可以称为测试仪器和测试系统发展史上的一场伟大的变革。毫无疑问,虚拟仪器技术在航天器测试领域的应用已经和还将会成为热点。

面对投资巨大和复杂的航天器,可靠性、可维修性和有效性显得越来越重要了。传统的测试系统中状态检测,可以根据测量到的参数判断参数值是否在允许范围内、状态是否正确,并且以某种方式提示给操作人员。在广泛应用计算机技术的测试系统中,做到"越限报警,故障判读"的状态检测已经是很普遍的了。但是,这些系统还做不到对发生故障的部位、产生故障的原因、故障的性质和程度,给出正确深入的判断。因此,传统的测试系统中状态检测并不能称为故障诊断系统,只能是故障诊断系统的低级产品,或者说是故障诊断系统组成的一个部分。把故障诊断系统纳入航天器测试领域,是国内外行业专家们多年探索和研究的一个课题,可以看到推出的许多系统的报道,或者正在试用的系统报道。在一些问题比较复杂的领域中建立真正实际应用的系统是很困难的,最著名的MYCIN 医疗诊断专家系统至今还不能用于临床诊断,其主要原因是系统仍缺乏传染病方面的全面知识。不管怎么说,把人工智能(AI - Artificial Intelligence)引入航天业,建立实用的航天器故障诊断系统是下一步的发展方向。

9.1 功能齐全和开放式的测试系统是发展的需要

9.1.1 功能齐全的测试系统

为适应不同用途航天器的需求,缩短制造周期、提高可重用性、降低成本、保证可靠性、降低甚至消除错误率,各国航天界已经或正在开发通用测试系统。那么具备哪些功能及特性的测控设备可以认为是功能齐全的呢?根据多年在卫星总装和在轨测控系统软件设计开发中的工作经验,以及对用户在实际使用中的技术支持及系统维护,初步总结了一些经验及看法,具备如下几条功能的系统可以认为是功能齐全的系统:

- 多进程多平台分布式运行;
- 多平台多操作系统可移植性;
- 高度可配置功能模块;
- 功能的可扩展性,可重用性;
- 完备的测试控制语言;
- 归档储存及回放运行;
- 单一集中多用途数据库;
- 方便易学的人机接口。

9.1.1.1　多进程多平台分布式运行

由于航天器的复杂性,进行高自动化、智能化测控通常除了需要对非常大量的数据进行实时运算处理外,还需有较方便易学的人机对话及操作接口控制,数据和图像、曲线显示及打印,以及自动测试控制程序的运行。如对从卫星发回的遥测信号数据的实时运算就需先进行鉴别同步,作各类无错检查,随后进行参数分离,参数校正标定,有条件或无条件的根据参数类型作相应类型的监控等,最后将原始数据及处理后数据进行归档储存,必要时还需进行应急操作,如自动发送遥控令或向操作人员发出报警信号等。

此外,整个测控系统必须方便运输,如从总装至发射场,还有成本等因素。综合考虑就需要尽可能地使用服务器、工作站或微型机。而单台服务器或工作站必定满足不了上述大容量复杂的实时运算,自然想到使整个系统采用多进程多平台分布式运行。

多进程一般就是以功能模块划分进程,如遥测信号接收、数据处理、图像显示、遥控信号发送、数据归档、人机接口控制管理等。每个功能模块都由一个相应的进程来承担。为达到多进程运行,关键在于进程间的实时数据交换,一般使用内存数据分享,使用软件总线概念,方便各功能模块进程间的通讯及同步。数据交换规程可以采用 C/S 或 B/S 等模式。

分布式运行的目的就是将整个系统的各进程根据其功能及对中央处理器及内存资源消耗的不同,合理地分布在不同但并行运行的计算机平台上。分布式运行环境可以包括不同操作系统的大型主机、服务器或工作站和微机。既可以满足卫星测控功能上的需要,同时亦可以在不同的应用阶段方便地进行功能模块配置,从而合理充分地使用系统资源。

9.1.1.2 多平台多操作系统可移植性

计算机技术近几年的高速发展,使硬件升级换代周期越来越短。而一套功能完整、性能可靠的卫星总装测试系统或在轨控制中心的软件开发由于其特殊性,远没有像大众使用的软件那样能随时修改更新;此外,为伴随卫星的使用寿命及连续性,往往只更新硬件设备及配置而保持原有应用软件。

测试系统的应用软件的设计与开发就必须考虑在不同的计算机系统平台及操作系统中的可移植性。百分之百的异构系统的可移植性也许不存在,但应尽可能少的介入源程序指令的修改。对某些功能模块则应保证完全的可移植性,如人机控制接口、图像显示及曲线作图等,可以在服务器或工作台上运行,亦可以在微型机上运行。当然多平台多操作系统的可移植性亦有利降低成本。

9.1.1.3 高度可配置功能模块

对不同用途的航天器,如同步轨道的通讯卫星及极地轨道的资源观察卫星,测控系统必须具备高度的开放性,以求在不同需求的航天器上方便地增减功能模块。用户或操作员可以自行进行系统配置,包括增减功能模块,合理分布进程的运行等。从而避免或尽量少地对源程序进行修改,构成新的测控系统。比如一套最小配置的测控系统可以由以下四个功能模块组成:遥测信号的接收、遥控命令的发送、屏幕显示及操作员控制人机接口。但根据需要,可以随时方便地加入其他模块,如数据归档储存,曲线作图和图像显示等。

一部分功能模块还必须有重新启动的可能性,以防在个别进程出错停止运行的情况下,不必重新启动及预置整个系统,只要重新启动出故障进程即可。在测试关键阶段尤其重要,如在不允许丢失遥测数据归档储存的情况下。

9.1.1.4 功能的可扩展性、可重用性

为降低成本、保证可靠性、方便维护及根据发展增强功能,应使系统能方便地扩展功能,而尽量少地修改源程序。使用面向对象的分析、设计和源程序编写,就可以提高功能模块的兼容性,分系统的再使用性和可扩展性。在硬件设备发展、操作系统及背景系统升级换代的情况下,仍可以方便的重新使用已有的功能模块,或仅做极少量的修改。对已验证的功能模块重复使用即可以避免繁复的验证过程,更重要的是能保证功能模块的运行正确,不产生错误。

一个功能模块一般提供一系列相关的功能函数、过程及软件接口。在系统功能的发展情况下,可扩展性及可重用性可方便地增加其他功能函数及过程,保持接口兼容。

确定合适的操作系统进行开发及运行,使用面向对象的编程语言开发功能

模块及应用程序,是保证可扩展性和重用性的关键。

9.1.1.5　完备的测试控制语言

测试控制语言须为实时测控提供一整套完整的运行程序。类似于高级编程语言,操作员可以方便直观地用来编写测控程序。因此除了具备与一般高级编程语言相同的语句指令和执行控制流外,测试控制语言还必须能读取遥测参数及遥控命令数据,共享并交换图像显示功能模块的数据,前者可以方便对遥测参数的监控,对遥控命令内容赋值以及发送,后者则直接将数据作图像或数字显示。

测试控制语言和高级编程语言有相似点,但又有其特殊性。相似点是测试控制语言可以是解释语言,也可以是编译语言。但为提高实时测试阶段的效率,应尽可能采用后者。源程序经过编译形成可执行码供实时运行。但实时运行时,必须具备多种运行模式,如连续自动运行,由操作员控制的逐句运行,或设置中断点后作排错运行。在逐句运行时,源程序将逐条显示给操作员,以便作出执行、跳过或重复等选择。测试控制语言的特殊性是面向卫星的分系统和测控专家,而不是程序编制员。与高级编程语言相比,必须在语句语法上更简便、直观。

此外,测试控制语言还必须可以多程序并行运行,以使多个操作员同时进行互相独立的或相关联的分系统测试项目。一条主测试控制程序应可调用、启动及中止一条至多条子测试控制程序。

测试控制语言的另一项不可忽略的功能是必须对其源程序及执行码进行归档管理,以记录不同阶段的修改日期及内容、版本号、纠错码等。必要时还可以将个别应急测控程序标志为危险类、加口令,以防误启动。

9.1.1.6　归档储存及回放运行

归档储存的内容主要分为两大类,一类是接收到的原始及处理后的遥测信号数据,另一类是实时测控操作期间的所有事件,如所发送的遥控信号、操作员指令、遥测信号的监控报警等。每项归档储存信息都必须按顺序同时记录事件发生的时间、事件的类型及事件源。前述测试控制语言的启动、结束或执行时出错等都属于这里所说的事件加以归档。

归档应具备短期储存和长期储存。为提高实时运行性能,所有上述归档信息都在第一时间短期储存于硬磁盘区。但为防硬磁盘饱和,归档储存需在卫星寿命及更长时间作长期储存。长期储存一般采用光盘或磁带。

回放运行可以对实时测试的内容进行重复运行。如对原始遥测信号数据作进一步的处理,作曲线图,或进行故障分析。回放运行应该具备可随时调整的时间系数,即改变时间比例、缩短或延长时间尺度。对某一阶段不重要或无故障的测试加快运行以节省时间,但对另一阶段的重要测试放慢速度以作详细精密的分析。回放运行另一项重要的功能是可以在对操作员进行培训期间作实例演示。

9.1.1.7   单一集中多用途数据库

卫星一般由两大主要部分组成,服务平台和有效载荷。如同步轨道的通讯卫星,服务平台主要起供电,姿态控制及调整,轨道修正等作用;而有效载荷则主要是不同波段及频段的转发器。进行总体测试,一般来说仍是对各分系统进行各自测试,不同的测试对象需使用相应的测试数据参数定义集。

采用单一集中数据库可以将整个卫星的数据参数定义集中管理、方便内容的修改、减少错误、保证定义的一致性。然后根据不同的测试要求,生成相应的分系统数据集以供实时运算处理。这样可以尽量地减少实时运算处理时的内存数据容量以提高效率和性能。

所谓多用途就是从同一数据库可以生成不同用途的实时数据集。如总装测试阶段所需要的分系统实时数据集,以及发射后在转移轨道、定点轨道测控中心必须的实时数据集。即便总装测试阶段的分系统数据集,亦可以分为预测控数据集,前台数据集及后处理分析数据集。分别对应于测控准备阶段,实时测控阶段及回放重复运行阶段。测控准备阶段包括对用测试控制语言编写的程序进行编译,如源程序中使用到遥测信号的参数,此时一般只要核实参数的存在及类型,而对参数的监控内容就无需包括。

另外一项不容忽视的功能是数据内容的备份以及交叉一致性检查。

最后也可以利用同一数据库提供卫星模拟器所必须的系统数据集。

9.1.1.8   方便易学的人机接口

为使操作员方便直观地进行操作,不至于在长时间枯燥的数据监控屏幕前感觉疲劳,一套优良的人机控制接口功能可以方便操作员的使用、缩短培训周期。实时测控运行期间必须提供方便检索的在线使用手册。上述的测试控制语言的相应语句也应可以在人机接口上由键盘单条使用,保持语句语法格式相同兼容。人机接口宜采用目前流行的多视窗、命令单选项、鼠标等控制,当然键盘仍是必不可少的。

9.1.2   开放式的测试系统

实际上,不同系统的测试工作存在很多相同点,使用的测试体系结构、测试仪器和测试方法可以适用于许多不同的环境中。过去的航天器测试系统曾经和正在起着巨大的作用，但是其弊端仍然存在：一是系统不通用、品种多，造成费用的增加，通过努力，这个弊端得到了部分或大部分的解决，先前介绍的 ETOL 系统和中国自行开发的 STOS 系统都是朝着通用性的目标而开发的；二是结构不开放，一个不够开放而又投入高的系统的技术更新的速度必然是滞后的。令人眼花缭乱的新产品会使用户们心动不已，也会使开发者们跃跃欲试。如果结构不开放，那也只好望洋兴叹了。在一定意义上说，开放性更具有现实的和深远的意义。人们有道理呼唤开放式系统的早日出现。那么，开放式系统的具体含义是什么呢？

按照美国国防部自动测试系统（ATS）的研究与开发提出的任务，开放式系统是能够支持新的测试需求、允许灵活地进行更新和引入新技术并且对现存的设备影响最小的系统。我们所期待的开放式系统方法是一种综合的技术和商业策略。开放式系统强调使用已被认可的工业标准去规定体系结构组成部分的性能和接口要求。这里指的"标准"的定义是：在一致同意基础上建立起来的，用来定义接口、服务、协议或数据格式等公开可用的文件。典型的个人计算机就是开放系统的极好的例子。虽然对设计者而言主板也许是专利的，但系统的集成商却可以从广泛的设备来源中选择其他所需要的设备，如硬盘、内存、并串口、MODEM、键盘、显示器等。这是因为在 PC 工业中，标准化水平已经发展到接口级（标准总线），这样就使得生产厂商可以生产互换的产品，给集成商留有广阔的空间去选择满足费用、可靠性和性能要求的系统部件。

开放系统的基础是采用应用广泛和通用的接口，采用这种策略的好处是：①优化使用商业化硬件和软件，降低了费用；②系统可以更快地投入使用；③增加竞争力；④通过硬件的可扩展性和软件的交互性，提供了灵活性，又不损失系统的要求；⑤便于未来软件换宿主机和互操作性。

正因为如此，美国 DoD 为 ATS 的配置（采办和开发）提出了明确的政策：在开发系统时，所有系统单元（机械的、电气的，软件等）都应遵循开放系统方法。政策的基本精神是：采用 DoD 指定的、满足某种技术标准的 ATS 系列产品或商用部件，尽可能减少特殊类型测试设备的购入；ATS 的选择要以费用效益的权衡为基础，所选择的 ATS 要在整个的寿命期内使主管部门得到最大效益；开发新的系统时，应遵循开放系统方法。

开放式结构是一种可以裁减的柔性的系统结构。开放式结构是根据商业支持的工业标准和规范确定各个部件的功能，选择接口、部件和工具。选择规范和标准的依据是：①被工业界采纳的一致承认的标准文本或已成既定事实的那些标准(在市场上已经成功运行的);②通过市场研究,对按照工业界接受的规范和标准制造的产品的短期和长期可用性作出评估;③在限定的费用内,权衡考虑性能、保障性和升级的潜力;④能够不断利用被许多用户和广大工业界支持的新技术。

开放式结构的系统通过使用标准体系结构和较大程度的利用商业化电子技术、产品和过程,为降低寿命周期的费用,改善系统性能提供了一个基础。通过分析接口、体系结构、风险程度和保障性等关键问题,可以找到实现开放系统的构架。

美国国防部(DoD)ATS研究和开发综合产品组(ARI)负责制定基于开放系统方法的标准 ATS 体系结构,根据这个结构(硬件、软件和信息构架),ARI已确定了关键 ATS 关键的接口和接口的规范,并且由 DoD ATS 执行局发布。

9.1.3　典型新系统举例

9.1.3.1　EPOCH 2000 软件

美国 Integral Systems 公司的 EPOCH 2000 软件产品是功能齐全的开放结构的航天器测试系统。系统功能强,价格非常昂贵,报价高达 50 万美元。EPOCH 软件产品已经在超过 120 个不同类卫星飞行任务中得到了应用。产品可用于航天器各个阶段的测试,用于总装测试(I&T)可通过图 9-1 描述的结构实现。

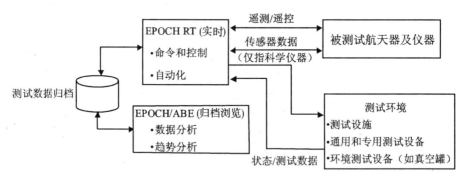

图 9-1　产品一般描述

Integral Systems 声称它们提供的是被验证过了的用于航天器和有效载荷总装测试(I&T)的商用(COTS Commercial-Off-The-Shelf)地面支持设备(GSE-Ground Support Equipment)。产品提供部件级到系统级各个阶段测试的全部核心功能。无需用户做软件开发,就可以快速修改 GSE 以适应专用航天器和有效载荷,适应任何测试环境接口。在程序控制下的 EPOCH 的自动化大大提高了效率。EPOCH 的"重用性"和"生存期"是进一步节约成本的关键,EP-OCH 同时支持多项任务,从 I&T 到发射和飞行任务操作。典型的配置使用了命令、控制和自动化的 EPOCH RT(Real Time),使用了趋势和分析用的 EP-OCH ABE(Archive Browser and Extractor)。支持 I&T 的 EPOCH 2000 包含所有的关键的功能,例如:

- 整个测试环境的数据库驱动的功能;
- 卫星、有效载荷和地面遥测处理和显示;
- 卫星和地面测试设备的遥控指令;
- 包括环境测试在内的地面测试设备的监视和控制;
- 整个测试环境的自动化;
- 数据的归档和回放;
- 使用 EPOCH ABE 软件的测试数据的趋势分析和报告生成;
- 报警和事件处理。

9.1.3.2　SCOS 2000 软件

ESA 的 SCOS 2000 软件来源于最初的为地面操作站开发的软件,其基础是 1997 年为 TEAMSAT 卫星应用的 SCOS-II。其后经过进一步开发,在 ESA 的科学探测卫星 Herschel/Planck 的 EGSE 和 MCS 任务中得到了应用。

SCOS 2000 结构是在许多分布式系统中采用的典型结构。它是由工作站网络组成的,使用客户端/服务器(S/C)结构,在这个结构中服务器处理过程作为一个整体(例如数据库服务器、归档服务器等)提供给各个客户端服务。为了能适合不同任务需求、经费和阶段,该系统规模可以裁剪的。例如低成本任务 TEAMSAT 每个卫星使用单一工作站,而 Rosetta / Mars 火星快车任务在复杂和关键的 LEOP 任务阶段使用了 4 个服务器和多于 20 个客户端工作站。

SCOS 2000 提供了由客户任务定制的下述关键功能:

- 归档、分配和回放能力;
- 遥测提取、处理和显示(例如字符、图形、滚动、示意动画和变量包显示);
- 命令发送,包括多路切换、星载队列模式管理、命令历史、自动堆栈等;
- 数据归档和回放;
- 事件和动作处理(例如分页支持、发送命令等);
- 用户注册、角色和权限;
- 同源的(Homogenous)高级人机接口;
- 星载软件管理;
- 与地面站和 EGSE 接口。

在为一个特定任务建立的特定网络结构中具有很大的灵活性。例如,核心部分可以置于一个服务器里,或者被复制到两个服务器里或安装在若干个客户端工作站上。客户端应用可以运行在任何工作站包括服务器工作站上。

SCOS 2000 软件做到使用 Corba and UNIX sockets 作为进程之间的通信。这样就放松了进程之间的耦合程度,因此可能容易做到对进程的改变,能够使单个的进程改变或更新。唯一的要求是进程之间必须做到接口定义清楚。

SCOS 2000 被用作 EGSE 的 CCS(Central Checkout System)系统时要完成若干修改和增加如下的功能:

- 数据库输入程序(Database Importer)和 TM 模型(例如参数使能/禁止、按照条件参数对现行数据定义的修改、修改现行参数定义);
- 测试语言的集成,使测试过程自动化,对于复杂的航天器,支持并行测试的机制是必需的;
- 原始 TC 处理(完成处理直接原始命令的能力,不需要使用 DB 定义);
- OBSM 的定制(支持来自星载存储器 TM 下载数据管理);
- 系统参数处理(使用户能保持对 CCS 的控制);
- 危险命令处理(防止用户发送到星上,除非相关的授权命令"Authorisation command"被放行);
- 图形显示分系统(例如符号一致性检查、图形元素规则定义以便对元素动态特性建模);
- 遥控验证窗口的自动弹出;
- 提供与 EGSE 各设备的接口。

9.2　航天器测试与飞行控制的通用性研究

航天器测试阶段和飞行操作阶段所用的计算机系统和软件通常是分开开发和由不同部门的工程组使用的,实际上它们需要完成的功能是相似的,原则上可以定义为在两种环境中都可以使用的一个通用的核心系统。在测试和飞行操作二者之间没有明显的界限,于是人们从开发通用系统和支持工具着手,试图把两类活动加以综合。ESA 的 ESOC 飞行任务操作部和 ESTEC 工程局以 ROSETTA 任务(探测彗星内核的科学卫星,2004 年发射,预计寿命 10 年)为应用背景定义了一种方法,所选择的原理是把为中央检测系统(CCS - Central Checkout System)开发的结果以后再用于飞行控制系统(FCS - Flight Control System)中。这个通用的核心就构成了这种新方法的基础,并且被未来 ESA 的其他科学卫星任务所遵循。

9.2.1　航天器检测和飞行任务操作

在航天器的总装和测试(AIT)阶段,航天器的各个不同的部分组装到一起,先是构成分系统和有效载荷分系统,然后是航天器本身。在所有各级要通过一系列的检测和测试活动,这种活动渗透整个的总装和集成的全过程中,直到系统级验证测试而终止。最后,航天器运至发射场,完成发射前的测试和确认。支持这个长过程的有一套专用的机械和电气设备。电气地面支持设备(EGSE)的核心是中央检测系统(CCS),它是控制 EGSE 其他设备的一个计算机系统。它能够构造和发送遥控命令给航天器,能够接收和解释来自航天器的遥测数据。CCS 可以人工操作和监视航天器状态。由于测试活动可重复性的重要,CCS 的正常工作模式是自动执行预先定义的称为"测试描述"或"控制文件"的控制指令和遥控命令表。CCS 具有识别危险状态的机制,并可以通知操作者、自动中断测试序列或使航天器和设备进入安全状态。CCS 对整个 AIT 期间收集的数据归档,归档的数据可以在线、事后或远距离访问。

航天器发射升空之后(大约 20～30 分钟),飞行操作阶段就开始了。支持本阶段所必须的设备分布在世界各地的地面站,它们维持同航天器的射频(RF)链路。其余的部分在操作中心(OCC)中,承担监视和控制航天器和地面部分的功能。OCC 的核心是飞行控制系统(FCS),它的计算机系统和软件同地面站接口,接收跟踪和遥测数据,发送遥控指令。飞行任务操作通常处理人工实时和标记时间的命令,以及自动命令顺序形式的后台命令。飞行任务操作通常是把用户和操作组的输入组合成命令顺序表周期性地发送给航天器。FCS 也可以产生相关地面站同时操作的顺序表。全部收到的数据都归档,以便在线或离线回放和分析。

航天器的地面测试与飞行任务操作是前后关联的活动。一旦一个地面测试系统被开发出来,那么有关航天器的地面系统和空间的知识和信息就已经被建立了。问题是如何确保这些信息有效地在工程项目的不同阶段进行传递。对于一个大的系统知识传递的问题是比较突出的,在系统 AIT 阶段许多人已经有了系统、分系统和设备的详细知识,这些知识要被冻结用于飞行任务的另外一些人做数据准备。ESA 近几年为了解决知识传递过程的有效性做了大量的工作,使 AIT 和飞行操作使用同样的数据库。最初的应用背景是 ESA 的 Rosetta 科学卫星任务,随后用在了火星快车(Mars Express)任务。任务不同阶段需要传递的知识是多种多样的,例如:

- 定义的 TM/TC 特性及其相互关系的系统数据库;
- 模拟模型;

· 星载软件；

· AIT 和飞行操作的程序；

· 空间和地面部分的文件等等。

　　AIT 阶段执行的工作同任务操作阶段虽然大体相同,许多知识可以传递,但是 AIT 和飞行操作阶段测试的目的和内容还是有差别的,这些差别主要体现在:①AIT 的目的是测试航天器及部件的特性和性能,验证性能和功能是否符合规范,任务操作阶段的目的是使航天器轨道寿命期内最大限度地取得成果;②AIT的范围是航天器各种模式(主和备)的地面测试,可以做矫正性维修而无须操作其他功能;飞行任务操作的范围就是轨道上运行的航天器,对航天器的访问通路是有限的和不可靠的,操作和矫正性维修更为复杂。换一种说法,飞行任务控制的强调点是安全性、可靠性、最大的产出率和最小的风险。AIT 的强调点是测试的可重复性,于是就产生了测试的自动化要求。

9.2.2　CCS 和 FCS 的共性

　　除了测试和飞行任务控制不同的目的和范围之外,它们的主要功能是共同的。一个空间工程需要能够在寿命期内监视和控制它的功能。原理上说,寿命期中下面几个阶段可以使用单一的系统:

· 系统级的分系统的总装和测试；

· 系统级的有效载荷的总装和测试；

· 作为完整系统的整个航天器的测试；

· 发射坪上的测试；

· 飞行任务操作。

　　在所有这些操作阶段,必须要监视和控制在整个装配、集成、测试和飞行操作期间的活动。例如在装配、集成、测试某一个分系统时,分系统测试者通过发送命令信号控制分系统的动作以及通过解释遥测信号监视分系统的工作。对于有计算能力的分系统,测试者可以加载软件、参数表、程序(命令的序列)以及调用软件程序的命令。分系统可以通过遥测报告健康状态和性能。分系统也可以实现某种程度的自校和诊断,并把结果报告给测试者。

　　航天器在发射坪上由测试者和飞行任务控制操作中心对它的工作进行监视和控制。本阶段用的监视和控制技术同 AIT 阶段使用的相同。

　　航天器发射后与运载分离之后,开始了飞行任务操作。飞行任务操作中心监视和控制航天器和用以跟踪和通信的地面站。本阶段用的监视和控制技术可以包括在此之前所用的技术。飞行控制系统(FCS)和中央检测系统(CCS)组成部分的可以作为"通用"是基于两个系统的功能组成,如图 9-2 和图 9-3 所示。这些框图在表 9-1 中作了简要的描述和比较,比较表明,两者确实存在大量的共性。

表 9-1　FCS 和 CCS 功能框图的描述

飞行控制系统(FCS)		中央检测系统(CCS)	
人机接口	为操作者提供监视和控制系统,包括数据库系统的接口	人机接口	功能同 FCS 所描述的一样
数据库系统	能够定义和处理驱动控制系统所需的所有参数	数据库系统	功能同 FCS 所描述的一样
遥测处理链	完成从航天器和地面站接收的数据的处理,包括参数的提取和解释	遥测处理链	功能同 FCS 所描述的一样
遥控处理链	构建和发送遥控命令给航天器和指令给地面设备。为了验证执行的正确性它也同遥测功能接口	遥控处理链	功能同 FCS 所描述的一样
地面站接口	处理同地面站接口,以便传送遥测、遥控、跟踪和地面站控制数据	航天器接口	允许 CCS 直接同航天器接口
外部接口	处理同任务操作专用功能块的接口,例如飞行动力学系统、任务计划系统以及任务操作中心。	外部接口	外部接口处理同专用检测设备和有效载荷检测设备的接口
飞行操作程序生成器	产生实现飞行操作所必需的程序和时间列表	测试描述生成器	产生用于自动驱动测试会话的计算机程序
数据归档	支持长期归档和在线及离线(回放)数据向各 FCS 外部用户的分配,特别是科学界、工业和项目工程师	数据归档	支持长期归档和在线及离线(回放)数据向各 CCE 外部用户的分配,特别是有效载荷仪器测试设备、工业和项目工程师
星载软件维护管理(OBSMM)	用于飞行期间通过遥控维护星载软件	星载软件维护管理(OBSMM)	用于 AIT 期间通过遥控或直接对航天器的访问去维护星载软件

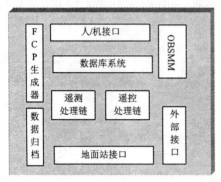
图 9-2 通用飞行控制系统(FCS)功能框图

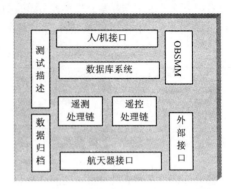
图 9-3 通用中央检测系统(CCS)功能框图

通过上述的对比我们可以研制 CCS 和 FCS 两者相同功能的中央核心,作为通用的检测和飞行任务控制系统,如图 9-4 所示,不带阴影的部分为公用的系统。

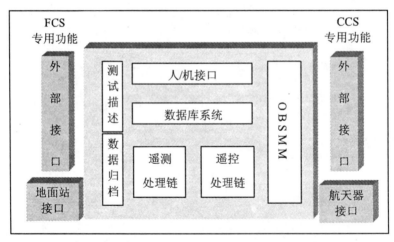

图 9-4 通用中央检测和控制系统(CCCS)实现原理

9.2.3 未来的应用和发展

从上面的分析看出,CCS 和 FCS 的主要部分可以公用。由于在当前的检测和飞行任务操作系统内的嵌入到深层的一些差别,实现完全的共用系统需要相当大的努力。为了避免由于费用和进度而引入的不必要的风险,ROSETTA 背景工程选择了理论上通用功能块的子集做系统开发。图 9-4 中的测试描述、数据归档、数据库系统和 DBSMM 是完全通用的系统("即插即用"系统)。人机接口、遥测处理和遥控处理链的 FCS 部分将分开开发,但将重用相应 CCS 部分的软件模块("即挑即用"系统)。其他的部分将为两个系统开发不同的模块,也就是说不具通用性。

这种低风险的方法在评审设计规范时可能需要做更多的努力,但预计会有费用的节省。也可以预计在整个任务准备活动中会得到另外的益处,如减轻任务数据库和飞行操作程序的准备这样一些很花劳动力的工作。

适合 ROSETTA 卫星的通用检测和任务控制系统的这种方法的主要驱动力是任务本身的特点和进度、现存设备的再用等制约因素。同样的方法也已经用到了 ESA 的其他科学卫星,正期待着在进度和费用允许情况下,更加通用的 CCS 和 FCS 功能块的产生。这种新的思路和技术的最大益处是朝着通用检测和任务控制系统迈出了更具体的一步。

需要指出的是,通用检测和任务控制系统的概念适合同一系列的航天器。不同应用和不同航天器平台之间的共用性较少,开发通用检测和任务控制系统的费用有可能会很高。这实际上意味着开发纵向通用系统比开发横向通用系统的难度要相对小些。

建立 MCS/EGSE 公用平台在 ESA 已经成为了具有权威性的实践活动,ESA 不仅在管理机制上,而且在技术层面上试图将 ESA 所有地面系统加以集成,构成统一的地面操作软件系统(GOSS - Ground Operations Software System),GOSS 将包括 MCS、EGSE、数据归档和发布、地面站系统等,系统的计划已经开始实行。

开发通用检测和任务控制系统的思路和概念是清楚的,技术上是可行的。行政管理的分离和一些非技术性的问题可能是很大的制约。不管发展的快与慢、早与晚,开发通用的检测和任务控制系统是一种发展趋势。使用功能齐全的航天器测试的商用(COTS)软件,如选择上面介绍的 EPOCH2000 软件或欧洲 ESA 近几年推出的新一代航天器测试操作软件 SCOS2000,或许是实现的捷径之一。

9.3　虚拟仪器系统的应用

虚拟仪器(VI - Virtual Instrument)是现代仪器技术、测量技术和计算机技术相结合的产物,它以计算机和卡式仪器为基础,借助于当前计算机强大的图形化界面技术和自动生成程序的技术,建立图形化的虚拟仪器面板,完成对仪器的控制、数据的采集、处理和显示。虚拟仪器的出现,打破了传统的测量仪器功能由生产厂家定义,用户无法改变的模式,缩小了仪器厂家同用户之间的距离。虚拟仪器的用户能够根据自己的需要定义仪器的功能,用户可以随心所欲地根据自己的需求设计仪器系统,满足各种各样的应用需求。虚拟仪器技术是以计算机为基础,软件为核心,配以相应的硬件,在它的应用和开发中充分体现了软件的关键作用,NI 公司提出的"软件就是仪器"(Software is the instrument)就是指基于计算机软件技术的测试、控制仪器。目前常见的虚拟仪器系统是 GPIB 系统、PCI 总线多功能卡、VXI 系统和 PXI 系统等。

利用虚拟仪器建立的测试系统提高了测量精度、测量速度,减少了开关、电缆,系统容易扩充和维修,使得系统体积小、灵活方便、成本低、效率高,成为现代测试系统的发展方向和潮流。

9.3.1   虚拟仪器的引入

仪器技术经历了模拟仪器、数字化仪器和智能化仪器发展阶段,仪器应用经历了单台仪器叠架式仪器系统和虚拟仪器系统发展阶段。

传统仪器的功能组成通常包括三个部分:信号的采集和控制、信号的分析和处理、结果的表达和输出。而这些功能模块几乎都是以硬件(或固件)形式存在。这种结构决定了传统仪器只能由仪器厂家来定义制造而用户无法改变的事实。计算机技术的发展给传统仪器技术注入了强大的活力,促进了数字式仪器和智能仪器的迅速发展,使仪器的功能越来越强,性能越来越好。

虚拟仪器的概念是为了适应卡式仪器而提出来的。传统的仪器主要是由仪器面板和内部的电路组成,而卡式仪器自身并不带面板,所以必须借助于计算机强大的图形环境,建立图形化的虚拟面板。虚拟仪器就是依靠硬件和软件技术,使得使用者在操作计算机时就像是在操作一台他自己设计的传统的电子仪器。例如经过 AD 模件采集的信号存入计算机,经过处理、分析和显示,可以构成虚拟示波器、虚拟计数器、频谱分析仪、虚拟多用表等。

虚拟仪器与传统仪器的最大区别在于,它是由用户定义的,是灵活多变的。而传统仪器是由工厂生产的,其功能、技术指标和使用方法都是由厂家定义好的,用户基本上是被动操作和使用。虚拟仪器不仅把传统仪器的功能搬到了计算机的显示屏上,而且还利用了计算机的计算技术和数字信号处理技术,增强了传统仪器所没有的计算功能和分析功能。为了更加形象地说明问题,我们不妨通过表 9-2 将传统仪器与虚拟仪器作一个比较。

表 9 - 2　传统仪器与虚拟仪器的比较

仪器\n项目	传统仪器	虚拟仪器
仪器定义	由仪器厂家定义	由用户自己定义
功能及规模形式	固定	可通过软件修改
与其他仪器的连接	受限制	开放系统
价格	昂贵	价格低,可重复设计使用
技术更新周期	5～10 年	1～2 年
系统关键	硬件	软件

　　通过比较,不难看出虚拟仪器在技术上的巨大优势。对于某些特殊的测试场合,如重复的连续快速的测试,传统仪器不但成本高,而且功能上也已很难满足测试要求。而虚拟仪器恰好能够胜任这样的测试要求,因为虚拟仪器系统是由用户自己按照需求定义的。在一个虚拟系统中,基本硬件确定后,可以通过软件的设置完成不同的功能。用户还可以很方便地根据需要,组建自己专用的仪器系统,甚至可以通过网络与其他用户分享这一系统。可见,同传统意义上的仪器相比,这种虚拟系统具有组成灵活、功能强大的特点。

　　任何事情都不能绝对地看,尽管虚拟仪器具有强大的功能,但是它并不能完全取代传统的台式仪器,何况很多便携智能的台式仪器还在不断的涌现。比如,完成一些少量电参数测量的小型多用表就比虚拟仪器方便和便宜;涉及一些强电强干扰测试,使用虚拟仪器要配接隔离、调理和控制机,成本可能会高,使用也不一定方便。

9.3.2　虚拟仪器系统构成

　　一个虚拟仪器主要包括三部分:数据输入、数据输出和数据处理。前两部分靠卡式仪器或模块化仪器硬件支持,第三部分是靠软件实现的。虚拟仪器的关键是软件。

　　虚拟仪器系统(简称虚拟系统)的提出,是基于虚拟仪器而提出的一种新概念。它的核心是把信号、仪器设备和信号连接关系的定义,抽象出一个与硬件无关的定义层,用户可以根据实际需要修改定义,互换仪器设备,重组系统。可以把虚拟系统的结构分为五层:①仪器硬件层,如传统仪器、仪器模块、传感器、执行器等;②某种总线标准的 I/O 接口;③接口驱动程序;④系统开发平台;⑤系统应用程序。如图 9 - 5 所示。

　　所谓"虚拟系统",可以理解为"软件就是系统",由软件平台隔离系统硬件、

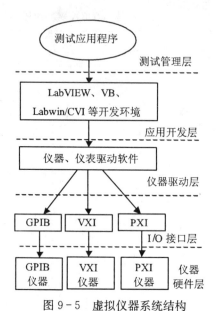

图 9-5 虚拟仪器系统结构

底层驱动软件和系统用户之间的直接联系。在虚拟系统中,所有的信号都是虚拟的,不必确定任何仪器,只需要确定给被测单元的信号的特性,用面向信号的描述定义信号的特性。信号转接通道也是虚拟的,包括信号通路的建立、撤销和状态的监视等。目前常见的虚拟系统有数据采集系统、GPIB 系统、VXI 系统、PXI 系统、LXI 系统等,下面分别做简单介绍。

9.3.2.1 数据采集系统

在很多测试系统中,都面临数据采集的问题。在计算机为主的数据采集系统中,实际归结为计算机的输入/输出操作。在虚拟系统中,常常是利用在计算机的内外扩展槽机箱中的数据采集卡完成数据的 I/O 操作的。数据采集卡包括数字量、模拟量的输入/输出操作,通过计算机的强大的能力对数据进行计算、分析和处理。

这一类的虚拟仪器,或是替代传统的台式仪器,如数字示波器、数字多用表、频谱分析仪,或是根据需要组成各种专用的数据采集系统,如工业控制系统、航天测控系统、图像采集分析系统。

9.3.2.2 GPIB 系统

GPIB 技术可以认为是虚拟仪器发展的第一阶段。GPIB 总线也就是 IEEE 488 标准总线,是可编程仪器与计算机之间的连接桥梁,使电子测量由独立的手动操作的单台仪器的简单组合过渡到了大规模自动化测试系统。有关 GPIB 的概念我们在前面的章节中已经做过介绍。通常的 GPIB 系统是在计算机内插有一块接口板,是 GPIB 总线和计算机总线的翻译器,通过 GPIB 电缆同具有 GPIB 接口的仪器连接。一般情况下,一块 GPIB 接口板可以带 14 台仪器,电缆长度可达 20 米。利用计算机实现对仪器的操作与控制,替代人工操作,利用众多的文本语言方式或图形化方式的软件开发环境,可以构架出用户满意的生动的软操作面板,利用软件的能力,可以扩展仪器的功能。

9.3.2.3　VXI 系统

我们已经说过,VXI 总线自 1987 年提出以来,在国际上得到了普遍的认可,成为了电子测量仪器技术发展的主要方向。VXI 系统具有体积小、结构紧凑、传输率高、信息吞吐量大、系统可靠性高等特点,特别是它的测试功能强大、易于组建、使用灵活、模块可以重复使用,大大减少了用户的系统开发时间,在组建大规模的自动测试系统以及对速度、精度要求高的场合,有着其他系统无法比拟的优势。为了规范 VXI 仪器驱动的编写,VXI 即插即用系统联盟(VXI plug&play system)开发了一套 VISA(Virtual Instrument Software Architecture)库。VISA 库为用户提供了一套独立易用的低层 I/O 库和相应的函数接口,使用户可以方便地开发与仪器、接口类型无关的测试应用程序。目前,VISA 库可以支持的操作系统有 Win、Win95/NT、HP-UX 等,支持的语言及开发环境有 C/C++、VB、LabVIEW、Labwin/CVI、HP VEE 等。这些手段的提供为用户建立虚拟系统提供了很大的方便。

9.3.2.4　PXI 系统

PXI(PCI Extension for Instrumentation)是 PCI 总线扩展到仪器领域而推出的以 PC 机为基础的高性能低价格的模块化仪器系统,它是虚拟仪器领域里的新星。PXI 的核心是 CompactPCI 的结构和 Windows 软件,也就是说,它集高速 PCI 总线、CompactPCI 优良的机械性能和人们熟悉的 Windows 软件于一身,构成了 PXI 系统。到目前为止,PXI 系统联盟已经拥有 70 多家成员公司,提供了超过 1200 种符合 PXI 标准的产品。

与 VXI 系统类似,为节省空间,PXI 模块系统将所有的仪器模块和 PC 机都装入一个标准的机箱内,目前有四种 3U 尺寸的机箱可供选用。PXI 控制器安装在机箱最左面,其余安装仪器模块。用户熟悉的操作系统和开发环境可以直接应用到 PXI 上。

由于 PXI 模块仪器系统的坚固便携和规范化,用户可以将整个测试系统带到测试现场,也可以装在标准的机架上使用。用户在 PXI 上的投资具有长期效益,因为必要时只需要升级或更换个别的模块而无须更换整个系统。尤其值得一提的是,PXI 还保护了用户在 GPIB 和 VXI 方面的投资,用 PXI - GPIB 接口模块可以控制任何 GPIB 的仪器,用 MXI - 2 接口模块可以控制任何 VXI 系统,这样,用户可以利用 PXI 与 VXI 或 GPIB 组成混合系统。

同 VXI 一样,PXI 要做到不同厂商产品的兼容,PXI 也定义了软件规范来简化系统的集成。这些软件包括对现存的标准操作系统和 VPP 与 VISA 仪器软件标准的支持,以及相应的模块驱动程序。

9.3.2.5 LXI 系统

GPIB 标准之所以现在仍然非常流行,是因为其强大的功能和易用性。但是,随着处理器速度和存储深度的日益增长,GPIB 成为许多应用的通信瓶颈。例如,通过 GPIB 传送现代示波器或逻辑分析仪采集的数量庞大的数据是不可行的。正是这种吞吐量方面的弱点导致了 VXI 的问世,让系统控制器与仪器通过计算机总线(在这种情况下是 VME)直接通信,即可消除通信瓶颈。但是 VXI 拥有所有基于插件箱、机箱控制器的系统的缺点,与独立式仪器相比仍然比较复杂,价格也比较高。PXI 虽然体积小、成本低,但是仪器的覆盖面有限,某些性能还不如 VXI。以上总线对于用户的共同的问题是被测试对象和测试系统之间的距离始终受到一定的限制。

网络技术的迅速发展,无处不在的网络技术已经渗透到测量仪器领域,具有 USB、LAN 接口的仪器不断被推出,支持 LAN 仪器接口的 LXI(LAN - based eXtensions for Instrumentation)标准已经提出。LXI 的出现绝非偶然,它是成熟的以太网技术在测试自动化领域应用的拓展。其具体的设想是将非常成熟的以太网技术利用到自动测试系统中,以替代传统的测试总线技术。千兆以太网技术、遍布各处的网络资源以及便宜的价格,这些特点使得 LXI 仪器和模块可以成为合成仪器的组件,即基本测量模块与软件相结合,构成更高级的合成仪器。

LAN 接口的最主要的作用是替代 GPIB,LXI 标准的制定,保证了系统中所有 LXI 的单元能够共处在同一个网络中。LXI 标准要求 LXI 单元支持 IEEE 802.3 和 TCP/IP 标准,提供一个一致的应用方式以便于用户使用,LXI 仪器还提供了 Web 服务器,使得连在网络上的各个客户端可以访问 LXI 仪器。这样,LXI 就提供了一个新的自动测试系统的架构,从而克服传统的架构复杂低效的控制方式,并且基于 LXI 的仪器能够有更快的速度和更为简单的编程方式。LXI 联盟的诞生意味着 LXI 系统应用的新时代到来了。LXI 系统的领头羊 Agilent 公司推出了一系列 LXI 仪器,并且列举了转向 LXI 的十项理由:易于使用、灵活性、模块化和可扩缩性、性能、分布式应用、长寿命、成本、通过 IEEE1588 同步(仪器触发同步标准)、机架空间以及合成仪器。结论是:LXI 解决了测试仪器用户面临的降低成本、缩小尺寸、简化集成、提高吞吐率以及资源的重复利用的问题,使 LXI 成为适应当前和未来的测试体系结构。

毫无疑问,在未来测试领域中 LAN 必将扮演重要的角色,但是没有一种接口总线可以满足所有需求,没有一种接口总线有能力取代其他所有总线,笔者仍然认为多种总线相互结合的系统仍然是未来测试系统的最好选择。

9.3.3　虚拟仪器系统软件平台

"软件就是仪器"充分体现了在虚拟仪器系统中软件的核心作用。现在有很多工具可以用来设计虚拟仪器系统,主要包括两种:一种是基于传统的文本语言式的平台,如 NI 公司的 Labwindows/CVI,Microfoft 公司的 VC++、VB 等;另一种是基于图形化工程环境的平台,如 HP 公司的 HP VEE、NI 公司的 LabVIEW 等。图形化软件开发平台的出现,大大提高了开发工作的效率,使开发人员主要精力放在系统设计上,而不必花费在编程的技巧上。比较有代表性的图形化软件开发平台要数 NI 公司的 LabVIEW(Laboratory Virtual Instrument Engineering Workbench)和 Labwindows/CVI。这些软件中,几乎所有的用于测量、控制和通讯模块的程序代码均已编写完成,供用户即调即用。用户只需在开发平台上以图形方式调出相应的仪器功能模块和数据处理模块,进行连接组合,就可构成一个具体的仪器了。

9.3.3.1　LabVIEW 平台

LabVIEW 可以完全与 GPIB、VXI、PXI、RS-232 和 PCI 卡通信,它支持 TCP/IP 协议,具有先进的基于 Web 的应用程序开发功能,提高了程序的开发能力和远程通信能力。用 LabVIEW 编程易学易懂,即使没有文本语言编程基础的非软件专业的人员,也可以很快学会、掌握应用 LabVIEW 来开发虚拟仪器系统。据估计,与传统的文本语言编程相比,使用 LabVIEW 可以节省 80% 程序开发时间,运行速度不受大的影响。LabVIEW 是一个完全开放的虚拟仪器开发系统,它具有以下特点:

(1) LabVIEW 采用了图形数据流编程。

(2) LabVIEW 提供了大量的控件模块,利用这些控件,用户可以很快建立起自己所需要的前面板。

(3) LabVIEW 有专门用于数据采集和仪器控制设计的功能库和开发库。

（4）LabVIEW 拥有大量的调试手段，除了提供常规的程序调试机制，如单步运行、设断点之外，还提供了能够更直观、更清晰地观测程序执行流程的调试方法。

我们通过图 9-6 的简单例子说明利用 LabVIEW 进行虚拟仪器设计的过程。如果温度：$T = a + b - c$，我们首先做仪器面板图，如图右上部分所示。LabVIEW 同时给出编程框图，如图右下方所示。用户根据 $T = a + b - c$，用 LabVIEW 提供的图标，用图标间的连线表示数值的传输关系，实现了可视化的数据流编程。

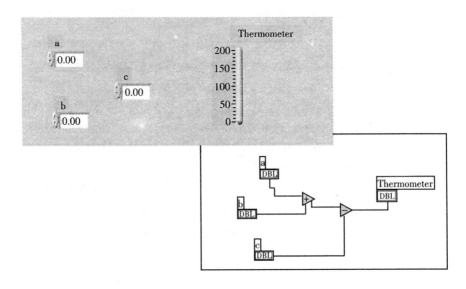

图 9-6　虚拟温度计

9.3.3.2　Labwindows/CVI 平台

另一种图形化软件开发平台为 Labwindows/CVI，它是 C 语言在仪器领域的扩充。使用 Labwindows/CVI 设计虚拟仪器的主要步骤如下：

（1）根据任务制定程序的基本框架，如程序界面、所需函数等。

（2）创建用户图形界面和回调函数名，包括建立仪器面板和所需控件、设置它们的属性。形成用户界面文件（＊.uir）。

（3）由 Labwindows/CVI 自动产生程序代码框架，添加源程序代码，形成程序文件（＊.c）。

（4）把头文件（＊.h）、用户界面文件（＊.uir）和程序文件（＊.c）添加到项目文件中,形成工程文件(* . prj),就可以进行运行调试。

Labwindows/CVI 为熟知 C 语言的开发人员提供了理想的建立测试系统和软件开发环境。它将 C 语言平台与用于测试控制领域的工具有效地结合起来,它提供的集成化开发平台、交互式编程方法、丰富的功能面板和库函数大大增强了 C 语言的功能,由此可见 Labwindows/CVI 在虚拟仪器中的重要作用。

9.4 虚拟航天器技术的应用

随着信息技术的发展,大多数航天器的研制过程已逐渐应用虚拟化技术,从以前的以硬件设备试验和测试逐渐演变成使用软件和计算机。工具的改变进一步导致了航天器研制方法的变革和研制流程的改造。目前,在软件工具的支持下,可以建立航天器几何样机,进行数字化模装分析,完全替代了以前的实物模装;通过建立光、机、电、热专业模型,进行仿真分析,预示产品性能,检验设计结果,部分替代了对应的实物试验。在此基础上,建立航天器虚拟样机,将系统验证基线提前,在设计完成后就对系统进行“早期集成”和虚拟验证测试,已成为航天器研制生产手段发展的必然趋势。

虚拟航天器是通过建模和仿真技术构建的面向虚拟试验和测试的航天器虚拟样机。它主要包括航天器结构虚拟、热控虚拟样机、电性能虚拟样机等,作为电测试技术主要介绍电性虚拟技术。

虚拟测试通过应用建模仿真、可视化和虚拟现实技术,利用计算机软、硬件模拟航天器各分系统的电气性能和接口特性、空间环境、TM/TC 处理、星地测试接口,构建虚拟电性能航天器,它不但可以用来验证和辅助航天器电气参数和接口的设计,而且可以用来验证航天器地面测试设备和地面控制站设备,训练航天器操作人员和地面测试人员,验证飞行软件,进行航天器姿态和轨道的动力学分析、异常状态处理等,此外对于航天器测试或空间运行中发现的问题可以进行必要的仿真。

9.4.1 国外虚拟航天器技术的发展概况

虚拟航天器是一个新概念,其内容涵盖了数字化建模、系统仿真、虚拟测试、虚拟试验、虚拟现实及可视化等方面。虽然国外没有这样一个明确的、系统性的定义,但针对每个相关的单项技术,国外的研究都非常深入,而且开展的时间较长。下面对相关技术的发展趋势分别进行综述。

虚拟航天器技术主要目标是通过数字化建模及仿真技术构建航天器虚拟原型。20 世纪 90 年代,国外就开始在航天器研制中应用数字化技术,实现了产品的全三维几何定义。在此基础上,开展了并行工程和协同设计技术研究,把不同学科的人组织在一起,用多学科团队方式进行产品设计,形成包含多个学科的、描述航天器性能及功能的虚拟样机。近年来,人们又提出了基于仿真的设计(SBD:Simulation‐based Design)的理念,要求在物理样机生产前,进行工程系统全生命周期的仿真,在一个分布式环境中进行,包括设计、制造各方面,涉及各种设备和资源。SBD 技术被美国国防部确定为产品采购的指南并为许多军工产品商所采用。

美国 Lockhead Martin 公司的智能系统中心在发展航天器应用的空间——地面商业系统项目中,推广应用 SBD 技术建立了一个名为"设计到碎片"的航天器全生命期应用系统原型,利用智能主模型技术 SPM 建立航天器各阶段的虚拟模型,描述其发展过程。

NASA 在 1998 年开始进行智能化综合工程环境(ISE‐Intelligent Synthesis Environment)的研究工作,ISE 是数字样机技术的进一步发展,本质上是 SBD 的理念的外延,它通过把近几年来产生的前沿技术如高性能计算机、高速网络、数字化产品、基于知识的设计技术、人工智能、PDM 和人‐机交互技术有效地组合在一起,形成一种跨地域的虚拟协同环境,在此平台上进行设计综合和航天产品的设计、试验和样机制造。不同地域、不同身份、不同学科的专家和工程技术人员,在一个平台上进行同一产品的设计、制造、装配和试验。

据洛克希德‐马丁公司在 ASSIST 计划(一个类似于 ISE 的智能综合工程先期验证系统)的目标的初步估计,分系统设计的工时减少 50%,成本减少 15%,发射准备时间减少 50%,减少地面试验 50%。

为了支持航天器测试和任务操作、飞行程序验证和人员的培训等,欧美的航天部门特别注重航天器模拟器的开发和利用。过去的模拟器基本上都是针对某一个特定航天器的需要,完善的功能应当包括对航天器上各个分系统的模拟,有对 EGSE 和 MCS(飞行任务控制系统)的接口。这种一对一专用的模拟器无疑成本投入高,而且航天器的发展也使得模拟器的设计变得越来越复杂,需要投入大量人力和时间进行研制。相应地,人们也在寻求能够重复使用模拟器共同部件并降低成本和缩短开发时间的办法。如何实现具有通用性、可配置性和可重用的模拟器,是模拟器开发与研究的重要内容。

JPL 于 1993 年开始建设 FST 飞行系统测试台,其目标是执行 NASA 的快、好、省策略。在 FST 环境下可以快速产生航天器的虚拟样机,其工作重点是进行分系统集成、系统性能验证和系统接口关系的协调,一般不包括机械结构方面的内容。FST 的虚拟样机由多个分系统组成,这些分系统包括指令和数据处理分系统(C&DH)、制导导航及控制系统(GNC)、无线电分系统(RF)、能源分系统以及有效载荷。此外,还有一个动力学仿真器(SDS)和一个地面数据系统(GDS)。

　　针对新千年计划中增强航天器星上自主管理能力的需要,JPL 还开发了自主管理试验台环境 ATBE(Autonomy Testbed Environment),通过地面的自治测试台对航天器自主管理软件进行测试和集成,快速设计飞行模块,早期就确定系统性能,发现设计问题,确定集成方案,通过地面测试降低任务风险。

　　NASA 的哥达德飞行中心(GSFC)在 SWIFT BAT 仪器飞行软件开发验证及 GSFC 编队飞行测试台中,都采用了虚拟航天器平台- VirsualSat Pro。它是一个基于 PC 的航天器飞行仿真工具,用于飞行软件开发和测试、航天器集成和测试(I&T)、飞行操作培训,提供可选的 ACS 组件及航天器动力学模块,通过定义模型集合构建模块化的航天器模型,提供与第三方的工具(如 STK、SatTrack等)、地面系统的接口,能够执行飞行软件,并在一个 PC 平台上提供了多颗航天器相互影响的手段。

　　为了支持航天器设计和验证,早在 20 世纪 70 年代,欧洲的 ESOC(欧洲航天器操作中心)开始对用于发射前测试软件包的可行性研究,继而研制出第一个射前测试用数据模拟器。70 年代末期和 80 年代初,开发了 SSIMPA 软件包(Spacecraft Simulations Package 飞行器模拟软件包),它逐渐发展成为一个实时模拟环境,主要用 Fortran 编写,支持遥测和遥控。经过不断改进,1983 年它更名为 GPSSP (General Purpose Satellite Simulations Package)。从那时起,GPSSP 不断加强,为模拟开发提供了有较大改进的工具。

　　由 ESOC 进行的 SIMAID 项目,其研究的目的是确定一套能够支持用标准化的方法生成飞行器模块,并最大限度地使用通用模块部件和重复使用已有的程序代码的工具,从而全面降低模拟费用,对通用的模拟器部件进行开发以建立一个先进的运行环境以及一个针对飞行器分系统模块且基于图形的模拟环境。这些基础框架工具将有效而可靠地支持模拟器的开发活动,并使低成本、有很强图形能力的桌面计算机(工作站)得到使用。

　　SIMSAT(Simulation Infrastructure for Modelling SATllites)是 ESOC 开发的航天器模拟器基础框架。它以一组 DEC 工作站和 ADA 编写的核心软件为基础。SIMSAT 是以后模拟器的运行环境。不同部件的可重复使用性是这个软件系统主要设计特性之一。这些部件是一个实时内核、一个图形用户界面

（GUI）和通用地面接口模块。内核提供调度和数据库维护；地面站和通信链路
（如 X. 25 协议）都包括在地面接口模块中；GUI 为模拟器操作人员提供监视和
控制功能。图 9-7 是 SIMSAT 应用原理图。在 ESA，用 SIMSAT 作为基本开
发框架的航天器模拟器有 Cluster、Huygens、Envisat、XMM 模拟器。

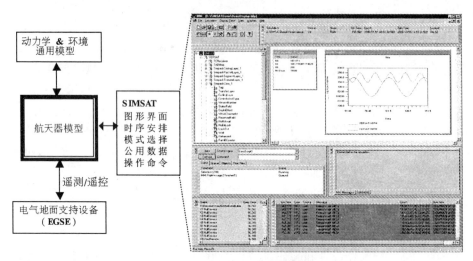

图 9-7　SIMSAT 应用原理图

　　另一个在欧空局广泛被应用的是 EuroSim（European Real - Time Opera-
tions Simulator），EuroSim 是一个可配置的模拟器（框架）工具，它通过有人或硬
件在环路中（HIL）的实时模拟来支持在一个项目的各个阶段中的模拟应用，并
允许重复使用已有的模块软件。其设计思想是基于如下的原则：每个模拟器都
能分解成为一个不变的工具部分和由被模拟的目标所决定的特定部分。通过仔
细设计这个框架工具的组成部件，使它既可以适用于大型模拟器，也可用于小型
模拟器。EuroSim 有助于降低和模拟相关的费用，并使得在一个项目中，模拟活
动得到更广泛和更早期的应用。

　　PTB（Project Test Bed）作为 EuroSim 的一个应用，主要用于空间项目中地
面仿真和测试工具的开发，减少重复性工作。在项目的早期建立一个能不断演
化的框架，从而满足项目不同阶段的开发和验证任务。ESA 虚拟航天器 VSRF
项目就是以通用项目测试台（GPTB）为参考骨架。

　　ASTRIUM 公司针对航天器 AIT 过程开发的三个核心软件是 Open Cen-
ter、SIMWARE 和 SISdatabase。Open Center 软件主要进行测试管理，SIM-
WARE 软件主要构建航天器模拟器完成软件的测试验证，SISdatebase 软件为

航天器数据库,对航天器的准备数据进行管理。

SIMWARE 是一个功能强大的航天器模拟器软件,该软件可以运行在 Vx-Works、Solaris、Win32 或 Linux 平台上。SIMWARE 完全使用软件建模方式模拟航天器不同部件的功能。SIMWARE 软件不仅能完成遥控指令对应相关遥测参数变化的模拟,而且能够建立不同的功能模型,复杂的比如动力学模型、AOCS 敏感器模型、AOCS 激励模型等,用以模拟航天器的功能。

因为 SIMWARE 软件可以模拟航天器的真实情况,使用 SIMWARE 软件可以验证地面测试程序的正确性,避免了使用星上产品测试地面软件,使得测试软件在参与整星测试前能够得到充分的验证;能够在软件设计阶段模拟航天器各种环境,用于测试星载软件;能够在星上部分设备没到位的情况下,模拟设备功能,完成其他设备的测试;可以用于验证在轨测试软件的正确性和可操作性。

9.4.2　电性能虚拟航天器技术方案探索

参考国外的技术发展趋势以及国内相关部门的经验,根据测试应用的实际需求,这里给出建立可以重构的虚拟航天器平台的设想。基本思路是:使用软件建模方式模拟航天器不同部件的功能、数据接口、电气接口,建立通用的、可配置、可重用的模拟器,如姿态控制模型单元(AOCSU)、电源分系统模型单元(EPSU)、遥测遥控和跟踪分系统模型单元(TT&CU)、热控分系统模型单元(THCSU)等等,再通过定义这些模型的集合构建模块化的航天器电性能模型。

9.4.2.1　电性能虚拟模型总体方案

通过对卫星电气分系统通用性能的分析,建立一个可以重用和可以扩充的实时卫星模拟系统,该系统使用了软件卫星静态和动态模型。目标是开发卫星电性能建模工具,使用此建模工具用户可以通过修改或改变模型开发自己的卫星模拟器。该模拟系统实际上是卫星电气性能虚拟测试模拟器技术平台,它提供很多图形化监视和控制设施,提供了部分硬件接口,通过对卫星的数据模型和状态的设置,对卫星飞行过程状态进行模拟,对卫星各个分系统进行模拟,建立模拟静态、动态模型库,验证地面测试程序的正确性,避免了使用星上产品测试地面软件,使得测试软件在参与整星测试前能够得到充分的验证,为测试系统提供数据仿真平台。系统主要用于地面测试设备和测控地面站设备的测试和验证,用于飞行程序和卫星数据定义的验证,用于卫星测试和操作人员的训练,同时支持在轨运行期间故障数据和事件的验证。通过研究提供如图 9-8 所示的系统,系统由两部分组成:虚拟卫星平台系统、卫星综合测试系统(EGSE 系统)。

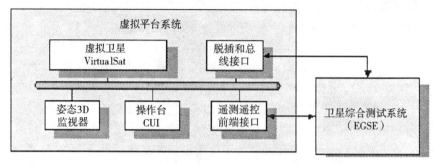

图 9-8　电性能虚拟模拟器和测试平台示意图

9.4.2.2　虚拟平台系统

从图 9-8 可以看出虚拟平台系统包括虚拟航天器(VirsualSat)、测试接口(脱落电连接器、OBDH 总线、遥测遥控视频接口)和人机显示接口(GUI 和 3D 显示器),该平台是虚拟(航天器模型)和物理实物(接口设备)相结合的系统。其中关键的研究内容是 VirsualSat 建立,VirsualSat 是一个基于软件卫星模型的 PC 工作站,它与其他几个部分通过局域网协同工作构成了验证卫星平台系统。VirsualSat 软件结构如图 9-9 所示。

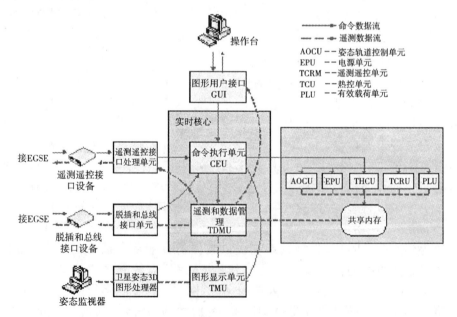

图 9-9　VirsualSat 软件结构和信息流图

为了增加 VirsualSat 软件的可维修性和开放性,要求使用自顶向下的设计方法和模块化程序设计。VirsualSat 软件归纳起来包括实时核心功能模块、卫星模拟模型块和接口功能模块。下面作简单论述。

(1) 实时核心功能模块

实时核心功能模块主要包含以下两个功能:命令执行功能和遥测与数据管理功能。命令执行功能包括接收、解码、验证并执行来自操作台、遥测遥控、脱插和总线接口的卫星命令。遥测数据管理功能控制模拟遥测数据的格式的生成,产生卫星脱插输出的各类模拟信号(数字输出和模拟量信号输出),并通过接口处理单元将数据发送到接口设备。

对于卫星模拟器的一个最根本的要求就是实时响应操作台和卫星测试系统的操作,换句话说,卫星模拟器必须产生精确的遥测数据来响应卫星控制命令,并且根据一定的时间间隔提供遥测和监视数据,满足实时性要求。具体地说,核心功能模块主要完成的功能有:

a)接收和处理上行模拟遥控指令,完成解码、解密和数据验证等功能,并将指令和数据分配到相应的模拟分系统。

b)采集各个模拟分系统以及有效载荷的遥测数据,进行处理、存储并汇集所有需经遥测模拟下行信道传送的信息,实施格式化包装处理;在完成信道编码后送往模拟遥测接口。

c)提供各个模拟分系统信息处理和测控功能,如发送整个虚拟星的预置程序的程控指令,延时指令,主动温度控制,设备参数报警,主备份切换等星内系统的自主控制和管理。

d)产生虚拟星上的时间基准信号和时钟,向各模拟分系统分配时间信息和定时信号,为分系统提供事件计时,并可以按某标准时间(如 GPS 的精确授时)进行虚拟星上时间的校时。

e)完成虚拟星上有关的信息处理任务,例如进行姿态计算、按任务要求计算模拟有效载荷的开关机时间等。

f)为模拟星上各个分系统提供专用的数据处理和数据格式,支持个分系统间的信息交换和信息共享。例如将与遥测信息有关的数据(如轨道、姿态等)插入到遥测信息数据中,存储各个分系统特别是控制分系统的重要数据。在某些情况下,可直接分析或参与某些分系统的信息处理或自主管理任务。

g)实现虚拟星本身的状态管理,可在外部干预以及自主方式下运行。

可见,为实现其各种功能要求,核心功能模块必须是一个能进行实时多任务操作,并且支持多进程运行的复杂的软件系统,具体讲必须具有如下特点:

a) 具有实时性、自治性和确保运行的安全。如简单的故障判别,及时采取措施。

b) 虚拟星进行模拟在轨飞行实验时具有可维护、可重编程能力。即根据实际的运行情况,可以经模拟遥控接口注入该核心功能模块的 RAM 中运行。

c) 具有标准化、模块化的特点,易于剪裁。不同航天器虽然任务不同,但也具有大量相似的系统功能,采用标准化设计,通过不同的剪裁可以适应各种航天器的要求,软件的标准化和模块设计可以大大提高可靠性。比如可以根据面向对象编程(OOP)的思想,建立一系列的,完成不同功能的动态链接库(DLL),具体实现时可以实时调用相应的 DLL,通过多个 DLL 的组合来完成各种不同的功能。

d) 能够模拟标准化的总线通信协议,如命令响应式总线,规范总线通信的机制。

(2) 卫星模拟模型块

卫星模拟模型块由多个模型单元组成,这些单元是姿态控制模型单元(AOCSU)、电源分系统模型单元(EPSU)、遥测遥控和跟踪分系统模型单元(TT&CU)、热控分系统模型单元(THCSU)等部分组成。最为复杂的是 AOCSU。

AOCSU 支持两个连续的任务阶段:第一个为运行前任务阶段,这一阶段从卫星与运载分离开始,进入转移轨道,直到进入预定轨道并建立姿态结束;第二阶段为运行段,这一阶段从卫星建立稳定姿态开始,直至卫星生命周期的结束。如图 9 - 10 所示,AOCSU 包含飞行动力学模型(FDM)、敏感器模型、姿态控制电路模型(ACEM)和执行器模型。

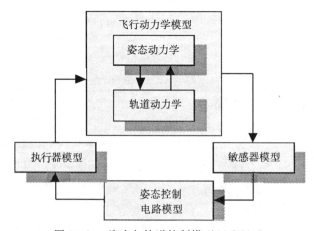

图 9 - 10 姿态与轨道控制模型(AOCSU)

飞行动力学模型包括轨道动力学模型和姿态动力学模型,轨道动力学模型包含由太阳与月球引力所引起的自然摄动,太阳风以及大多数来自地球的影响。姿态动力学包含动力学平衡,运动学平衡以及转动力矩的平衡。

敏感器模型处理来自动力学模型的星历数据,并且为姿态控制电路模型产生遥测和姿态信息。敏感器模型由地平敏感器组件模型(HSAM)、太阳敏感器组件模型(SSAM)、地球敏感器组件模型(ESAM)和速率敏感器组件模型组成(RMAM)。

姿态控制电路模型(ACEM)模拟卫星姿态控制电路的所有姿态控制功能,ACEM 模型输入卫星控制指令,敏感器数据和异常情况设定,从而修正并更新操作状态,产生遥测和执行指令。卫星控制指令经由指令执行单元(CEU)路由和分发而来,传感器数据则是指由地平敏感器组件模型(HSAM)、太阳敏感器组件模型(SSAM)、地球敏感器组件模型(ESAM)和速率敏感器组件模型组件(RMAM)产生的角度与速率信息,异常状态设定由操作员通过操作台完成设定,执行器指令输出到转动/偏航磁力矩器模型(RYTM),动量轮组件模型(MWAM)和推进器。

执行器模型由转动/偏航磁力矩器模型(RYTM)、动量轮组件模型(MWAM)和推进系统模型(PSM)组成。执行器模型根据来自姿态控制电路模型(ACEM)或地面控制中心的指令产生推力与转动力矩,并将它们输出到飞行动力学模型。

电源系统的基本功能是在卫星的整个生命周期中为卫星的操作提供不间断的电能。电源分系统模型单元(EPSU)用来模拟太阳电池阵的功能、太阳电池阵的驱动、电池充电调节器、电源控制电路等特性。模拟运行任务前阶段太阳电池阵部分工作。在运行阶段,电源系统有多种操作模式,当卫星进入地影区时,电池组放电以提供卫星工作所需电能,卫星进入光照区以后,太阳电池阵重新对电池组进行充电。电能消耗的高峰时期发生在助推器点火模式下,在此期间,电池组断开与太阳电池阵的连接,为超高压点火提供电能。EPSU 将其遥测数据输出到共享内存中,供遥测数据管理单元使用。

热控分系统模型(THCSU)模拟加热器的状态转换,根据太阳高度角计算卫星节点温度。热控分系统模型将温度数据输出到共享内存。

遥测遥控跟踪模型(TT&CU)只模拟星上遥测遥控跟踪分系统的状态转换、功能特性和相关的工程参数,同样它也把这些模拟数据送到共享内存区。遥测遥控处理功能包含在模拟器的核心模块中。

（3）与 EGSE 接口控制

VirsualSat 软件对外部（人和 EGSE）的接口软件，其中图形用户接口（GUI）是控制管理平台的人机交互软件，图形显示单元和姿态参数 3D 处理器为用户直观显示卫星姿态的变化，脱落电连接器和总线接口处理单元驱动脱插和总线设备，遥测和遥控接口处理单元驱动遥测和遥控设备。EGSE 在这里并不是同真实的被测试卫星接口，它与虚拟卫星接口（遥测、遥控上、下行信道接口，脱插和 OBDH 总线信号模拟）的示意图如图 9‑11 所示。

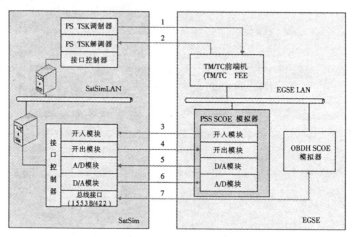

图 9‑11　电性能虚拟模型与 EGSE 接口示意图

电性能虚拟星与 EGSE 测试系统是通过专用的硬件接口，硬件接口的选用完全是根据目前各类航天器测试接口的典型类型确定的。这些接口是遥测遥控接口、脱落电连接器（脐带电缆）接口和航天器数据管理分系统（OBDH）总线接口。接口连接如图 9‑11 所示。

PSS SCOE 模拟器接口可以选用 VXI、IPC 等多种标准化接口，遥测/遥控接口和 OBDH 总线接口选用 VXI 标准接口。图 9‑11 中接口线 1～7 的箭头方向代表了信息流的流向，分别说明如下：

信息流 1，是虚拟航天器平台产生的下行遥测视频 PSK 信号，信号特性符合规定的航天器 PCM 遥测特性，遥测数据应与被模拟的航天器工作模式相一致，应实时响应下述上行控制命令或信号。

信息流 2，是虚拟测试平台产生的上行遥控视频 PSK 信号，信号特性符合规定的航天器 PCM 遥控特性。上行遥控视频 PSK 信号除了有遥控指令功能之外，还能够具有程序和数据注入功能。

信息流 3，模拟 PSS SCOE 通过脐带电缆对被测试航天器的控制功能，包括开关机、状态设置和供电信号。

信息流 4，模拟被测试航天器对信息流 3 激励信号的响应，如开关机、状态设置和供电响应信号。

信息流 5，模拟 SCOE 通过脐带电缆对被测试航天器的各类模拟信号，包括姿态控制分系统的敏感器输出信号。

信息流 6，模拟被测试航天器对信息流 2、3 或 5 上行信号的响应，包括模拟量（电流、电压等）、姿态控制执行信号和其他响应信号。

信息流 7，模拟被测试航天器 OBDH 分系统的总线信号，因此信息流是双向的。根据目前国内航天器配置情况，可以设置 1553B 或 RS－422 等总线，传输应用层协议应当符合各个航天器的需求。

9.5　人工智能技术的应用

人工智能（Artificial Intelligence－AI）是一门广泛的交叉和前沿的科学。要给人工智能下一个准确的定义是很困难的。可以认为人工智能（Artificial Intelligence）的研究对象是如何使机器具有人一样的"智能"，也就是具有像人一样的可以做判断、推理、证明、识别、感知、理解、设计、学习等思维活动。

AI 的发展要追溯到 20 世纪 40 年代的数学逻辑和逻辑计算的新思想。1956 年正式提出 AI 学科。1969 年第一届国际 AI 会议召开，并且每两年召开一次；1970 年 AI 国际杂志创刊。从此，AI 的国际学术活动、技术研究和发展进入了新的时期。同大多数学科一样，在人工智能中也存在着不同的研究领域，每个领域中都有特有的研究课题、研究技术和术语。在 AI 中，这样的领域包括：专家系统、机器学习、机器人规划、机器视觉、自然语言理解以及智能控制等。

30 多年来，AI 的应用研究取得了明显的进展。首先，作为 AI 重要分支的专家系统（expert system）显示出强大的生命力。1968 年诞生了世界上第一个专家系统 DENDRAL（用质谱仪分析有机化合物分子结构），继而推出了 MYCIN 医疗专家系统、PROSPECTOR 地质勘探专家系统、RI 计算机体系结构设计专家系统、ELAS 钻井数据分析专家系统和 ACE 电话电缆维护专家系统等。1977 年又提出了知识工程（knowledge engineering）的概念。进入 20 世纪 80 年代后，专家系统和知识工程在世界得到了迅速发展。在开发专家系统中，研究人员获得了共识，即人工智能系统是一个知识处理系统，而知识表示、知识利用和知识获取成为了人工智能的三个基本要素。

应该说,专家系统是 AI 的应用研究中最成功的和最活跃的领域。它广泛应用于许多工业部门的故障诊断和管理系统中,导致了生产率的大幅提高和产品性能的明显改善。

20 世纪 80 年代,航天器和飞行操作任务的先进性和复杂性显著地增加了,使得测试人员、操作人员面临一系列富有挑战性的任务:在最短的期限内要监视和分析大量的遥测数据、诊断和预测分系统的故障。人们自然地想到要引入专家系统和自动化技术,帮助技术人员可靠而又快速地处理他们面临的日益复杂的任务。

有关 AI 的专著举不胜举,AI 各个领域取得的成果也是层出不穷。本节只是想通过专家系统领域及其在航天应用的某些示例的概要性介绍,使我们看到 AI 技术在航天的应用是必要的和可能的,是发展的趋势之一。

9.5.1　专家系统

9.5.1.1　专家系统的结构及特点

我们常常把在某一特定领域利用专家的经验解决问题的直观推断法称作专家知识。获取或模拟人类专家知识的程序被称为专家系统。专家系统也可以称为基于知识的系统。专家系统使用知识库和推理机得到问题求解(problem‐solving)的能力。知识库是关于某个问题或领域的关系、事实、规则或直观推断法的集合。推理机是系统处理的心脏,它是把相应知识库的信息片同产生的新的知识片相结合,以便求解问题或达到目的。图 9‐12 是专家系统的结构原理。

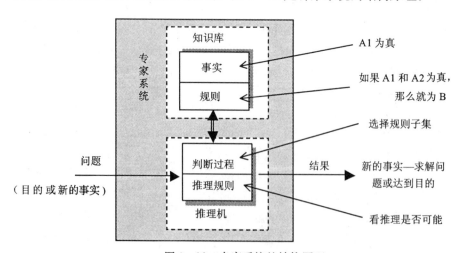

图 9‐12　专家系统的结构原理

由于每个专家系统的任务和特点不同,其结构也不尽相同。图 9 - 12 中列出的是专家系统必备的两个部分:知识库和推理机。可以粗略地说:知识库＋推理机＝专家系统。知识库包含事实或数据以及推理用的规则,推理机完成推理策略和推理的过程。此外,专家系统通常还应当包括接口,接口的作用一是系统同用户进行对话、输入数据、提出问题、了解推理结果,二是来自测试系统被诊断的数据源,因而接口也是必备的。

专家系统实际上是一种智能计算机程序系统,但不是常规的应用程序。它们之间最本质的不同之处在于专家系统要解决的问题一般没有算法解,并且经常要在不完全、不精确或不确定的信息基础上作出结论。

专家系统的优点是:①专家系统能够高效率、准确、周到、迅速和不知疲倦地工作,它不会受到周围环境的影响,也不能遗漏忘记;②专家系统比起常规的应用程序更有鲁棒性(robust),因为它不必考虑常规程序设计时的原始问题的变化,它只需要通过接口输入新的事实和规则;③扩展和升级能力要超过常规的程序设计技术,这是因为它允许增加新的知识,允许修改或删除已有的知识,使知识不断的更新、积累和丰富;④可以使专家的专长不受时间和空间的限制,以便推广利用专家知识和经验,广泛地传播专家的知识、经验和能力,可以集很多专家和其他渠道得来的知识。

按照专家系统所求解问题的性质,可以把它分为若干类型:解释专家系统、预测专家系统、诊断专家系统、设计专家系统、规划专家系统、监视专家系统、控制专家系统、教学专家系统、维修专家系统等等。在航天器测试应用中,适合使用诊断专家系统和监视专家系统,完成测试过程数据的监视和故障的诊断。需要提醒的是,目前的专家系统并不能解决人类专家都解决不了的问题,原因在于专家系统并不具备自我学习的能力。另外,专家系统的能力在很大程度上还取决于积累的人类专家知识的完整性和准确性。

9.5.1.2　知识库

专家系统比常规程序的主要优点在于它提供了把专家知识转变为知识库的能力。之所以能够这样,是因为专家们常常发现使用征兆或故障现象和矫正活动去表示他们的知识是方便的。这种类型的知识可以很容易地用专家系统的规则表示,这种规则把专家知识编成一组问题状态(征兆)-矫正活动(故障用的)对。当按照一定的顺序选择和引用这些规则时就形成了推理链。因为规则引用的顺序完全取决于特定的问题,推理过程要按照一定的策略,所以专家系统对被处理的数据比起常规编程方法更为敏感。专家系统适用于需要专家知识做大量判断的任务的自动化测试过程。建立知识库的关键是知识的表示方法,不同的表示方法决定了推理方法。

"知识表示"要解决任何用计算机能够理解的形式表达和存储的问题。一个良好的知识表示方式应具备：①表达知识充分；②推理充分；③推理高效；④获取便利。专家系统中有多种知识表示法，最常用的知识表示法是产生式表示法。

产生式系统中的一个基本概念是产生式规则的概念，或者说产生式条件和操作对的概念，有时也称作情况-行为对（situation - action pair）。在产生式系统中，知识分为两部分：用事实表示静态知识，如事物、事件和它们之间的关系；用产生式规则表示推理过程和行为。由于系统的知识库主要用于存储规则，因此也把产生式系统称为基于规则的系统（rule based system）。产生式法比较适合描述故障诊断问题的知识。

产生式系统由三部分组成：总数据库、产生式规则和控制策略。三部分的关系如图 9 - 13 所示。

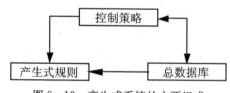

图 9 - 13　产生式系统的主要组成

产生式规则是一个以"如果满足某个条件，就应当采取某种操作"形式表示的语句。一般的表示为：

<规则> :: =<规则名>IF<条件1>and

<条件N>

THEN<结论><可信度>

产生式的 IF 被称为条件、前项或产生式左边，它说明应用这条规则必须满足的条件；THEN 部分被称为操作、结果、后项或产生式右边。

总数据库为当前数据库或暂时存储器。产生式规则的条件表示在启用该规则之前总数据库内必须准备好的条件。执行产生式规则的操作会引起总数据库的变化，可以把推理操作的结果放进数据库，使之成为下一步推理的条件，使推理过程链继续下去，直到得出结果。

控制策略的作用是说明下一步应该选用什么规则，如何应用规则。通常从选用规则到执行操作首先要解决数据库和规则条件部分的匹配问题，其次要解决冲突，即首先使用哪一条规则的问题。最后就可以进行规则的操作，修改数据库，可供其他的规则使用了。

产生式表示法包括事实的表示和规则的表示两种方法。

(1) 事实的表示

孤立事实在专家系统中常用<特征-对象-取值>(attribute‐object‐value)三元组表示。用这种三元组来描述事物以及事物之间的关系是很方便的。比如：(AGE ZHAO‐LING 43)表示"赵岭年龄 43 岁"，(DOSE DGUG2.0‐GRAMS)表示"用药剂量是 2.0 克"。后一个例子不同，有时称为谓词，可用二元关系表示。

对于一些不完全的知识，用三元组表示还嫌不够，常常加入关于该事实确定性程度的数值，使得每件事实变成了四元关系。如：(MOPTH ORGANISM‐1 ROD 0.8)表示"细菌 1 的形态为杆状的置信度为 0.8"。

一般情况下，知识本身是一个整体，很难分成孤立的事实，事实之间联系密切。为了便于知识的检索和利用，要在事实之间建立起联系。一种方法是事实之间建立树状结构，另一种方法是建立网状结构。

(2) 规则的表示

一个规则由前项和后项两部分组成。前项表示前提条件，各个条件由逻辑连接词组成各种不同的组合。后项表示当前提条件为真时，应采取的行为或所得的结论。

著名的 MYCIN 系统中典型规则的定义为：

<rule> = (IF <antecedent> THEN <action> (ELSE <action>))

<antecedent> = (AND {<condition>})

< condition > = (OR {< condition > } (< predicate > <associative. triple>)

<associative. triple> = (<attribute> <object> <value>)

<action> = {<consequent> }| {<procedure> }

<consequent> = (<associative. triple> <certainty. factor>)

可见，MYCIN 规则中，无论前项或后项，其基本部分是关联三元组(<特征-对象-取值>)或谓词＋三元组，同它的事实的表示方式是一致的。此外，每条规则的后项有一置信度(Certainty or Confidence)，用来表明由规则的前提得到结论的可信程度。在多数专家系统中都要考虑这一点，以便反映在不完全知识的条件下推理的不确定性。

9.5.1.3 推理机

已经有若干在商用专家系统中使用的推理机。不同推理机之间的主要区别在于知识库内部的知识格式，格式不同，推理的机制也不同，常用的推理机类型如图 9 - 14 所示。

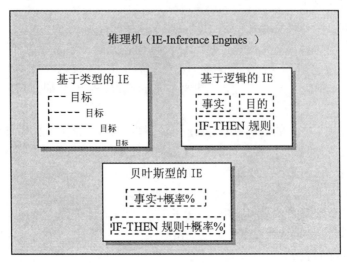

图 9 - 14　推理机类型

（1）基于类型的推理机

基于类型的推理机知识由目标的体系描述和目标的类型组成,使用面向目标的处理方法去实现推理功能。知识库中的每一片知识定义了一个目标,目标可以是具体的目标或一组较低层目标的描述(它本身可能是较高层目标的一个例子)。例如,空间站可以是较高层目标"航天器"的一个例子,空间站又有像天空实验室(Skylab)等的低层目标。每个目标包括属性,它赋值给该目标某个特征,或者定义处理该目标的方法。一个目标"空间站"可以有一个属性"轨道",该属性有一个值"23 度倾角"。

用这样的知识的推理基本是沿着目标的体系进行的,找它的属性和后面的链路。上述工作常常是需要来自目标的数据而开始,例如"属性 X 的值是什么"。如果目标指定了名字而没有属性,推理机浏览较高层的目标。这种搜寻过程要持续到找到令人满意的目标为止。

（2）基于逻辑的推理机

基于逻辑的推理知识由事实和规则组成,是最通用类型的推理机,也就是基于规则的推理机,它是由某些逻辑变量构成的。这些推理机具有的知识由如下部分组成:①事实,表示某确定事件或假定关系为真的描述;②IF - THEN 规则,如果某描述可以表示为真,那么另外一些可以假定为真;③目的,所谈问题准确度的描述。

　　基于逻辑的推理机使用一种判断程序去选择知识片,而推理规则决定这些知识片逻辑上是否可以相连以及从这种连接中可以得到什么。判断程序和推理规则的最常用的组合是正向链推理机和逆向链推理机,一般的专家系统既可以支持正向链推理又可以支持逆向链推理。

　　正向链推理是数据或事实驱动的推理。它的推理过程是把知识库中"事实"或数据的所有组合同库中"IF - THEN"规则中的"IF"部分相比较。比较推出的新的事实或数据后,添加到知识库中,再用新的事实对照知识库的规则去比较。当达到了目的,或没有推理(事实)可做时推理过程停止。这样的推理系统对于测试过程的监视非常有用。

　　逆向链推理是目标驱动的推理。推理机从查询一系列待证明的目的物(目标),并且试图找到满足该目标的不同部分的事实或"IF - THEN"规则的"IF"部分。当满足目的物的规则找到后,该目的物被"IF"部分取代,建立新的目的物去进一步求解。这种推理机特别适用于测试监视系统的故障诊断。

　　(3) 贝叶斯型推理机

　　贝叶斯型(Bayesian)推理机知识的组成同基于逻辑的相似,只是事实和逻辑附有概率。

　　对于许多现实世界的问题来说,赋予某个描述绝对的真或假将是很困难的,或者说大多数知识都不是一个确切的数值。但是,我们可以使这个描述有概率或不确定性同它们相关。贝叶斯型推理机使用概率论去说明现实世界的事情。

　　典型的贝叶斯型推理机有一个构造同基于逻辑的相似的知识库,有事实和 if - then 规则。差别在于每个知识片都有一个相关的反映可应用性的置信度数值(CF - Certainty Factors or Confidence Factors)。对于事实而言,这个数值是该事实为真的概率。对于规则"if A then B"的形式而言,这个数值可能就是条件概率 $p(B/A)$。如果我们已知 A 为真的概率为 $p(A)$,通过推理我们可以推出 B 为真的概率为 $p(A)p(B/A)$。这种推理过程的复杂性在于,推理中如何处理 CF 值,多个条件 CF 值如何结合,如何得出结论的 CF 等,在一些专家系统著作中都有论述。

9.5.2　航天领域专家系统应用示例

9.5.2.1　通信链路专家辅助对策系统

　　通信链路专家辅助对策(CLEAR - Communication Link Expert Assistance Resource)系统是诊断宇宙背景探测者(COBE - Cosmic Background Explorer)以及跟踪和数据中继星(TDRS— Tracking and Data Relay Satellite)之间通信

链路故障的专家系统。CLEAR 系统是在哥达德空间飞行中心(GSFC－Goddard Space Flight Center)运行的第一个实时专家系统。它隔离 67 个不同的问题,COBE 飞行分析靠它做故障隔离。在 TDRS 接通期间,系统连续地监视说明链路性能的数据和通告需要引起注意的分析。这些都是通过在计算机屏幕上链路故障图形表示和问题的文字描述来实现的。系统仅仅是提出一些分析意见,它并不产生命令去修正它。

CLEAR 系统常驻 COBE 任务控制设备中,它是用 C 语言及其 C 语言集成系统(CLIPS)编写的,推理机是由 NASA 的约翰逊空间中心开发的。CLEAR 是正向链推理、基于规则的系统,系统的初始源是来自说明链路接通情况的飞行操作分析的输入。输入的例子是:时钟、上行、返回和跟踪码;多普勒补偿状态;遥测和遥控速率及格式;TDRS 服务的类型。CLEAR 连续地监视那些说明 TDRS 工作和 COBE 健康及状态的参数,并且把这些信息同整个系统的知识结合去推出通信链路的状态。

CLEAR 系统能够隔离出的问题包括控制中心没有收到数据、COBE 和 TDRS 及 TDRS 地面站之间配置错误、遥测速率或格式出错、链路没激活或没锁定、信号强度衰退等。CLEAR 把问题的可能的修正告知分析人员,按照最可能的顺序对问题排队,如果需要的话,还可以在结论的后面提出推论。它也可以做事件记录供今后的评议和分析。

CLEAR 系统的成功可以归功于很多因素,从而克服了新技术引入会出现的阻力和风险。最重要的或许是飞行分析人员和他们在各个阶段的介入:包括系统的计划、开发和实现。他们提出需求,提供编码和验证的经验,帮助评价用户接口的原型样机。另外一个因素就是承担任务控制设备的经理的提倡和支持,他帮助得到计划之外的专家系统所需要的经费,帮助同分析人员接触,帮助获取必要的测试时间以及同测试组的接触。

9.5.2.2　备用控制模式分析和应用系统

伽马射线观测(GRO－Gamma Ray Observatory)控制中心引进了两个遥测分析的新工具:备用控制模式分析和应用系统(BCAUS－Backup Control Mode Analysis Utility System)和专家系统预报器(ESP－Expert System Predictor)。图 9－15 是 BCAUS 的诊断过程示意图。

GRO 的星载计算机可以因检出错误而自治地使飞行器转入安全保持或"备控"模式。上述切换在任务的头几个月是经常发生的,直到星载系统被精确地调整好。因为并不是遥测流中任何单项能直接识别安全保持模式的原因,在很短的时间内就必须要评价大量的遥测参数。

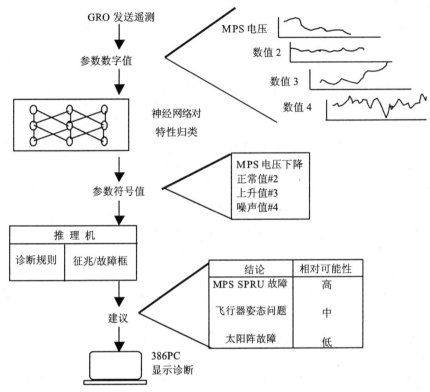

图 9-15　BCAUS 的诊断过程

　　BCAUS 是一个为确定上述切换原因而采用神经网络和专家系统技术的诊断工具。BCAUS 驻在 386 个人计算机内,为飞行操作组(FOT-Flight Operations Teams)提供出错的可能的一些原因,FOT 可以采取修正动作使飞行器回到正常状态。为了根据所得到的遥测数据去验证诊断的正确性,FOT 也可以询问 BCAUS 是如何推出每个结论的。

　　BCAUS 的结构是模块化和易于维护的系统。BCAUS 的知识库把"做什么"(What)或陈述性知识同"如何做"(How)或过程性知识分开组织的。这是通过使用图表对"What"知识编码和建立规则对"How"知识编码来实现的。下面的模块是使用一个独立的过程—神经网络—去分析长时间的遥测值(简称"趋势")。这就简化了在专家系统中完成的诊断过程,这是因为它只需要考虑由神经网络从大量的低层遥测数据中收集的高层的事实(也就是趋势)。

　　从图 9-15 看出,BCAUS 的诊断过程是从分析遥测值去建立趋势开始它的诊断过程的。使用长时间的值(趋势)而不是只用单一值对于诊断任务是合适的,因为在知识库中的许多故障情况都包含趋势。实现这种功能采用一组小的逆向扩散的神经网络。神经网络给出的结果是符号型的,如陀螺 1A 通道有"噪声"、电池 3 温度"升高"。

神经网络产生的符号值是专家系统的输入,专家系统是使用推理公司的 ART - IM 专家系统外壳实现的。在这个专家系统中,诊断知识包含在基于表示情况和征兆的图表中。这个类似目标的图表简单地给出了某个故障和它的可能的情况之间的关系。使用简单的逻辑准则实现最小集覆盖和非冗长的诊断推理技术。通过这种逻辑推理,BCAUS 确定了最可能的故障以及其他很小可能的故障。把可能故障的顺序表显示给 FOT。

最小集覆盖技术的使用是基于最小开销,假定最简单的情况通常都是正确的,并保持同故障分析的常用原理是一致的:即单点故障有低的概率,而多点故障却不是这样,它们可能会被忽略。因而,只有当没有单点可以说明观察到的征兆时,BCAUS 将提供多点诊断。此外,BCAUS 提供了的非冗长诊断原理将允许识别那些复杂故障情况,适应于比最小集识别的征兆要多的情况。从原理上说,最小集覆盖技术给出了最简单、最可能的情况,而非冗长诊断给出了很少可能的,但仍还有可能的一些复杂故障情况。

9.5.2.3 空间实验室专家系统(Spacelab expert systems)

空间实验室专家系统驻在空间实验室数据处理设施(SLDPF - Spacelab Data Processing Facility)内,GSFC(Goddard Space Flight Center)负责采集、处理和分发遥测数据给用户设施。在数据处理期间,必须要保证在可用的时间内数据被处理和保证数据的质量符合设施的标准或者被检查出差错。专家系统完成这些处理和质量保证任务。因为大量的数据、乏味的工作、问题分析中要求专家的判断、数据分配的短的往返时间,所以选择使用自动化的专家系统。

为 SLDPF 开发的产生规则式的专家系统有两个部分:空间实验室输入处理系统(SIPS - Spacelab Input Processing System)和空间实验室输出处理系统(SOPS - Spacelab Output Processing System)。SIPS 实时地采集、监视、检查和记录所有来自 Spacelab 的实验数据。SOPS 根据从 SIPS 收到的数据做进一步地处理,包括时间的排序、重叠数据的剔除、反交换和检查。

在 SIPS 对处理过的数据使用总的时间的平均、丢失的数据间隔和坏的及重复记录加以注释和说明。这些描述送到 SIPS 的专家系统对数据质量做更精确地估算。专家系统也有描述以前的处理和所做判断的实时记录,必要的地方有同分析人员的交互。专家系统根据处理中可能已出现的问题,如数据交付定时的差错、部分丢失(文件内个别通道)的可能性、通信干扰的可能性以及数据头域不完整等去找数据恢复的可能性。专家系统也可以确认数据不可能被恢复,或者是因为它们是"永久性丢失"(从未收到过),或者是由于误差的某种组合而不能修正引起数据标识的丢失。

SOPS 接收来自 SIPS 的数据。它完成数据的时间排序和重叠数据的剔除,报告数据的有问题的时间跳跃、丢失、连续数据的头之间不一致、子帧内数据的重叠以及填写数据的插入。处理之后,质量情况描述送到 SOPS 专家系统做详细分析。SOPS 专家系统也有对 SIPS 得到的记录文件的访问能力。SOPS 专家系统有五组能确定数据问题精确原因的主要的规则,包括运行开始晚、运行停止早、丢失文件间的有效域、丢失文件内的有效域和数据质量差。专家系统已经装入协商好了的有关数据质量的策略,例如所有间隙和定时差错大于总数的 2%,丢失间隔大于 15 秒。使用定量的和定性的信息,SOPS 推荐数据发布、数据故障或通过 SIPS 再处理。

使用 INGRES 数据库管理系统去存储两个专家系统访问的数据库。系统经由局域网集成至主计算机去完成数据处理。

空间实验室专家系统运行在一个 SUN 工作站上。二者都是用 CLIPS 编写。SOPS 专家系统是面向目标的和使用目标 C。它们使用 WINDOWS 操作系统,具有图形版面、上下拉菜单和操作控制按钮。

9.5.2.4　有效载荷健康监视辅助系统

有效载荷健康监视辅助(PHMA - Payload Health Monitoring Associate)系统是欧洲 CRAY 系统公司为欧洲空间飞行操作的有效载荷操作控制中心(POCC - Payload Operations Control Centre)和飞行任务控制中心(MCC - Mission Control Centre)开发的。

POCC 和 MCC 的主要任务是有效载荷和设施的管理,具体的功能有四项:①监视所有在轨有效载荷的状态(有效载荷健康监视);②监视所有设施的状态(设施健康);③任务需要时完成设施的重新配置;④系统故障的识别和隔离以及恢复过程的初始化。

POCC 和 MCC 完成在轨有效载荷和有效载荷系统故障的监视和隔离。根据故障的标识,操作组提供系统故障诊断和恢复的专家知识。这个过程需要具有有效载荷及其任务特殊设备、星载系统、通信系统、POCC 和 MCC 操作过程专家知识的人。

有效载荷健康监视辅助系统通过使用协同工作诊断和过程管理专家系统大大改善了有效载荷的工作性能。PHMA 将协助操作组监视有效载荷及系统飞行部件状态,显示非正常状态的提示和恢复的建议,和帮助完成操作或恢复程序,这些工作都是自动或半自动实现的。操作人员也可以同 PHMA 恢复建议就故障模式和操作顺序进行对话,可以帮助去选择最合适的恢复程序。PHMA 的开发使用了商用(COTS)专家系统外壳。PHMA 的知识库应当包含星载系统、有效载荷设施状态和操作程序方面的领域知识。

我们再看看 PHMA 的结构。PHMA 由商业上可得到的专家系统外壳(Shell)加上数据处理系统、常规的系统监视程序和用户接口组成。结构简图如图 9 - 16 所示。这个结构的优点是它使用了 COTS 专家系统外壳,可以在合理的时间内开发出来。开发中的主要工作放在采集知识、用户接口和与外部系统的接口。其缺点包括整个系统是专门剪裁的和独特的工具,也就是说它的知识库不能应用于今后的或类似的专家系统中。对特定的单一应用,这种结构可能有生命力。但是,未来的专家系统强调知识库的使用、编码的可重用性以及为了减少系统开发成本的知识的共用。

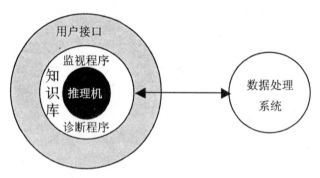

图 9 - 16　PHMA 结构简图

9.5.2.5　智能故障诊断和故障预报系统

智能故障诊断和故障预报系统简称 INCON - FIDPS 系统,是近年来由国内英康智能控制工程公司开发的系统。该系统集专家系统、模糊逻辑和神经元网络为一体,是一种先进的故障智能诊断预报通用平台。

INCON - FIDPS 系统的运行环境是:PC586 以上的机型,内存要求 32M 以上,硬盘要大于 1G;操作系统为 Windows95/98、Windows NT。

INCON - FIDPS 系统的功能包括:①故障检测,确定系统是否发生故障;②故障分离,在故障检测之后,确定故障的种类、故障发生的部位;③故障辨识,在故障分离之后,确定故障的大小以及故障发生的时间;④故障对策,判断故障对系统的影响和影响的发展趋势,针对不同的情况采取不同的措施,对故障进行补偿和克服。

　　该系统包括了三种主要的知识层次：①基于相关联系的系统，采用模糊推理算法；②基于事件的系统，采用神经网络；③基于规则的系统，采用规则转换算法。这三种推理模块同时存在、各尽其责。通过三种推理模块的优化决策算法，产生最后的决策。在 INCON - FIDPS 系统，专家系统推理机、神经网络推理机和模糊逻辑推理机均靠故障检测模块触发，三个推理机工作流程相似，推理工作流程如图 9 - 17 所示。

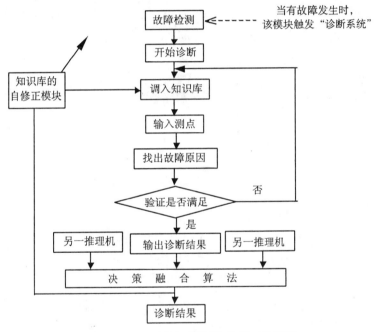

图 9 - 17　INCON - FIDPS 推理工作流程

　　专家系统推理机、神经网络和模糊逻辑在故障诊断应用中各有优势，也各有不足。INCON - FIDPS 系统克服了它们的弱点和不足。INCON - FIDPS 系统同其他的人工智能系统一样，它的推理算法和知识表达是系统提供给用户的，但是知识的内容却要靠用户自己去收集。知识的收集要靠领域专家和知识工程师。

　　在应用 INCON - FIDPS 系统时，领域专家是知识获取的中心，这是因为领域专家多年的领域实践和专业知识才使他们成为专家，他们是被诊断对象的设计师。可是，要让他们了解诊断系统的实现细节是不合实际的，因为他们往往缺乏故障诊断的专业知识(如计算机语言、程序设计等)。对于知识工程师而言,他们对诊断系统的算法、相关的数据结构以及知识表示等可能是了如指掌,而对领域知识常常了解甚少或远没有达到专家的水平。因此,INCON - FIDPS 系统应用时,领域专家和知识工程师的共同参与是必不可少的。其实,这也是所有专家系统都有的同样的要求。

好在 INCON - FIDPS 系统提供了图形化的专家知识输入的方法,在一定程度上缩小了用户同系统之间的距离。系统按照"测点(D)—故障现象(E)— 原因(F)"这样的思维方式,通过七个表格建立专家知识表。在了解七个表格之前,我们通过图 9 - 18 给出的示例了解诊断推理流程是十分必要的,该图是由分布在三个层次上的多个节点以及节点之间的连线组成。

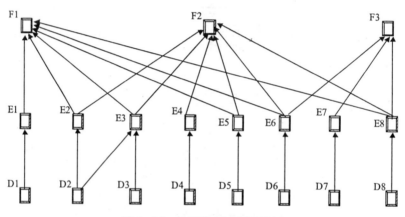

图 9 - 18　诊断推理流程图示例

在图 9 - 18 中,用若干个节点代表"数据",用符号 D1,D2,D3…表示。这里的数据可以是测量参数、传感器的输出、工作状态等广泛意义上的参数。用若干节点表示故障现象,安排在中间,用符号 E1,E2,E3…表示。这里的故障现象可以是直接观察到的现象,也可以是间接观察到的现象。用若干节点表示故障原因,安排在最高层,用符号 F1,F2,F3…表示。按照诊断推理的思路,用连线把数据节点和故障现象节点连接起来,再连接故障现象节点和故障原因节点,这样就构成了故障诊断推理流程图。

INCON - FIDPS 系统通过七个表格建立专家知识表,这七个表是:"数据节点位号对照表"、"故障现象节点代号对照表"、"故障原因节点代号对照表"、"数据节点数据描述表"、"数据节点与故障现象节点联系表"、"故障现象节点与故障原因联系表"和"专家建议的故障处理措施表"。应该说这七个表格是诊断推理流程图的解释和说明,是该图的细化和深化。

　　建立专家知识表的第一步是由领域专家和知识工程师在纸面上构思和填写七个表格,填写的过程是双方交流和理解的过程。

　　有了知识表后,可以利用 INCON - FIDPS 系统提供的专家知识的输入工具,着手搭建 INCON - FIDPS 系统的知识网络。搭建过程利用系统提供的菜单和工具栏功能,其主要有四步:①新建一个文件;②分别图标提示操作,建立原因、现象和数据节点;③节点连线,用鼠标做连线操作后,会弹出连线编辑窗口,设定隶属关系,如重要性、置信度等,完成连线的设定;④专家知识合并,通过“合并专家知识”和“打开专家知识库”菜单中的一系列操作,完成专家知识库的合并工作。系统还提供了对以上属性的修改功能。

　　被诊断的对象的数据通过 INCON - FIDPS 系统提供的数据输入模块完成数据的收集工作。用户的通信接口由 INCON - FIDPS 系统软件包提供,如果用户有自己的独特的通信接口,可以自己编制 DLL 函数。

　　完成上述步骤后,系统就可以进行故障诊断和预报了。

9.5.3　开发专家系统的经验教训

　　AI 的应用前景是诱人的,应用的范围和范例也举不胜举。一些面向任务和知识、以知识表示和逻辑推理为目标的逻辑型编程语言、专用开发工具和关系数据库技术应运而生。有了这些环境,还不能说就能够顺利地开发出实用的专家系统。作者认为文献[33]把开发专家系统的经验和教训归结为三条应该具有普遍意义,这三条是:

　　(1) 系统的开发者常常不能找到可以利用的领域专家和专家系统的用户。我们知道,常规的基于知识的系统开发从一开始就需要用户和专家的参与。可是,在某些情况(如上述的 CLEAR 系统、BCAUS 系统),专家系统的开发常常在航天器完成之前就要开始。有时,航天器操作或飞行任务是新的,并没有实践或先例。因此,有必要开发通用的和可以再用的专家系统开发工具,这种工具的目的在于使用户可以快速地开发航天器操作的故障隔离专家系统。

　　(2) 基于知识的系统的引入常常对已有的系统和接口有影响。基于知识的系统常常被加到已有的系统中,它必须依赖已有的监视点、数据库和通信机制。这样,系统必须改进以适应专家系统数据存取的需要。有些专家系统可以在线得到所需要的数据,因而无须附加的需求,如上述的 CLEAR 系统。而另有一些系统需要对若干人工记录的数据进行访问,或对远程的数据库进行访问,就需要在工程和程序上做必要的修改。这就要求系统的开发者在他们做设计时为未来的专家系统的引入作好准备,提供计算机可以访问的监视点和把数据导入专家系统的能力。另外,专家系统的测试在航天器发射前,只能靠模拟数据,缺乏系统验证所必须的精确性和多样性。

（3）用户、专家和管理人员的拥护是基于知识的系统成功的关键,这一点是不言而喻的。用户的支持是基础,没有这种支持的话,开发、测试和评估都会受到限制。管理人员对专家系统集成过程的支持也是很重要的,没有这种支持的话,测试时间、测试队伍、数据资源、模拟器、专家和用户的使用将会很困难,必将妨碍系统的实现。

复习参考题

1. 功能齐全的测试系统的含义是什么?

2. 什么是开放式测试系统? 开放式测试系统的基础是什么? 有哪些优点?

3. 虚拟仪器是现代____技术、____和____技术相结合的产物。

4. 虚拟仪器与传统仪器的主要区别是什么?

5. 虚拟航天器的用途是什么? 虚拟航天器主要由哪几部分组成?

6. 专家系统是人工智能应用研究中最活跃的领域,请问什么是专家系统? 专家系统主要组成部分是什么?

7. 基于逻辑的推理机中正向链和逆向链推理有什么不同?

附录:缩写和符号

Ω	Ohm (unit of resistance)	欧姆(电阻单位)
ADC	Analog to Digital Converter	模数变换器
ADS	Audio Distribution System	音频分配系统
AGC	Automatic Gain Control	自动增益控制
AI	Artificial Intelligence	人工智能
AIT	Assembly Integration and Testing	总装和测试
AOCS	Attitude and Orbit Control Subsystem	姿态和轨道控制分系统
ARP	Address Resolution Protocol	地址解析协议
ATBE	Autonomy Testbed Euvironment	自主试验床环境
ATE	Automatic Test Equipment	自动测试设备
ATLAS	Abbreviated Test Language for All Systems	通用缩写测试语言
ATM	Asynchronous Transfer Mode	异步传输模式
ATS	Automatic Test System	自动测试系统
AUX	Auxiliary	辅助设备
AVDS	Audio and Video Distribution System	音频和视频分配系统
BAPTA	Bearing And Power Transfer Assembly	转轴和电源传输组件
BCAUS	Backup Control Mode Analysis Utility System	备份控制模式分析系统
BCR	Battery Charge Regulaor	蓄电池充电调节器
BER	Bit Error Rate	误比特率
BDR	Battery Discharge Regulaor	蓄电池放电调节器
BMU	Battery Management Unit	蓄电池管理单元
BOB	Break Out Box	转接盒
BPSK	Binary Phase Shift Keying	二进制相移键控
BTC	Battery Conditioner	蓄电池调节器
CAST	Chinese Academy of Space Technology	中国空间技术研究院
CAMAC	Computer Automated Measurement And Control	计算机自动测量和控制
CAN	Control Area Network	局域控制网络
CBA	Cost Benefit Analysis	成本效益分析
CBERS	China – Brazil Earth Resources Satellite	中国巴西地球资源卫星
CCD	Charge Coupled Devices	电荷耦合器件
CCDDT	CCD Data Transmission	CCD 数据传输
CCS	Central Checkout System	中央检测系统

CDR	Critical Design Review	关键设计评审
CGP	Central Ground Point	中央接地点
CLEAR	Communication Link Expert Assistance Resource	通信链路专家辅助资源
CMRR	Common Mode Rejection Ratio	共模抑制比
COBE	Cosmic Background Explorer	宇宙背景探测器
COTS	Commercial Off – The – Shelf	货架商品
CRT	Cathode Ray Tube	阴极射线管
CSMA/CD	Carrier Sense Multiple Access With Collision Detection	载波监听多路访问/冲突检测
CTU	Central Terminal Unit	中央单元
dB	Decibel	分贝
DCS	Data Collecting Subsystem	数据收集分系统
DDR	Digital Data Recorder	数字数据记录器
DEMUX	Demultiplexer	分路器
DNS	Domain Name System	域名系统
DoD	Department of Defense	美国国防部
DUT	Device Under Test	被测试设备
DVM	Design and Verification Matrix	设计和验证矩阵
ENR	Excess Noise Ratio	超噪比
EGSE	Electrical Ground Support Equipment	电气地面支持设备
ELISA	Extended Language for Instrument and Sacecraft AIT	扩展仪器和卫星 AIT 语言
EPSS	Electrical Power Supply Subsystem	电源分系统
ES	Earth Sensers	地球敏感器
ESA	European Space Agency	欧洲空间局
ESD	Electrostatic discharge	静电放电
ESOC	European Space Operations Center	欧洲空间操作中心
ESTEC	European Space Research and Technology Center	欧洲空间研究和技术中心
ETOL	European Tests Operation Language	欧洲测试操作语言
ESS	Environment Stress Screening	环境应力筛选
EuroSim	European Real – Time Operations Simulator	欧洲实时操作模拟器
ESP	Expert System Predictor	专家系统预报器
FDDI	Fiber Distributed Data Interface	光纤分布数据接口
FTP	File Transfer Protocol	文本传输协议
FCS	Flight Control System	飞行控制系统
FOT	Flight Operations Teams	飞行操作组
FRR	Fight Readiness Review	发射准备评审
GOSS	Ground Operations Softwere System	地面操作软件系统

GPIB	General Purpose Interface Bus	通用接口总线
GMT	Greenwich Standard Time	格林尼治标准时间
GOTS	Government off - the - shelf	部门货架
GPS	Global Positionary System	全球定位系统
GPSSP	General Purpose Satellite Simulations Package	通用卫星模拟软件组合
GSFC	Goddard Space Flight Center	哥达德空间飞行中心
GSS	Ground Support System	地面支持系统
GRO	Gamma Ray Observatory	伽马射线观测
GUI	Graph User Interface	图形用户接口
GUM	Guide to the Expression of Uncertainty in Measurement	测量不确定度表示指南
GWC	Ground Wired Control	地面有线控制
Gyro	Gyroscope	陀螺仪
HTTP	Hypertext Transfer Protocol	超级文本传输协议
HW	Hardware	硬件
IDS	Interface Data Sheet	接口数据单
INPE	Instituto Nacional de Pesquisas Espaciais	巴西空间研究院
ISA	Industrial Standard Architecture	工业标准结构
ISE	Intelligent Synshesis Environment	智能综合环境
IRDT	IRMSS Data Transmission	IRMSS 数据传输
IRMSS	Infrared Multispectral Scanner	红外多光谱扫描仪
IRS	Infrared Multi Spectral Scanner Camera	红外多光谱扫描仪相机
ITU	International Telecommunication Union	国际电信联盟
JPO	Joint Program Organization	联合项目组织
LabVIEW	Laboratory Virtual Instrument Engineering Workbench	实验虚拟仪器工程平台
LAN	Local Area Network	局域网
LCD	Liquid Crystal Display	液晶显示器
LLC	Logic Link Control	逻辑链路控制
LRU	Line Replace Unit	线可更换单元
LXI	LAN extensions for Instrumentation	LAN 在仪器领域的扩展
MAC	Media Access Control	介质存取控制
MAN	Metropolitan Arean Network	城域网
Mbit	Mega Bit	兆比特
MCC	Mission Control Centre	任务控制中心
MCS	Mission Control System	任务控制系统

MMP	Multi Mission Platform	多任务平台
MTP	Main Test Processor	主测试处理器
MTBF	Mean Time Between Failures	平均无故障时间
MUX	Multi Spectral Camera	多光谱相机
MUX	Multiplexer	多路器
MWT	MUX and WFI Data Transmission	MUX 和 WFI 数据传输
NASA	National Aeronautics and Space Administration	美国国家航空航天局
NAT	Network Address Translation	网络地址转换
NDI	Nondevelopmental Item	非开发项目
NII	National Information Infrastructure	国家信息基础设施
NMRR	Normal Mode Rejection Ratio	常态抑制比
NRZ – L	Non Return to Zero – Level	非归零电平
OBC	On – board computer	星载计算机
OBDH	On Board Data Handling	星载数据处理
OCOE	Overall CheckOut Equipment	总控设备
OIML	International Organization of Legal Metrology	国际法制计量组织
OS	Operating System	操作系统
PAM	Pulse Amplitude Modulation	脉幅调制
PCM	Pulse Code Modulation	脉码调制
PAN	Panchromatic Multi Spectral Camera	全色多谱相机
PCI	Peripheral Component Interconnect	外围部件互连
PCDU	Power Control and Distribution Unit	电源控制和分配单元
PCU	Power Conversion Unit	电源变换单元
PIT	PAN and IRS Data Transmission	PAN 和 IRS 数据传输
PDR	Preparatory Design Review	初步设计评审
PHMA	Payload Health Monitoring Associate	有效载荷健康监视辅助系统
PLACE	Programming Language for Automatic Checkout Equipment	自动化测试设备编程语言
PLM	Payload Module	有效载荷舱
PN	Pseudo Noise Code	伪随机码
POCC	Payload Operations Control Centre	有效载荷操作控制中心
PROP	Propulsion Subsystem	推进分系统
PSK	Phase – Shift – Keying	相移键控
PXI	PCI Extension for Instrumentation	PCI 仪器领域扩展
PSS	Power Supply Subsystem	电源分系统
RF	Radio Frequency	射频

RTU	Remote Terminal Unit	远置单元
SAD	Solar Arrays Drive	太阳阵驱动
SAG	Solar Array Generator	太阳电池阵发生器
SAP	Service Access Point	服务访问点
SAS	Solar Array Simulator	太阳阵模拟器
S/C	Spacecraft	卫星或航天器
SCOE	Specific CheckOut Equipment	专用测试设备
SCOS 2000	Spacecraft Control Operations System2000	航天器控制操作系统 2000
SDB	Serial Data Bus	串行数据总线
SEM	Space Environment Monitor	空间环境监视器
SEU	Single Event Upset	单粒子翻转
SI	International system of units	国际单位系统
SIMSAT	Simulation Infrastructure for Modelling Satellite	卫星模拟器建模基础框架
SIPS	Spacelab Input Processing System	空间实验室输入处理系统
SIS	Satellite Interface Simulator	卫星接口模拟器
SKC	Skin connector	表面电连接器
SLDPF	Spacelab Data Processing Facility	空间实验室数据处理设施
SM	Service Module	服务舱
SMTP	Simple Mail Transfer Protocol	简单邮件传输协议
SOPS	Spacelab Output Processing System	空间实验室输出处理系统
SS	Sun Sensor	太阳敏感器
SSIMPA	Spacecraft Simulations Package	航天器模拟软件包
SPA	Solar Power Array(Assemblies)	太阳电池阵(组件)
SR	Shunt Regulator	分流调节器
SRU	Shop Replace Unit	现场可更换单元
STOS	Spacecraft Test Operations Software	航天器测试操作软件
SYSC	System Circuitry Subsystem	系统电路分系统
SV	Space Vehicle	空间运输器
SW	Software	软件
TC	Telecommand	遥控
TCC	Test Conductor Console	测试操作台
TCFEE	TC Front End Equipment	遥控前端设备
TCP/IP	Transport Control Protocol/Internet Protocol	传输控制协议和网际协议
TCSS	Thermal Control Subsystem	热控分系统
TDRS	Tracking and Data Relay Satellite	跟踪和数据中继卫星
TM	Telemetry	遥测

TMFEE	TM Front End Equipment	遥测前端机
TMTC	Telemetry and Telecommand	遥测和遥控
TRA	Test Requirement Analysis	测试需求分析
TRR	Test Readiness Review	测试准备评审
TTCS	Telemetry, Tracking and Command Subsystem (S‐Band)	S波段遥测、跟踪和遥控分系统
TTCU	UHF and VHF Telemetry and Telecommand	UHF 和 VHF 波段遥测和遥控
UDP	User Datagram Protocol	用户数据报协议
UMB	Umbilical cable or connector	脐带电缆或电连接器
USB	Unified S‐Band	统一S波段
USB	Universal Serial Bus	通用串行总线
UCT	Universal Coordinated Time	通用坐标时间
UUT	Unit Under Test	被测试单元
VADS	Video Acquisition and Distribution System	视频采集和分配单元
VI	Virtual Instrument	虚拟仪器
VISA	Virtual Instrument Software Architecture	虚拟仪器软件结构
Vpp	Volts peak to peak	电压峰峰值
VXI	VME bus extensions for Instrumentations	VME 总线在仪器领域的扩展
WAN	Wide Area Network	广域网
WC	Wired Command	有线命令
WFI	Wide Field Imager Camera	宽视场图像照相机

参考文献

1 张翰英等编著 . 卫星电测技术 . 北京:宇航出版社,1999
2 楮桂柏等编著 . 空间飞行器设计 . 北京:宇航出版社,1996
3 徐科军,陈荣保,张崇巍 . 自动检测和仪表中的共性技术 . 北京:清华大学出版社,2000
4 张是勉等著 . 自动检测系统实践 . 北京:中国科技大学出版社,1990
5 张世其 . 测量误差及数据处理 . 北京:科学出版社,1979
6 中国计算机自动测量与控制技术协会 . VXI 总线测试系统 . 北京:宇航出版社,1992
7 陈光禹编著 . VXI 总线测试平台技术 . 北京:电子科技大学出版社,1996
8 邱公伟等编著 . 多微机系统的通信技术 . 北京:清华大学出版社,1996
9 王庆成等编 . CBERS 总控设备技术手册 . 中国空间技术研究院 512 所,1995
10 徐爱钧 . 智能化测量控制仪表原理与设计 . 北京:北京航空航天大学出版社,1996
11 蒋焕文,孙续 . 电子测量 . 北京:中国计量出版社,2001
12 胡昌华,许化龙 . 控制系统故障诊断与容错控制的分析与设计 . 北京:国防工业出版社,2000
13 蔡自兴等编 . 人工智能及其应用 . 北京:清华大学出版社,2000
14 杨为民主编 . 可靠性·维修性·保障性总论 . 北京:国防工业出版社,1994
15 重庆英康智能控制工程有限公司 . INCON – FIDPS 系统应用指南,2000
16 中国计算机自动测量与控制技术协会 . 第九届 VXI 技术研讨会论文集,2000
17 中国计算机自动测量与控制技术协会 . 第十届 VXI 技术研讨会论文集,2001
18 刘君华主编 . 虚拟仪器编程语言 Labwindows/CVI 教程 . 北京:电子工业出版社,2001
19 樊尚春,周浩敏 . 信号与测试技术 . 北京:北京航空航天大学出版社,2002
20 陈光禹主编 . 现代电子测试技术—信息装备的质量卫士 . 北京:国防工业出版社,2000
21 谭维炽,顾莹琦 . 空间数据系统 . 北京:中国科学技术出版社,2004
22 中华人民共和国国家军用标准,GJB2547—95,装备测试性大纲,1995
23 中华人民共和国国家军用标准,GJB1198.2—91,卫星测控和数据管理 PCM 遥测标准,1991
24 中华人民共和国国家军用标准,GJB1198.1—91,卫星测控和数据管理 PCM 遥控标准,1991
25 周明天,汪文勇 . TCP/IP 网络原理与技术 . 北京:清华大学出版社,1995
26 施威铭研究室著 . Internet 协议概念与实践 . 北京:清华大学出版社,2001
27 Charles D. Brown. Elements of Spacecraft Design. AIAA Education Series,2002
28 Peter Fortescue,John Stark,Graham Swinerd . SPACECRAFT SYSTEMS ENGINEER-

ING. John Wiley & Sons Ltd, England, 2002

29   Application Note 57 – 2. Noise Figure Measurement Accuracy – The Y – Factor Method. Agilent Technologies

30   Vincent L. Pisacane. Fundamentals of Space Systems. JHU/APL Series in Science and Engineering, OXFORD university press, 2005

31   Daniel R. Glover, Jr. DICTIONARY OF TECHNICAL TERMS FOR AEROSPACE USE. NASA Lewis Research Center, Cleveland, Ohio

32   J. L. Hammac. Expert systems for future european space flight operations. J. B. I. S, Vol. 46, pp. 232 – 236, 1993

33   Sajjad H. Durrani and Dorothy C. Perkins . Expert systems and advanced automation for space missions operations. Space Technol. Vol. 12, pp293 – 304, 1992

34   S. H. G. Rowell. SIMULATORS AT ESOC ; BRING EXPERIENCE TO BEAR. JBIS, Vol. 44, 1991

35   J. J. Gujer , J. E. Miro. Advanced Simulation Tools to Support Satellite Operations . esa Bulletin , No. 74

36   A. Lugbauer, P. Tarter. Integration of operational Harware and Test Tools In ESA's Generic atellite Simulation Infrastructure SIMSAT （ 1 ） http://www. esoc. esa. de/external/mso/SpaceOps/2_34/2_34. htm